2025版 學科

職安一點通

職業安全衛生管理
乙級檢定完勝攻略

Occupational Safety and Health Management

作者簡歷

蕭中剛

職安衛總複習班名師，人稱蕭技師為蕭大或方丈，是知名職業安全衛生 FB 社團「Hsiao 的工安部屋家族」版主。Hsiao 的工安部屋部落格，多年來整理及分享的考古題和考試技巧幫助無數考生通過職安考試。

學　　歷　健行科技大學工業工程與管理系

專業證照　工業安全技師、職業衛生技師、通過多次職業安全管理甲級、職業衛生管理甲級及職業安全衛生管理乙級。

劉鈞傑

大專院校工安／工礦技師班具有多年教學經驗，對於近年來環境、職安、衛生、消防等考試皆有研究。

學　　歷　國防大學理工學院國防科學研究所博士

專業證照　工業安全技師、職業衛生技師、消防設備士、職業安全管理甲級、職業衛生管理甲級、職業安全衛生管理乙級、物理性作業環境測定乙級、室內裝修工程管理乙級、就業服務乙級、甲級廢水處理專責人員、ISO 45001 主導稽核員、ISO 14001 主導稽核員。

鄭技師

97 年至今從事職場安全衛生工作具有多年實務經驗，對於職業安全衛生精進、職場安全文化提昇等皆有研究，並具有大專院校技師班教學經驗。

學　　歷　國防大學理工學院應用物理研究所碩士

專業證照　職業衛生技師、工業安全技師、職業衛生管理甲級、職業安全管理甲級、職業安全衛生管理乙級、甲級廢棄物處理技術員、物理性因子作業環境測定乙級、ISO 45001 主導稽核員。

作者簡歷

賴秋琴 （Sherry Lai）

知名職業安全衛生部落格「Sherry Blog」版主，內容包含衛生、計算題解題。

個人部落格：http://sherry688.pixnet.net/blog

Sherry blog 社團：https://www.facebook.com/groups/1429921337232082

學　　歷 國立空中大學管理與資訊學系

專業證照 職業安全管理甲級、職業衛生管理甲級、職業安全衛生管理乙級、就業服務乙級、升降機裝修乙級、建築物昇降設備檢查員等證照。

徐英洲

職業安全衛生 FB 社團「職業安全衛生論壇（考試／工作）」版主，不定期提供職安衛資訊包含職安人員職缺、免費宣導會、職安衛技術士參考題解等，目前服務於環境監測機構，並在北部、中部的安全衛生教育訓練機構、大專院校擔任職安衛課程講師。

學　　歷 明志科技大學五專部化學工程科（目前為交通大學碩專班研究生）

專業證照 職業衛生技師、工業安全技師、職業衛生管理甲級、職業安全管理甲級、職業安全衛生管理乙級、製程安全評估人員、施工安全評估人員、固定式起重機操作人員、移動式起重機操作人員、堆高機操作人員、ISO 45001 主導稽核員。

作者簡歷

江 軍

力鈞建設有限公司總經理、教育部青年發展署諮詢委員、曾任台北市政府、宜蘭縣政府之青年諮詢委員，輔導國際認證及國內技術士證照多年經驗，曾於多所大專院校及推廣部授課，相關領域著作十餘本，證照百餘張。

學　　歷 國立台灣科技大學建築學博士、英國劍橋大學跨領域環境設計碩士、國立台灣大學土木工程碩士

專業證照 職業安全管理甲級、營造工程管理甲級、建築工程管理甲級、職業安全衛生管理乙級、建築物公共安全檢查認可證、建築物室內裝修專業技術人員登記證、消防設備士、ISO 14046、ISO 50001 主導稽核員證照。

葉日宏

多年環安衛工作經驗，並通過企業講師訓練，曾於事業單位、安全衛生教育訓練機構及科技大學擔任職安衛課程講師。

學　　歷 國立中央大學環境工程研究所

專業證照 工業安全技師、職業安全管理甲級、職業衛生管理甲級、職業安全衛生管理乙級、乙級廢棄物清除（處理）技術員、甲級空氣污染防治專責人員、甲級廢水處理專責人員。

第八版 序

　　職業安全衛生是社會發展不可或缺的一環，隨著科技進步及產業結構轉型，職業災害的樣態亦隨之改變。2024 年，台灣多起重大職業災害引發社會廣泛關注，包括倉儲大火案等慘劇，凸顯動火作業與局限空間作業的安全防範不足，職場不法侵害的事件頻傳，也讓社會更重視勞動者心理的健康。這些事件提醒我們，職安法規的修訂與落實是防止悲劇重演的重要基礎。

　　因應全球趨勢，職業安全衛生領域逐漸與國際標準接軌，例如 ISO 45001 的推行強調系統化的安全管理。針對台灣，政府積極推動職安科技的應用，例如智慧監測系統與預防性維修措施，期望藉由數位轉型降低意外發生率。此外，隨著 ESG（環境、社會與治理）議題的興起，企業也更加重視職安作為企業永續發展的一部分。

　　本書在這次修訂中特別整合了這些趨勢與法規變動，希望能幫助讀者不僅掌握考試重點，更了解職業安全衛生的全貌。職安的學習與實踐不僅是通過考試的工具，更是為了守護生命與促進職場福祉的承諾。願本書能陪伴讀者一起成為職安領域的推動者與守護者。

　　職安一點通乙級檢定用書上市以來屢創銷售佳績，獲得各界的支持，作者團隊在此鄭重感謝各界先進、教授、技師、專家學者、講師與愛用讀者的肯定。本書於 107 年第一版上市至今各界不斷給予寶貴的回饋與指正，我們虛心接受各界批評指教與建議，為了能更貼近讀者需求，針對內容做了全新的修正，也誠摯的向讀者們說聲感謝！

　　110 年起全面採用電腦上機作答，測驗時間由檢定單位寄發准考證為準，學科由電腦直接點選答案線上作答，術科則改為線上直接以滑鼠點選/拖拉答案的方式作答，考試的題型也修改為是非題、選擇題、配合題、填空題、排序題、連連看及計算題。因應新版考試方式修正內容，包括：

一、 學科部分：勞動部學科以公告最新學科試題約 1,300 餘題為出題範圍，新版將最新修訂之學科試題做逐題詳解，解析的程度皆完整收錄及詳細解析，不僅有助考生通過學科，更可以當成新型態電腦測驗的術科題目練習依據，目的是希望讀者可以完全理解、融會貫通。

二、 納入最新的法規修正：增加最新職安衛相關法規與時俱進，新增法規不但常常是考試重點，更常是回答題目的根源，答題時要以最新的法規為準，才不會白白錯失分數。例如近年推行之 ISO 45001 職業安全衛生管理系統在新版電腦測驗的術科考試中出現多次，本書也將收錄這類考試方向，期盼對讀者而言，本書不僅僅是一本考試書，更是一本有用的工具書。

三、 術科試題更新：本版納入最新的術科測驗考題及參考解答，經由各梯次參加過電腦測驗的考生們回饋的考題，作者群將之蒐集並逐題解析，此外本書除了解析之外在內容完整性的部分也將解題技巧運用「魔法棒一點通口訣、提示與解說」，讓內容更臻完善。

四、 計算機操作：本版仍保留了十分受到讀者肯定的計算題章節，納入理論公式與計算機操作，不僅蒐羅最新考試的計算題型，也盡量以新的測驗介面作為解說，考試時才不會臨場緊張慌亂而失誤。

職安法規及資訊更新迅速，**職安一點通**由多位專業作者共同編撰，秉持要將最完整最正確的資訊呈現給讀者，惟每年增訂的內容造成書籍沉重讓讀者負擔加深、望而生畏，因此職安一點通提供加量不加價的書籍，配合「職安一點通服務網（www.osh-soeasy.com）」，以期提供讀者更完整的職安衛資訊、法規公告、講座分享、最新的修訂勘誤與活動內容等。更早期之學術科試題及解析皆置放於職安一點通服務網-考古題下載區（www.osh-soeasy.com/exam）供讀者下載，歡迎隨時多加利用。

撰寫過程秉持兢兢業業、不敢大意的態度，但疏漏難免，本書之中若有錯誤或不完整之處，請各位讀者多多包涵並繼續提供指正，提供建議予出版社或作者群，在此致上十二萬分的感謝！

職業安全衛生管理的考試範圍廣泛，也常讓人感到無所適從，但只須掌握 80/20 原則，利用有效率的讀書方法掌握住 80% 的考試重點，考試絕對可以迎刃而解。謹在此以「有心」、「用心」、「決心」、「專心」、「細心」五心共勉讀者、考生朋友們，願心想事成，預祝順利通過考試。

作者群

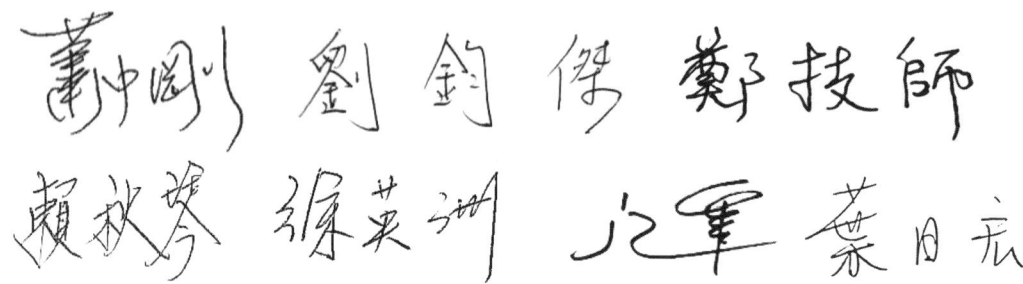

謹誌

> 本書試題為勞動部勞動力發展署技能檢定中心試題，試題版權為原出題著作者所有。

目錄

1 職業安全衛生準備方法與上榜計畫

- 掌握考試方向、知己知彼百戰百勝 1-2
- 加強記憶方法、閉著眼也能寫出來 1-4
- 50天上榜計畫 1-5
- 聰明考生的讀書七方法 1-7
- 善用科技功能、隨時隨地掌握資訊 1-7

2 最新修正之法規重點對照表

- 一、勞工職業災害保險及保護法施行細則（112.12.15 修正）............. 2-2
- 二、性別平等工作法施行細則（113.01.17 修正）............................. 2-2
- 三、工作場所性騷擾防治措施準則（113.01.17 修正）..................... 2-3
- 四、女性勞工母性健康保護實施辦法（113.05.31 修正）................. 2-5
- 五、優先管理化學品之指定及運作管理辦法（113.06.06 修正）...... 2-6
- 六、鉛中毒預防規則（113.06.13 修正）... 2-7
- 七、職業安全衛生設施規則（113.08.01 修正）............................... 2-8

3 職業安全衛生乙級學科試題暨解析

- 3-1 職業安全衛生管理乙級學科試題解析 3-2
  - 工作項目 01：職業安全衛生相關法規 3-2
  - 工作項目 02：職業安全衛生計畫及管理 3-142
  - 工作項目 03：專業課程 3-169
- 3-2 共同科目學科試題（114/01/01 啟用）............................. 3-290
  - 90006 職業安全衛生共同科目 3-290
  - 90007 工作倫理與職業道德共同科目 3-301
  - 90008 環境保護共同科目 3-317
  - 90009 節能減碳共同科目 3-328

A 職業安全衛生管理技能檢定規範

B 職業安全衛生管理參考資料暨相關資源

職業安全衛生
準備方法與上榜計畫

乙級職業安全衛生管理準備與讀書計畫

乙級職業安全衛生管理員的考試於 110 年全面採用電腦化測驗，由於政府持續推動職業安全衛生教育訓練之「訓、考分離」制度，從勞委會改制為勞動部後陸續公告職業安全衛生教育訓練職類之結訓測驗方式，改採技術士技能檢定或管理職類結訓採電腦線上測驗，以強化學員之安全衛生專業知識及技術職類實務操作需求。而現行職業安全衛生訓練由公告結訓方式改變之職類及課程名稱，不僅改變了參訓後的測驗方式及後續將取得資格是證書或證照；也讓業主對承攬商或新聘員工所提出的證書證照資格審查有所判斷依據。

原本勞工安全衛生管理技術士考試從 104 年開始改為職業安全衛生管理技術士考試，從行政院勞動部辦理考試以來，本考科可以說是最多人考的熱門證照，每年約有數萬名考生報名，但是經過統計發現，錄取率約只有 10%上下並不甚高。而勞動部勞動力發展署技能檢定中心 109.10.16 公告「110 年度全國技術士技能檢定實施計畫」針對內容做了部分修正，「110 年度全國技術士技能檢定」預計辦理三梯次 140 職類，其中，「職業安全衛生管理」職類，自 110 年起，學、術科測試全面改採「電腦測試」，「職業安全管理」、「職業衛生管理」二職類未來也預計更改。面對這樣非常大的改變，要如何準備、如何上手，此篇章將針對乙級技術士的考試重點娓娓道來。

根據作者多年來輔導學生及教學的經驗統計，大部分的考生落榜原因有三：

1. 工作忙碌無暇準備唸書：本考科是相當著重記憶與理解的科目，因此沒有時間讀書的考生甚至直接缺考，因此本章後面規劃考前 50 天讀書計畫表，方便工作忙碌的考生按進度準備。

2. 法規與條文架構不清：職安相關的法條實在太多且更新太快，每年都有數個法規修改，讀起來吃力且沒有系統，因此本書從最重點之常考考題切入，將法條條列化方便條列式記憶背誦，快速掌握得分關鍵。

3. 計算題公式不熟且不知其應用方式：計算題也是許多考生最頭痛之處，面對複雜且看起來困難的公式要如何應用於題目上呢？本書特別規劃獨一無二的專屬計算題章節，您如果對計算題不熟可直接針對各式題型做練習，把握住每次都會出現的計算考題。

以下提供五大獨門秘招提供給考生準備參考：

掌握考試方向、知己知彼百戰百勝

1. 檢定方式：分為「學科測試」與「術科測試」兩階段完成。

    (一) 學科測試：採電腦測驗方式，並以電腦閱卷（單選題 60 題，每題 1 分；複選題 20 題，每題 2 分，答錯不倒扣），測驗時間為 100 分鐘。測驗項目包

chapter 1 職業安全衛生準備方法與上榜計畫

括：職業安全衛生相關法規（16 項規則）、職業安全衛生計畫及管理（包含 4 項技能）、專業課程（包含 20 項技能）等 3 項。

(二) 術科測試：採「電腦測試」方式，測驗時間為 100 分鐘。測驗項目包括：職業安全衛生相關法規、職業安全衛生計畫及管理、專業課程等 3 項。

2. 根據近年來技術士的考試，除了從命題大綱掌握之外，題型的內容不外乎基本題、進階題、職業災害題、計算題與新法規題目。而新世代的電腦化測驗，更著重於填空題的作答，其他還包含配合題、連連看、以及計算題也從原本完全自由發揮手寫計算改成依照電腦格式作答，利用電腦的計算機及小畫家來計算出答案。其中基本題是考生必拿的分數，都是從最基本必須掌握的重點法規如職業安全衛生法及其施行細則、職業安全衛生設施規則、營造安全衛生設施標準、職業安全衛生管理辦法、職業安全衛生教育訓練規則等法規之內容出現。新增或修訂法規是指考試近期內有修改的法規，因為職安所涉及之法規眾多，且修訂快速，因此也更有可能出現近期內有修改之新規定。考生在準備時，可由全國法規資料庫查詢最近有修正之規定，尤其內容之數字有更動之部分更要牢記，其中可以發現法規佔新式考試將近 6 成以上。

3. 法規的數字記憶繁瑣，可以搭配本書之《職安一點通服務網》（https://www.osh-soeasy.com/）使用，上方有練習卷可以供考生自我填答練習，除此之外更可以搭配由碁峰資訊出版之《職安法規隨身讀》套書，不僅將法規數字轉為阿拉伯數字方便記憶，將法規的關鍵內容挖空，更容易記憶關鍵字。

圖 1　職安法規隨身讀示意

> **第 37 條** ★★★
>
> 雇主設置之_____，應依下列規定：
> 一、具有_____之構造。
> 二、應等間隔設置_____。
> 三、踏條與牆壁間應保持_____以上之淨距。
> 四、應有_____之措施。
> 五、不得有妨礙工作人員通行之_____。
> 六、平台用漏空格條製成者，其縫間隙不得超過_____；超過時，應裝置鐵絲網防護。
> 七、梯之頂端應突出板面_____以上。
> 八、梯長連續_____時，應每隔_____以下設一平台，並應於距梯底_____以上部分，設置_____或其他保護裝置。但符合下列規定之一者，不在此限：

圖 2　職安法規模擬試卷

4. 每梯次至少會出一題計算題考題，而計算題只要按照題目所述，按部就班把公式帶入、答案數字寫對，就可以取得全部分數，相對的由於是電腦評分，若數字錯誤就會完全失分，則無法像以前評分委員可能酌予給分。乙級計算題題型大約分 11 大類型（職業災害統計、機械設備安全防護、噪音、溫濕環境、通風換氣、有害物容許濃度、火災爆炸預防、採光照明、電氣安全、健康管理及施工架），本書中計算題內容豐富、分類完整，請詳見術科計算題，有助於考生在準備上更加得心應手。

加強記憶方法、閉著眼也能寫出來

面對龐雜的法規與數字，要如何有效的記憶呢？以下提供三個方法給考生讀者參考：

1. 第一是**歸納比較法**，在研讀法規時，必須參照母法及子法（細則），並將相關的法規標記出來（例如寫下此條於細則＃條），且將有相關的規定一併標記整理出來，例如法規職業安全衛生設施規則、營造安全衛生設施標準中可能都提到安全帶，就可以對應了解其相關規定；提到梯子相關規定，則可以參照固定梯、移動梯、合梯等規定。

2. 第二是**表格化的筆記**，在研讀資料時，若能自己繪製整理成表格，不但比較好記憶，甚至於考試時也更能有系統的將答案寫出，將複雜的法規中的文字、數字清楚的分類歸納，例如職業安全衛生管理辦法中每種設備與機械檢查之期限都不同，將其化為表格，自己填入數字則可快速比較且有效記憶。

3. 第三是**圖像記憶法**，由於需要記憶的內容有諸多包含數字、距離、長度等關鍵字，可以參考勞動部職業安全衛生署網站（http://www.osha.gov.tw）中的營造安全衛

生設施標準圖解、防墜設施建議圖說等檔案,都可以藉由實際的圖說幫助了解其文字敘述所表達的內容。

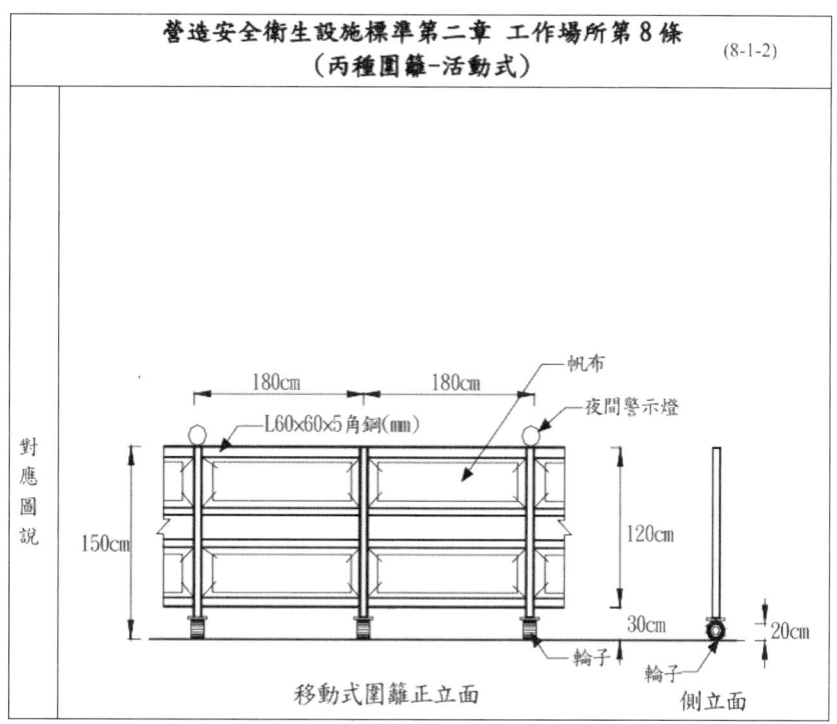

50 天上榜計畫

乙級職業安全衛生管理員的考試範圍可以說是相當廣泛、包山包海,也常造成考生在準備的過程手足無措,不知從何著手起。因此本書規劃此讀書計畫,只要您按照準備日期按部就班準備,一定可在有限的時間內一舉達陣!

使用說明:

1. 職安相關的法規時常更新,且內容繁多本書並未全部含括,因此請考生細讀時,先自行至全國法規資料庫(http://law.moj.gov.tw/)或手邊的最新法規資料參考,並搭配本書使用。

2. 職安考試首重法規內容,因此第一次閱讀準備時需先將重要法規讀熟,本書中收錄之精華考題乃常考之重點,惟只針對題目準備容易見首不見尾,最好了解全盤後再服用本書,可收打通任督二脈之效果。

分類	單元	重要度	準備時間（日）	距離考試倒數
職業安全衛生相關法規	1. 勞動法簡介	★★★	1	50
	2. 職業安全衛生法及其施行細則	★★★★★	4	46
	3. 職業安全衛生設施規則	★★★★★	3	43
	4. 職業安全衛生管理辦法	★★★★★	3	40
	5. 職業安全衛生教育訓練規則	★★★★	2	38
	6. 勞工健康保護規則	★★★★	3	35
	7. 危險性工作場所審查及檢查辦法	★★★★		
	8. 其他職業安全衛生相關法規	★★★		
職業安全衛生計畫及管理	9. 職業安全衛生管理規章	★★★	2	33
	10. 職業安全衛生管理計畫	★★		
	11. 職業安全衛生管理系統	★★★★★	1	32
	12. 勞工健康服務計畫	★★	1	31
	13. 自動檢查計畫	★★★★	1	30
	14. 安全衛生教育訓練計畫	★★	1	29
	15. 安全衛生工作守則	★		
	16. 工作安全分析與安全觀察相關知識	★★★★		
專業課程	17. 組織協調與溝通技巧	★	1	28
	18. 人性管理與自主活動相關知識	★		
	19. 教學技巧相關知識	★		
	20. 職業安全與職業傷害預防概論	★★★★★	3	25
	21. 職業衛生與職業病預防概論	★★★★		
	22. 職業災害調查處理與統計相關法規	★★★	1	24
	23. 安全衛生測定儀器	★★	1	23
	24. 機械、設備或器具安全相關法規	★★★	2	21
	25. 電氣安全相關法規	★★★		
	26. 危害性化學品標示、通識、管制及分級管理相關法規	★★★★	2	19
	27. 個人防護具種類及使用	★★★	3	16
	28. 通風與換氣相關法規規定、工業通風原理	★★★★★		
	29. 危險性機械設備安全管理	★★★	1	15
	30. 物料處置相關法規	★★	1	14

分類	單元	重要度	準備時間（日）	距離考試倒數
	31. 各種急救概念	★★★	1	13
	32. 墜落災害防止相關法規	★★★★	2	11
	33. 火災、爆炸相關知識	★★★	1	10
	34. 物理性危害預防	★★★★	4	6
	35. 化學性危害預防	★★★★		
	36. 人因性危害預防	★★★★		
	37. 異常工作負荷	★★★	1	5
	38. 母性勞工健康保護	★★		
職業道德	39. 敬業精神	★	1	4
	40. 職業素養	★		
	電腦測驗考古題總複習			3
	金榜題名			

聰明考生的讀書七方法

1. 不熬夜讀書，養成每天讀書定時定量的習慣。

2. 每次讀書時，複習一下前次讀過的內容。

3. 將最新法規資料備於手邊，搭配精華重點參酌。

4. 重點數字記不住，可另外寫筆記關鍵字記憶法。

5. 讀書最忌見樹不見林，必須有效掌握整體之架構樹狀學習。

6. 可應用三字訣（認知、評估、控制），四字訣 P、D、C、A（規劃、執行、檢核、行動）或五字訣（人、機、料、法、環），搭配每個單元的重點學習。

7. 不輕言放棄，每天讀一點，且最重要是記得報名考試！

善用科技功能、隨時隨地掌握資訊

1. 善用職安一點通服務網（www.osh-soeasy.com）：每年增訂的內容給讀者最完整的職安衛資訊、法規公告、講座分享、最新的修訂勘誤與活動內容等。舊制考試的學術科試題還是有參考與練習價值，我們皆將學術科試題及解析皆置放於職安一點通服務網—考古題下載區（www.osh-soeasy.com/exam）供考生下載，歡迎多加利用。

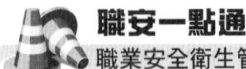

2. 加入社團群組：現今資訊科技如此發達，建議讀者考生可以加入 Line 以及臉書相關職業安全衛生社團（如 Hsiao 的工安部屋家族、sherry blog、職業安全衛生工作/考試論壇等社團）、以及社群軟體中的職業安全衛生實務分享群、或是考試準備群組，方便接收到最新修法之訊息以及考情分享，也會有許多先進一同討論職安技術士或各式高普考、專技高考、研究所等考題，同時可以掌握時勢脈動，不失為一個準備考試的好方法。

3. 相關資料法規帶著走：隨時將最新的職安相關法規（可以參考職安一點通服務網（www.osh-soeasy.com）—職業安全衛生管理參考資料暨相關資源），或是《職安法規隨身讀》套書，也可以隨時隨地用手機翻閱查找，多看即可多加深印象，在考試時這些基礎都會一點一滴發揮出來的。

職業安全衛生乙級技術士考試其實並不是太難，相信有這些小技巧，再搭配自己的決心與毅力，本書一定可以陪你過關斬將，除了要祝福各位金榜題名外，未來在職業安全與衛生的領域也能夠一同奮鬥，共同為職業安全與衛生把關，創造更安全、友善、健康的工作環境。

chapter

2

最新修正之法規重點對照表

【新修訂法規經常是考試重點,請讀者務必多留意】

一、勞工職業災害保險及保護法施行細則
（修正公告日期：112 年 12 月 15 日）

　　勞工職業災害保險及保護法施行細則（以下簡稱本細則）依勞工職業災害保險及保護法（以下簡稱本法）第 108 條規定授權，自 111 年 3 月 11 日訂定發布，並自同年 5 月 1 日施行。為因應相關實務作業，以增進被保險人及投保單位權益，爰修正本細則部分條文，其修正要點如下：

（一）查巷弄長照站及社區關懷據點係依長期照顧相關計畫設置之據點，且長期照顧服務為社會福利服務之一環，爰為因應勞工之工作安全保障需求，修正僱用人員辦理中央或地方政府社會福利服務事務之村（里）辦公處，為本法第 6 條第 1 項第 1 款所定之雇主。（修正條文第 6 條）

（二）為使投保單位辦理投保、退保及轉保手續之程序明確，酌修文字並定明郵寄方式之申報日期。（修正條文第 12 條）

（三）查全民健康保險法第 21 條第 2 項規定略以，被保險人之投保金額，不得低於其勞工退休金月提繳工資及參加其他社會保險之投保薪資。考量衛生福利部中央健康保險署每年均已定期比對全民健康保險投保金額及勞工職業災害保險投保薪資，為簡化行政流程，爰予修正相關文字。（修正條文第 26 條）

（四）定明本法第 62 條第 1 項所定職業災害預防及重建經費編列之計算基礎與撥付及年度執行賸餘繳還程序。（修正條文第 82-1 條）

（五）定明本次修正條文自發布日施行。（修正條文第 90 條）

說明／網址	RQ CODE
勞工職業災害保險及保護法施行細則修正條文對照表 https://law.moj.gov.tw/LawClass/LawGetFile.ashx?FileId=0000356962&lan=C&type=1&date=20231215	

二、性別平等工作法施行細則
（修正公告日期：113 年 01 月 17 日）

　　性別工作平等法施行細則（以下簡稱本細則）自 91 年 3 月 6 日發布施行後，期間歷經 6 次修正，最近一次修正發布日期為 111 年 1 月 18 日。配合性別工作平等法於 112 年 8 月 16 日修正公布，名稱修正為「性別平等工作法」（以下簡稱本法），本次將本細則名稱修正為「性別平等工作法施行細則」。另為保障受僱者或求職者之申訴權益，以遏阻性騷擾事件發生，爰修正本細則部分條文，其修正要點如下：

(一) 配合本法第5條有關性別平等工作會組成代表之規定，自113年3月8日施行，基於實務需求，定明各級主管機關性別平等工作會改聘（派）之過渡規定。修正條文第1-1條）

(二) 配合本法強化工作場所性騷擾防治之規定，增訂「共同作業」、「持續性性騷擾」之定義，及雇主「知悉」性騷擾時點之意涵。（修正條文第4-2條）

(三) 定明雇主接獲申訴及調查認定屬性騷擾案件之處理結果，均應通知被害人勞務提供地之直轄市或縣（市）主管機關。（修正條文第4-3條）

(四) 雇主、受僱者或求職者如有不服中央主管機關性別平等工作會依本法第34條第2項規定所為之審定，定明其後續救濟途徑。（修正條文第4-4條）

(五) 配合本法修正之施行日期，定明本細則之施行日期。（修正條文第15條）

說明／網址	QR CODE
性別工作平等法施行細則部分條文修正條文對照表 https://law.moj.gov.tw/LawClass/LawGetFile.ashx?FileId=0000359739&lan=C&type=1&date=20240117	

三、工作場所性騷擾防治措施準則（修正公告日期：113年01月17日）

工作場所性騷擾防治措施申訴及懲戒辦法訂定準則（以下簡稱本準則）自91年3月6日訂定發布後，期間歷經4次修正，最近一次修正發布日期為109年4月6日。

性別工作平等法於112年8月16日修正公布，名稱修正為「性別平等工作法」，依性別平等工作法第13條第1項規定「雇主應採取適當之措施，防治性騷擾之發生，並依下列規定辦理：（一）僱用受僱者10人以上未達30人者，應訂定申訴管道，並在工作場所公開揭示。（二）僱用受僱者30人以上者，應訂定性騷擾防治措施、申訴及懲戒規範，並在工作場所公開揭示。同條第6項規定「雇主依第1項所為之防治措施，其內容應包括性騷擾樣態、防治原則、教育訓練、申訴管道、申訴調查程序、應設申訴處理單位之基準與其組成、懲戒處理及其他相關措施；其準則，由中央主管機關定之。」，爰修正本準則，並將名稱修正為「工作場所性騷擾防治措施準則」，其修正要點如下：

(一) 增訂僱用受僱者10人以上未達30人之雇主，應設置申訴管道並公開揭示。（修正條文第2條）

（二）定明僱用受僱者 30 人以上之雇主應訂定性騷擾防治措施、申訴及懲戒規範，以及規範之內容應包括之事項；僱用受僱者未達 30 人之雇主，得參照辦理。（修正條文第 3 條）

（三）增訂政府機關（構）、學校、各級軍事機關（構）、部隊、行政法人及公營事業機構於訂定性騷擾防治措施、申訴及懲戒規範時，明定申訴人為公務人員、教育人員或軍職人員之申訴及處理程序。（修正條文第 4 條）

（四）增訂工作場所性騷擾之調查及認定得綜合審酌之情形。（修正條文第 5 條）

（五）依雇主「因接獲申訴」及「非因接獲申訴」而知悉性騷擾之情形，分別定明雇主所應採取之立即有效之糾正及補救措施；增訂僱用受僱者 500 人以上之雇主，因申訴人或被害人之請求，應提供心理諮商協助最低次數之依據。（修正條文第 6 條）

（六）增訂被害人及行為人分屬不同事業單位時，被害人及行為人之雇主於知悉性騷擾之情形時，均應採取立即有效之糾正及補救措施，並應通知他方共同協商解決或補救辦法。（修正條文第 7 條）

（七）為預防工作場所性騷擾之發生，定明一定規模以上之雇主，應實施防治性騷擾之教育訓練，以及優先實施之對象。（修正條文第 9 條）

（八）為保護性騷擾事件當事人與受邀協助調查之個人隱私，並考量相關證據保全之重要性，定明雇主或參與性騷擾申訴事件之處理、調查及決議人員，對相關資料應予保密，並善盡證據保全義務。（修正條文第 10 條）

（九）強化多元申訴管道之建立，以暢通性騷擾申訴管道，及定明雇主接獲申訴時，應按中央主管機關規定之內容及方式，通知地方主管機關。（修正條文第 11 條）

（十）增訂符合一定規模之雇主，於處理性騷擾申訴事件時，應設申訴處理單位，以及其組成成員與性別比例之規定。（修正條文第 12 條）

（十一）增訂僱用受僱者 100 人以上之雇主，於調查性騷擾申訴事件時，應組成申訴調查小組調查之，其成員應有具備性別意識之外部專業人士，並得自中央主管機關建立之工作場所性騷擾調查專業人才資料庫遴選之。（修正條文第 13 條）

（十二）增訂性騷擾申訴事件調查之結果應包括之事項及後續處理程序。（修正條文第 14 條）

（十三）增訂參與性騷擾申訴事件之處理、調查及決議人員之迴避原則。（修正條文第 15 條）

(十四) 增訂申訴處理單位或調查小組召開會議時,應給予當事人充分陳述意見及答辯機會,並避免重複詢問。(修正條文第 16 條)

(十五) 增訂申訴處理單位應參考申訴調查小組所為調查結果處理之,並應為附理由之決議。(修正條文第 17 條)

(十六) 定明雇主未處理或不服被申訴人之雇主所為調查或懲戒結果,以及雇主未盡防治義務時,受僱者或求職者得向地方主管機關提起申訴。(修正條文第 18 條)

(十七) 增訂經調查認定性騷擾行為屬實之案件,雇主應將處理結果通知地方主管機關。(修正條文第 19 條)

說明 / 網址	QR CODE
工作場所性騷擾防治措施申訴及懲戒辦法訂定準則修正條文對照表 https://law.moj.gov.tw/LawClass/LawGetFile.ashx?FileId=0000359748&lan=C&type=1&date=20240117	

四、女性勞工母性健康保護實施辦法
(修正公告日期:113 年 05 月 31 日)

依職業安全衛生法第 31 條第 3 項授權訂定之女性勞工母性健康保護實施辦法(以下簡稱本辦法)自 103 年 12 月 30 日訂定發布後,曾於 109 年 9 月 16 日修正發布。本次修正為配合 110 年 12 月 22 日修正發布之勞工健康保護規則有關事業單位應配置勞工健康服務醫護人員之規模,並考量應辦理勞工健康服務之事業單位應依規定實施母性健康保護措施,及「性別工作平等法」於 112 年 8 月 16 日修正公布,名稱修正為「性別平等工作法」,爰修正本辦法部分條文,其修正重點如下:

(一) 配合勞工健康保護規則修正事業單位應配置勞工健康服務醫護人員之規模,修正適用母性健康保護之事業單位範圍。(修正條文第 3 條)

(二) 配合本辦法第 3 條修正應訂定母性健康保護計畫之事業單位範圍。(修正條文第 5 條)

(三) 配合「性別工作平等法」於 112 年 8 月 16 日修正公布,名稱修正為「性別平等工作法」,修正援引之法律名稱。(修正條文第 13 條)

(四) 基於事業單位配合修正條文第 3 條及第 5 條所需之緩衝期,爰定明本辦法修正條文之施行日期。(修正條文第 16 條)

說明 / 網址	QR CODE
女性勞工母性健康保護實施辦法部分條文修正條文對照表 https://law.moj.gov.tw/LawClass/LawGetFile.ashx?FileId=0000369653&lan=C&type=1&date=20240531	

五、優先管理化學品之指定及運作管理辦法（修正公告日期：113年06月06日）

　　優先管理化學品之指定及運作管理辦法（以下簡稱本辦法）自103年12月30日訂定發布後，曾於110年11月5日修正發布。本次修正係為加強掌握廠場化學品運作資訊，考量具有物理性及急毒性等立即性危害且運作達一定數量之化學品，萬一發生事故所影響之範圍及嚴重程度較大，爰增加運作者應報請備查頻率、動態報請備查及強化運作者應報請備查之基本資料等規定，以提升資料之即時性及有效性，並基於行政協助提供相關目的事業主管機關防救災之運用，爰修正本辦法，其修正重點如下：

（一）修正最大運作總量用詞定義，以資明確。（修正條文第3條）

（二）對於運作者勞工人數未滿100人者，縮短其運作優先管理化學品之報請備查期限，並要求運作者應分別將營利事業統一編號及工廠登記編號報請備查，以強化資料勾稽運用。（修正條文第7條、第7條附表四）

（三）依優先管理化學品之危害特性，修正報請備查頻率及增訂動態報請備查之規定。（修正條文第8條、第9條）

（四）刪除運作者未依相關規定報請備查得通知限期補正，屆期未補正者，始處以罰鍰之規定，以強化運作資料報請備查之管理機制。（修正條文第14條）

說明 / 網址	QR CODE
優先管理化學品之指定及運作管理辦法修正條文對照表 https://law.moj.gov.tw/LawClass/LawGetFile.ashx?FileId=0000370036&lan=C&type=1&date=20240606	

六、鉛中毒預防規則
（修正公告日期：113 年 06 月 13 日）

　　依職業安全衛生法第 6 條第 3 項授權訂定之鉛中毒預防規則（以下簡稱本規則）於 63 年 6 月 20 日發布施行，歷經 4 次修正，最近一次修正日期為 103 年 6 月 30 日。本次修正係為提升工程控制源頭品質管理機制，明定局部排氣裝置應由專業人員設計，並強化其設置與維護之管理，另為配合相關法規名稱之修正及強化鉛作業清潔管理等，爰修正本規則部分條文，其修正重點如下：

（一）配合修正本規則所引用法規名稱。（修正條文第 4-1 條）

（二）刪除銀漆作業應設置局部排氣裝置規定。（修正條文第 15 條）

（三）新增局部排氣裝置應設置監測靜壓、流速或其他足以顯示該設備正常運轉之裝置。（修正條文第 26 條）

（四）新增局部排氣裝置應由經訓練合格之專業人員設計，並製作設計報告書與原始性能測試報告書；另明定設計專業人員之資格及訓練課程、時數等規定，以提升人員之設計能力及裝置之性能。（修正條文第 31 條、第 31-1 條）

（五）新增可使用真空除塵機及適當溶液清除鉛塵。（修正條文第 34 條、第 36 條、第 37 條）

（六）明定雇主使勞工從事鉛作業，應指派鉛作業主管。（修正條文第 40 條）

（七）新增禁止勞工將污染後之防護具攜入鉛作業場所以外之處所。（修正條文第 45 條）

（八）考量修正條文第 26 條第 2 項、第 31 條第 2 項至第 5 項及第 31-1 條，需給予雇主一定期間以完備相關工程控制或行政配套措施，爰明定施行日期（修正條文第 50 條）

說明 / 網址	QR CODE
鉛中毒預防規則部分條文修正條文對照表 https://law.moj.gov.tw/LawClass/LawGetFile.ashx?FileId=0000370328&lan=C&type=1&date=20240613	

七、職業安全衛生設施規則
（修正公告日期：113 年 08 月 01 日）

　　職業安全衛生法授權訂定之職業安全衛生設施規則（以下簡稱本規則），於 63 年 10 月 30 日發布施行後，歷經多次修正，最近一次修正發布日期為 111 年 2 月 12 日。鑑於近年來工作場所迭因機械設備操作或工廠鋼構屋頂作業，發生工作者被捲、被撞、被砸、墜落、燙傷等危害，另因應近年來氣候變遷造成極端高溫天氣逐漸頻繁加劇，引發熱危害風險增加，有積極建置多重防護機制之必要，以強化事業單位安全衛生設施及健全工作場所防災作為，有效防止職業災害及保護勞工之身心健康，爰修正本規則部分條文，其修正要點如下：

（一）對於機械、設備及其相關配件之掃除、上油、檢查、修理或調整有導致危害勞工之虞者，及停止運轉或拆修時，有彈簧等彈性元件、液壓、氣壓或真空蓄能等殘壓引起之危險者，應設置相關安全設備及採取危害預防措施。（修正條文第 57 條）

（二）對於具有捲入點之滾軋機，有危害勞工之虞時，應設護圍、導輪或具有連鎖性能之安全防護裝置等設備。（修正條文第 78 條）

（三）為避免車輛系營建機械，因誤操作遭運行中機械撞擊等災害，明定應設置制動裝置及維持正常運作，並使駕駛離開駕駛座時，確實使用該裝置制動；另為避免人員闖入使用車輛系營建機械之作業區域範圍，致被撞等災害，對於使用之車輛系營建機械，應裝設倒車或旋轉之警報裝置，或設置可偵測人員進入作業區域範圍內之警示設備。（修正條文第 119 條）

（四）為避免使用高空工作車從事作業之人員遭受墜落、掉落物或碰撞之危害，應使該高空工作車工作台上之勞工佩戴安全帽及全身背負式安全帶。（修正條文第 128-1 條）

（五）勞工從事金屬之加熱熔融、熔鑄作業時，對於冷卻系統應設置監測及警報裝置，以確保勞工作業安全。（修正條文第 181-1 條）

（六）為保護工廠鋼構屋頂勞工作業安全及避免墜落，增訂於其邊緣及周圍與易踏穿材料屋頂之安全防護設施。（修正條文第 227-1 條）

（七）針對戶外作業熱危害風險達特定等級時，雇主應設置遮陽、降溫設備及適當休息場所。（修正條文第 303-1 條）

說明／網址	QR CODE
職業安全衛生設施規則部分條文修正條文對照表 https://law.moj.gov.tw/LawClass/LawGetFile.ashx?FileId=0000372966&lan=C&type=1&date=20240801	

chapter

職業安全衛生
乙級學科試題暨解析

附註 學科試題皆依照技檢中心公告之資料。惟內容有題目或選項之錯誤,可能造成解析與答案不相符,已於解析中註明,請讀者在術科答題時依照法規之正確內容作答。

3-1 職業安全衛生管理乙級學科試題解析

22200 職業安全衛生管理　乙級

工作項目 01：職業安全衛生相關法規

1. （ 3 ）勞動基準法計算職業災害補償引用「平均工資」一詞，係指災害發生之當日前多久期間內所得工資總額除以該期間之總日數所得之金額？
   ①1個月　②3個月　③6個月　④1年。

   解析 勞動基準法第2條用詞定義：
   平均工資：謂計算事由發生之當日前6個月內所得工資總額除以該期間之總日數所得之金額。工作未滿6個月者，謂工作期間所得工資總額除以工作期間之總日數所得之金額。工資按工作日數、時數或論件計算者，其依上述方式計算之平均工資，如少於該期內工資總額除以實際工作日數所得金額60%者，以60%計。

2. （ 3 ）依勞動基準法規定，勞工每幾日中至少應有一日休息作為例假？
   ①5　②6　③7　④14　日。

   解析 勞動基準法第36條：
   勞工每7日中應有2日之休息，其中1日為例假，1日為休息日。
   雇主有下列情形之一，不受前項規定之限制：
   一、依第30條第2項規定變更正常工作時間者，勞工每7日中至少應有1日之例假，每2週內之例假及休息日至少應有4日。
   二、依第30條第3項規定變更正常工作時間者，勞工每7日中至少應有1日之例假，每8週內之例假及休息日至少應有16日。
   三、依第30-1條規定變更正常工作時間者，勞工每2週內至少應有2日之例假，每4週內之例假及休息日至少應有8日。
   雇主使勞工於休息日工作之時間，計入第32條第2項所定延長工作時間總數。但因天災、事變或突發事件，雇主使勞工於休息日工作之必要者，其工作時數不受第32條第2項規定之限制。

3. （ 1 ）依勞動基準法規定，勞工遭受職業災害後，雇主之職業災害補償原則為下列何者？
   ①不論雇主有無過失責任，均應予以補償
   ②視雇主有無過失決定補償與否
   ③視勞工有無過失決定補償與否
   ④視勞工是否提出要求決定補償與否。

   解析 勞動基準法職業災害補償規定係採雇主無過失補償責任。亦即勞工一旦發生職業災害，無論雇主對於職業災害之發生有無故意或過失，雇主均應支付職業災害補償費用。依勞動基準法第59條規定，勞工因遭遇職業災害而致失能、傷害、疾病或死亡時，雇主應依規定予以補償。另勞工請假規則第6條規定，勞工因職業災害而致失能、傷害或疾病者，其治療、休養期間，給予公傷病假。

4. （ 2 ）依勞動基準法規定，勞工因職業災害死亡，雇主除給與 5 個月平均工資喪葬費外，並應一次給予其遺屬多少個月平均工資之死亡補償？
①30 ②40 ③50 ④60 月。

解析 依勞動基準法第 7 章第 59 條職業災害補償中規定：
勞工因遭遇職業災害而致死亡、失能、傷害或疾病時，雇主應依下列規定予以補償。但如同一事故，依勞工保險條例或其他法令規定，已由雇主支付費用補償者，雇主得予以抵充之：勞工遭遇職業傷害或罹患職業病而死亡時，雇主除給與 5 個月平均工資之喪葬費外，並應一次給與其遺屬 40 個月平均工資之死亡補償。

5. （ 2 ）依勞動基準法規定，勞工遭遇職業災害死亡，其死亡補償受領之遺屬第一順位為下列何者？
①父母 ②配偶及子女 ③祖父母 ④兄弟姊妹。

解析 勞工遭遇職業傷害或罹患職業病而死亡時，雇主除給與 5 個月平均工資之喪葬費外，並應一次給與其遺屬 40 個月平均工資之死亡補償。其遺屬受領死亡補償之順位如下：
一、配偶及子女。
二、父母。
三、祖父母。
四、孫子女。
五、兄弟姐妹。

6. （ 1 ）依勞動基準法施行細則規定，勞工因職業災害死亡，雇主應於幾日內給予其遺屬喪葬費？
①3 ②5 ③10 ④15 日。

解析 勞動基準法施行細則第 33 條：
雇主依勞動基準法第 59 條第 4 款給與勞工之喪葬費應於死亡後 3 日內，死亡補償應於死亡後 15 日內給付。

7. （ 2 ）依勞工請假規則規定，下列何者有誤？
①婚假 8 日工資照給
②養父母喪亡喪假 6 日工資照給
③普通傷病假未住院者 1 年內合計不超過 30 日
④事假不給工資，1 年內合計不超過 14 日。

解析 勞工喪假依下列規定：
一、父母、養父母、繼父母、配偶喪亡者，給予喪假 8 日，工資照給。
二、祖父母、子女、配偶之父母、配偶之養父母或繼父母喪亡者，給予喪假 6 日，工資照給。
三、曾祖父母、兄弟姊妹、配偶之祖父母喪亡者，給予喪假 3 日，工資照給。

8. （ 3 ）依職工福利金條例規定，有關職工福利金之提撥，每月於每個職員工薪資內各扣百分之多少？

①0.1　②0.2　③0.5　④1.0。

解析 工廠礦場或其他企業組織提撥職工福利金，依下列之規定：
一、創立時就其資本總額提撥 1% 至 5%。
二、每月營業收入總額內提撥 0.05% 至 0.15%。
三、每月於每個職員工人薪津內各扣 0.5%。
四、下腳變價時提撥 20% 至 40%。（下腳係指事業單位在營運過程中所殘餘之渣滓、廢料，事業單位無法回收再生，亦不屬於資財範圍，但尚可資為他用，仍變價之物。）
依第 2 款之規定，對於無營業收入之機關，得按其規費或其他收入，比例提撥。
公營事業已列入預算之職工福利金，如不低於第 2 款之規定者，得不再提撥。

9. （ 2 ）依職工福利金條例施行細則規定，工廠或企業組織應將書表送職工福利委員會備查，下列何者有誤？

①每月職員薪津計算表
②每月職工離職統計表
③每月營業收入及其他收入之報告表
④向董事會提出之業務報告書。

解析 依職工福利金條例施行細則第 3 條：
工廠、礦場或其他企業組織，應將下列書表以一份送職工福利委員會備查：
一、每月職員薪津計算表。
二、每月工資報告表。
三、每月營業收入或規費及其他收入之報告表。
四、向董事會提出之業務報告書。
五、向監察人提出之財務狀況報告書。

10. （ 4 ）依勞工保險條例規定，普通事故保險之分類及其給付種類，不包括下列何者？
①生育　②傷病　③失能　④醫療。

解析 依勞工保險條例第 2 條：
勞工保險分下列 2 項：
一、普通事故保險：分生育、傷病、失能、老年及死亡 5 種給付。
二、職業災害保險：分傷病、醫療、失能及死亡 4 種給付。

11. （ 2 ）依勞工保險條例施行細則規定，下列敘述何者有誤？
　　①被保險人因遭遇傷害在請假期間者，不得退保
　　②被保險人離職時，投保單位應於離職第 2 天填具退保申報表送交保險人
　　③保險人應至少每 3 年精算 1 次普通事故保險費率
　　④同時具備參加勞工保險及公教人員保險條件者，僅得擇一參加之。

解析 依照勞工保險條例施行細則第 22 條，被保險人死亡、離職、退會、結（退）訓者，投保單位應於死亡、離職、退會、結（退）訓之當日填具退保申報表送交保險人。

12. （ 4 ）依職業災害勞工保護法規定，因職業災害致喪失全部或部分生活自理能力，確需他人照顧，且未依其他法令規定領取有關補助，得向勞工保險局申請何種補助？
　　①生活津貼　　　　　　　　②殘廢生活津貼
　　③器具補助　　　　　　　　④看護補助。

解析 依職業災害勞工保護法第 8 條：
因職業災害致喪失全部或部分生活自理能力，確需他人照顧，且未依其他法令規定領取有關補助，得請領**看護補助**。

13. （ 1 ）依職業災害勞工保護法規定，因歇業或重大虧損，報經主管機關核定者，雇主得預告終止與職業災害勞工之勞動契約，並應依勞動基準法之規定，發給職業災害勞工何種費用？
　　①資遣費　②慰問金　③生活津貼　④退休金。

解析 歇業或重大虧損，報經主管機關核定者（職業災害勞工保護法第 23 條第 1 款），此時雇主應預告並發給**資遣費**。

14. （ 1 ）依職業災害勞工保護法規定，職業災害未認定前，勞工無法上班時，應如何處理？
　　①先請普通傷病假　　　　　②先以公傷病假處理
　　③先請事假　　　　　　　　④先予留職停薪。

解析 職業災害未認定前，勞工得依勞工請假規則第 4 條規定，**先請普通傷病假**，普通傷病假期滿，雇主應予留職停薪，如認定結果為職業災害，再以公傷病假處理。

3-5

15. （ 2 ）依就業保險法規定，下列何者正確？
    ①已參加公教人員保險者，仍可參加本保險
    ②已領取勞工保險老年給付不得參加本保險
    ③受僱於依法免辦登記且無核定課稅之雇主者，可參加本保險
    ④依法免辦登記且無統一發票購票證之雇主，可參加本保險。

    解析 就業保險法第 5 條：
    年滿 15 歲以上，65 歲以下之下列受僱勞工，應以其雇主或所屬機構為投保單位，參加本保險為被保險人：
    一、具中華民國國籍者。
    二、與在中華民國境內設有戶籍之國民結婚，且獲准居留依法在臺灣地區工作之外國人、大陸地區人民、香港居民或澳門居民。
    前項所列人員有下列情形之一者，不得參加本保險：
    一、依法應參加公教人員保險或軍人保險。
    二、已領取勞工保險老年給付或公教人員保險養老給付。
    三、受僱於依法免辦登記且無核定課稅或依法免辦登記且無統一發票購票證之雇主或機構。
    受僱於 2 個以上雇主者，得擇一參加本保險。

16. （ 3 ）依就業保險法規定，有關保險給付，不包括下列何者？
    ①失業給付　　　　　　　　　②提早就業獎助津貼
    ③職業病生活津貼　　　　　　④育嬰留職停薪津貼。

    解析 依照就業保險法第 10 條：
    本保險之給付，分下列 5 種：
    一、失業給付。
    二、提早就業獎助津貼。
    三、職業訓練生活津貼。
    四、育嬰留職停薪津貼。
    五、失業之被保險人及隨同被保險人辦理加保之眷屬全民健康保險保險費補助。
    前項第 5 款之補助對象、補助條件、補助標準、補助期間之辦法，由中央主管機關定之。

17. （ 4 ）依就業保險法施行細則規定，被保險人請領職業訓練生活津貼，應備具之申請書件，不包括下列何者？
    ①職業訓練生活津貼申請書及給付收據
    ②離職證明書
    ③國民身分證或其他身分證明文件影本
    ④被保險人勞保卡影本。

解析 就業保險法施行細則第 15 條：
被保險人依就業保險法第 11 條第 1 項第 3 款規定請領職業訓練生活津貼者，應備具下列書件：
一、職業訓練生活津貼申請書及給付收據。
二、離職證明書。
三、國民身分證或其他身分證明文件影本。
四、被保險人本人名義之國內金融機構存摺影本。但匯款帳戶與其請領失業給付之帳戶相同者，免附。
五、有扶養眷屬者，應檢附下列證明文件：
　1. 受扶養眷屬之戶口名簿影本或其他身分證明文件影本。
　2. 受扶養之子女為身心障礙者，應檢附社政主管機關核發之身心障礙證明。

18.（ 2 ）下列何者非勞動檢查法明定之立法目的？
　　①貫徹勞動法令之執行　②人力發展　③安定社會　④發展經濟。

解析 勞動檢查法第 1 條：
為實施勞動檢查，貫徹勞動法令之執行、維護勞雇雙方權益、安定社會、發展經濟，特制定本法。

19.（ 3 ）依勞動檢查法規定，由中央主管機關指定為辦理危險性機械或設備檢查之行政機關、學術機構、公營事業機構或非營利法人，係指下列何者？
　　①勞動檢查機構　　　　　　②安全衛生相關團體
　　③代行檢查機構　　　　　　④主管機關。

解析 代行檢查機構：謂由中央主管機關指定為辦理危險性機械或設備檢查之行政機關、學術機構或非營利法人。

20.（ 3 ）下列何者非勞動檢查法明定之勞動檢查事項範圍？
　　①勞動基準法令規定之事項
　　②職業安全衛生法令規定之事項
　　③食品安全衛生法令規定之事項
　　④勞工保險、勞工福利、就業服務及其他相關法令。

解析 勞動檢查法第 4 條：
勞動檢查事項範圍如下：
一、依本法規定應執行檢查之事項。
二、勞動基準法令規定之事項。
三、職業安全衛生法令規定之事項。
四、其他依勞動法令應辦理之事項。

21. （ 4 ）勞動檢查員執行下列何種職務，不得事前通知事業單位？
    ①危險性工作場所審查或檢查　　②危險性機械或設備檢查
    ③職業災害檢查　　　　　　　　④專案檢查。

    解析 勞動檢查法第13條：
    勞動檢查員執行職務，不得事先通知事業單位，但下列事項得事先通知：
    一、勞動檢查法所定危險性工作場所之審查或檢查。
    二、危險性機械或設備檢查。
    三、職業災害檢查。
    四、其他經勞動檢查機構或主管機關核准者。

22. （ 3 ）對於事業單位有違反勞動法令規定之檢查結果，勞動檢查機構應於幾日內以書面通知立即改正或限期改善？
    ①5　②8　③10　④15　日。

    解析 勞動檢查法第25條：
    勞動檢查員對於事業單位之檢查結果，應報由所屬勞動檢查機構依法處理；其有違反勞動法令規定事項者，勞動檢查機構並應於10日內以書面通知事業單位立即改正或限期改善，並副知直轄市、縣（市）主管機關督促改善。對公營事業單位檢查之結果，應另副知其目的事業主管機關督促其改善。
    事業單位對前項檢查結果，應於違規場所顯明易見處公告7日以上。

23. （ 1 ）經勞動檢查機構以書面通知之檢查結果，事業單位應於該違規場所顯明易見處公告幾日以上？
    ①7　②10　③15　④30　日。

    解析 勞動檢查法第25條：
    勞動檢查員對於事業單位之檢查結果，應報由所屬勞動檢查機構依法處理；其有違反勞動法令規定事項者，勞動檢查機構並應於10日內以書面通知事業單位立即改正或限期改善，並副知直轄市、縣（市）主管機關督促改善。對公營事業單位檢查之結果，應另副知其目的事業主管機關督促其改善。
    事業單位對前項檢查結果，應於違規場所顯明易見處公告7日以上。

24. （ 4 ）下列何者不屬於職業安全衛生法所稱之職業災害？
    ①勞工於噴漆時有機溶劑中毒
    ②勞工因工作罹患疾病
    ③勞工為修理機器感電死亡
    ④化學工廠爆炸致居民死傷多人。

解析 職業災害：指因勞動場所之建築物、機械、設備、原料、材料、化學品、氣體、蒸氣、粉塵等或作業活動及其他職業上原因引起之工作者（工作者：指勞工、自營作業者及其他受工作場所負責人指揮或監督從事勞動之人員。）疾病、傷害、失能或死亡。而附近居民不屬於工作者的範圍。

25. (3) 依職業安全衛生法規定，職業災害係工作者於下列何種場所之建築物、機械、設備、原料、材料、化學物品、氣體、蒸氣、粉塵等或作業活動及其他職業上原因引起之疾病、傷害、失能或死亡？
①作業場所　②工作場所　③勞動場所　④活動場所。

解析 依職業安全衛生法第 2 條：
職業災害：指因勞動場所之建築物、機械、設備、原料、材料、化學品、氣體、蒸氣、粉塵等或作業活動及其他職業上原因引起之工作者疾病、傷害、失能或死亡。

26. (3) 職業安全衛生法之中央主管機關為下列何者？
①內政部　②行政院國家永續發展委員會　③勞動部　④衛生福利部。

解析 依職業安全衛生法第 3 條：
本法所稱主管機關：在中央為勞動部；在直轄市為直轄市政府；在縣（市）為縣（市）政府。

27. (3) 依職業安全衛生法規定規避、妨礙或拒絕職業安全衛生法規定之檢查、調查，處新臺幣多少元罰鍰？
①3 萬元以上 15 萬元以下　②30 萬元以上 300 萬以下
③3 萬元以上 30 萬元以下　④6 萬元以上 30 萬元以下。

解析 有規避、妨礙或拒絕職業安全衛生法規定之檢查、調查、抽驗、市場查驗或查核情形者，處新臺幣 3 萬元以上 30 萬元以下罰鍰。

28. (1) 依職業安全衛生法規定，雇主設置下列何種機械應符合中央主管機關所定防護標準？
①動力衝剪機械　②起重機　③升降機　④吊籠。

解析 職業安全衛生法第 7 條：
製造者、輸入者、供應者或雇主，對於中央主管機關指定之機械、設備或器具，其構造、性能及防護非符合安全標準者，不得產製運出廠場、輸入、租賃、供應或設置。
上條之指定之機械、設備或器具在細則第 12 條中規定：
本法第 7 條第 1 項所稱中央主管機關指定之機械、設備或器具如下：

一、動力衝剪機械。
二、手推刨床。
三、木材加工用圓盤鋸。
四、動力堆高機。
五、研磨機。
六、研磨輪。
七、防爆電氣設備。
八、動力衝剪機械之光電式安全裝置。
九、手推刨床之刃部接觸預防裝置。
十、木材加工用圓盤鋸之反撥預防裝置及鋸齒接觸預防裝置。
十一、其他經中央主管機關指定公告者。

29.（2）下列有關職業安全衛生法規之敘述何者正確？
　　①勞工保險條例之主管機關已配合全民健康保險之開辦，移由衛生福利部主管
　　②工作場所建築物應依建築法規及職業安全衛生法規之相關規定設計
　　③為規定勞動條件最低標準，保障勞工權益，加強勞雇關係，促進社會與經濟發展，特訂定職業安全衛生法
　　④危險性工作場所審查暨檢查辦法係依職業安全衛生法訂定。

解析 ①勞工保險之主管機關：在中央為勞動部；在直轄市為直轄市政府。
③應為勞動基準法。
④危險性工作場所審查及檢查辦法依勞動檢查法第26條第2項規定訂定之。

30.（3）依職業安全衛生法規定，在高溫場所工作之勞工，雇主不得使其每日工作時間超過多少小時？　①4　②5　③6　④7　小時。

解析 職業安全衛生法第19條：
在高溫場所工作之勞工，雇主不得使其每日工作時間超過6小時；異常氣壓作業、高架作業、精密作業、重體力勞動或其他對於勞工具有特殊危害之作業，亦應規定減少勞工工作時間，並在工作時間中予以適當之休息。

31.（1）依職業安全衛生法規定，僱用勞工時應施行下列何種檢查？
　　①體格檢查　　　　　　　②定期健康檢查
　　③特殊健康檢查　　　　　④其他經中央主管機關指定之健康檢查。

解析 雇主於僱用勞工時，應施行**體格檢查**，在職勞工則進行健康檢查。

32. （ 3 ）依職業安全衛生法規定，經中央主管機關指定具有危險性之機械或設備操作人員，雇主應僱用經中央主管機關認可之訓練或經技能檢定合格之人員充任之，如違反者雇主應受何種處罰？
①處新台幣 3 仟元以下罰鍰
②處新台幣 3 萬元以上 6 萬元以下罰鍰
③處新台幣 3 萬元以上 30 萬元以下罰鍰
④處一年以下有期徒刑、拘役、科或併科新台幣 9 萬元以下罰鍰。

解析 職業安全衛生法第 43 條：
有下列情形之一者，處新臺幣 3 萬元以上 30 萬元以下罰鍰：違反 24 條之規定者（無具有危險性之機械或設備操作人員）。

33. （ 2 ）依職業安全衛生法令規定，固定式起重機吊升荷重至少在多少公噸以上者，須由接受中央主管機關認可之訓練或經技能檢定合格人員擔任操作人員？
①1　②3　③5　④10。

解析 職業安全衛生教育訓練規則第 12 條：
雇主對擔任下列具有危險性之機械操作之勞工，應於事前使其接受具有危險性之機械操作人員之安全衛生教育訓練：
一、吊升荷重在 3 公噸以上之固定式起重機或吊升荷重在 1 公噸以上之斯達卡式起重機操作人員。
二、吊升荷重在 3 公噸以上之移動式起重機操作人員。
三、吊升荷重在 3 公噸以上之人字臂起重桿操作人員。
四、導軌或升降路之高度在 20 公尺以上之營建用提升機操作人員。
五、吊籠操作人員。
六、其他經中央主管機關指定之人員。

34. （ 2 ）某工程由甲營造公司承建，甲營造公司再將其中之施工架組配及拆除交由乙公司施作，則甲公司就職業安全衛生法而言是何者？
①業主　②原事業單位　③承攬人　④再承攬人。

解析 職業安全衛生法第 25 條：
事業單位以其事業招人承攬時，其承攬人就承攬部分負本法所定雇主之責任；原事業單位就職業災害補償仍應與承攬人負連帶責任。再承攬者亦同。
原事業單位違反本法或有關安全衛生規定，致承攬人所僱勞工發生職業災害時，與承攬人負連帶賠償責任。再承攬者亦同。
承攬關係乃以民法之規定為依據，依照民法第 490 條規定「稱承攬者，謂當事人約定，一方為他方完成一定之工作，他方俟工作完成，給付報酬之契約。」而雙方均有依約履行契約之義務，但此種契約在二者間並不具從屬關係。

35. (2) 依職業安全衛生法規定，事業單位以其事業之全部或一部分交付承攬時，事前告知之事項未包括下列何者？
①其事業工作環境　　　　　　　　②人員薪資
③危害因素　　　　　　　　　　　④有關安全衛生規定應採取之措施。

解析
依職業安全衛生法第 26 條：
事業單位以其事業之全部或一部分交付承攬時，應於事前告知該承攬人有關其**事業工作環境、危害因素暨本法及有關安全衛生規定應採取之措施**。
承攬人就其承攬之全部或一部分交付再承攬時，承攬人亦應依前項規定告知再承攬人。

36. (3) 依職業安全衛生法規定，事業單位與承攬人、再承攬人分別僱用勞工共同作業時，應由何者指定工作場所負責人，擔任統一指揮及協調工作？
①承攬人　②再承攬人　③原事業單位　④檢查機構。

解析
職業安全衛生法第 27 條：
事業單位與承攬人、再承攬人分別僱用勞工共同作業時，為防止職業災害，**原事業單位應採取下列必要措施：**
一、設置協議組織，並指定工作場所負責人，擔任指揮、監督及協調之工作。
二、工作之連繫與調整。
三、工作場所之巡視。
四、相關承攬事業間之安全衛生教育之指導及協助。
五、其他為防止職業災害之必要事項。
事業單位分別交付 2 個以上承攬人共同作業而未參與共同作業時，應指定承攬人之一負前項原事業單位之責任。

37. (4) 依職業安全衛生法規定，17 歲男性工作者可從事下列何種工作？
①坑內工作　　　　　　　　　　　②處理易燃性物質
③有害輻射散布場所　　　　　　　④有機溶劑作業。

解析
依職業安全衛生法第 29 條規定：
雇主不得使未滿 18 歲者從事下列危險性或有害性工作：
一、坑內工作。
二、處理爆炸性、易燃性等物質之工作。
三、鉛、汞、鉻、砷、黃磷、氯氣、氰化氫、苯胺等有害物散布場所之工作。
四、有害輻射散布場所之工作。
五、有害粉塵散布場所之工作。
六、運轉中機器或動力傳導裝置危險部分之掃除、上油、檢查、修理或上卸皮帶、繩索等工作。
七、超過 220 伏特電力線之銜接。
八、已熔礦物或礦渣之處理。
九、鍋爐之燒火及操作。
十、鑿岩機及其他有顯著振動之工作。

十一、一定重量以上之重物處理工作。
十二、起重機、人字臂起重桿之運轉工作。
十三、動力捲揚機、動力運搬機及索道之運轉工作。
十四、橡膠化合物及合成樹脂之滾輾工作。
十五、其他經中央主管機關規定之危險性或有害性之工作。
前項危險性或有害性工作之認定標準，由中央主管機關定之。

38. （1）依職業安全衛生法規定，雇主不得使分娩後未滿 1 年女性勞工從事下列何種危險性或有害性工作？
①礦坑工作　　　　　　　　　②異常氣壓工作
③起重機運轉工作　　　　　　④有害輻射散布場所之工作。

解析 雇主不得使分娩後未滿 1 年女性勞工從事下列工作：

工作別	危險性或有害性之場所或作業
一、礦坑工作。	從事礦場地下礦物試掘、採掘之作業。
二、鉛及其化合物散布場所之工作。	下列鉛作業場所之作業： 一、鉛之冶煉、精煉過程中，從事焙燒、燒結、熔融或處理鉛、鉛混存物、燒結礦混存物和清掃之作業。 二、含鉛重量在 3% 以上之銅和鋅之冶煉、精煉過程中，當轉爐連續熔融作業時，從事熔融及處理煙灰和電解漿泥和清掃之作業。 三、鉛蓄電池和鉛蓄電池零件之製造、修理和解體過程中，從事鉛、鉛混存物等之熔融、鑄造、研磨、軋碎、熔接、熔斷、切斷之作業，及清掃該作業場所之作業。 四、含鉛、鉛塵設備內部之作業。 五、將粉狀之鉛、鉛混存物或燒結礦混存物等倒入漏斗，有鉛塵溢漏情形之作業。 六、工作場所空氣中鉛及其化合物濃度，超過 0.025 mg/m³ 規定值之作業。
三、鑿岩機及其他有顯著振動之工作	從事鑿岩機、鏈鋸、鉚釘機（衝程 70 公厘以下、重量 2 公斤以下者除外）及夯土機等有顯著振動之作業。
四、一定重量以上之重物處理工作	從事重物處理作業，其重量為下表之規定值以上者。但經醫師評估能負重者，不在此限。 	重量 作業別	規定值（公斤）
---	---	---
	分娩未滿 6 個月者	分娩滿 6 個月但未滿 1 年者
斷續性作業	15	30
持續性作業	10	20	
五、其他經中央主管機關規定之危險性或有害性之工作	

39. （ 3 ）依職業安全衛生法規定，有關職業安全衛生諮詢會之敘述，下述何者正確？
①置委員 7 人至 12 人　　　②委員任期 3 年
③由中央主管機關召開　　　④由各公（協）會團體推派代表組成。

解析 職業安全衛生法施行細則第 45 條：
職業安全衛生法第 35 條所定職業安全衛生諮詢會，置委員 9 人至 15 人，任期 2 年，由**中央主管機關**就勞工團體、雇主團體、職業災害勞工團體、有關機關代表及安全衛生學者專家遴聘之。

40. （ 4 ）依職業安全衛生法規定，事業單位工作場所如發生職業災害，應由下列何者會同勞工代表實施調查、分析及作成紀錄？
①勞動檢查機構　②警察局　③縣市政府　④雇主。

解析 職業安全衛生法第 37 條：
事業單位工作場所發生職業災害，**雇主應即採取必要之急救、搶救等措施，並會同勞工代表實施調查、分析及作成紀錄。**

41. （ 1 ）依職業安全衛生法規定，中央主管機關指定之事業，雇主應多久填載職業災害統計，報請勞動檢查機構備查？
①每月　②每三個月　③每半年　④每年。

解析 依據職業安全衛生法第 38 條及其施行細則第 51 條之規定：勞工人數在 50 人以上之事業；或僱用勞工人數未滿 50 人之事業，經中央主管機關指定，並由勞動檢查機構函知者，應依規定填載職業災害內容及統計，按月報請勞動檢查機構備查，並公布於工作場所。

42. （ 4 ）勞工如發現事業單位違反有關安全衛生之規定時，依職業安全衛生法規定，其申訴對象不包括下列何者？
①雇主　②主管機關　③檢查機構　④目的事業主管機關。

解析 職業安全衛生法第 39 條：
工作者發現下列情形之一者，得向**雇主、主管機關或勞動檢查機構**申訴：
一、事業單位違反本法或有關安全衛生之規定。
二、疑似罹患職業病。
三、身體或精神遭受侵害。
主管機關或勞動檢查機構為確認前項雇主所採取之預防及處置措施，得實施調查。
前項之調查，必要時得通知當事人或有關人員參與。
雇主不得對第 1 項申訴之工作者予以解僱、調職或其他不利之處分。

43. (2) 依職業安全衛生法規定，下列何種情形得處 3 年以下有期徒刑？
    ①雇主僱用勞工時未施行體格檢查
    ②鍋爐使用超過規定期間，未經再檢查合格而繼續使用致發生勞工死亡之職業災害
    ③未設置安全衛生組織或管理人員
    ④未對勞工施以從事工作所必要之安全衛生教育訓練。

    解析 職業安全衛生法第 40 條：
    違反第 6 條第 1 項（違反雇主對下列事項應有符合規定之必要安全衛生設備及措施）或第 16 條第 1 項（違反雇主對於經中央主管機關指定具有危險性之機械或設備，非經勞動檢查機構或中央主管機關指定之代行檢查機構檢查合格，不得使用；其使用超過規定期間者，非經再檢查合格，不得繼續使用。）之規定，致發生第 37 條第 2 項第 1 款之災害者，處 3 年以下有期徒刑、拘役或科或併科新臺幣 30 萬元以下罰金。
    法人犯前項之罪者，除處罰其負責人外，對該法人亦科以前項之罰金。

44. (4) 職業安全衛生法規所稱重傷之災害，指造成罹災者肢體或器官嚴重受損，危及生命或造成其身體機能嚴重喪失，且住院治療連續達幾小時以上？
    ①4　②8　③12　④24。

    解析 重傷之災害，指造成罹災者肢體或器官嚴重受損，危及生命或造成其身體機能嚴重喪失，且須住院治療連續達 24 小時以上之災害者。

45. (3) 下列何種法律未規定承攬作業有關事項？
    ①職業安全衛生法　　　　　②職業災害勞工保護法
    ③勞工保險條例　　　　　　④勞動基準法。

    解析 職業安全衛生法、職業災害勞工保護法以及勞動基準法中都有提到承攬作業管理的事項。
    職業安全衛生法第 25 條：
    事業單位以其事業招人承攬時，其承攬人就其承攬部分負職業安全衛生法所定雇主之責任；原事業單位就職業災害補償仍應與承攬人負連帶責任。再承攬者亦同。
    勞動基準法第 62 條：
    事業單位以其事業招人承攬，如有再承攬時，承攬或中間承攬人，就該承攬部分所使用之勞工，均應與最後承攬人，連帶負雇主應負職業災害補償之責任。
    職業災害勞工保護法第 31 條：
    事業單位以其工作交付承攬者，承攬人就承攬部分所使用之勞工，應與事業單位連帶負職業災害補償之責任。再承攬者，亦同。

46. （ 4 ）某縣有一事業單位因違反職業安全衛生法規，經勞動部予以罰鍰處分，該事業單位如有不服，得依法向下列何機關提起訴願？
①當地縣政府　②所在地之法院　③勞動部　④行政院。

解析 不服處分者，依訴願法第 14 條及第 58 條規定，於本處分書送達次日起 30 日內，檢附訴願書及處分書影本向勞動部職業安全衛生署遞送（以實際收受訴願書之日期為準，而非投郵日），經勞動部陳轉訴願管轄機關行政院提起訴願。

47. （ 4 ）於勞動契約存續中，由雇主所提示，使勞工履行契約提供勞務之場所，為職業安全衛生法施行細則所稱之何種場所？
①職業場所　②工作場所　③作業場所　④勞動場所。

解析 職業安全衛生法施行細則第 5 條：
本法第 2 條第 5 款、第 36 條第 1 項及第 37 條第 2 項所稱勞動場所，包括下列場所：
一、於勞動契約存續中，由雇主所提示，使勞工履行契約提供勞務之場所。
二、自營作業者實際從事勞動之場所。
三、其他受工作場所負責人指揮或監督從事勞動之人員，實際從事勞動之場所。

48. （ 1 ）職業安全衛生設施規則所稱高壓，其電壓範圍為何？
①超過 600 伏特未滿 22800 伏特　②超過 220 伏特未滿 11400 伏特
③超過 380 伏特未滿 22800 伏特　④超過 440 伏特未滿 34500 伏特。

解析 職業安全衛生設施規則第 3 條：
本規則所稱特高壓，係指超過 22,800 伏特之電壓；高壓，係指超過 600 伏特至 22,800 伏特之電壓；低壓，係指 600 伏特以下之電壓。高壓（超過 600 伏特至 22,800 伏特）供電之用電場所，應置中級電氣技術人員。

49. （ 2 ）依職業安全衛生設施規則規定，特高壓係指超過多少伏特之電壓？
①69000　②22800　③11400　④161000。

解析 職業安全衛生設施規則第 3 條：
本規則所稱特高壓，係指超過 22,800 伏特之電壓；高壓，係指超過 600 伏特至 22,800 伏特之電壓；低壓，係指 600 伏特以下之電壓。高壓（超過 600 伏特至 22,800 伏特）供電之用電場所，應置中級電氣技術人員。

50. （ 2 ）依職業安全衛生設施規則規定，金屬鈉屬於下列何者？
①爆炸性物質　②著火性物質　③易燃液體　④氧化性物質。

解析 職業安全衛生設施規則第 12 條：
本規則所稱著火性物質，指下列危險物：
一、金屬鋰、金屬鈉、金屬鉀。

二、黃磷、赤磷、硫化磷等。
三、賽璐珞類。
四、碳化鈣、磷化鈣。
五、鎂粉、鋁粉。
六、鎂粉及鋁粉以外之金屬粉。
七、二亞硫磺酸鈉。
八、其他易燃固體、自燃物質、禁水性物質。

51. (2) 依職業安全衛生設施規則規定，易燃液體係指閃火點未滿攝氏多少度之物質？
①55　②65　③75　④85。

解析 職業安全衛生設施規則第13條：
本規則所稱易燃液體，指下列危險物：
一、乙醚、汽油、乙醛、環氧丙烷、二硫化碳及其他閃火點未滿攝氏零下30度之物質。
二、正己烷、環氧乙烷、丙酮、苯、丁酮及其他閃火點在攝氏零下30度以上，未滿攝氏0度之物質。
三、乙醇、甲醇、二甲苯、乙酸戊酯及其他閃火點在攝氏0度以上，未滿攝氏30度之物質。
四、煤油、輕油、松節油、異戊醇、醋酸及其他閃火點在攝氏30度以上，未滿攝氏65度之物質。

52. (4) 依職業安全衛生設施規則規定，乙烷屬於下列何者？
①爆炸性物質　②著火性物質　③易燃液體　④可燃性氣體。

解析 職業安全衛生設施規則第15條：
本規則所稱可燃性氣體，指下列危險物：
一、氫。
二、乙炔、乙烯。
三、甲烷、乙烷、丙烷、丁烷。
四、其他於一大氣壓下、攝氏15度時，具有可燃性之氣體。

53. (2) 依職業安全衛生設施規則規定，建築物工作室之樓地板至天花板淨高應在多少公尺以上？
①2　②2.1　③2.8　④3。

解析 職業安全衛生設施規則第25條：
雇主對於建築物之工作室，其樓地板至天花板淨高應在2.1公尺以上。但建築法規另有規定者，從其規定。

54. （ 2 ）依職業安全衛生設施規則規定，室內工作場所之通道，自路面起算多少公尺高度範圍內不得有障礙物？
　　　　①1.8　②2　③2.1　④3。

解析 職業安全衛生設施規則第 31 條：
雇主對於室內工作場所，應依下列規定設置足夠勞工使用之通道：
一、應有適應其用途之寬度，其主要人行道不得小於 1 公尺。
二、各機械間或其他設備間通道不得小於 80 公分。
三、自路面起算 2 公尺高度之範圍內，不得有障礙物。但因工作之必要，經採防護措施者，不在此限。
四、主要人行道及有關安全門、安全梯應有明顯標示。

55. （ 3 ）依職業安全衛生設施規則規定，機械間或其他設備間之通道不得小於多少公分？
　　　　①60　②75　③80　④90。

解析 職業安全衛生設施規則第 31 條：
雇主對於室內工作場所，應依下列規定設置足夠勞工使用之通道：
一、應有適應其用途之寬度，其主要人行道不得小於 1 公尺。
二、各機械間或其他設備間通道不得小於 80 公分。
三、自路面起算 2 公尺高度之範圍內，不得有障礙物。但因工作之必要，經採防護措施者，不在此限。
四、主要人行道及有關安全門、安全梯應有明顯標示。

56. （ 1 ）依職業安全衛生設施規則規定，雇主對室內工作場所通道之設置，下列何者正確？
　　　　①主要人行道寬度不得小於 1 公尺
　　　　②各機械間或其他設備通道寬度不得小於 60 公分
　　　　③自路面算起 3 公尺範圍內不得有障礙物
　　　　④主要人行道應設置緊急呼救設備。

解析 職業安全衛生設施規則第 31 條：
雇主對於室內工作場所，應依下列規定設置足夠勞工使用之通道：
一、應有適應其用途之寬度，其主要人行道不得小於 1 公尺。
二、各機械間或其他設備間通道不得小於 80 公分。
三、自路面起算 2 公尺高度之範圍內，不得有障礙物。但因工作之必要，經採防護措施者，不在此限。
四、主要人行道及有關安全門、安全梯應有明顯標示。

57. （ 2 ）依職業安全衛生設施規則規定，通道傾斜度原則上應在多少度以下？
①20　②30　③40　④50。

解析 職業安全衛生設施規則第36條：
雇主架設之通道及機械防護跨橋，應依下列規定：
一、具有堅固之構造。
二、傾斜應保持在30度以下。但設置樓梯者或其高度未滿2公尺而設置有扶手者，不在此限。
三、傾斜超過15度以上者，應設置踏條或採取防止溜滑之措施。
四、有墜落之虞之場所，應置備高度75公分以上之堅固扶手。在作業上認有必要時，得在必要之範圍內設置活動扶手。
五、設置於豎坑內之通道，長度超過15公尺者，每隔10公尺內應設置平台一處。
六、營建使用之高度超過8公尺以上之階梯，應於每隔7公尺內設置平台一處。
七、通道路用漏空格條製成者，其縫間隙不得超過3公分，超過時，應裝置鐵絲網防護。

58. （ 4 ）依職業安全衛生設施規則規定，固定梯之上端應比所靠之物突出多少公分以上？
①30　②40　③50　④60。

解析 職業安全衛生設施規則第37條：
雇主設置之固定梯，應依下列規定：
一、具有堅固之構造。
二、應等間隔設置踏條。
三、踏條與牆壁間應保持16.5公分以上之淨距。
四、應有防止梯移位之措施。
五、不得有防礙工作人員通行之障礙物。
六、平台用漏空格條製成者，其縫間隙不得超過3公分；超過時，應裝置鐵絲網防護。
七、梯之頂端應突出板面60公分以上。
八、梯長連續超過6公尺時，應每隔9公尺以下設一平台，並應於距梯底2公尺以上部分，設置護籠或其他保護裝置。但符合下列規定之一者，不在此限。
　1. 未設置護籠或其他保護裝置，已於每隔6公尺以下設一平台者。
　2. 塔、槽、煙囪及其他高位建築之固定梯已設置符合需要之安全帶、安全索、磨擦制動裝置、滑動附屬裝置及其他安全裝置，以防止勞工墜落者。
九、前款平台應有足夠長度及寬度，並應圍以適當之欄柵。
前項第7款至第8款規定，不適用於沉箱內之固定梯。

59.（ 4 ）依職業安全衛生設施規則規定，設置之固定梯長超過 6 公尺時，應每隔多少公尺以下設一平台？
①6　②7　③8　④9。

解析 職業安全衛生設施規則第 37 條：
雇主設置之固定梯，應依下列規定：
一、具有堅固之構造。
二、應等間隔設置踏條。
三、踏條與牆壁間應保持 16.5 公分以上之淨距。
四、應有防止梯移位之措施。
五、不得有防礙工作人員通行之障礙物。
六、平台用漏空格條製成者，其縫間隙不得超過 3 公分；超過時，應裝置鐵絲網防護。
七、梯之頂端應突出板面 60 公分以上。
八、梯長連續超過 6 公尺時，應每隔 9 公尺以下設一平台，並應於距梯底 2 公尺以上部分，設置護籠或其他保護裝置。但符合下列規定之一者，不在此限。
　1. 未設置護籠或其他保護裝置，已於每隔 6 公尺以下設一平台者。
　2. 塔、槽、煙囪及其他高位建築之固定梯已設置符合需要之安全帶、安全索、磨擦制動裝置、滑動附屬裝置及其他安全裝置，以防止勞工墜落者。
九、前款平台應有足夠長度及寬度，並應圍以適當之欄柵。
前項第 7 款至第 8 款規定，不適用於沉箱內之固定梯。

60.（ 2 ）依職業安全衛生設施規則規定，下列有關固定梯使用應符合之條件，何者有誤？
①踏條應等間隔
②梯腳與地面之角度應在 75 度以上
③不得有妨礙工作人員通行的障礙物
④應有防止梯移位之措施。

解析 職業安全衛生設施規則第 37 條：
雇主設置之固定梯，應依下列規定：
一、具有堅固之構造。
二、應等間隔設置踏條。
三、踏條與牆壁間應保持 16.5 公分以上之淨距。
四、應有防止梯移位之措施。
五、不得有防礙工作人員通行之障礙物。
六、平台用漏空格條製成者，其縫間隙不得超過 3 公分；超過時，應裝置鐵絲網防護。
七、梯之頂端應突出板面 60 公分以上。
八、梯長連續超過 6 公尺時，應每隔 9 公尺以下設一平台，並應於距梯底 2 公尺以上部分，設置護籠或其他保護裝置。但符合下列規定之一者，不在此限。

1. 未設置護籠或其他保護裝置，已於每隔 6 公尺以下設一平台者。
2. 塔、槽、煙囪及其他高位建築之固定梯已設置符合需要之安全帶、安全索、磨擦制動裝置、滑動附屬裝置及其他安全裝置，以防止勞工墜落者。

九、前款平台應有足夠長度及寬度，並應圍以適當之欄柵。
前項第 7 款至第 8 款規定，不適用於沉箱內之固定梯。

61. （2）依職業安全衛生設施規則規定，為防止墜落災害，有關固定梯應注意事項，下列敘述何者正確？
    ①踏條與牆壁間之淨距不得超過 15 公分
    ②梯之頂端應突出板面 60 公分以上
    ③梯長連續超過 6 公尺時，應每隔 12 公尺以下設一平台
    ④未設護籠或其他保護裝置，應每隔 9 公尺以下設一平台。

解析 職業安全衛生設施規則第 37 條：
雇主設置之固定梯，應依下列規定：
一、具有堅固之構造。
二、應等間隔設置踏條。
三、踏條與牆壁間應保持 16.5 公分以上之淨距。
四、應有防止梯移位之措施。
五、不得有防礙工作人員通行之障礙物。
六、平台用漏空格條製成者，其縫間隙不得超過 3 公分；超過時，應裝置鐵絲網防護。
七、梯之頂端應突出板面 60 公分以上。
八、梯長連續超過 6 公尺時，應每隔 9 公尺以下設一平台，並應於距梯底 2 公尺以上部分，設置護籠或其他保護裝置。但符合下列規定之一者，不在此限。
  1. 未設置護籠或其他保護裝置，已於每隔 6 公尺以下設一平台者。
  2. 塔、槽、煙囪及其他高位建築之固定梯已設置符合需要之安全帶、安全索、磨擦制動裝置、滑動附屬裝置及其他安全裝置，以防止勞工墜落者。
九、前款平台應有足夠長度及寬度，並應圍以適當之欄柵。
前項第 7 款至第 8 款規定，不適用於沉箱內之固定梯。

62. （1）依職業安全衛生設施規則規定，磨床或龍門刨床之刨盤、牛頭刨床之滑板等之何處，應設置護罩、護圍等設備？
    ①衝程部分　　　　　　　　②突出旋轉中加工物部分
    ③具有捲入點危險之捲胴　　④緊急制動裝置。

解析 職業安全衛生設施規則第 58 條：
雇主對於下列機械部分，其作業有危害勞工之虞者，應設置護罩、護圍或具有連鎖性能之安全門等設備。
一、紙、布、鋼纜或其他具有捲入點危險之捲胴作業機械。
二、磨床或龍門刨床之刨盤、牛頭刨床之滑板等之衝程部分。
三、直立式車床、多角車床等之突出旋轉中加工物部分。
四、帶鋸（木材加工用帶鋸除外）之鋸切所需鋸齒以外部分之鋸齒及帶輪。
五、電腦數值控制或其他自動化機械具有危險之部分。

63. （ 3 ）依職業安全衛生設施規則規定，起重機具所使用之鉤環，其安全係數應在多少以上？
    ①2　②3　③4　④5。

    解析 職業安全衛生設施規則第 97 條：
    雇主對於起重機具所使用之吊掛構件，應使其具足夠強度，使用之吊鉤或鉤環及附屬零件，其斷裂荷重與所承受之最大荷重比之安全係數，應在 4 以上。但相關法規另有規定者，從其規定。

64. （ 2 ）依職業安全衛生設施規則規定，碳化鈣屬於下列何者？
    ①爆炸性物質　②著火性物質　③易燃液體　④可燃性氣體。

    解析 職業安全衛生設施規則第 12 條：
    本規則所稱著火性物質，指下列危險物：
    一、金屬鋰、金屬鈉、金屬鉀。
    二、黃磷、赤磷、硫化磷等。
    三、賽璐珞類。
    四、碳化鈣、磷化鈣。
    五、鎂粉、鋁粉。
    六、鎂粉及鋁粉以外之金屬粉。
    七、二亞硫磺酸鈉。
    八、其他易燃固體、自燃物質、禁水性物質。

65. （ 1 ）依職業安全衛生設施規則規定，多少公斤以上之物品宜以人力車輛或工具搬運為原則？
    ①40　②45　③50　④55。

    解析 職業安全衛生設施規則第 155 條：
    雇主對於物料之搬運，應儘量利用機械以代替人力，凡 40 公斤以上物品，以人力車輛或工具搬運為原則，500 公斤以上物品，以機動車輛或其他機械搬運為宜；運輸路線，應妥善規劃，並作標示。

66. （ 4 ）依職業安全衛生設施規則規定，對於多少公斤以上之物品以機動車輛或其他機械搬運為宜？
    ①200　②300　③400　④500。

    解析 職業安全衛生設施規則第 155 條：
    雇主對於物料之搬運，應儘量利用機械以代替人力，凡 40 公斤以上物品，以人力車輛或工具搬運為原則，500 公斤以上物品，以機動車輛或其他機械搬運為宜；運輸路線，應妥善規劃，並作標示。

67. (2) 依職業安全衛生設施規則規定，作業地點高差達多少公尺以上時，除階梯式積垛情形外，應有安全上下設備？
①1　②1.5　③2　④2.5。

解析 職業安全衛生設施規則第 161 條：
雇主對於堆積於倉庫、露存場等之物料集合體之物料積垛作業，應依下列規定：
一、如作業地點高差在 1.5 公尺以上時，應設置使從事作業之勞工能安全上下之設備。但如使用該積垛即能安全上下者，不在此限。
二、作業地點高差在 2.5 公尺以上時，除前款規定外，並應指定專人採取下列措施：
　1. 決定作業方法及順序，並指揮作業。
　2. 檢點工具、器具，並除去不良品。
　3. 應指示通行於該作業場所之勞工有關安全事項。
　4. 從事拆垛時，應確認積垛確無倒塌之危險後，始得指示作業。
　5. 其他監督作業情形。

68. (2) 依職業安全衛生設施規則規定，裝卸貨物高差在多少公尺以上之作業場所，應設置能使勞工安全上下之設備？
①1　②1.5　③2　④3。

解析 職業安全衛生設施規則第 166 條：
雇主對於勞工從事載貨台裝卸貨物其高差在 1.5 公尺以上者，應提供勞工安全上下之設備。

69. (2) 依職業安全衛生設施規則規定，對於從事熔接、熔斷、金屬之加熱及其他使用明火之作業或有發生火花之虞之作業時，不得以下列何種氣體作為通風換氣之用？
①氮氣　②氧氣　③一氧化碳　④二氧化碳。

解析 職業安全衛生設施規則第 174 條：
雇主對於從事熔接、熔斷、金屬之加熱及其他須使用明火之作業或有發生火花之虞之作業時，不得以**氧氣**供為通風或換氣之用。

70. (3) 依職業安全衛生設施規則規定，有關氣體熔接作業使用可燃性氣體或氧氣之容器，下列何者為非？
①保持容器之溫度於攝氏 40 度以下
②應留置專用板手於容器開關上
③搬運容器可在地面滾動
④應清楚分開使用中與非使用中容器。

3-23

解析 職業安全衛生設施規則第190條：
對於雇主為金屬之熔接、熔斷或加熱等作業所須使用可燃性氣體及氧氣之容器，應依下列規定辦理：
一、容器不得設置、使用、儲藏或放置於下列場所：
　　1. 通風或換氣不充分之場所。
　　2. 使用煙火之場所或其附近。
　　3. 製造或處置火藥類、爆炸性物質、著火性物質或多量之易燃性物質之場所或其附近。
二、保持容器之溫度於攝氏40度以下。
三、容器應直立穩妥放置，防止傾倒危險，並不得撞擊。
四、容器使用時，應留置專用板手於容器閥柄上，以備緊急時遮斷氣源。
五、搬運容器時應裝妥護蓋。
六、容器閥、接頭、調整器、配管口應清除油類及塵埃。
七、應輕緩開閉容器閥。
八、應清楚分開使用中與非使用中之容器。
九、容器、閥及管線等不得接觸電焊器、電路、電源、火源。
十、搬運容器時，應禁止在地面滾動或撞擊。
十一、自車上卸下容器時，應有防止衝擊之裝置。
十二、自容器閥上卸下調整器前，應先關閉容器閥，並釋放調整器之氣體，且操作人員應避開容器閥出口。

71.（3） 依職業安全衛生設施規則規定，可燃性氣體及氧氣之容器，應保持容器之溫度在攝氏幾度以下？
　　①36　②38　③40　④45。

解析 職業安全衛生設施規則第190條：
對於雇主為金屬之熔接、熔斷或加熱等作業所須使用可燃性氣體及氧氣之容器，應依下列規定辦理：
一、容器不得設置、使用、儲藏或放置於下列場所：
　　1. 通風或換氣不充分之場所。
　　2. 使用煙火之場所或其附近。
　　3. 製造或處置火藥類、爆炸性物質、著火性物質或多量之易燃性物質之場所或其附近。
二、保持容器之溫度於攝氏40度以下。
三、容器應直立穩妥放置，防止傾倒危險，並不得撞擊。
四、容器使用時，應留置專用板手於容器閥柄上，以備緊急時遮斷氣源。
五、搬運容器時應裝妥護蓋。
六、容器閥、接頭、調整器、配管口應清除油類及塵埃。
七、應輕緩開閉容器閥。
八、應清楚分開使用中與非使用中之容器。
九、容器、閥及管線等不得接觸電焊器、電路、電源、火源。
十、搬運容器時，應禁止在地面滾動或撞擊。
十一、自車上卸下容器時，應有防止衝擊之裝置。

十二、自容器閥上卸下調整器前，應先關閉容器閥，並釋放調整器之氣體，且操作人員應避開容器閥出口。

72. (3) 依職業安全衛生設施規則規定，雇主對於染有油污之破布、紙屑等應蓋藏於下列何者之內，或採用其他適當處置？
①塑膠容器　②橡膠容器　③不銹鋼容器　④大型紙箱。

解析 職業安全衛生設施規則第 193 條：
雇主對於染有油污之破布、紙屑等應蓋藏於**不燃性**之容器內，或採用其他適當處置。

73. (4) 依職業安全衛生設施規則規定，合梯梯腳與地面之角度應在多少度以內？
①30　②45　③60　④75。

解析 職業安全衛生設施規則第 230 條：
雇主對於使用之合梯，應符合下列規定：
一、具有堅固之構造。
二、其材質不得有顯著之損傷、腐蝕等。
三、梯腳與地面之角度應在 **75** 度以內，且兩梯腳間有金屬等硬質繫材扣牢，腳部有防滑絕緣腳座套。
四、有安全之防滑梯面。
雇主不得使勞工以合梯當作二工作面之上下設備使用，並應禁止勞工站立於頂板作業。

74. (2) 依職業安全衛生設施規則規定，自高度在幾公尺以上之場所，投下物體有危害勞工之虞時，應設置適當之滑槽及承受設備？
①2　②3　③4　④5　公尺。

解析 職業安全衛生設施規則第 237 條：
雇主對於自高度在 3 公尺以上之場所投下物體有危害勞工之虞時，應設置適當之滑槽、承受設備，並指派監視人員。

75. (4) 依職業安全衛生設施規則規定，下列何者無強制規定要裝設感電防止用漏電斷路器？
①營造工地之電氣設備　　　　②使用對地電壓 220 伏特之手提電鑽
③於潮濕場所使用電銲機　　　④使用單相三線 220 伏特之冷氣機。

解析 職業安全衛生設施規則第 243 條：
雇主為避免漏電而發生感電危害，應依下列狀況，於各該電動機具設備之連接電路上設置適合其規格，具有高敏感度、高速型，能確實動作之防止感電用漏電斷路器：
一、使用對地電壓在 **150** 伏特以上移動式或攜帶式電動機具。
二、於含水或被其他導電度高之液體濕潤之潮濕場所、金屬板上或鋼架上等導電性良好場所使用移動式或攜帶式電動機具。
三、於建築或工程作業使用之**臨時用電設備**。

76. （ 3 ）依職業安全衛生設施規則規定，良導體機械設備內之檢修工作所用之手提式照明燈具，其使用之電壓不得超過多少伏特？
①12 ②18 ③24 ④60。

解析 職業安全衛生設施規則第249條：
雇主對於良導體機器設備內之檢修工作所用之手提式照明燈，其使用電壓不得超過24伏特，且導線須為耐磨損及有良好絕緣，並不得有接頭。

77. （ 1 ）依職業安全衛生設施規則規定，雇主使勞工於接近高壓電路從事檢查、修理等作業時，如該作業勞工未戴用絕緣用防護具，為防止勞工接觸高壓電路引起感電之危險，對距離勞工身體多少公分以內之高壓電路，應在電路設置絕緣用防護裝備？
①60 ②70 ③80 ④90。

解析 職業安全衛生設施規則第259條：
雇主使勞工於接近高壓電路或高壓電路支持物從事敷設、檢查、修理、油漆等作業時，為防止勞工接觸高壓電路引起感電之危險，在距離頭上、身側及腳下60公分以內之高壓電路者，應在該電路設置絕緣用防護裝備。但已使該作業勞工戴用絕緣用防護具而無感電之虞者，不在此限。

78. （ 4 ）依職業安全衛生設施規則規定，充電電路之使用電壓為69千伏特，其接近界限距離為多少公分？
①20 ②30 ③50 ④60。

解析 職業安全衛生設施規則第260條：
雇主使勞工於特高壓之充電電路或其支持礙子從事檢查、修理、清掃等作業時，應有下列設施之一：
一、使勞工使用活線作業用器具，並對勞工身體或其使用中之金屬工具、材料等導電體，應保持下表所定接近界限距離。

充電電路之使用電壓（千伏特）	接近界限距離（公分）
22以下	20
超過22，33以下	30
超過33，66以下	50
超過66，77以下	60
超過77，110以下	90
超過110，154以下	120
超過154，187以下	140
超過187，220以下	160

充電電路之使用電壓（千伏特）	接近界限距離（公分）
超過 220，345 以下	200
超過 345	300

二、使作業勞工使用活線作業用裝置，並不得使勞工之身體或其使用中之金屬工具、材料等導電體接觸或接近於有使勞工感電之虞之電路或帶電體。

79. (2) 依職業安全衛生設施規則規定，對於電壓在 600 伏特以下之電氣設備前方，至少應有多少公分以上之水平工作空間？
①70　②80　③90　④100。

解析 職業安全衛生設施規則第 268 條：
雇主對於 600 伏特以下之電氣設備前方，至少應有 80 公分以上之水平工作空間。但於低壓帶電體前方，可能有檢修、調整、維護之活線作業時，不得低於下表規定：

對地電壓（伏特）	最小工作空間（公分）		
	工作環境		
	甲	乙	丙
0 至 150	90	90	90
151 至 600	90	105	120

80. (2) 依職業安全衛生設施規則規定，雇主使勞工從事與動、植物接觸作業，有造成勞工傷害或下列何種情形者，應採取危害預防或隔離設施、提供適當之防衛裝備或個人防護器具？
①過敏　②感染　③中毒　④心理恐懼。

解析 職業安全衛生設施規則第 295-1 條：
雇主使勞工從事畜牧、動物養殖、農作物耕作、採收、園藝、綠化服務、田野調查、量測或其他易與動、植物接觸之作業，有造成勞工傷害或感染之虞者，應採取危害預防或隔離設施、提供適當之防衛裝備或個人防護器具。

81. (3) 依職業安全衛生設施規則規定，勞工暴露之噪音音壓級增加多少分貝時，其工作日容許暴露時間減半？
①2　②3　③5　④7。

解析 職業安全衛生設施規則第 300 條：測定勞工 8 小時日時量平均音壓級時，應將 80 分貝以上之噪音以增加 5 分貝降低容許暴露時間一半之方式納入計算。

3-27

82. （4）依職業安全衛生設施規則規定，勞工暴露衝擊性噪音峰值不得超過多少分貝？

①85　②90　③115　④140。

解析 職業安全衛生設施規則第 300 條：勞工工作場所因機械設備所發生之聲音超過 90 分貝時，雇主應採取工程控制、減少勞工噪音暴露時間，使勞工噪音暴露工作日 8 小時日時量平均不超過表列之規定值或相當之劑量值，且任何時間不得暴露於峰值超過 140 分貝之衝擊性噪音或 115 分貝之連續性噪音；對於勞工 8 小時日時量平均音壓級超過 85 分貝或暴露劑量超過 50%時，雇主應使勞工戴用有效之耳塞、耳罩等防音防護具。

83. （3）依職業安全衛生設施規則規定，噪音超過多少分貝之工作場所，應標示並公告噪音危害之預防事項，使勞工周知？

①80　②85　③90　④95。

解析 職業安全衛生設施規則第 300 條第 1 項第 4 款中規定噪音超過 90 分貝之工作場所，應標示並公告噪音危害之預防事項，使勞工周知。

84. （2）依職業安全衛生設施規則規定，雇主對於勞工經常作業之室內作業場所，採自然換氣時，其窗戶及其他開口部分等可直接與大氣相通之開口部分面積，應為地板面積之多少以上？

①1/10　②1/20　③1/30　④1/40。

解析 職業安全衛生設施規則第 311 條：
雇主對於勞工經常作業之室內作業場所，其窗戶及其他開口部分等可直接與大氣相通之開口部分面積，應為地板面積之 1/20 以上。但設置具有充分換氣能力之機械通風設備者，不在此限。
雇主對於前項室內作業場所之氣溫在攝氏 10 度以下換氣時，不得使勞工暴露於每秒 1 公尺以上之氣流中。

85. （1）依職業安全衛生設施規則規定，可採人工照明之作業場所，何者應採用局部照明？

①精密儀器組合　　　　②一般辦公場所
③鍋爐房　　　　　　　④精細物件儲藏室。

解析 職業安全衛生設施規則第 313 條：

雇主對於勞工工作作業場所之採光照明，應依下列規定辦理：

一、各工作場所須有充分之光線，但處理感光材料、坑內及其他特殊作業之工作場所不在此限。
二、光線應分佈均勻，明暗比並應適當。
三、應避免光線之刺目、眩耀現象。
四、各工作場所之窗面面積比率不得小於室內地面面積 1/10。但採用人工照明，照度符合第 6 款規定者，不在此限。
五、採光以自然採光為原則，但必要時得使用窗簾或遮光物。
六、作業場所面積過大、夜間或氣候因素自然採光不足時，可用人工照明，依下表規定予以補足：

照度表		照明種類
場所或作業別	照明米燭光數	場所別採全面照明，作業別採局部照明
室外走道、及室外一般照明	20 米燭光以上	全面照明
一、走道、樓梯、倉庫、儲藏室堆置粗大物件處所。 二、搬運粗大物件，如煤炭、泥土等。	50 米燭光以上	一、全面照明 二、全面照明
一、機械及鍋爐房、升降機、裝箱、精細物件儲藏室、更衣室、盥洗室、廁所等。 二、須粗辨物體如半完成之鋼鐵產品、配件組合、磨粉、粗紡棉布及其他初步整理之工業製造。	100 米燭光以上	一、全面照明 二、局部照明
須細辨物體如零件組合、粗車床工作、普通檢查及產品試驗、淺色紡織及皮革品、製罐、防腐、肉類包裝、木材處理等。	200 米燭光以上	局部照明
一、須精辨物體如細車床、較詳細檢查及精密試驗、分別等級、織布、淺色毛織等。 二、一般辦公場所	300 米燭光以上	一、局面照明 二、全部照明
須極細辨物體，而有較佳之對襯，如精密組合、精細車床、精細檢查、玻璃磨光、精細木工、深色毛織等。	500 至 1,000 米燭光以上	局部照明
須極精辨物體而對襯不良，如**極精細儀器組合**、檢查、試驗、鐘錶珠寶之鑲製、菸葉分級、印刷品校對、深色織品、縫製等。	1,000 米燭光以上	局部照明

七、燈盞裝置應採用玻璃燈罩及日光燈為原則，燈泡須完全包蔽於玻璃罩中。
八、窗面及照明器具之透光部分，均須保持清潔。

86. （ 4 ）依職業安全衛生設施規則規定，有關一般辦公場所之人工照明，應至少達多少米燭光？

①50　②100　③200　④300。

解析 如上題之表格一般辦公場所之人工照明為 300 米燭光以上。

87. （ 3 ）依職業安全衛生設施規則規定，雇主對於廚房應設何種通風換氣裝置，以排除煙氣及熱？

①自然換氣　②氣樓　③機械排氣　④未規定。

解析 職業安全衛生設施規則第 322 條：
雇主對於廚房及餐廳，應依下列規定辦理：
一、餐廳、廚房應隔離，並有充分之採光、照明，且易於清掃之構造。
二、餐廳面積，應以同時進餐之人數每人 1 平方公尺以上為原則。
三、餐廳應設有供勞工使用之餐桌、座椅及其他設備。
四、應保持清潔，門窗應裝紗網，並採用以三槽式洗滌暨餐具消毒設備及保存設備為原則。
五、通風窗之面積不得少於總面積 12%。
六、應設穩妥有蓋之垃圾容器及適當排水設備。
七、應設有防止蒼蠅等害蟲、鼠類及家禽等侵入之設備。
八、廚房之地板應採用不滲透性材料，且為易於排水及清洗之構造。
九、污水及廢物應置於廚房外並妥予處理。
十、廚房應設**機械排氣**裝置以排除煙氣及熱。

88. （ 3 ）依職業安全衛生管理辦法規定，醫療保健服務業勞工人數多少人以上者，應設職業安全衛生管理單位？

①50　②100　③300　④500。

解析 職業安全衛生管理辦法第 2-1 條：
事業單位應依下列規定設職業安全衛生管理單位（以下簡稱管理單位）：
一、第一類事業之事業單位勞工人數在 100 人以上者，應設直接隸屬雇主之專責一級管理單位。
二、第二類事業勞工人數在 300 人以上者，應設直接隸屬雇主之一級管理單位（醫療保健服務業屬於第二類事業）。
　　附表中之第二類事業：
　　(一)農、林、漁、牧業：
　　　1. 農藝及園藝業。
　　　2. 農事服務業。
　　　3. 畜牧業。
　　　4. 林業及伐木業。
　　　5. 漁業。

(二) 礦業及土石採取業中之鹽業。
(三) 製造業中之下列事業：
　　1. 普通及特殊陶瓷製造業。
　　2. 玻璃及玻璃製品製造業。
　　3. 精密器械製造業。
　　4. 雜項工業製品製造業。
　　5. 成衣及服飾品製造業。
　　6. 印刷、出版及有關事業。
　　7. 藥品製造業。
　　8. 其他製造業。
(四) 水電燃氣業中之自來水供應業。
(五) 運輸、倉儲及通信業中之下列事業：
　　1. 電信業。
　　2. 郵政業。
(六) 餐旅業：
　　1. 飲食業。
　　2. 旅館業。
(七) 機械設備租賃業中之下列事業：
　　1. 事務性機器設備租賃業。
　　2. 其他機械設備租賃業。
(八) 醫療保健服務業：
　　1. 醫院。
　　2. 診所。
　　3. 衛生所及保健站。
　　4. 醫事技術業。
　　5. 助產業。
　　6. 獸醫業。
　　7. 其他醫療保健服務業。
(九) 修理服務業：
　　1. 鞋、傘、皮革品修理業。
　　2. 電器修理業。
　　3. 汽車及機踏車修理業。
　　4. 鐘錶及首飾修理業。
　　5. 家具修理業。
　　6. 其他器物修理業。
(十) 批發零售業中之下列事業：
　　1. 家庭電器批發業。
　　2. 機械器具批發業。
　　3. 回收物料批發業。
　　4. 家庭電器零售業。
　　5. 機械器具零售業。

6. 綜合商品零售業。
(十一) 不動產及租賃業中之下列事業：
  1. 不動產投資業。
  2. 不動產管理業。
(十二) 輸入、輸出或批發化學原料及其製品之事業。
(十三) 運輸工具設備租賃業中之下列事業：
  1. 汽車租賃業。
  2. 船舶租賃業。
  3. 貨櫃租賃業。
  4. 其他運輸工具設備租賃業。
(十四) 專業、科學及技術服務業中之下列事業：
  1. 建築及工程技術服務業。
  2. 廣告業。
  3. 環境檢測服務業。
(十五) 其他服務業中之下列事業：
  1. 保全服務業。
  2. 汽車美容業。
  3. 浴室業。
(十六) 個人服務業中之停車場業。
(十七) 政府機關（構）、職業訓練事業、顧問服務業、學術研究及服務業、教育訓練服務業之大專院校、高級中學、高級職業學校等之實驗室、試驗室、實習工場或試驗工場（含試驗船、訓練船）。
(十八) 公共行政業組織條例或組織規程明定組織任務為從事工程規劃、設計、施工、品質管制、進度管控及竣工驗收等之工務機關（構）。
(十九) 工程顧問業從事非破壞性檢測之工作場所。
(二十) 零售化學原料之事業，使勞工裝卸、搬運、分裝、保管上述物質之工作場所。
(二十一) 批發業、零售業中具有冷凍（藏）設備、使勞工從事荷重1公噸以上之堆高機操作及儲存貨物高度3公尺以上之工作場所者。
(二十二) 休閒服務業。
(二十三) 動物園業。
(二十四) 國防事業中之軍醫院、研究機構。
(二十五) 零售車用燃料油（氣）、化學原料之事業，使勞工裝卸、搬運、分裝、保管上述物質之工作場所。
(二十六) 教育訓練服務業之大專校院有從事工程施工、品質管制、進度管控及竣工驗收等之工作場所。
(二十七) 國防部軍備局有從事工程施工、品質管制、進度管控及竣工驗收等之工作場所。
(二十八) 中央主管機關指定達一定規模之事業。

89.（ 2 ）依職業安全衛生管理辦法規定，餐旅業之事業單位勞工人數在多少人以上應設職業安全衛生管理單位？
①100　②300　③500　④1000。

解析 職業安全衛生管理辦法第 2-1 條：
事業單位應依下列規定設職業安全衛生管理單位（以下簡稱管理單位）：
一、第一類事業之事業單位勞工人數在 100 人以上者，應設直接隸屬雇主之專責一級管理單位。
二、第二類事業勞工人數在 300 人以上者，應設直接隸屬雇主之一級管理單位（餐旅業屬於第二類事業），其他類別請參考上題之解析。

90.（ 1 ）某醫院（醫療保健服務業）僱用勞工人數 215 人，應如何置管理人員？
①職業安全衛生業務主管 1 人
②職業安全衛生業務主管 1 人及職業安全衛生管理員 1 人
③職業安全衛生業務主管 1 人及職業安全管理師（或勞工衛生管理師）1 人以上
④職業安全衛生業務主管 1 人、職業安全管理師及勞工衛生管理師各 1 人以上。

解析 請參考各類事業之事業單位應置職業安全衛生人員表，醫療保健服務業為第二類事業：

事業		規模（勞工人數）	應置之管理人員
壹、第一類事業之事業單位(顯著風險事業)	營造業之事業單位	一、未滿 30 人者	丙種職業安全衛生業務主管。
		二、30 人以上未滿 100 人者	乙種職業安全衛生業務主管及職業安全衛生管理員各 1 人。
		三、100 人以上未滿 300 人者	甲種職業安全衛生業務主管及職業安全衛生管理員各 1 人。
		四、300 人以上未滿 500 人者	甲種職業安全衛生業務主管 1 人、職業安全（衛生）管理師 1 人及職業安全衛生管理員 2 人。
		五、500 人以上者	甲種職業安全衛生業務主管 1 人、職業安全（衛生）管理師及職業安全衛生管理員各 2 人以上。

事業		規模（勞工人數）	應置之管理人員
壹、第一類事業之事業單位(顯著風險事業)	營造業以外之事業單位	一、未滿30人者	丙種職業安全衛生業務主管。
		二、30人以上未滿100人者	乙種職業安全衛生業務主管。
		三、100人以上未滿300人者	甲種職業安全衛生業務主管及職業安全衛生管理員各1人。
		四、300人以上未滿500人者	甲種職業安全衛生業務主管1人、職業安全（衛生）管理師及職業安全衛生管理員各1人。
		五、500人以上未滿1,000人者	甲種職業安全衛生業務主管1人、職業安全（衛生）管理師1人及職業安全衛生管理員2人。
		六、1,000以上者	甲種職業安全衛生業務主管1人、職業安全（衛生）管理師及職業安全衛生管理員各2人以上。
貳、第二類事業之事業單位(中度風險事業)		一、未滿30人者	丙種職業安全衛生業務主管。
		二、30人以上未滿100人者	乙種職業安全衛生業務主管。
		三、100人以上未滿300人者	**甲種職業安全衛生業務主管。**
		四、300人以上未滿500人者	甲種職業安全衛生業務主管及職業安全衛生管理員各1人。
		五、500人以上者	甲種職業安全衛生業務主管、職業安全（衛生）管理師及職業安全衛生管理員各1人以上。
參、第三類事業之事業單位（低度風險事業）		一、未滿30人者	丙種職業安全衛生業務主管。
		二、30人以上未滿100人者	乙種職業安全衛生業務主管。
		三、100人以上未滿500人者	甲種職業安全衛生業務主管。
		四、500人以上者	甲種職業安全衛生業務主管及職業安全衛生管理員各1人以上。

91. (2) 依職業安全衛生管理辦法規定，勞工人數至少在多少人以上之事業單位，擔任職業安全衛生業務主管者，應受甲種職業安全衛生業務主管安全衛生教育訓練？

　　①30　②100　③200　④300。

解析 依據職業安全衛生教育訓練規則第 3 條規定：
雇主對擔任職業安全衛生業務主管之勞工，應於事前使其接受職業安全衛生業務主管之安全衛生教育訓練。雇主或其代理人擔任職業安全衛生業務主管者，亦同。
甲種職業安全衛生業務主管：係指僱用勞工人數在 100 人以上者，設置之職業安全衛生業務主管。

92. (2) 事業單位勞工人數未滿幾人者，其應置之職業安全衛生業務主管，得由事業經營負責人或其代理人擔任？

　　①10　②30　③50　④100。

解析 職業安全衛生管理辦法第 4 條：
事業單位勞工人數未滿 30 人者，雇主或其代理人經職業安全衛生業務主管安全衛生教育訓練合格，得擔任該事業單位職業安全衛生業務主管。但屬第二類及第三類事業之事業單位，且勞工人數在 5 人以下者，得由經職業安全衛生教育訓練規則第 3 條附表一所列丁種職業安全衛生業務主管教育訓練合格之雇主或其代理人擔任。

93. (1) 依職業安全衛生管理辦法規定，擬訂、規劃、督導及推動安全衛生管理事項，並指導有關部門實施，是下列何者之職責？

　　①職業安全衛生管理單位　②職業安全衛生委員會　③各級主管　④工會。

解析 職業安全衛生管理辦法第 5-1 條：
職業安全衛生組織、人員、工作場所負責人及各級主管之職責如下：
一、職業安全衛生管理單位：擬訂、規劃、督導及推動安全衛生管理事項，並指導有關部門實施。
二、職業安全衛生委員會：對雇主擬訂之安全衛生政策提出建議，並審議、協調及建議安全衛生相關事項。
三、未置有職業安全（衛生）管理師、職業安全衛生管理員事業單位之職業安全衛生業務主管：擬訂、規劃及推動安全衛生管理事項。
四、置有職業安全（衛生）管理師、職業安全衛生管理員事業單位之職業安全衛生業務主管：主管及督導安全衛生管理事項。
五、職業安全（衛生）管理師、職業安全衛生管理員：擬訂、規劃及推動安全衛生管理事項，並指導有關部門實施。
六、工作場所負責人及各級主管：依職權指揮、監督所屬執行安全衛生管理事項，並協調及指導有關人員實施。
七、一級單位之職業安全衛生人員：協助一級單位主管擬訂、規劃及推動所屬部門安全衛生管理事項，並指導有關人員實施。

前項人員，雇主應使其接受安全衛生教育訓練。
前 2 項安全衛生管理、教育訓練之執行，應作成紀錄備查。

94. （1）食品製造業僱用勞工 201 人時，所設職業安全衛生管理單位，應為事業單位之幾級單位？
①1　②2　③3　④4。

解析 食品製造業依據職業安全衛生管理辦法事業之分類屬於第一類事業，而根據第 2-1 條：事業單位應依下列規定設職業安全衛生管理單位（以下簡稱管理單位）：
一、第一類事業之事業單位勞工人數在 100 人以上者，應設直接隸屬雇主之專責一級管理單位。
二、第二類事業勞工人數在 300 人以上者，應設直接隸屬雇主之一級管理單位。
前項第 1 款專責一級管理單位之設置，於勞工人數在 300 人以上者，自中華民國 99 年 1 月 9 日施行；勞工人數在 200 人至 299 人者，自 100 年 1 月 9 日施行；勞工人數在 100 人至 199 人者，自 101 年 1 月 9 日施行。

95. （4）依職業安全衛生管理辦法規定，具有下列何項資格，仍不能擔任職業安全衛生管理員？
①領有職業安全衛生管理乙級技術士證照
②高等考試工業衛生類科錄取
③普通考試工業安全類科錄取
④職業安全衛生業務主管教育訓練合格。

解析 職業安全衛生管理員之資格包含：
一、具有職業安全管理師或職業衛生管理師資格。
二、領有職業安全衛生管理乙級技術士證照。
三、曾任勞動檢查員，具有職業安全衛生檢查工作經驗 2 年以上。
四、修畢工業安全衛生相關科目 18 學分以上，並具有國內外大專以上校院工業安全衛生相關科系畢業。
五、普通考試職業安全衛生類科錄取。

96. （3）依職業安全衛生管理辦法規定，職業安全衛生委員會應置委員幾人以上？
①3　②5　③7　④9。

解析 職業安全衛生管理辦法第 11 條：
委員會置委員 7 人以上，除雇主為當然委員及第 5 款規定者外，由雇主視該事業單位之實際需要指定下列人員組成：
一、職業安全衛生人員。
二、事業內各部門之主管、監督、指揮人員。
三、與職業安全衛生有關之工程技術人員。

四、從事勞工健康服務之醫護人員。
五、勞工代表。
委員任期為 2 年，並以雇主為主任委員，綜理會務。
委員會由主任委員指定 1 人為秘書，輔助其綜理會務。
第 1 項第 5 款之勞工代表，應佔委員人數 1/3 以上；事業單位設有工會者，由工會推派之；無工會組織而有勞資會議者，由勞方代表推選之；無工會組織且無勞資會議者，由勞工共同推選之。

97. (2) 依職業安全衛生管理辦法規定，職業安全衛生委員會之委員中由工會推派或勞工推選之代表應佔委員人數之多少以上？
①二分之一 ②三分之一 ③四分之一 ④五分之一。

解析 職業安全衛生管理辦法第 11 條：
委員會置**委員** 7 人以上，除雇主為當然委員及第 5 款規定者外，由雇主視該事業單位之實際需要指定下列人員組成：
一、職業安全衛生人員。
二、事業內各部門之主管、監督、指揮人員。
三、與職業安全衛生有關之工程技術人員。
四、從事勞工健康服務之醫護人員。
五、勞工代表。
委員任期為 2 年，並以雇主為主任委員，綜理會務。
委員會由主任委員指定 1 人為秘書，輔助其綜理會務。
第 1 項第 5 款之勞工代表，應佔委員人數 1/3 以上；事業單位設有工會者，由工會推派之；無工會組織而有勞資會議者，由勞方代表推選之；無工會組織且無勞資會議者，由勞工共同推選之。

98. (3) 依職業安全衛生管理辦法規定，職業安全衛生委員會應每幾個月舉行會議 1 次？
①1 ②2 ③3 ④4。

解析 職業安全衛生管理辦法第 12 條：
委員會應每 3 個月至少開會 1 次，辦理下列事項：
一、對雇主擬訂之職業安全衛生政策提出建議。
二、協調、建議職業安全衛生管理計畫。
三、審議安全、衛生教育訓練實施計畫。
四、審議作業環境監測計畫、監測結果及採行措施。
五、審議健康管理、職業病預防及健康促進事項。
六、審議各項安全衛生提案。
七、審議事業單位自動檢查及安全衛生稽核事項。
八、審議機械、設備或原料、材料危害之預防措施。
九、審議職業災害調查報告。

十、考核現場安全衛生管理績效。
十一、審議承攬業務安全衛生管理事項。
十二、其他有關職業安全衛生管理事項。
前項委員會審議、協調及建議安全衛生相關事項,應作成紀錄,並保存3年。
第1項委員會議由主任委員擔任主席,必要時得召開臨時會議。

99. (3) 依職業安全衛生管理辦法規定,事業單位勞工在多少人以上時,雇主應訂定職業安全衛生管理規章?
①30　②50　③100　④300。

解析 職業安全衛生管理辦法第12-1條:
雇主應依其事業單位之規模、性質,訂定職業安全衛生管理計畫,要求各級主管及負責指揮、監督之有關人員執行;勞工人數在30人以下之事業單位,得以安全衛生管理執行紀錄或文件代替職業安全衛生管理計畫。
勞工人數在100人以上之事業單位,應另訂定職業安全衛生管理規章。
第1項職業安全衛生管理事項之執行,應作成紀錄,並保存3年。

100. (2) 依職業安全衛生管理辦法規定,第一類事業單位勞工人數在多少人以上者,應參照中央主管機關所定之職業安全衛生管理系統指引,建立適合該事業單位之職業安全衛生管理系統?
①100　②200　③300　④500。

解析 職業安全衛生管理辦法第12-2條:
下列事業單位,雇主應依國家標準CNS 45001同等以上規定,建置適合該事業單位之職業安全衛生管理系統,並據以執行:
一、第一類事業勞工人數在200人以上者。
二、第二類事業勞工人數在500人以上者。
三、有從事石油裂解之石化工業工作場所者。
四、有從事製造、處置或使用危害性之化學品,數量達中央主管機關規定量以上之工作場所者。
前項安全衛生管理之執行,應作成紀錄,並保存3年。

101. (2) 下列何者為職業安全衛生管理辦法規定,每年應實施定期檢查之機械或設備?
①化學設備　②衝剪機械　③擋土支撐　④營造施工架。

解析 職業安全衛生管理辦法第26條:
雇主對以動力驅動之衝剪機械,應每年依下列規定機械之一部分,定期實施檢查一次:
一、離合器及制動裝置。

二、曲柄軸、飛輪、滑塊、連結螺栓及連桿。
三、一行程一停止機構及緊急制動器。
四、電磁閥、減壓閥及壓力表。
五、配線及開關。

102. (4) 依職業安全衛生管理辦法規定，雇主對於低壓電氣設備，應多久定期實施檢查 1 次？
①每月　②每三個月　③每六個月　④每年。

解析 職業安全衛生管理辦法第 31 條：
雇主對於低壓電氣設備，應**每年**依下列規定定期實施檢查 1 次：
一、低壓受電盤及分電盤（含各種電驛、儀表及其切換開關等）之動作試驗。
二、低壓用電設備絕緣情形，接地電阻及其他安全設備狀況。
三、自備屋外低壓配電線路情況。

103. (2) 依職業安全衛生管理辦法規定，雇主對鍋爐應就規定事項多久實施定期檢查 1 次？
①每日　②每月　③每年　④每 2 年。

解析 職業安全衛生管理辦法第 32 條：
雇主對鍋爐應**每月**依下列規定定期實施檢查一次：
一、鍋爐本體有無損傷。
二、燃燒裝置：
　1. 油加熱器及燃料輸送裝置有無損傷。
　2. 噴燃器有無損傷及污髒。
　3. 過濾器有無堵塞或損傷。
　4. 燃燒器瓷質部及爐壁有無污髒及損傷。
　5. 加煤機及爐篦有無損傷。
　6. 煙道有無洩漏、損傷及風壓異常。
三、自動控制裝置：
　1. 自動起動停止裝置、火焰檢出裝置、燃料切斷裝置、水位調節裝置、壓力調節裝置機能有無異常。
　2. 電氣配線端子有無異常。
四、附屬裝置及附屬品：
　1. 給水裝置有無損傷及作動狀態。
　2. 蒸汽管及停止閥有無損傷及保溫狀態。
　3. 空氣預熱器有無損傷。
　4. 水處理裝置機能有無異常。

104.（ 4 ）依職業安全衛生管理辦法規定，雇主對化學設備或其附屬設備，應就規定事項多久實施定期檢查1次？

①每日 ②每月 ③每年 ④每2年。

解析 職業安全衛生管理辦法第38條：
雇主對特定化學設備或其附屬設備，應**每2年**依下列規定定期實施檢查一次：
一、特定化學設備或其附屬設備（不含配管）：
　1. 內部有無足以形成其損壞原因之物質存在。
　2. 內面及外面有無顯著損傷、變形及腐蝕。
　3. 蓋、凸緣、閥、旋塞等之狀態。
　4. 安全閥、緊急遮斷裝置與其他安全裝置及自動警報裝置之性能。
　5. 冷卻、攪拌、壓縮、計測及控制等性能。
　6. 備用動力源之性能。
　7. 其他為防止丙類第一種物質或丁類物質之漏洩之必要事項。
二、配管：
　1. 熔接接頭有無損傷、變形及腐蝕。
　2. 凸緣、閥、旋塞等之狀態。
　3. 接於配管之供為保溫之蒸氣管接頭有無損傷、變形或腐蝕。

105.（ 4 ）依職業安全衛生管理辦法規定，局部排氣裝置應多久定期實施檢查1次？

①每月 ②每三個月 ③每半年 ④每年。

解析 職業安全衛生管理辦法第40條：
雇主對局部排氣裝置、空氣清淨裝置及吹吸型換氣裝置應**每年**依下列規定定期實施檢查一次：
一、氣罩、導管及排氣機之磨損、腐蝕、凹凸及其他損害之狀況及程度。
二、導管或排氣機之塵埃聚積狀況。
三、排氣機之注油潤滑狀況。
四、導管接觸部分之狀況。
五、連接電動機與排氣機之皮帶之鬆弛狀況。
六、吸氣及排氣之能力。
七、設置於排放導管上之採樣設施是否牢固、鏽蝕、損壞、崩塌或其他妨礙作業安全事項。
八、其他保持性能之必要事項。

106.（ 1 ）雇主對使用中之施工架應實施檢查，依職業安全衛生法法令規定，下列何者有誤？

①至少應每月檢查一次
②應由極富經驗之工程人員事前依營造安全衛生設施標準及其他安全規定檢查後，始得使用
③每當惡劣氣候侵襲後，應實施檢查
④每次停工之復工前，亦應實施檢查。

解析 職業安全衛生管理辦法第 43 條：
雇主對施工架及施工構台，應就下列事項，**每週定期實施檢查一次**：
一、架材之損傷、安裝狀況。
二、立柱、橫檔、踏腳桁等之固定部分，接觸部分及安裝部分之鬆弛狀況。
三、固定材料與固定金屬配件之損傷及腐蝕狀況。
四、扶手、護欄等之拆卸及脫落狀況。
五、基腳之下沉及滑動狀況。
六、斜撐材、索條、橫檔等補強材之狀況。
七、立柱、踏腳桁、橫檔等之損傷狀況。
八、懸臂樑與吊索之安裝狀況及懸吊裝置與阻檔裝置之性能。
強風大雨等惡劣氣候、4 級以上之地震襲擊後及每次停工之復工前，亦應實施前項檢查。

107. (2) 依職業安全衛生管理辦法規定，營造工程之模板支撐應多久定期實施檢查 1 次？
①每日　②每週　③每月　④每 3 個月。

解析 職業安全衛生管理辦法第 44 條：
雇主對營造工程之模板支撐架，應**每週**依下列規定實施檢查：
一、架材之損傷、安裝狀況。
二、支柱等之固定部分、接觸部分及搭接重疊部分之鬆弛狀況。
三、固定材料與固定金屬配件之損傷及腐蝕狀況。
四、基腳（礎）之沉陷及滑動狀況。
五、斜撐材、水平繫條等補強材之狀況。
強風大雨等惡劣氣候、4 級以上之地震襲擊後及每次停工之復工前，亦應實施前項檢查。

108. (2) 下列何者為職業安全衛生管理辦法規定，應實施重點檢查之機械或設備？
①起重設備　②局部排氣裝置　③防護具　④消防設備。

解析 需執行重點檢查的項目：
● 雇主對第二種壓力容器及減壓艙，應於初次使用前依規定實施重點檢查。
● 雇主對捲揚裝置於開始使用、拆卸、改裝或修理時，應依規定實施重點檢查。
● 雇主對局部排氣裝置或除塵裝置，於開始使用、拆卸、改裝或修理時，應依規定實施重點檢查。
● 雇主對異常氣壓之輸氣設備應依規定實施重點檢查。
● 雇主對特定化學設備或其附屬設備，於開始使用、改造、修理時，應依規定實施重點檢查一次。

109. (2) 依職業安全衛生管理辦法規定，雇主使勞工從事特定化學物質作業，應使何人就其作業有關事項實施檢點？
①雇主 ②該勞工 ③該作業主管 ④該作業場所負責人。

解析 職業安全衛生管理辦法第69條：
雇主使勞工從事下列有害物作業時，應使**該勞工**就其作業有關事項實施檢點：
一、有機溶劑作業。
二、鉛作業。
三、四烷基鉛作業。
四、特定化學物質作業。
五、粉塵作業。

110. (3) 依職業安全衛生管理辦法規定，定期檢查、重點檢查之紀錄應保存幾年以上？
①1 ②2 ③3 ④4。

解析 職業安全衛生管理辦法第80條：
雇主依第13條至第49條規定實施之定期檢查、重點檢查應就下列事項記錄，並保存3年：
一、檢查年月日。
二、檢查方法。
三、檢查部分。
四、檢查結果。
五、實施檢查者之姓名。
六、依檢查結果應採取改善措施之內容。

111. (3) 依職業安全衛生管理辦法規定，事業單位以其事業之全部或部分交付承攬或再承攬時，如該承攬人使用之機械、設備係由原事業單位提供者，該機械、設備應由何者實施自動檢查？
①承攬人 ②再承攬人 ③原事業單位 ④檢查機構。

解析 職業安全衛生管理辦法第84條：
事業單位以其事業之全部或部分交付承攬或再承攬時，如該承攬人使用之機械、設備或器具係由原事業單位提供者，該機械、設備或器具應由**原事業單位**實施定期檢查及重點檢查。
前項定期檢查及重點檢查於有必要時得由承攬人或再承攬人會同實施。
第1項之定期檢查及重點檢查如承攬人或再承攬人具有實施之能力時，得以書面約定由承攬人或再承攬人為之。

112. (3) 雇主僱用勞工人數未滿 30 人者，應使擔任職業安全衛生業務主管者接受何種職業安全衛生業務主管安全衛生教育訓練？
①甲種　②乙種　③丙種　④丁種。

解析 請參考各類事業之事業單位應置職業安全衛生人員表，未滿 30 人者，應設置丙種職業安全衛生業務主管。業務主管係指依據「職業安全衛生管理辦法」之規定，依平時雇主僱用勞工人數多寡，分別接受甲、乙、丙種業務主管教育訓練。員工人數在未滿 30 人之事業單位，需設置一名丙種職業安全衛生業務主管。但屬第二類及第三類事業之事業單位，且勞工人數在 5 人以下者，得由經職業安全衛生教育訓練規則第 3 條附表一所列丁種職業安全衛生業務主管教育訓練合格之雇主或其代理人擔任。

113. (2) 僱用勞工人數在 30 人以上未滿 100 人之事業擔任職業安全衛生業務主管應接受何種教育訓練？
①甲種職業安全衛生業務主管　　②乙種職業安全衛生業務主管
③丙種職業安全衛生業務主管　　④職業安全衛生管理員。

解析 業務主管係指依據「職業安全衛生管理辦法」之規定，依平時雇主僱用勞工人數多寡，上甲、乙、丙種業務主管。員工人數在 30-99 人之事業單位，需設置一名乙種職業安全衛生業務主管。

114. (1) 勞工人數在 100 人以上之營造業事業單位，擔任營造業職業安全衛生業務主管者應受何種營造業安全衛生業務主管教育訓練？
①甲種　②乙種　③丙種　④丁種。

解析 依據職業安全衛生教育訓練規則第 3 條規定：
雇主對擔任下列職業安全衛生業務主管之勞工，應於事前使其接受職業安全衛生業務主管之安全衛生教育訓練。雇主或其代理人擔任職業安全衛生業務主管者，亦同。
營造業甲種職業安全衛生業務主管：係指僱用勞工人數在 100 人以上之營造業，設置之職業安全衛生業務主管。

115. (2) 依職業安全衛生教育訓練規則規定，訓練單位辦理缺氧作業或有機溶劑作業等有害作業主管安全衛生教育訓練時，其訓練時數均不得少於多少小時？
①6　②18　③24　④30。

解析 根據職業安全衛生教育訓練規則附表九有害作業主管安全衛生教育訓練課程、時數規定：
● 有機溶劑作業主管安全衛生教育訓練課程、時數（18 小時）
　1. 有機溶劑作業勞工安全衛生相關法規　　　　　　　2 小時

3-43

2. 有機溶劑中毒預防規則	3小時
3. 有機溶劑之主要用途及毒性	2小時
4. 有機溶劑之測定	2小時
5. 有機溶劑作業環境改善及安全衛生防護具	3小時
6. 通風換氣裝置及其維護	3小時
7. 有機溶劑作業安全衛生管理與執行	3小時

● 缺氧作業主管安全衛生教育訓練課程、時數（18小時）

1. 缺氧危險作業及局限空間作業勞工安全衛生相關法規	3小時
2. 缺氧症預防規則	3小時
3. 缺氧危險場所危害預防及安全衛生防護具	3小時
4. 缺氧危險場所之環境測定	3小時
5. 缺氧事故處理及急救	3小時
6. 缺氧危險作業安全衛生管理與執行	3小時

116.（4）依職業安全衛生教育訓練規則規定，操作下列何種機具不必接受具有危險性機械或設備操作人員訓練？
　　　　①鍋爐（小型鍋爐除外）　　　　②第一種壓力容器
　　　　③吊升荷重在3公噸以上之起重機　④荷重1公噸以上堆高機。

解析
● 具有危險性機械操作人員之安全衛生教育訓練：
1. 吊升荷重在3公噸以上固定式起重機或吊升荷重在1公噸以上之斯達卡式起重機操作人員。
2. 吊升荷重在3公噸以上之移動式起重機操作人員。
3. 吊升荷重在3公噸以上之人字臂起重桿操作人員。
4. 導軌或升降路之高度在20公尺以上之營建用提升機操作人員。
5. 吊籠操作人員。
● 具有危險性設備操作人員之安全衛生教育訓練：
1. 鍋爐操作人員。
2. 第一種壓力容器操作人員。
3. 高壓氣體特定設備操作人員。
4. 高壓氣體容器操作人員。

117.（4）下列何者不是應接受特殊作業安全衛生教育訓練之對象？
　　　　①使用起重機具從事吊掛作業人員
　　　　②荷重1公噸以上之堆高機操作人員
　　　　③潛水作業人員
　　　　④第一種壓力容器操作人員。

解析 職業安全衛生教育訓練規則第 14 條：
雇主對下列勞工，應使其接受特殊作業安全衛生教育訓練：
一、小型鍋爐操作人員。
二、荷重在 1 公噸以上之堆高機操作人員。
三、吊升荷重在 0.5 公噸以上未滿 3 公噸之固定式起重機操作人員或吊升荷重未滿 1 公噸之斯達卡式起重機操作人員。
四、吊升荷重在 0.5 公噸以上未滿 3 公噸之移動式起重機操作人員。
五、吊升荷重在 0.5 公噸以上未滿 3 公噸之人字臂起重桿操作人員。
六、高空工作車操作人員。
七、使用起重機具從事吊掛作業人員。
八、以乙炔熔接裝置或氣體集合熔接裝置從事金屬之熔接、切斷或加熱作業人員。
九、火藥爆破作業人員。
十、胸高直徑 70 公分以上之伐木作業人員。
十一、機械集材運材作業人員。
十二、高壓室內作業人員。
十三、潛水作業人員。
十四、油輪清艙作業人員。
十五、其他經中央主管機關指定之人員。
自營作業者擔任前項各款之操作或作業人員，應於事前接受前項所定職類之安全衛生教育訓練。
第一項第九款火藥爆破作業人員，依事業用爆炸物爆破專業人員訓練及管理辦法規定，參加爆破人員專業訓練，受訓期滿成績及格，並提出結業證書者，得予採認。
第一項教育訓練課程及時數，依附表十二之規定。

118.（2）依職業安全衛生教育訓練規則規定，訓練單位辦理使用起重機具從事吊掛作業人員特殊作業安全衛生教育訓練時，其訓練時數不得少於多少小時？
①6　②18　③24　④30。

解析 使用起重機具從事吊掛作業人員特殊安全衛生訓練課程（18 小時），課程內容包含：
一、起重吊掛相關法規　　　　　1 小時
二、起重機具概論　　　　　　　2 小時
三、起重吊掛相關力學知識　　　2 小時
四、吊具選用及吊掛方法　　　　2 小時
五、起重吊掛作業要領及事故預防　3 小時
六、吊掛作業實習　　　　　　　8 小時

119.（2）以乙炔熔接裝置或氣體集合裝置從事金屬熔接、切斷或加熱作業人員應接受下列何種安全衛生教育訓練？
①一般作業　　　　　　　　②特殊作業
③危險性機械操作人員　　　④危險性設備操作人員。

解析 職業安全衛生教育訓練規則第14條：
雇主對下列勞工，應使其接受特殊作業安全衛生教育訓練：
一、小型鍋爐操作人員。
二、荷重在1公噸以上之堆高機操作人員。
三、吊升荷重在0.5公噸以上未滿3公噸之固定式起重機操作人員或吊升荷重未滿1公噸之斯達卡式起重機操作人員。
四、吊升荷重在0.5公噸以上未滿3公噸之移動式起重機操作人員。
五、吊升荷重在0.5公噸以上未滿3公噸之人字臂起重桿操作人員。
六、高空工作車操作人員。
七、使用起重機具從事吊掛作業人員。
八、以乙炔熔接裝置或氣體集合熔接裝置從事金屬之熔接、切斷或加熱作業人員。
九、火藥爆破作業人員。
十、胸高直徑70公分以上之伐木作業人員。
十一、機械集材運材作業人員。
十二、高壓室內作業人員。
十三、潛水作業人員。
十四、油輪清艙作業人員。
十五、其他經中央主管機關指定之人員。
自營作業者擔任前項各款之操作或作業人員，應於事前接受前項所定職類之安全衛生教育訓練。
第一項第九款火藥爆破作業人員，依事業用爆炸物爆破專業人員訓練及管理辦法規定，參加爆破人員專業訓練，受訓期滿成績及格，並提出結業證書者，得予採認。
第一項教育訓練課程及時數，依附表十二之規定。

120.（ 2 ）雇主對擔任工作場所急救人員之勞工，除醫護人員外，應使其接受急救人員訓練，依職業安全衛生教育訓練規則規定，其訓練時數不得低於多少小時？
①12　②16　③30　④60。

解析 依據職業安全衛生教育訓練規則，雇主對工作場所急救人員，應使其接受急救人員之安全衛生教育訓練。但醫護人員及緊急醫療救護法所定之救護技術員，不在此限。
急救人員安全衛生教育訓練課程、時數（16小時）
一、急救概論（含緊急處置原則、實施緊急裝置、人體構造介紹）　1小時
二、敷料與繃帶（含實習）　2小時
三、心肺復甦術及自動體外心臟去顫器（AED）（含實習）　3小時
四、中毒、窒息　2小時
五、創傷及止血（含示範）　2小時
六、休克、燒傷及燙傷　2小時
七、骨骼及肌肉損傷（含實習）　2小時
八、傷患處理及搬運（含實習）　2小時
附註：實習課程應分組實際操作。

121.（ 1 ）辦理新僱勞工一般安全衛生教育訓練時，其訓練時數依職業安全衛生教育訓練規則不得少於多少小時？
①3　②6　③12　④18。

解析
- 雇主對新僱勞工或在職勞工於變更工作前，應使其接受適於各該工作必要之一般安全衛生教育訓練。但其工作環境、工作性質與變更前相當者，不在此限。
- 無一定雇主之勞工及其他受工作場所負責人指揮或監督從事勞動之人員，應接受前項安全衛生教育訓練。
- 新僱勞工或在職勞工於變更工作前依實際需要排定時數，不得少於 3 小時。但從事使用生產性機械或設備、車輛系營建機械、起重機具吊掛搭乘設備、捲揚機等之操作及營造作業、缺氧作業（含局限空間作業）、電焊作業、氧乙炔熔接裝置作業等應各增列 3 小時；對製造、處置或使用危害性化學品者應增列 3 小時。
- 各級業務主管人員於新僱或在職於變更工作前，應參照下列課程增列 6 小時。
  1. 安全衛生管理與執行。
  2. 自動檢查。
  3. 改善工作方法。
  4. 安全作業標準。

122.（ 1 ）依職業安全衛生教育訓練規則規定，辦理調換作業之勞工一般安全衛生教育訓練時，其訓練時數不得少於多少小時？
①3　②6　③10　④12。

解析 新僱勞工或在職勞工於變更工作前依實際需要排定時數，不得少於 3 小時。但從事使用生產性機械或設備、車輛系營建機械、起重機具吊掛搭乘設備、捲揚機等之操作及營造作業、缺氧作業（含局限空間作業）、電焊作業、氧乙炔熔接裝置作業等應各增列 3 小時；對製造、處置或使用危害性化學品者應增列 3 小時。

123.（ 4 ）依職業安全衛生教育訓練規則規定，職業安全衛生委員會成員之職業安全衛生在職教育訓練時數，為下列何者？
①每年 2 小時　②每年 3 小時　③每 2 年 3 小時　④每 3 年 3 小時。

解析 職業安全衛生教育訓練規則第 18 及 19 條：
雇主對擔任下列工作之勞工，應依工作性質使其接受安全衛生在職教育訓練：
一、職業安全衛生業務主管。（每 2 年至少 6 小時）
二、職業安全衛生管理人員。（每 2 年至少 12 小時）
三、勞工健康服務護理人員及勞工健康服務相關人員。（每 3 年至少 12 小時）
四、勞工作業環境監測人員。（每 3 年至少 6 小時）
五、施工安全評估人員及製程安全評估人員。（每 3 年至少 6 小時）
六、高壓氣體作業主管、營造作業主管及有害作業主管。（每 3 年至少 6 小時）
七、具有危險性之機械或設備操作人員。（每 3 年至少 3 小時）
八、特殊作業人員。（每 3 年至少 3 小時）
九、急救人員。（每 3 年至少 3 小時）

十、各級管理、指揮、監督之業務主管。（每3年至少3小時）
十一、職業安全衛生委員會成員。（每3年至少3小時）
十二、下列作業之人員：（每3年至少3小時）
　　（一）營造作業。
　　（二）車輛系營建機械作業。
　　（三）起重機具吊掛搭乘設備作業。
　　（四）缺氧作業。
　　（五）局限空間作業。
　　（六）氧乙炔熔接裝置作業。
　　（七）製造、處置或使用危害性化學品作業。
十三、前述各款以外之一般勞工。（每3年至少3小時）
十四、其他經中央主管機關指定之人員。
無一定雇主之勞工或其他受工作場所負責人指揮或監督從事勞動之人員，亦應接受前項第12款及第13款規定人員之一般安全衛生在職教育訓練。

124.（1）下列有關職業安全衛生教育訓練之辦理方式，何者有誤？
　　①事業單位不具辦理資格，應指派勞工至職業訓練機構受訓
　　②對於已取得資格之不同職類勞工，應定期分別使其接受在職教育訓練
　　③訓練單位辦理鍋爐操作人員教育訓練，應向當地主管機關報備
　　④雇主對於小型鍋爐操作人員，應使其接受特殊作業安全衛生教育訓練。

解析 職業安全衛生教育訓練規則第20條：
安全衛生之教育訓練，得由下列單位（以下簡稱訓練單位）辦理：
一、勞工主管機關、衛生主管機關、勞動檢查機構或目的事業主管機關。
二、依法設立之非營利法人。
三、依法組織之雇主團體。
四、依法組織之勞工團體。
五、中央衛生福利主管機關醫院評鑑合格者或大專校院設有醫、護科系者。
六、報經中央主管機關核可之非以營利為目的之急救訓練單位。
七、大專校院設有安全衛生相關科系所或訓練種類相關科系所者。
八、**事業單位**。
九、其他經中央主管機關核可者。

125.（4）辦理下列何種安全衛生教育訓練不必於事前報請當地主管機關備查？
　　①有害作業主管　　　　　　　②職業安全衛生人員
　　③危險性機械、設備操作人員　④現場安全衛生監督人員。

解析 訓練單位辦理職業安全衛生教育訓練規則第3條至第16條之教育訓練前，應填具教育訓練場所報備書並檢附文件，報請地方主管機關核定；變更時亦同，**現場安全衛生監督人員不屬於以上類別中**。

126. (3) 依職業安全衛生教育訓練規則規定，雇主對新僱勞工或在職勞工於變更工作前，應使其接受適於各該工作必要之安全衛生教育訓練，並應將計畫、受訓人員名冊、簽到紀錄、課程內容等實施資料保存幾年？
①1　②2　③3　④4。

解析 職業安全衛生教育訓練規則第 31 條：
訓練單位辦理第 17 條及第 18 條之教育訓練，應將包含訓練教材、課程表相關之訓練計畫、受訓人員名冊、簽到紀錄、課程內容等實施資料保存 3 年。

127. (4) 勞工參加有關之職業安全衛生教育訓練，缺課時數達課程總時數多少以上時，則訓練單位應通知其退訓？
①二分之一　②三分之一　③四分之一　④五分之一。

解析 職業安全衛生教育訓練規則第 33 條：
訓練單位對受訓學員缺課時數達課程總時數 1/5 以上者，應通知其退訓；受訓學員請假超過 3 小時或曠課者，應通知其補足全部課程。

128. (4) 事業單位規劃實施勞工健康檢查，下列何者不是考量的項目？
①職業之作業別　②職業之年齡　③職業之任職年資　④薪資。

解析 勞工健康檢查與勞工之薪資無直接關係，因此不列於考量的項目之中。

129. (3) 依勞工健康保護規則規定，第一類事業之事業單位勞工人數多少人以上時，應僱用或特約職業醫學科專科醫師 1 人？
①3,000　②5,000　③6,000　④8,000。

解析 第一類事業之事業單位勞工人數 6,000 人以上時，應聘專任職業醫學科專科醫師 1 人。

130. (2) 依勞工健康保護規則規定，事業單位之同一工作場所，勞工人數在多少人以上者，應視該場所之規模及性質，僱用從事勞工健康服務之護理人員？
①100　②300　③500　④1000。

解析 勞工健康保護規則第 3 條：
事業單位勞工人數在 300 人以上或從事特別危害健康作業之勞工人數在 50 人以上者，應視其規模及性質，分別依附表二與附表三所定之人力配置及臨場服務頻率，僱用或特約從事勞工健康服務之醫師及僱用從事勞工健康服務之護理人員（以下簡稱醫護人員），辦理勞工健康服務。

131. (3) 依勞工健康保護規則規定，急救人員不得有哪種身體因素，足以妨礙急救事宜？
①色盲　②心臟病　③失聰　④高血壓。

解析 勞工健康保護規則第 15 條：
前項急救人員應具下列資格之一，且不得有失聰、兩眼裸視或矯正視力後均在 0.6 以下、失能及健康不良等，足以妨礙急救情形：
一、醫護人員。
二、經職業安全衛生教育訓練規則所定急救人員之安全衛生教育訓練合格。
三、緊急醫療救護法所定救護技術員。
第 1 項所定急救藥品與器材，應置於適當固定處所，至少每 6 個月定期檢查。對於被污染或失效之物品，應隨時予以更換及補充。
第 1 項急救人員，每 1 輪班次應至少置 1 人；其每 1 輪班次勞工人數超過 50 人者，每增加 50 人，應再置 1 人。但事業單位有下列情形之一，且已建置緊急連線、通報或監視裝置等措施者，不在此限：
一、第一類事業，每 1 輪班次僅 1 人作業。
二、第二類或第三類事業，每 1 輪班次勞工人數未達 5 人。
急救人員因故未能執行職務時，雇主應即指定具第 2 項資格之人員，代理其職務。

132. (3) 依勞工健康保護規則規定，勞工人數為 345 人之事業單位，至少應有多少位合格之急救人員？
①4　②5　③6　④7。

解析 勞工健康保護規則第 15 條：
急救人員，每 1 輪班次應至少置 1 人；其每 1 輪班次勞工總人數超過 50 人者，每增加 50 人，應再置 1 人。
《公式》Y＝(N-1)/50（小數點無條件捨去）；Y：急救人員人數；N：勞工總人數。
故此題 Y＝(345-1)/50＝6.88≒6（人）

133. (4) 依勞工健康保護規則規定，醫護人員臨廠服務應辦理之事項，不包含下列何者？
①健康促進之策劃與實施　　②健康諮詢與急救處置
③協助選配勞工從事適當工作　④定期辦理健康檢查。

解析 勞工健康保護規則第 9 條：
雇主應使醫護人員及勞工健康服務相關人員臨場辦理下列勞工健康服務事項：
一、勞工體格（健康）檢查結果之分析與評估、健康管理及資料保存。
二、協助雇主選配勞工從事適當之工作。
三、辦理健康檢查結果異常者之追蹤管理及健康指導。
四、辦理未滿 18 歲勞工、有母性健康危害之虞之勞工、職業傷病勞工與職業健康相關高風險勞工之評估及個案管理。
五、職業衛生或職業健康之相關研究報告及傷害、疾病紀錄之保存。
六、勞工之健康教育、衛生指導、身心健康保護、健康促進等措施之策劃及實施。
七、工作相關傷病之預防、健康諮詢與急救及緊急處置。
八、定期向雇主報告及勞工健康服務之建議。
九、其他經中央主管機關指定公告者。

134.(2) 依勞工健康保護規則規定，醫護人員之臨廠服務紀錄表應保存多少年？
①1　②3　③7　④10。

解析 健康保護規則第14條：醫護人員之勞工健康服務執行紀錄表及採行措施之文件，應保存3年。

135.(3) 勞工體格檢查主要目的為下列何者？
①決定薪資高低　　　　　　②達成勞工的要求
③適當分配勞工工作　　　　④配合勞保業務。

解析 勞工健康管理為經由體格檢查、定期健康檢查、以掌握勞工健康狀況、並透過**適當分配勞工工作**、改善作業環境、辦理勞工傷病醫療照顧、急救事宜、健康教育、衛生指導及推展健康促進活動等協助勞工保持或促進其健康。

136.(4) 下列何者不是勞工健康保護規則規定，雇主於僱用勞工時，應實施一般體格檢查之規定項目？
①胸部X光（大片）攝影檢查　　②尿蛋白及尿潛血之檢查
③血色素及白血球數檢查　　　　④肺功能檢查。

解析
● 一般體格檢查：
一般工作勞工（不屬於特別危害健康作業者）及特別危害健康作業勞工，即所有勞工均需實施。但距上次檢查未超過一般健康檢查之定期檢查期限，經提出證明者，得免實施。
● 項目：
1. 作業經歷、既往病史、生活習慣及自覺症狀之調查。
2. 身高、體重、腰圍、視力、辨色力、聽力、血壓與身體各系統或部位之身體檢查及問診。
3. 胸部X光（大片）攝影檢查。
4. 尿蛋白及尿潛血之檢查。
5. 血色素及白血球數檢查。
6. 血糖、血清丙胺酸轉胺酶（ALT）、肌酸酐（creatinine）、膽固醇、三酸甘油酯、高密度脂蛋白膽固醇之檢查。
7. 其他經中央主管機關指定之檢查。

137.(4) 雇主僱用勞工時，對實施一般體格檢查，下列何者非規定之檢查項目？
①既往病歷及作業經歷之調查
②胸部X光（大片）攝影檢查
③血色素及白血球數檢查
④心電圖檢查。

解析
- 一般工作勞工（不屬於特別危害健康作業者）及特別危害健康作業勞工，即所有勞工均需實施。但距上次檢查未超過一般健康檢查之定期檢查期限，經提出證明者，得免實施。
- 項目：
  1. 作業經歷、既往病史、生活習慣及自覺症狀之調查。
  2. 身高、體重、腰圍、視力、辨色力、聽力、血壓與身體各系統或部位之身體檢查及問診。
  3. 胸部X光（大片）攝影檢查。
  4. 尿蛋白及尿潛血之檢查。
  5. 血色素及白血球數檢查。
  6. 血糖、血清丙胺酸轉胺酶（ALT）、肌酸酐（creatinine）、膽固醇、三酸甘油酯、高密度脂蛋白膽固醇之檢查。
  7. 其他經中央主管機關指定之檢查。

138.（2）為能依據勞工體能、健康狀況，適當選配勞工於適當之場所作業，雇主於僱用勞工時，應實施下列何種健康檢查？
① 一般健康檢查　　② 一般體格檢查
③ 特殊健康檢查　　④ 健康追蹤檢查。

解析 勞工健康保護規則第16條：
雇主僱用勞工時，除應依附表九所定之檢查項目實施**一般體格檢查**外，另應按其作業類別，依附表十所定之檢查項目實施特殊體格檢查。
有下列情形之一者，得免實施前項所定一般體格檢查：
一、非繼續性之臨時性或短期性工作，其工作期間在6個月以內。
二、其他法規已有體格或健康檢查之規定。
三、其他經中央主管機關指定公告。
第1項所定檢查距勞工前次檢查未超過第17條或第18條規定之定期檢查期限，經勞工提出證明者，得免實施。

139.（3）依勞工健康保護規則規定，事業單位實施勞工健康檢查時，得經勞工同意，一併進行癌症篩檢，此癌症篩檢項目不包括下列何者？
① 女性乳癌　　② 大腸癌
③ 攝護腺癌　　④ 女性子宮頸癌。

解析 勞工健康保護規則第27條：
依癌症防治法規定，對於符合癌症篩檢條件之勞工，於事業單位實施勞工健康檢查時，得經勞工同意，一併進行口腔癌、大腸癌、女性子宮頸癌及女性乳癌之篩檢。

140.（4）依女性勞工母性健康保護實施辦法規定，有關母性健康保護措施，下列何者有誤？
① 危害評估與控制　　② 醫師面談指導
③ 風險分級管理　　　④ 勞工代表參與。

3-52

解析 母性健康保護：指對於女性勞工從事有母性健康危害之虞之工作所採取之措施，包括危害評估與控制、醫師面談指導、風險分級管理、工作適性安排及其他相關措施。

141.（ 3 ）依女性勞工母性健康保護實施辦法規定，母性健康保護期間，指雇主得知妊娠之日起至何時之期間？
①分娩日 ②分娩後半年 ③分娩後 1 年 ④分娩後 2 年。

解析 母性健康保護期間（簡稱保護期間）：指雇主於得知女性勞工妊娠之日起至分娩後1 年之期間。

142.（ 4 ）依女性勞工母性健康保護實施辦法規定，下列何者有誤？
①對於有害輻射散佈場所之工作，應依游離輻射防護安全標準之規定辦理
②作業場所應進行風險評估，區分風險等級，並實施分級管理
③作業場所空氣中暴露濃度為容許暴露標準 1/2 以上者，屬第三級管理
④血中鉛濃度為 20μg/dl 以上者，屬第三級管理。

解析 依女性勞工母性健康保護法第 10 條規定，第三級管理：血中鉛濃度在 10 μg/dl 以上。

143.（ 2 ）依女性勞工母性健康保護實施辦法規定，雇主所採取之危害評估控制方法面談指導等，其執行情形之紀錄應至少保存多少年？
①1 ②3 ③5 ④7。

解析 女性勞工母性健康保護實施辦法第 14 條：
雇主依本辦法採取之危害評估、控制方法、面談指導、適性評估及相關採行措施之執行情形，均應予記錄，並將相關文件及紀錄至少保存 3 年。

144.（ 3 ）依危險性工作場所審查及檢查辦法規定，蒸汽鍋爐其傳熱面積多少平方公尺以上者，方列為危險性工作場所？
①300 ②400 ③500 ④600。

解析 依據危險性工作場所審查及檢查辦法第 2 條第 3 款：丙類：指蒸汽鍋爐之傳熱面積在 500 平方公尺以上，或高壓氣體類壓力容器 1 日之冷凍能力在 150 公噸以上或處理能力符合下列規定之一者：
一、1,000 立方公尺以上之氧氣、有毒性及可燃性高壓氣體。
二、5,000 立方公尺以上之前款以外之高壓氣體。

3-53

145. (3) 下列何者非屬危險性工作場所審查及檢查辦法所稱之丁類危險性工作場所？
①採用壓氣施工作業之工程
②建築物頂樓樓板高度 80 公尺之建築工程
③單跨橋梁之橋墩跨距在 50 公尺之橋梁工程
④開挖深度達 18 公尺，且開挖面積達 500 平方公尺之工程。

解析 危險性工作場所審查及檢查辦法之丁類指下列之營造工程：
一、建築物高度在 80 公尺以上之建築工程。
二、單跨橋梁之橋墩跨距在 75 公尺以上或多跨橋梁之橋墩跨距在 50 公尺以上之橋梁工程。
三、採用壓氣施工作業之工程。
四、長度 1,000 公尺以上或需開挖 15 公尺以上豎坑之隧道工程。
五、開挖深度達 18 公尺以上，且開挖面積達 500 平方公尺以上之工程。
六、工程中模板支撐高度 7 公尺以上，且面積達 330 平方公尺以上者。

146. (1) 依危險性工作場所審查及檢查辦法規定，甲類工作場所使勞工作業幾日前，向當地勞動檢查機構申請審查？
①30 ②45 ③60 ④15。

解析 危險性工作場所審查及檢查辦法第 4 條：
事業單位應於甲類工作場所、丁類工作場所使勞工作業 30 日前，向當地勞動檢查機構（以下簡稱檢查機構）申請審查。
事業單位應於乙類工作場所、丙類工作場所使勞工作業 45 日前，向檢查機構申請審查及檢查。

147. (1) 依危險性工作場所審查及檢查辦法規定，乙類工作場所之申請期限為作業幾日前？
①45 ②30 ③60 ④15。

解析 危險性工作場所審查及檢查辦法第 4 條：
事業單位應於甲類工作場所、丁類工作場所使勞工作業 30 日前，向當地勞動檢查機構（以下簡稱檢查機構）申請審查。
事業單位應於乙類工作場所、丙類工作場所使勞工作業 45 日前，向檢查機構申請審查及檢查。

148. (4) 依危險性工作場所審查及檢查辦法規定，丁類工作場所使勞工作業幾日前，向當地勞動檢查機構申請審查？
①15 ②45 ③60 ④30。

解析 危險性工作場所審查及檢查辦法第 4 條：
事業單位應於甲類工作場所、丁類工作場所使勞工作業 30 日前，向當地勞動檢查機構（以下簡稱檢查機構）申請審查。
事業單位應於乙類工作場所、丙類工作場所使勞工作業 45 日前，向檢查機構申請審查及檢查。

149. (4) 依危險性工作場所審查及檢查辦法規定，事業單位向檢查機構申請審查甲類工作場所，事前實施評估之組成小組人員不包括下列人員？
　　　①工作場所負責人　　　　　　②製程安全評估人員
　　　③職業安全衛生人員　　　　　④熟悉該場所作業之顧問。

解析 危險性工作場所審查及檢查辦法第 6 條：
前條資料事業單位應依作業實際需要，於事前由下列人員組成評估小組實施評估：
一、工作場所負責人。
二、曾受國內外製程安全評估專業訓練或具有製程安全評估專業能力，並有證明文件，且經中央主管機關認可者（以下簡稱製程安全評估人員）。
三、依職業安全衛生管理辦法設置之職業安全衛生人員。
四、工作場所作業主管。
五、熟悉該場所作業之勞工。
事業單位未置前項第 2 款所定製程安全評估人員者，得以在國內完成製程安全評估人員訓練之下列執業技師任之：
一、工業安全技師及下列技師之一：
　1. 化學工程技師。
　2. 職業衛生技師。
　3. 機械工程技師。
　4. 電機工程技師。
二、工程技術顧問公司僱用之工業安全技師及前款各目所定技師之一。
前項人員兼具工業安全技師資格及前項第 1 款各目所定技師資格之一者，得為同 1 人。
第 1 項實施評估之過程及結果，應予記錄。

150. (1) 依危險性工作場所審查及檢查辦法規定，事業單位對經檢查機構審查合格之甲類危險性工作場所，應於製程修改時或至少每多少年重新評估一次？
　　　①5　②1　③3　④10。

解析 危險性工作場所審查及檢查辦法第 8 條：
事業單位對經檢查機構審查合格之工作場所，應於製程修改時或至少每 5 年重新評估第 5 條檢附之資料，為必要之更新及記錄，並報請檢查機構備查。

3-55

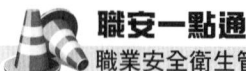

151.（2）依危險性工作場所審查及檢查辦法規定，事業單位向檢查機構申請審查及檢查丙類工作場所，檢查機構對一般高壓氣體製造設施實施檢查，下列何者非屬一般高壓氣體製造設施之應檢查事項？
①境界線、警戒標示　②機械設備之護圍　③緊急電源　④通報設備。

解析　一般高壓氣體製造設施之應檢查事項：
一、境界線、警戒標示。
二、處理煙火之設備。
三、設備間距離。
四、儲槽間距離。
五、警告標示。
六、防液堤。
七、壓力表。
八、安全裝置。
九、安全閥之釋放管。
十、液面計。
十一、緊急遮斷裝置。
十二、電氣設備。
十三、緊急電源。
十四、撒水裝置。
十五、防護牆。
十六、氣體漏洩檢知警報設備。
十七、防毒措施。
十八、防止溫升措施。
十九、識別及危險標示。
二十、靜電消除措施。
二十一、通報設備。

152.（1）依危險性工作場所審查及檢查辦法規定，事業單位向檢查機構申請審查及檢查丙類工作場所，審查及檢查之結果，檢查機構應於受理申請後幾日內，以書面通知事業單位？
①45　②35　③25　④15。

解析　檢查機構對第13條之申請（丙類），應依同條檢附之資料，實施審查。
檢查機構於審查後，應對下列設施實施檢查：
一、一般高壓氣體製造設施，如附件九。
二、液化石油氣製造設施，如附件十。
三、冷凍用高壓氣體製造設施，如附件十一。
四、加氣站製造設施，如附件十二。
五、鍋爐設施，如附件十三。

審查及檢查之結果，檢查機構應於受理申請後 45 日內，以書面通知事業單位。但可歸責於事業單位者，不在此限。

153. (1) 依危險性工作場所審查及檢查辦法規定，事業單位對經檢查機構審查合格之丙類危險性工作場所，應於製程修改時或至少每多少年重新評估一次？
①5 ②1 ③3 ④10。

解析 危險性工作場所審查及檢查辦法第 16 條：
事業單位對經檢查機構審查及檢查合格之工作場所，應於製程修改時或至少每 5 年依第 13 條檢附之資料重新評估一次，為必要之更新並記錄之。

154. (3) 依危險性工作場所審查及檢查辦法規定，事業單位向檢查機構申請審查丁類工作場所之審查結果，檢查機構應於受理申請後幾日內，以書面通知事業單位？
①10 ②20 ③30 ④40。

解析 丁類工作場所之審查，檢查機構認有必要時，得前往該工作場所實施檢查。丁類工作場所之審查之結果，檢查機構應於受理申請後 30 日內，以書面通知事業單位。但可歸責於事業單位者，不在此限。

155. (2) 依危險性工作場所審查及檢查辦法規定，事業單位對於經檢查機構審查合格之丁類工作場所，於施工過程有下列何種情況時，應重新評估後報經檢查機構審查？
①變更承攬人 ②變更主要分項工程施工方法
③改變施工機具 ④變更施工人員。

解析 危險性工作場所審查及檢查辦法第 20 條：
事業單位對經審查合格之工作場所，於施工過程中變更主要分項工程施工方法時，應就變更部分重新評估後，就評估之危害，採取必要之預防措施，更新施工計畫書及施工安全評估報告書，並記錄之。

156. (3) 下列何者屬製程安全評估定期實施辦法所適用之工作場所？
①使用異氰酸甲酯、氯化氫，從事農藥原體合成之工作場所
②利用氯酸鹽類、過氯酸鹽類及其他原料製造爆竹煙火類物品之爆竹煙火工廠
③從事石油產品之裂解反應，以製造石化基本原料之工作場所
④處理能力 1000 立方公尺以上之氧氣、有毒性及可燃性高壓氣體。

解析 本辦法適用於下列工作場所：
- 勞動檢查法第 26 條第 1 項第 1 款所定從事石油產品之裂解反應，以製造石化基本原料之工作場所。
- 勞動檢查法第 26 條第 1 項第 5 款所定製造、處置或使用危險物及有害物，達勞動檢查法施行細則附表一及附表二規定數量之工作場所。

157. (3) 製程安全評估定期實施辦法所稱製程修改，不包括下列何者？
　　①對適用工作場所之製程化學品之變更
　　②製程操作程序之變更
　　③製程操作人員異動
　　④製程設備之變更。

解析 本辦法所稱製程修改，指前條工作場所既有安全防護措施未能控制新潛在危害之**製程化學品、技術、設備、操作程序**或**規模**之變更。

158. (1) 依製程安全評估定期實施辦法規定，事業單位實施製程安全評估不包括下列何者？
　　①領導　②變更管理　③承攬管理　④機械完整性。

解析 製程安全評估定期實施辦法第 4 條：
第 2 條之工作場所，事業單位應每 5 年就下列事項，實施製程安全評估：
一、製程安全資訊。
二、製程危害控制措施。
實施前項評估之過程及結果，應予記錄，並製作製程安全評估報告及採取必要之預防措施，評估報告內容應包括下列各項：
一、實施前項評估過程之必要文件及結果。
二、勞工參與。
三、標準作業程序。
四、教育訓練。
五、承攬管理。
六、啟動前安全檢查。
七、機械完整性。
八、動火許可。
九、變更管理。
十、事故調查。
十一、緊急應變。
十二、符合性稽核。
十三、商業機密。
前 2 項有關製程安全評估之規定，於製程修改時，亦適用之。

159. (2) 依製程安全評估定期實施辦法規定，製程安全評估使用之安全評估方法不包括下列何者？
①如果-結果分析　　　　②為何樹分析
③危害及可操作性分析　　④失誤模式及影響分析。

解析 製程安全評估定期實施辦法第5條：
前條所定製程安全評估，應使用下列一種以上之安全評估方法，以評估及確認製程危害：
一、如果-結果分析。
二、檢核表。
三、如果-結果分析／檢核表。
四、危害及可操作性分析。
五、失誤模式及影響分析。
六、故障樹分析。
七、其他經中央主管機關認可具有同等功能之安全評估方法。

160. (4) 依營造安全衛生設施標準規定，勞工於屋頂作業，其屋頂斜度大於多少度或滑溜時，應設置適當之護欄？　①25　②30　③32　④34。

解析 於斜度大於34度（高底比為2：3）或滑溜之屋頂，從事作業者，應設置適當之護欄，支承穩妥且寬度在40公分以上之適當工作臺及數量充分、安裝牢穩之適當梯子。但設置護欄有困難者，應提供背負式安全帶使勞工佩掛，並掛置於堅固錨錠、可供鉤掛之堅固物件或安全母索等裝置上。

161. (2) 依營造安全衛生設施標準規定，為防止人員墜落所設置之護欄，下列何者錯誤？
①上欄杆高度應在90公分以上
②中欄杆高度應在30公分以上，45公分以下
③鋼管欄杆之杆柱直徑不得小於3.8公分
④護欄前方2公尺內之地板不得堆放任何物件、設備。

解析 雇主設置之護欄，應依下列規定辦理：
一、具有高度90公分以上之上欄杆、中間欄杆或等效設備（以下簡稱中欄杆）、腳趾板及杆柱等構材；其上欄杆、中欄杆及地盤面與樓板面間之上下開口距離，應不大於55公分。
二、以木材構成者，其規格如下：
　1. 上欄杆應平整，且其斷面應在30平方公分以上。
　2. 中欄杆斷面應在25平方公分以上。
　3. 腳趾板高度應在10公分以上，厚度在1公分以上，並密接於地盤面或樓板面鋪設。
　4. 杆柱斷面應在30平方公分以上，相鄰間距不得超過2公尺。

162.（3）依營造安全衛生設施標準規定，護欄以鋼管構成者，其杆柱相鄰間距不得大於多少公尺？

①1.5　②2　③2.5　④3。

解析 營造安全衛生設施標準第20條：
以鋼管構成者，其上欄杆、中欄杆及杆柱之直徑均不得小於3.8公分，杆柱相鄰間距不得超過2.5公尺。

163.（3）依營造安全衛生設施標準之安全網設置規定，除鋼構組配作業外，工作面至安全網架設平面之攔截高度，不得超過多少公尺？

①3　②5　③7　④9。

解析 營造安全衛生設施標準第22條：
雇主設置之安全網，應依下列規定辦理：
一、安全網之材料、強度、檢驗及張掛方式，應符合下列國家標準規定之一：
　　1. CNS 14252。
　　2. CNS 16079-1及CNS 16079-2。
二、工作面至安全網架設平面之攔截高度，不得超過7公尺。但鋼構組配作業得依第151條之規定辦理。
三、為足以涵蓋勞工墜落時之拋物線預測路徑範圍，使用於結構物四周之安全網時，應依下列規定延伸適當之距離。但結構物外緣牆面設置垂直式安全網者，不在此限：
　　1. 攔截高度在1.5公尺以下者，至少應延伸2.5公尺。
　　2. 攔截高度超過1.5公尺且在3公尺以下者，至少應延伸3公尺。
　　3. 攔截高度超過3公尺者，至少應延伸4公尺。

164.（3）依營造安全衛生設施標準規定，安全母索繫固之錨錠，至少應能承受每人多少公斤之拉力？

①2000　②2100　③2300　④2500。

解析 安全帶或安全母索繫固之錨錠，至少應能承受每人2,300公斤之拉力。

165.（3）依營造安全衛生設施標準規定，下列何者非施工架組配作業主管於作業現場應辦理事項？

①決定作業方法，指揮勞工作業
②實施檢點，檢查材料、工具、器具等，並汰換其不良品
③簽章確認施工架強度計算書
④監督勞工個人防護具之使用。

解析 營造安全衛生設施標準第 41 條：
雇主對於懸吊式施工架、懸臂式施工架及高度 5 公尺以上施工架之組配及拆除（以下簡稱施工架組配）作業，應指派施工架組配作業主管於作業現場辦理下列事項：
一、決定作業方法，指揮勞工作業。
二、實施檢點，檢查材料、工具、器具等，並汰換其不良品。
三、監督勞工確實使用個人防護具。
四、確認安全衛生設備及措施之有效狀況。
五、前 2 款未確認前，應管制勞工或其他人員不得進入作業。
六、其他為維持作業勞工安全衛生所必要之設備及措施。
前項第 2 款之汰換不良品規定，對於進行拆除作業之待拆物件不適用之。

166.（3）依營造安全衛生設施標準規定，對於鋼管施工架之設置應符合何項國家標準？
①CNS7534　②CNS7535　③CNS4750　④CNS1425。

解析 營造安全衛生設施標準第 43 條：
雇主對於構築施工架之材料，應依下列規定辦理：
一、不得有顯著之損壞、變形或腐蝕。
二、使用之竹材，應以竹尾末梢外徑 4 公分以上之圓竹為限，且不得有裂隙或腐蝕者，必要時應加防腐處理。
三、使用之木材，不得有顯著損及強度之裂隙、蛀孔、木結、斜紋等，並應完全剝除樹皮，方得使用。
四、使用之木材，不得施以油漆或其他處理以隱蔽其缺陷。
五、使用之鋼材等金屬材料，應符合國家標準 **CNS 4750** 鋼管施工架同等以上抗拉強度。

167.（4）依營造安全衛生設施標準規定，下列有關施工架之敘述，何者正確？
①施工架組配作業遇強風、大雨時，未經雇主許可前不得擅自停止作業
②組立施工架時，如設有寬度在 30 公分以上厚度 3.5 公分以上施工架板料，可免使勞工佩掛安全帶
③以活動板料為工作臺，其板料長度小於 3.6 公尺時，其支撐點只需 2 處
④構築施工架有鄰近或跨越車輛通道者，應於該通道設置護籠等安全設施。

解析 依照營造安全衛生設施標準中對於施工架有以下規定：
一、第 42 條：強風、大雨、大雪等惡劣天候，實施作業預估有危險之虞時，應即停止作業。
二、第 42 條：於紮緊、拆卸及傳遞施工架構材等之作業時，設寬度在 20 公分以上之施工架踏板，並採取使勞工使用安全帶等防止發生勞工墜落危險之設備與措施。

三、第 48 條：活動式踏板使用木板時，其寬度應在 20 公分以上，厚度應在 3.5 公分以上，長度應在 3.6 公尺以上；寬度大於 30 公分時，厚度應在 6 公分以上，長度應在 4 公尺以上，其支撐點應有 3 處以上，且板端突出支撐點之長度應在 10 公分以上，但不得大於板長 1/18，踏板於板長方向之重疊時，應於支撐點處重疊，重疊部分之長度不得小於 20 公分。

四、第 53 條：雇主構築施工架時，有鄰近或跨越車輛通道者，應於該通道設置護籠等安全設施，以防車輛之碰撞危險。

168.（4）依營造安全衛生設施標準規定，框式施工架（高度未滿 5 公尺者除外）設置與建築物連接之壁連座，其垂直方向之間距應為多少公尺？
①2　②5　③8　④9。

解析 依據勞動部施工架作業安全指引及檢查重點，框式施工架以壁連座與構造物連接，間距在垂直方向 9.0 公尺、水平方向 8.0 公尺以下。單管施工架以壁連座與構造物連接，間距在垂直方向 5.0 公尺、水平方向 5.5 公尺以下。施工架在搭設或拆除時，仍應維持在垂直、水平方向規定距離內與構造物妥實連接。

169.（3）依營造安全衛生設施標準規定，高度 2 公尺以上構臺之覆工板等板料間隙應在多少公分以下？
①1　②2　③3　④4。

解析 營造安全衛生設施標準第 62-1 條：
雇主對於施工構臺，應依下列規定辦理：
一、支柱應依施工場所之土壤性質，埋入適當深度或於柱腳部襯以墊板、座鈑等以防止滑動或下沉。
二、支柱、支柱之水平繫材、斜撐材及構臺之梁等連結部分、接觸部分及安裝部分，應以螺栓或鉚釘等金屬之連結器材固定，以防止變位或脫落。
三、高度 2 公尺以上構臺之覆工板等板料間隙應在 3 公分以下。
四、構臺設置寬度應足供所需機具運轉通行之用，並依施工計畫預留起重機外伸撐座伸展及材料堆置之場地。

170.（3）依營造安全衛生設施標準規定，雇主使勞工以機械從事露天開挖作業，下列何者非屬應辦理之事項？
①嚴禁非操作人員進入營建機械操作半徑範圍內
②車輛機械應設倒車或旋轉警示燈及蜂鳴器
③營建機械應取得危險性機械檢查合格證
④應指派專人指揮。

解析 營造安全衛生設施標準第69條：
雇主使勞工以機械從事露天開挖作業，應依下列規定辦理：
一、使用之機械有損壞地下電線、電纜、危險或有害物管線、水管等地下埋設物，而有危害勞工之虞者，應妥為規劃該機械之施工方法。
二、事前決定開挖機械、搬運機械等之運行路線及此等機械進出土石裝卸場所之方法，並告知勞工。
三、於搬運機械作業或開挖作業時，應指派專人指揮，以防止機械翻覆或勞工自機械後側接近作業場所。
四、嚴禁操作人員以外之勞工進入營建用機械之操作半徑範圍內。
五、車輛機械應裝設倒車或旋轉警示燈及蜂鳴器，以警示周遭其他工作人員。

171.(3) 依營造安全衛生設施標準規定，下列有關擋土支撐構築作業之敘述，何者正確？
①垂直開挖深度2公尺且有崩塌之虞者，得不設擋土支撐
②勞工於擋土支撐之構築作業，為方便在水平撐梁上走動，得不使用安全帶
③應指派擋土支撐作業主管指揮勞工作業
④規定每月應實施檢查支撐桿之鬆緊狀況，並記錄之。

解析 開挖垂直最大深度在1.5公尺以上者，應設擋土支撐，該擋土支撐應繪製施工圖說並由具有地質、土木等專長人員簽認其安全性後按圖施工。勞工於構築作業時必須佩帶安全帶。根據營造安全衛生設施標準規定，雇主對於擋土支撐組配、拆除（以下簡稱擋土支撐）作業，應指派**擋土支撐作業主管**於作業現場辦理事項。且雇主於擋土支撐設置後開挖進行中，除指定專人確認地層之變化外，並於每週或於4級以上地震後，或因大雨等致使地層有急劇變化之虞，或觀測系統顯示土壓變化未按預期行徑時，實施下列檢查：
一、構材之有否損傷、變形、腐蝕、移位及脫落。
二、支撐桿之鬆緊狀況。
三、溝材之連接部分、固定部分及交叉部分之狀況。
並依前項認有異狀，應即補強、整修採取必要之設施。

172.(1) 依營造安全衛生設施標準規定，雇主以木材為模板支撐之支柱，木材以連接方式使用時，每一支柱最多僅能有幾處接頭？
①1 ②2 ③3 ④4。

解析 營造安全衛生設施標準第138條：
雇主以木材為模板支撐之支柱時，應依下列規定辦理：
一、木材以連接方式使用時，每一支柱最多僅能有**1**處接頭，以對接方式連接使用時，應以2個以上之牽引板固定之。
二、上端支以梁或軌枕等貫材時，應使用牽引板將上端固定於貫材。
三、支柱底部須固定於有足夠強度之基礎上，且每根支柱之淨高不得超過4公尺。

四、木材支柱最小斷面積應大於 31.5 平方公分，高度每 2 公尺內設置足夠強度之縱向、橫向水平繫條，以防止支柱之移動。

173.（ 3 ） 依營造安全衛生設施標準規定，下列有關模板支撐構築作業之敘述，何者不正確？
　　①鋼管施工架為模板支撐之支柱時，模板支撐之側面、架面及交叉斜撐材面之方向，每層應設置足夠強度之水平繫條
　　②模板支撐之支柱應設置足夠強度之縱向、橫向之水平繫條，以防止支柱移動
　　③模板支撐以梁支持時，於梁與梁之間得免設繫條
　　④對曲面模板，應以繫桿控制模板之沉陷。

解析 依照營造安全衛生設施標準，選項④之答案也應不正確。惟本題目前尚依勞動部公告試題為準，請讀者參考以下詳解。
營造安全衛生設施標準規定：
- 第 131 條：
雇主對於模板支撐，應依下列規定辦理：
對曲面模板，應以繫桿控制模板之上移。
- 第 136 條：
雇主以鋼管施工架為模板支撐之支柱時，應依下列規定辦理：
一、鋼管架間，應設置交叉斜撐材。
二、於最上層及每隔 5 層以內，模板支撐之側面、架面及每隔 5 架以內之交叉斜撐材面方向，應設置足夠強度之水平繫條，並與牆、柱、橋墩等構造物或穩固之牆模、柱模等妥實連結，以防止支柱移位。
三、於最上層及每隔 5 層以內，模板支撐之架面方向之 2 端及每隔 5 架以內之交叉斜撐材面方向，應設置水平繫條或橫架。
四、上端支以梁或軌枕等貫材時，應置鋼製頂板或托架，並將貫材固定其上。
五、支撐底部應以可調型基腳座鈑調整在同一水平面。
- 第 139 條：
雇主對模板支撐以梁支持時，應依下列規定辦理：
一、將梁之兩端固定於支撐物，以防止滑落及脫落。
二、於梁與梁之間設置繫條，以防止橫向移動。

174.（ 3 ） 依營造安全衛生設施標準規定，雇主對於高度在多少公尺以上之鋼構建築物之組立作業，應指派鋼構組配作業主管於作業現場指揮勞工作業？
　　①1　②3　③5　④7。

解析 營造安全衛生設施標準第 149 條中規定：
- 雇主對於鋼構之組立、架設、爬升、拆除、解體或變更等（以下簡稱鋼構組配）作業，應指派鋼構組配作業主管於作業現場辦理下列事項：
1. 決定作業方法，指揮勞工作業。

2. 實施檢點，檢查材料、工具及器具等，並汰換不良品。
3. 監督勞工確實使用個人防護具。
4. 確認安全衛生設備及措施之有效狀況。
5. 前 2 款未確認前，應管制勞工或其他人員不得進入作業。
6. 其他為維持作業勞工安全衛生所必要之設備及措施。

前項第 2 款之汰換不良品規定，對於進行拆除作業之待拆物件不適用之。

● 前項所稱鋼構，其範圍如下：
1. 高度在 5 公尺以上之鋼構建築物。
2. 高度在 5 公尺以上之鐵塔、金屬製煙囪或類似柱狀金屬構造物。
3. 高度在 5 公尺以上或橋梁跨距在 30 公尺以上，以金屬構材組成之橋梁上部結構。
4. 塔式起重機或伸臂伸高起重機。
5. 人字臂起重桿。
6. 以金屬構材組成之室外升降機升降路塔或導軌支持塔。
7. 以金屬構材組成之施工構臺。

175.（ 2 ）依營造安全衛生設施標準規定，對拆除構造物時之敘述，下列何者不正確？
　①有塵土飛揚予以灑水
　②由下而上逐步拆除
　③禁止無關人員進入
　④先拆除構造物有飛落、震落之虞者。

解析 營造安全衛生設施標準第 155 條：
雇主於拆除構造物前，應依下列規定辦理：
一、檢查預定拆除之各構件。
二、對不穩定部分，應予支撐穩固。
三、切斷電源，並拆除配電設備及線路。
四、切斷可燃性氣體管、蒸汽管或水管等管線。管中殘存可燃性氣體時，應打開全部門窗，將氣體安全釋放。
五、拆除作業中須保留之電線管、可燃性氣體管、蒸氣管、水管等管線，其使用應採取特別安全措施。
六、具有危險性之拆除作業區，應設置圍柵或標示，禁止非作業人員進入拆除範圍內。
七、在鄰近通道之人員保護設施完成前，不得進行拆除工程。
雇主對於修繕作業，施工時須鑿開或鑽入構造物者，應比照前項拆除規定辦理。

176.（ 2 ）下列何者適用危害性化學品標示及通識規則之規定？
　①有害事業廢棄物
　②裝有危害性化學品之輸送裝置
　③在反應槽或製程中正進行化學反應之中間產物
　④製成品。

解析 危害性化學品標示及通識規則第4條：
下列物品不適用本規則：
一、事業廢棄物。
二、菸草或菸草製品。
三、食品、飲料、藥物、化粧品。
四、製成品。
五、非工業用途之一般民生消費商品。
六、滅火器。
七、在反應槽或製程中正進行化學反應之中間產物。
八、其他經中央主管機關指定者。

177. (3) 下列何種物品適用危害性化學品標示及通識規則之規定？
①菸草或菸草製品　②藥物　③桶裝油漆　④滅火器。

解析 危害性化學品標示及通識規則第4條：
下列物品不適用本規則：
一、事業廢棄物。
二、菸草或菸草製品。
三、食品、飲料、藥物、化粧品。
四、製成品。
五、非工業用途之一般民生消費商品。
六、滅火器。
七、在反應槽或製程中正進行化學反應之中間產物。
八、其他經中央主管機關指定者。

178. (3) 依危害性化學品標示及通識規則規定，汽油屬於下列何者？
①爆炸性物質　②著火性物質　③易燃液體　④可燃性氣體。

解析 依 GHS 紫皮書內容之易燃液體定義，易燃液體是指閃火點不高於 93°C 的液體，汽油屬於**易燃液體**之中。

179. (4) 依危害性化學品標示及通識規則規定，危害圖示為「骷顱頭」有可能為下列何種危害性化學品？
①致癌物質　②生殖毒性物質　③呼吸道過敏物質　④急毒性物質。

解析

骷髏與兩根交叉骨	急毒性物質：吞食、皮膚或吸入第 1 級~第 3 級

3-66

180.（ 3 ）下列何種物質是危害性化學品標示及通識規則中指定之危險物？
①致癌物質　②毒性物質　③氧化性物質　④腐蝕性物質。

解析 危害性化學品標示及通識規則之危險物，係指符合國家標準 CNS 15030 分類，具有物理性危害者，包含下列：
一、爆炸物。
二、易燃氣體。
三、易燃氣膠。
四、氧化性氣體。
五、加壓氣體。
六、易燃液體。
七、易燃固體。
八、自反應物質。
九、發火性液體。
十、發火性固體。
十一、自熱物質。
十二、禁水性物質。
十三、氧化性液體。
十四、氧化性固體。
十五、有機過氧化物。
十六、金屬腐蝕物。

181.（ 4 ）依危害性化學品標示及通識規則規定，致癌物質之危害圖式，為下列何者？
①驚歎號　②骷顱頭　③癌細胞　④人頭及胸腔。

解析

健康危害	● 呼吸道過敏物質第 1 級 ● 生殖細胞致突變性物質第 1 級、第 2 級 ● 致癌物質第 1 級、第 2 級 ● 生殖毒性物質第 1 級、第 2 級 ● 特定標的器官系統毒性物質～單一暴露第 1 級、第 2 級 ● 特定標的器官系統毒性物質～重複暴露第 1 級、第 2 級 ● 吸入性危害物質第 1 級、第 2 級

182.（ 1 ）依危害性化學品標示及通識規則規定，危害性化學品之標示內容可不包含下列何者？
①廢棄處理方式
②名稱與危害成分
③警示語及危害警告訊息
④危害防範措施。

解析 危害性化學品標示及通識規則第 5 條：
雇主對裝有危害性化學品之容器，應依附表一規定之分類及標示要項，參照附表二之格式明顯標示下列事項，所用文字以中文為主，必要時並輔以作業勞工所能瞭解之外文：
一、危害圖式。
二、內容：
　1. 名稱。
　2. 危害成分。
　3. 警示語。
　4. 危害警告訊息。
　5. 危害防範措施。
　6. 製造者、輸入者或供應者之名稱、地址及電話。

前項容器內之危害性化學品為混合物者,其應標示之危害成分指混合物之危害性中符合國家標準 CNS 15030 分類,具有物理性危害或健康危害之所有危害物質成分。

183.（2）依危害性化學品標示及通識規則規定,裝有危害物質之容器在多少毫升（mL）以下者,得僅標示名稱、危害圖示及警示語?
①50　②100　③200　④500。

解析 容器之容積在 100 毫升以下者,得僅標示名稱、危害圖式及警示語。

184.（4）依危害性化學品標示及通識規則規定,裝有危害性化學品之容器標示事項包括圖式及內容,圖式形狀為何?
①圓形　②正三角形　③長方形　④直立45度角之正方形（菱形）。

解析 標示之危害圖式形狀為直立 45 度角之正方形,其大小需能辨識清楚。圖式符號應使用黑色,背景為白色,圖式之紅框有足夠警示作用之寬度。

185.（3）依危害性化學品標示及通識規則規定,液化氣體標示之危害圖式,其符號應使用下列何種顏色?
①黃色　②綠色　③黑色　④藍色。

解析 液化氣體標示之危害圖式：

186.（4）依危害性化學品標示及通識規則規定,裝有危害性化學品之容器,於下列何種條件可免標示?
①容器體積在 500 毫升以下者
②內部容器已進行標示之外部容器
③外部容器已有標示之內部容器
④危害性化學品取自有標示之容器,並僅供實驗室自行做研究之用者

解析 危害性化學品標示及通識規則第 8 條：
雇主對裝有危害性化學品之容器屬下列情形之一者,得免標示：
一、外部容器已標示,僅供內襯且不再取出之內部容器。
二、內部容器已標示,由外部可見到標示之外部容器。
三、勞工使用之可攜帶容器,其危害性化學品取自有標示之容器,且僅供裝入之勞工當班立即使用。
四、危害性化學品取自有標示之容器,並供實驗室自行作實驗、研究之用。

187.（ 2 ）依危害性化學品標示及通識規則規定，安全資料表中，不包括下列何者？
　　　　①廠商資料　②危害物質存放處所及數量　③警示語　④危害防範措施。

解析 安全資料表（SDS）的格式或大小會有變化，但內容必須依據下列 16 項標題提供資訊：
一、化學品及廠商資料：化學品名稱、其他名稱、建議用途及限制使用、製造者、輸入者或供應者名稱、地址及電話、緊急聯絡電話/傳真電話。
二、危害辨識資料：化學品危害分類、標示內容、其他危害。
三、成分辨識資料：純物質：中英文名稱、同義名稱、化學文摘社登記編號（CAS No.）、危害性成份（成分百分比）。
　　混合物：化學性質、危害成分之中英文名稱、化學文摘社登記號碼（CAS No.）、濃度或濃度範圍（成分百分比）。
四、急救措施：不同暴露途徑之急救方法、最重要症狀及危害效應、對急救人員之防護、對醫師之提示。
五、滅火措施：適用滅火劑、滅火時可能遭遇之特殊危害、特殊滅火程序、消防人員之特殊防護設備。
六、洩漏處理方法：個人及環境注意事項、清理方法。
七、安全處置與儲存方法：處置、儲存。
八、暴露預防措施：個人防護設備、工程控制（如通風設備）、控制參數、衛生措施。
九、物理和化學性質：外觀（物質狀態、顏色）、氣味、嗅覺閾值、pH 值、熔點、沸點/沸點範圍、易燃性（固體、氣體）、分解溫度、閃火點、自燃溫度、爆炸界限、蒸氣壓、蒸氣密度、密度、溶解度、辛醇/水分配係數（log Kow）、揮發速率。
十、安定性與反應性：安定性、特殊狀況下可能之危害反應、應避免之狀況及物質、危害分解物。
十一、毒性資料：暴露途徑、症狀、急毒性、慢毒性或長期毒性。
十二、生態資料：生態毒性、持久性及降解性、生物蓄積性、土壤中之流動性、其他不良效應。
十三、廢棄處置方法：廢棄處置方法。
十四、運送資料：聯合國編號、聯合國運輸名稱、運輸危害分類、包裝類別、海洋污染物（是／否）、特殊運送方法及注意事項。
十五、法規資料：適用法規。
十六、其他資訊：參考文獻、製表單位、製表人、製表日期。

188.（ 4 ）依危害性化學品標示及通識規則規定，雇主對裝有危害物質之容器，應標示製造商或供應商之資料，不包括下列何者？
　　　　①名稱　②地址　③電話　④負責人姓名。

解析 危害性化學品標示及通識規則第 5 條：
雇主對裝有危害性化學品之容器，應依附表一規定之分類及標示要項，參照附表二之格式明顯標示下列事項，所用文字以中文為主，必要時並輔以作業勞工所能瞭解之外文：
一、危害圖式。
二、內容：
　　1. 名稱。
　　2. 危害成分。
　　3. 警示語。
　　4. 危害警告訊息。
　　5. 危害防範措施。
　　6. 製造者、輸入者或供應者之名稱、地址及電話。
前項容器內之危害性化學品為混合物者，其應標示之危害成分指混合物之危害性中符合國家標準 CNS 15030 分類，具有物理性危害或健康危害之所有危害物質成分。

189.（ 4 ）依危害性化學品標示及通識規則規定，安全資料表應具有幾項內容？
　　①6　②8　③12　④16。

解析 安全資料表（SDS）的格式或大小會有變化，但內容必須依據下列 16 項標題提供資訊：
一、化學品及廠商資料：化學品名稱、其他名稱、建議用途及限制使用、製造者、輸入者或供應者名稱、地址及電話、緊急聯絡電話/傳真電話。
二、危害辨識資料：化學品危害分類、標示內容、其他危害。
三、成分辨識資料：純物質：中英文名稱、同義名稱、化學文摘社登記編號（CAS No.）、危害性成份（成分百分比）。
　　混合物：化學性質、危害成分之中英文名稱、化學文摘社登記號碼（CAS No.）、濃度或濃度範圍（成分百分比）。
四、急救措施：不同暴露途徑之急救方法、最重要症狀及危害效應、對急救人員之防護、對醫師之提示。
五、滅火措施：適用滅火劑、滅火時可能遭遇之特殊危害、特殊滅火程序、消防人員之特殊防護設備。
六、洩漏處理方法：個人及環境注意事項、清理方法。
七、安全處置與儲存方法：處置、儲存。
八、暴露預防措施：個人防護設備、工程控制（如通風設備）、控制參數、衛生措施。
九、物理和化學性質：外觀（物質狀態、顏色）、氣味、嗅覺閾值、pH 值、熔點、沸點/沸點範圍、易燃性（固體、氣體）、分解溫度、閃火點、自燃溫度、爆炸界限、蒸氣壓、蒸氣密度、密度、溶解度、辛醇／水分配係數（log Kow）、揮發速率。
十、安定性與反應性：安定性、特殊狀況下可能之危害反應、應避免之狀況及物質、危害分解物。

十一、毒性資料：暴露途徑、症狀、急毒性、慢毒性或長期毒性。
十二、生態資料：生態毒性、持久性及降解性、生物蓄積性、土壤中之流動性、其他不良效應。
十三、廢棄處置方法：廢棄處置方法。
十四、運送資料：聯合國編號、聯合國運輸名稱、運輸危害分類、包裝類別、海洋污染物（是／否）、特殊運送方法及注意事項。
十五、法規資料：適用法規。
十六、其他資訊：參考文獻、製表單位、製表人、製表日期。

190. (3) 依危害性化學品標示及通識規則規定，安全資料表應適時更新，並至少應每幾年檢討 1 次？
①1　②2　③3　④4。

解析 危害性化學品標示及通識規則第 15 條：
製造者、輸入者、供應者或雇主，應依實際狀況檢討安全資料表內容之正確性，適時更新，並至少每 3 年檢討一次。
前項安全資料表更新之內容、日期、版次等更新紀錄，應保存 3 年。

191. (4) 雇主為維護國家安全或商業機密之必要而保留危害性化學品成分之名稱等資料時，應檢附法令規定之書面資料，經何種程序核定？
①報請當地主管機關核定
②報請當地勞動檢查機構核定
③經由當地主管機關轉報中央主管機關核定
④報中央主管機關核定。

解析 危害性化學品標示及通識規則第 18 條：
製造者、輸入者或供應者為維護國家安全或商品營業秘密之必要，而保留揭示安全資料表中之危害性化學品成分之名稱、化學文摘社登記號碼、含量或製造者、輸入者或供應者名稱時，應檢附下列文件，向中央主管機關申請核定：
一、認定為國家安全或商品營業秘密之證明。
二、為保護國家安全或商品營業秘密所採取之對策。
三、對申請者及其競爭者之經濟利益評估。
四、該商品中危害性化學品成分之危害性分類說明及證明。

192. (2) 依缺氧症預防規則規定，下列何者非為缺氧危險場所？
①供裝設電纜之人孔內部　　②地下室餐廳
③置放木屑之倉庫內部　　　④置放紙漿液之槽內部。

解析 從事缺氧危險作業時,應指派一人以上之監視人員,隨時監視作業狀況。缺氧作業場所,凡指氧氣濃度未滿18%皆屬之。缺氧危險作業,指於下列缺氧危險場所從事之作業:

一、長期間未使用之水井、坑井、豎坑、隧道、沉箱、或類似場所等之內部。
二、貫通或鄰接下列之一之地層之水井、坑井、豎坑、隧道、沉箱、或類似場所等之內部。
　　1. 上層覆有不透水層之砂礫層中,無含水、無湧水或含水、湧水較少之部分。
　　2. 含有亞鐵鹽類或亞錳鹽類之地層。
　　3. 含有甲烷、乙烷或丁烷之地層。
　　4. 湧出或有湧出碳酸水之虞之地層。
　　5. 腐泥層。
三、供裝設電纜、瓦斯管或其他地下敷設物使用之暗渠、人孔或坑井之內部。
四、滯留或曾滯留雨水、河水或湧水之槽、暗渠、人孔或坑井之內部。
五、滯留、曾滯留、相當期間置放或曾置放海水之熱交換器、管、槽、暗渠、人孔、溝或坑井之內部。
六、密閉相當期間之鋼製鍋爐、儲槽、反應槽、船艙等內壁易於氧化之設備之內部。但內壁為不銹鋼製品或實施防銹措施者,不在此限。
七、置放煤、褐煤、硫化礦石、鋼材、鐵屑、原木片、木屑、乾性油、魚油或其他易吸收空氣中氧氣之物質等之儲槽、船艙、倉庫、地窖、貯煤器或其他儲存設備之內部。
八、以含有乾性油之油漆塗敷天花板、地板、牆壁或儲具等,在油漆未乾前即予密閉之地下室、倉庫、儲槽、船艙或其他通風不充分之設備之內部。
九、穀物或飼料之儲存、果蔬之悶熟、種子之發芽或菌類之栽培等使用之倉庫、地窖、船艙或坑井之內部。
十、置放或曾置放醬油、酒類、胚子、酵母或其他發酵物質之儲槽、地窖或其他釀造設備之內部。
十一、置放糞尿、腐泥、污水、紙漿液或其他易腐化或分解之物質之儲槽、船艙、槽、管、暗渠、人孔、溝、或坑井等之內部。
十二、使用乾冰從事冷凍、冷藏或水泥乳之脫鹼等之冷藏庫、冷凍庫、冷凍貨車、船艙或冷凍貨櫃之內部。
十三、置放或曾置放氦、氬、氮、氟氯烷、二氧化碳或其他惰性氣體之鍋爐、儲槽、反應槽、船艙或其他設備之內部。
十四、其他經中央主管機關指定之場所。

193.（ 1 ）依缺氧症預防規則規定,下列敘述何者有誤？
　　　　①貫通腐泥層之地層之隧道內部非屬缺氧危險作業場所
　　　　②曾放置氦之儲槽內部屬缺氧危險場所
　　　　③應採取隨時可確認空氣中氧氣濃度之措施
　　　　④雇主使勞工從事缺氧危險作業時,應置備梯子,供勞工緊急避難或救援人員使用。

解析
① 貫通腐泥層之地層之隧道內部屬於缺氧危險作業場所。（可參照上題解析）
② 曾放置氮之儲槽內部屬缺氧危險場所。（可參照上題解析）
③ 雇主使勞工從事缺氧危險作業時，應置備測定空氣中氧氣濃度之必要測定儀器，並採取隨時可確認空氣中氧氣濃度、硫化氫等其他有害氣體濃度之措施。
④ 雇主使勞工從事缺氧危險作業，勞工有因缺氧致墜落之虞時，應供給該勞工使用之梯子、安全帶或救生索，並使勞工確實使用。

194.（ 3 ）依缺氧症預防規則規定，下列敘述何者正確？
① 應指派 2 人以上之監視人員
② 作業場所入口應公告職業安全衛生業務主管姓名
③ 曾置放海水之槽屬缺氧危險場所
④ 勞工戴用輸氣管面罩之連續作業時間，每次不得超過 30 分鐘。

解析 從事缺氧危險作業時，應指派一人以上之監視人員，隨時監視作業狀況。缺氧作業場所，凡指氧氣濃度未滿18%皆屬之。缺氧危險作業，指於下列缺氧危險場所從事之作業：
一、長期間未使用之水井、坑井、豎坑、隧道、沉箱、或類似場所等之內部。
二、貫通或鄰接下列之一之地層之水井、坑井、豎坑、隧道、沉箱、或類似場所等之內部。
　1. 上層覆有不透水層之砂礫層中，無含水、無湧水或含水、湧水較少之部分。
　2. 含有亞鐵鹽類或亞錳鹽類之地層。
　3. 含有甲烷、乙烷或丁烷之地層。
　4. 湧出或有湧出碳酸水之虞之地層。
　5. 腐泥層。
三、供裝設電纜、瓦斯管或其他地下敷設物使用之暗渠、人孔或坑井之內部。
四、滯留或曾滯留雨水、河水或湧水之槽、暗渠、人孔或坑井之內部。
五、滯留、曾滯留、相當期間置放或曾置放海水之熱交換器、管、槽、暗渠、人孔、溝或坑井之內部。
六、密閉相當期間之鋼製鍋爐、儲槽、反應槽、船艙等內壁易於氧化之設備之內部。但內壁為不銹鋼製品或實施防銹措施者，不在此限。
七、置放煤、褐煤、硫化礦石、鋼材、鐵屑、原木片、木屑、乾性油、魚油或其他易吸收空氣中氧氣之物質等之儲槽、船艙、倉庫、地窖、貯煤器或其他儲存設備之內部。
八、以含有乾性油之油漆塗敷天花板、地板、牆壁或儲具等，在油漆未乾前即予密閉之地下室、倉庫、儲槽、船艙或其他通風不充分之設備之內部。
九、穀物或飼料之儲存、果蔬之燜熟、種子之發芽或蕈類之栽培等使用之倉庫、地窖、船艙或坑井之內部。
十、置放或曾置放醬油、酒類、胚子、酵母或其他發酵物質之儲槽、地窖或其他釀造設備之內部。
十一、置放糞尿、腐泥、污水、紙漿液或其他易腐化或分解之物質之儲槽、船艙、槽、管、暗渠、人孔、溝、或坑井等之內部。

十二、使用乾冰從事冷凍、冷藏或水泥乳之脫鹼等之冷藏庫、冷凍庫、冷凍貨車、船艙或冷凍貨櫃之內部。

十三、置放或曾置放氦、氬、氮、氟氯烷、二氧化碳或其他惰性氣體之鍋爐、儲槽、反應槽、船艙或其他設備之內部。

十四、其他經中央主管機關指定之場所。

195.（1）依缺氧症預防規則規定，下列敘述何者有誤？
　　①內壁為不銹鋼製品之反應槽，屬缺氧危險場所
　　②儲存穀物之倉庫內部，屬缺氧危險場所
　　③實施換氣時不得使用純氧
　　④雇主使勞工從事缺氧危險作業時，應定期或每次作業開始前確認呼吸防護具之數量及效能，認有異常時，應立即採取必要之措施。

解析 不鏽鋼製品之內部儘管密閉長期間，由於內部不會產生氧化反應而消耗氧氣，因此不為缺氧場所。
- 缺氧症預防規則第 5 條：
  雇主使勞工從事缺氧危險作業時，應予適當換氣，以保持該作業場所空氣中氧氣濃度在 18% 以上。但為防止爆炸、氧化或作業上有顯著困難致不能實施換氣者，不在此限。
  雇主依前項規定實施換氣時，不得使用純氧。
- 缺氧症預防規則第 29 條：
  雇主使勞工從事缺氧危險作業時，應定期或每次作業開始前確認第 25 條至第 28 條規定防護設備之數量及效能，認有異常時，應立即採取必要之措施。

196.（4）依缺氧症預防規則規定，下列何者不屬於缺氧危險場所？
　　①長期間未使用之沉箱內部
　　②曾置放酵母之釀造設備內部
　　③曾滯留雨水之坑井內部
　　④密閉相當期間之鋼製鍋爐內部，其內壁為不鏽鋼製品。

解析 不鏽鋼製品之內部儘管密閉長期間，由於內部不會產生氧化反應而消耗氧氣，因此不為缺氧場所。

197.（2）依缺氧症預防規則規定，下列敘述何者有誤？
　　①雇主使勞工從事缺氧危險作業，如受鄰接作業場所之影響致有發生缺氧危險之虞時，應與各該作業場所保持聯繫
　　②作業場所入口應公告監視人員姓名
　　③密閉相當期間之船艙內部，若內壁實施防銹措施，則非屬缺氧危險場所
　　④勞工戴用輸氣管面罩之作業時間，每次不得超過 1 小時。

解析 缺氧症預防規則第 18 條：
雇主使勞工於缺氧危險場所或其鄰接場所作業時，應將下列注意事項公告於作業場所入口顯而易見之處所，使作業勞工周知：
一、有罹患缺氧症之虞之事項。
二、進入該場所時應採取之措施。
三、事故發生時之緊急措施及緊急聯絡方式。
四、空氣呼吸器等呼吸防護具、安全帶等、測定儀器、換氣設備、聯絡設備等之保管場所。
五、**缺氧作業主管姓名**。
雇主應禁止非從事缺氧危險作業之勞工，擅自進入缺氧危險場所；並應將禁止規定公告於勞工顯而易見之處所。

198. (3) 依缺氧症預防規則規定，缺氧危險作業場所係指空氣中氧氣濃度未達多少%之場所？
①14　②16　③18　④20。

解析 缺氧症預防規則第 3 條：
本規則用詞，定義如下：
一、缺氧：指空氣中氧氣濃度未滿 18%之狀態。
二、缺氧症：指因作業場所缺氧引起之症狀。

199. (3) 依缺氧症預防規則規定，下列敘述何者正確？
①雇主使勞工於設置有輸送氦氣配管之儲槽內部從事作業時應隨時打開輸送配管之閥
②作業場所入口應公告監視人員電話
③密閉相當期間且內壁實施防銹措施之儲槽內部，不屬缺氧危險場所
④頭痛為缺氧症之末期症狀。

解析
① 雇主使勞工於設置有輸送氦氣配管之儲槽內部從事作業時不可隨時打開輸送配管之閥。
② 作業場所入口應公告缺氧作業主管姓名及事故發生時之緊急措施及緊急聯絡方式。
④ 頭痛為缺氧症之初期症狀。

200. (2) 依缺氧症預防規則規定，雇主使勞工從事缺氧危險作業時，未明列下列何時機應確認該作業場所空氣中氧氣濃度？
①當日作業開始前
②預估氧氣濃度衰減至規定濃度以下時
③所有勞工離開作業場所後再次開始作業前
④通風裝置有異常時。

解析 缺氧症預防規則第 16 條：
雇主使勞工從事缺氧危險作業時，於當日作業開始前、所有勞工離開作業場所後再次開始作業前及勞工身體或換氣裝置等有異常時，應確認該作業場所空氣中氧氣濃度、硫化氫等其他有害氣體濃度。前項確認結果應予記錄，並保存 3 年。

201. (3) 依缺氧症預防規則規定，作業場所空氣中氧氣濃度、硫化氫等其他有害氣體濃度，應確認結果及紀錄，並保存多少年？
①1 ②2 ③3 ④5。

解析 缺氧症預防規則第 16 條：
雇主使勞工從事缺氧危險作業時，於當日作業開始前、所有勞工離開作業場所後再次開始作業前及勞工身體或換氣裝置等有異常時，應確認該作業場所空氣中氧氣濃度、硫化氫等其他有害氣體濃度。前項確認結果應予記錄，並保存 3 年。

202. (3) 依缺氧症預防規則規定，於缺氧危險作業場所入口之公告，不包括下列何者？
①罹患缺氧症之虞之事項　②進入該場所應採取之措施
③缺氧作業主管電話　　　④事故發生時之緊急措施。

解析 缺氧症預防規則第 18 條：
雇主使勞工於缺氧危險場所或其鄰接場所作業時，應將下列注意事項公告於作業場所入口顯而易見之處所，使作業勞工周知：
一、有罹患缺氧症之虞之事項。
二、進入該場所時應採取之措施。
三、事故發生時之緊急措施及緊急聯絡方式。
四、空氣呼吸器等呼吸防護具、安全帶等、測定儀器、換氣設備、聯絡設備等之保管場所。
五、缺氧作業主管姓名。
雇主應禁止非從事缺氧危險作業之勞工，擅自進入缺氧危險場所；並應將禁止規定公告於勞工顯而易見之處所。

203. (4) 依缺氧症預防規則規定，勞工有因缺氧致墜落之虞時，應供給適合之設備，下列何者為非？
①梯子　②安全帶　③救生索　④手套。

解析 缺氧症預防規則第 26 條：
雇主使勞工從事缺氧危險作業，勞工有因缺氧致墜落之虞時，應供給該勞工使用之梯子、安全帶或救生索，並使勞工確實使用。

204. (1) 如果發現某勞工昏倒於一曾置放醬油之儲槽中，下列何措施不適當？
①未穿戴防護具，迅速進入搶救　②打 119 電話
③準備量測氧氣濃度　　　　　　④準備救援設備。

解析 未穿戴防護具，迅速進入搶救反而容易因為內部的儲槽氧氣濃度不足而造成搶救人員進入後也造成缺氧而昏迷等現象。

205. (4) 依缺氧症預防規則規定，下列敘述何者有誤？
①供裝設瓦斯管之暗渠內部屬於缺氧危險場所
②缺氧危險作業期間應予適當換氣，但為防止爆炸致不能實施換氣者，不在此限
③雇主使勞工從事缺氧危險作業時，應於每一班次指定缺氧作業主管決定作業方法
④勞工戴用輸氣管面罩之作業時間，每天累計不得超過 1 小時。

解析 缺氧症預防規則第 30 條：
雇主使勞工戴用輸氣管面罩之連續作業時間，**每次不得超過 1 小時**。

206. (3) 依缺氧症預防規則規定，下列何者非屬從事缺氧危險作業時應有的設施？
①置備測定空氣中氧氣濃度之測定儀器
②適當換氣
③佩戴醫療口罩
④置備空氣呼吸器。

解析 缺氧症預防規則中提到：
● 第 4 條：雇主使勞工從事缺氧危險作業時，應置備測定空氣中氧氣濃度之必要**測定儀器**，並採取隨時可確認空氣中氧氣濃度、硫化氫等其他有害氣體濃度之措施。
● 第 5 條：雇主使勞工從事缺氧危險作業時，應予**適當換氣**，以保持該作業場所空氣中氧氣濃度在 18% 以上。但為防止爆炸、氧化或作業上有顯著困難致不能實施換氣者，不在此限。
● 第 25 條：雇主使勞工從事缺氧危險作業，未能依第五條或第九條規定實施換氣時，應置備適當且數量足夠之**空氣呼吸器**等呼吸防護具，並使勞工確實戴用。

207. (3) 依缺氧症預防規則規定，戴用輸氣管面罩從事缺氧危險作業之勞工，每次連續作業時間不得超過多久？
①10 分鐘　②30 分鐘　③1 小時　④2 小時。

解析 缺氧症預防規則第 30 條：
雇主使勞工戴用輸氣管面罩之連續作業時間，每次不得超過 1 小時。

3-77

208. (1) 依缺氧症預防規則規定，下列何種症狀非為缺氧症之初期症狀？
①意識不明　②呼吸加快　③顏面紅暈　④目眩。

解析　顏面蒼白或紅暈、脈搏及呼吸加快、呼吸困難，目眩或頭痛等缺氧症之初期症狀。

209. (4) 依缺氧症預防規則規定，下列何種症狀為缺氧症之末期症狀？
①顏面蒼白　②脈搏加快　③呼吸困難　④痙攣。

解析　意識不明、痙攣、呼吸停止或心臟停止跳動等缺氧症之末期症狀。

210. (3) 從事局限空間作業如有危害之虞，應訂定危害防止計畫，前述計畫不包括下列何者？
①危害之確認　②通風換氣實施方式　③主管巡檢方式　④緊急應變措施。

解析　職業安全衛生設施規則第 29-1 條：
雇主使勞工於局限空間從事作業前，應先確認該局限空間內有無可能引起勞工缺氧、中毒、感電、塌陷、被夾、被捲及火災、爆炸等危害，有危害之虞者，應訂定危害防止計畫，並使現場作業主管、監視人員、作業勞工及相關承攬人依循辦理。
前項危害防止計畫，應依作業可能引起之危害訂定下列事項：
一、局限空間內危害之確認。
二、局限空間內氧氣、危險物、有害物濃度之測定。
三、通風換氣實施方式。
四、電能、高溫、低溫與危害物質之隔離措施及缺氧、中毒、感電、塌陷、被夾、被捲等危害防止措施。
五、作業方法及安全管制作法。
六、進入作業許可程序。
七、提供之測定儀器、通風換氣、防護與救援設備之檢點及維護方法。
八、作業控制設施及作業安全檢點方法。
九、緊急應變處置措施。

211. (1) 從事局限空間作業如有危害勞工之虞，應於作業場所顯而易見處公告注意事項，公告內容不包括下列何者？
①現場監視人員電話　　　　②緊急應變措施
③進入該場所應採取之措施　④應經許可始得進入。

解析　職業安全衛生設施規則第 29-2 條：
雇主使勞工於局限空間從事作業，有危害勞工之虞時，應於作業場所入口顯而易見處所公告下列注意事項，使作業勞工周知：
一、作業有可能引起缺氧等危害時，應經許可始得進入之重要性。
二、進入該場所時應採取之措施。
三、事故發生時之緊急措施及緊急聯絡方式。
四、現場監視人員姓名。
五、其他作業安全應注意事項。

212. (3) 有危害勞工之虞之局限空間作業前，應指派專人確認換氣裝置無異常，該檢點結果紀錄應保存多少年？
①1　②2　③3　④5。

解析 職業安全衛生設施規則第 29-5 條：
雇主使勞工於有危害勞工之虞之局限空間從事作業時，應設置適當通風換氣設備，並確認維持連續有效運轉，與該作業場所無缺氧及危害物質等造成勞工危害。
前條及前項所定確認，應由專人辦理，其紀錄應保存 3 年。

213. (3) 有危害勞工之虞之局限空間作業，應經雇主、工作場所負責人或現場作業主管簽署後始得進入，該紀錄應保存多少年？
①1　②2　③3　④5。

解析 職業安全衛生設施規則第 29-6 條：
雇主使勞工於有危害勞工之虞之局限空間從事作業時，其進入許可應由雇主、工作場所負責人或現場作業主管簽署後，始得使勞工進入作業。對勞工之進出，應予確認、點名登記，並作成紀錄保存 3 年。

214. (3) 有危害勞工之虞之局限空間作業，應經雇主、工作場所負責人或現場作業主管簽署後始得進入，前項進入許可不包括下列哪一事項？
①防護設備　　　　　　　　②救援設備
③許可進入人員之住址　　　④現場監視人員及其簽名。

解析 前項進入許可，應載明下列事項：
一、作業場所。
二、作業種類。
三、作業時間及期限。
四、作業場所氧氣、危害物質濃度測定結果及測定人員簽名。
五、作業場所可能之危害。
六、作業場所之能源或危害隔離措施。
七、作業人員與外部連繫之設備及方法。
八、準備之防護設備、救援設備及使用方法。
九、其他維護作業人員之安全措施。
十、許可進入之人員及其簽名。
十一、現場監視人員及其簽名。
雇主使勞工進入局限空間從事焊接、切割、燃燒及加熱等動火作業時，除應依第 1 項規定辦理外，應指定專人確認無發生危害之虞，並由雇主、工作場所負責人或現場作業主管確認安全，簽署動火許可後，始得作業。

215.（4）有危害勞工之虞之局限空間作業，下列敘述何者有誤？
①應經雇主、工作場所負責人或現場作業主管簽署後始得進入
②作業區域超出監視人員目視範圍者，應使勞工佩戴符合國家標準 CNS14253-1 同等以上規定之全身背負式安全帶及可偵測人體活動情形之裝置
③置備可以動力或機械輔助吊升之緊急救援設備
④人員許可進入之簽署紀錄應保存 1 年。

解析 雇主使勞工於有危害勞工之虞之局限空間從事作業時，其進入許可應由雇主、工作場所負責人或現場作業主管簽署後，始得使勞工進入作業。對勞工之進出，應予確認、點名登記，並作成紀錄保存 3 年。
職業安全衛生設施規則第 29-7 條：
雇主使勞工從事局限空間作業，有致其缺氧或中毒之虞者，應依下列規定辦理：
一、作業區域超出監視人員目視範圍者，應使勞工佩戴符合國家標準 CNS 14253-1 同等以上規定之全身背負式安全帶及可偵測人員活動情形之裝置。
二、置備可以動力或機械輔助吊升之緊急救援設備。但現場設置確有困難，已採取其他適當緊急救援設施者，不在此限。
三、從事屬缺氧症預防規則所列之缺氧危險作業者，應指定缺氧作業主管，並依該規則相關規定辦理。

216.（2）依高壓氣體勞工安全規則規定，下列有關高壓氣體分類之敘述，何者正確？
a.高壓氣體分特定高壓氣體、可燃性氣體、毒性氣體；b.高壓氣體依狀態區分壓縮氣體、液化氣體、溶解氣體；c.高壓氣體依物質之燃燒性區分可燃性氣體、助燃性氣體、不燃性氣體（惰性氣體）；d.高壓氣體於法令管理規範架構可區分可燃性氣體、冷凍用高壓氣體、一般高壓氣體
①a.b. ②b.c. ③a.c. ④a.d.。

解析 高壓氣體可分為：
一、依據儲存時氣體狀態可分為壓縮氣體、液化氣體、溶解氣體。
二、依據氣體之特性可分為可壓縮氣體、助燃性氣體、惰性氣體、毒性氣體。
三、依據高壓氣體勞工安全規則管理上之需要，可分為一般高壓氣體、液化石油氣及冷凍用高壓氣體。

217.（1）某事業單位設置液氮儲槽，槽內之液氮經強制汽化器汽化後，出口側氣態氮之壓力為每平方公分 15 公斤，經配管及減壓閥供製程設備使用，則此事業單位稱之為下列何種高壓氣體之事業單位？
①製造 ②供應 ③儲存 ④消費。

解析 本規則所稱製造事業單位如下：
一、甲類製造事業單位：使用壓縮、液化或其他方法處理之氣體容積（係指換算成溫度在攝氏 0 度、壓力在每平方公分 0 公斤時之容積。）一日在 30 立方公尺以上或一日冷凍能力在 20 公噸（適於中央主管機關規定者，從其規定。）以上之設備從事高壓氣體之製造（含灌裝於容器；以下均同。）者。
二、乙類製造事業單位：前款以外之高壓氣體製造者。但冷凍能力以 3 公噸以上者為限。

218. (1) 下列敘述何者非為高壓氣體之製造？
①將 20kg/cm² 之壓縮天然氣經減壓閥減壓為 5kg/cm² 時
②將液氨用液泵自槽車卸入高壓氣體儲槽時
③將液化石油氣以液泵增壓為 10kg/cm² 之液化石油氣時
④將容器中 150kg/cm² 之氮氣，以減壓閥減壓為 50kg/cm² 時。

解析 高壓氣體之定義如下：
一、在常用溫度下，表壓力（以下簡稱壓力。）達每平方公分 10 公斤以上之壓縮氣體或溫度在攝氏 35 度時之壓力可達每平方公分 10 公斤以上之壓縮氣體，但不含壓縮乙炔氣。
二、在常用溫度下，壓力達每平方公分 2 公斤以上之壓縮乙炔氣或溫度在攝氏 15 度時之壓力可達每平方公分 2 公斤以上之壓縮乙炔氣。
三、在常用溫度下，壓力達每平方公分 2 公斤以上之液化氣體或壓力達每平方公分 2 公斤時之溫度在攝氏 35 度以下之液化氣體。
四、前款規定者外，溫度在攝氏 35 度時，壓力超過每平方公分 0 公斤以上之液化氣體中之液化氰化氫、液化溴甲烷、液化環氧乙烷或其他中央主管機關指定之液化氣體。
選項①天然氣減壓之後即不屬於高壓氣體之範圍，因此也不是高壓氣體之製造。

219. (4) 有一槽車，內容積 10 立方公尺灌裝有比重 0.67 之液氨 0.5 噸，依高壓氣體勞工安全規則規定，下列敘述何者正確？
①該槽車為高壓氣體容器　②該槽車為第一種壓力容器
③該容器為灌氣容器　　　④該容器為殘氣容器。

解析 殘氣容器係指灌裝有高壓氣體之容器，而該氣體之質量未滿灌裝時質量之 1/2 者。

220. (2) 高壓氣體勞工安全規則於液化氣體定義所稱「壓力」，原則上概指下列何者？
①液體之水頭壓力　②飽和蒸汽壓力　③大氣壓力　④常用壓力。

| 解析 | 高壓氣體勞工安全規則第 2 條第 1 款已規定壓力為「表壓力之簡稱」，其次，高壓氣體定義中有關「液化氣體之壓力」係指飽和蒸氣壓力，該值為各氣體之固有物性，在常用溫度下，飽和蒸氣壓力達每平方公分 2 公斤以上之液化氣體即屬高壓氣體，自然不論其壓力到達方式如何。 |

221.（ 2 ）下列有關高壓氣體勞工安全規則所稱壓力之敘述，何者錯誤？
　　　　①液化氣體之壓力係指飽和蒸氣壓力
　　　　②壓縮氣體之壓力係指氣體於標準大氣壓力下之飽和蒸氣壓
　　　　③常用壓力係指高壓氣體設備操作上某一範圍之壓力
　　　　④高壓氣體勞工安全規則所稱壓力，係指表壓力。

| 解析 | 由於本規則中並無說明題目之選項內容。可以補充選項②之錯誤為：
壓縮氣體主要即是用高於原來壓力的壓力傳送氣體。如以下壓力容器內說明：
一、接受外來之蒸汽或其他熱媒或使在容器內產生蒸氣加熱固體或液體之容器，且容器內之壓力超過大氣壓。
二、因容器內之化學反應、核子反應或其他反應而產生蒸氣之容器，且容器內之壓力超過大氣壓。
三、為分離容器內之液體成分而加熱該液體，使產生蒸氣之容器，且容器內之壓力超過大氣壓。
四、除前三目外，保存溫度超過其在大氣壓下沸點之液體之容器。 |

222.（ 3 ）下列何者非屬高壓氣體勞工安全規則所稱之高壓氣體？
　　　　①於 20°C 時，壓力為 9.9kg/cm² 之氮氣
　　　　②壓力達 10kg/cm² 之氮氣
　　　　③常溫下，壓力為 2kg/cm² 之空氣
　　　　④壓力達 3kg/cm² 之液化石油氣。

| 解析 | 高壓氣體之定義如下：
一、在常用溫度下，表壓力（以下簡稱壓力。）達每平方公分 10 公斤以上之壓縮氣體或溫度在攝氏 35 度時之壓力可達每平方公分 10 公斤以上之壓縮氣體，但不含壓縮乙炔氣。
二、在常用溫度下，壓力達每平方公分 2 公斤以上之壓縮乙炔氣或溫度在攝氏 15 度時之壓力可達每平方公分 2 公斤以上之壓縮乙炔氣。
三、在常用溫度下，壓力達每平方公分 2 公斤以上之液化氣體或壓力達每平方公分 2 公斤時之溫度在攝氏 35 度以下之液化氣體。
四、前款規定者外，溫度在攝氏 35 度時，壓力超過每平方公分 0 公斤以上之液化氣體中之液化氰化氫、液化溴甲烷、液化環氧乙烷或其他中央主管機關指定之液化氣體。 |

223.（ 2 ）依高壓氣體勞工安全規則規定，在常用溫度下，壓力達每平方公分多少公斤以上之壓縮乙炔氣，即是高壓氣體？
①1　②2　③5　④10。

解析 在常用溫度下，壓力達每平方公分 2 公斤以上之壓縮乙炔氣或溫度在攝氏 15 度時之壓力可達每平方公分 2 公斤以上之壓縮乙炔氣。

224.（ 4 ）依高壓氣體勞工安全規則規定，下列何種高壓氣體非屬特定高壓氣體？
①壓縮氫氣　②液化石油氣　③液氨　④乙烯。

解析 高壓氣體勞工安全規則第 3 條：本規則所稱特定高壓氣體，係指高壓氣體中之壓縮氫氣、壓縮天然氣、液氧、液氨及液氯、液化石油氣。

225.（ 2 ）依高壓氣體勞工安全規則規定，除丙烯腈、氨、氯、光氣、氟等 19 種毒性氣體外，所謂其他毒性氣體係指其容許濃度在多少 ppm 以下之氣體？
①100　②200　③300　④400。

解析 高壓氣體勞工安全規則第 6 條：
本規則所稱毒性氣體，指丙烯腈、丙烯醛、二氧化硫、氨、一氧化碳、氯、氯甲烷、氯丁二烯、環氧乙烷、氰化氫、二乙胺、三甲胺、二硫化碳、氟、溴甲烷、苯、光氣、甲胺、硫化氫及其他容許濃度在百萬分之 200 以下之氣體。
前項所稱容許濃度，指勞工作業場所容許暴露標準規定之容許濃度。

226.（ 2 ）下列有關高壓氣體儲存能力之敘述何者正確？
①壓縮天然氣容器內容積 $10m^3$、於溫度 $35°C$ 時最大灌裝壓力為 $250kg/cm^2$，該儲存設備之儲存能力為 $2500m^3$
②47 公升之液化石油氣容器，儲存係數為 2.35 時，其儲存能力為 20 公斤
③消防法規規定瓦斯行放置液化石油氣之儲存能力為 128 公斤，通常該儲存能力係指單一容器（鋼瓶）之最大儲存能力
④內容積 $0.1m^3$ 氧氣容器 10 支相連通，於溫度 $35°C$ 時最大灌裝壓力為 $150kg/cm^2$，該集合容器之儲存能力為 $15.1m^3$。

解析 本規則所稱儲存能力，係指儲存設備可儲存之高壓氣體之數量，其計算式如下：
一、壓縮氣體儲存設備：$Q = (P + 1) \times V1$
二、液化氣體儲存設備：$W = 0.9 \times w \times V2$
三、液化氣體容器：$W = V2/C$
算式中：
Q：儲存設備之儲存能力（單位：立方公尺）值。
P：儲存設備之溫度在攝氏 35 度（乙炔氣為攝氏 15 度）時之最高灌裝壓力（單位：每平方公分之公斤數）值。

V1：儲存設備之內容積（單位：立方公尺）值。
W：儲存設備之儲存能力（單位：公斤）值。
w：儲槽於常用溫度時液化氣體之比重（單位：每公升之公斤數）值。
V2：儲存設備之內容積（單位：公升）值。
C：中央主管機關指定之值。

227.（ 2 ）下列有關高壓氣體灌裝作業之敘述何者正確？
①將壓縮氣體灌注於儲槽時,應控制該壓縮氣體之容量不得超過在常用溫度下該槽內容積之 95%
②將壓縮氣體灌注於無縫容器時,應於事前對該容器實施音響檢查
③將環氧乙烷灌注於儲槽或灌注於容器時,應在事前使用氧氣置換該儲槽或容器內部原有之氣體,以確保安全
④將高壓氣體灌注於固定在車輛上內容積在 5,000 公升以上之容器,應在該車輛設置擋車裝置予以固定,但自該容器抽出（卸收）高壓氣體時,則不需要擋車裝置。

解析 高壓氣體灌裝作業第 71 條：
從事高壓氣體製造中之灌裝作業,應依下列規定辦理：
一、將液化氣體灌注於儲槽時,應控制該液化氣體之容量不得超過在常用溫度下該槽內容積之 90%；對液化毒性氣體儲槽,應具有可自動探測液化氣體之容量及超過槽內容積 90%界限時可發出警報之設施。
二、將乙炔以外之壓縮氣體及液氨、液化二氧化碳及液氯灌注於無縫容器時,應於事前對該容器實施音響檢查；對有異音者應實施內部檢查；發現內部有腐蝕或異物時不得使用。
三、將高壓氣體灌注於固定在車輛之內容積在 5,000 公升以上之容器或自該容器抽出高壓氣體時,應在該車輛設置適當之輪擋並予以固定。
四、將乙炔灌注於容器時,應維持其灌裝壓力在每平方公分 25 公斤下,且應於灌注後靜置至其壓力在攝氏 15 度時為每平方公分 15.5 公斤以下。
五、將環氧乙烷灌注於儲槽或灌注於容器時,應於事前使用氮氣或二氧化碳置換該儲槽或容器內部原有之氣體,使其不含有酸或鹼等物質。
六、應在事前確認灌注液化石油氣於容器或受灌注自該容器之製造設備之配管與容器之配管連接部分無漏洩液化石油氣之虞,且於灌注或抽出並將此等配管內之流體緩緩排放至無虞危險後,始得拆卸該配管。
七、高壓氣體之灌裝,應使用符合現行法令規定之合格容器或儲槽。

228.（ 4 ）依起重升降機具安全規則規定,固定式起重機應設置使吊鉤、抓斗等吊具或該吊具之捲揚用槽輪之上方與捲胴、槽輪、吊運桁架等之下方間之間隔,保持 0.25 公尺以上之下列何種裝置？
①遮斷裝置　②過負荷裝置　③緩衝裝置　④過捲預防裝置。

解析 起重升降機具安全規則第 15 條：
雇主對於固定式起重機之**過捲預防裝置**，其吊鉤、抓斗等吊具或該吊具之捲揚用槽輪上方與捲胴、槽輪及桁架等（傾斜伸臂除外）有碰撞之虞之物體下方間，應調整其間距，使其符合法定值。

229.（ 3 ） 依起重升降機具安全規則規定，起重機具所使用之馬鞍環，其安全係數應在多少以上？ ①3 ②4 ③5 ④6。

解析 起重升降機具安全規則第 67 條：
雇主對於起重機具之吊鉤，其安全係數應在 4 以上。馬鞍環之安全係數應在 5 以上。前項安全係數為吊鉤或馬鞍環之斷裂荷重值除以吊鉤或馬鞍環個別所受最大荷重值所得之值。

230.（ 1 ） 依起重升降機具安全規則規定，鋼索公稱直徑以其外接圓之直徑為準，其磨耗使用限度以減少多少％為限？ ①7 ②8 ③10 ④15。

解析 起重升降機具安全規則第 68 條：
雇主不得以有下列各款情形之一之鋼索，供起重吊掛作業使用：
一、鋼索一撚間有 10% 以上素線截斷者。
二、直徑減少達公稱直徑 7% 以上者。
三、有顯著變形或腐蝕者。
四、已扭結者。

231.（ 2 ） 依起重升降機具安全規則規定，對於吊籠之使用，下列何者有誤？
①不得超過積載荷重
②放置腳墊供勞工使用
③運轉中禁止操作人員擅離操作位置
④在強風、大雨等惡劣氣候有發生危險之虞，應禁止工作。

解析 起重升降機具安全規則第九章對於吊籠之安全管理如下：
● 第 97 條：雇主對於吊籠之使用，不得超過積載荷重。
● 第 98 條：雇主對於吊籠之構造，應符合吊籠安全檢查構造標準。
● 第 99 條：雇主對於可搬式吊籠懸吊於建築物或構造物等時，應考量吊籠自重、積載荷重及風力等受力情形，妥為固定於具有足夠支撐強度之處。前項固定處之支撐強度，雇主應事前確認該建築物或構造物相關結構圖面資料。無圖面資料可查者，得以其他同等方式確認之。
● 第 100 條：雇主於吊籠之工作台上，不得設置或放置腳墊、梯子等供勞工使用。
● 第 101 條：雇主於吊籠運轉中，應禁止操作人員擅離操作位置。
● 第 102 條：雇主對勞工於吊籠工作台上作業時，應使勞工佩戴安全帽及符合國家標準 CNS 14253-1 同等以上規定之全身背負式安全帶。

- 第 103 條：雇主於吊籠使用時，應禁止無關人員進入作業場所下方之危險區域，並設置警告標示。
- 第 104 條：雇主對吊籠於強風、大雨、大雪等惡劣氣候，勞工作業有發生危險之虞時，應禁止工作。
- 第 105 條：雇主使用吊籠作業時，於夜間或光線不良之場所，應提供安全作業所必要之照度。

232.（ 4 ）依機械類產品型式驗證實施及監督管理辦法規定，報驗義務人申請產品型式驗證時，不需檢附下列事項書件，向驗證機構提出？
①符合性聲明書　　　　　　　　②產品基本資料
③設立登記文件　　　　　　　　④職業安全衛生人員資料。

解析 機械類產品型式驗證實施及監督管理辦法第 6 條：
報驗義務人申請產品型式驗證時，應填具申請書，並檢附載明下列事項書件，向驗證機構提出：
一、符合性聲明書。
二、產品基本資料。
三、設立登記文件。
四、符合性評鑑證明文件。

233.（ 1 ）依機械類產品型式驗證實施及監督管理辦法規定，報驗義務人申請產品型式驗證時，所檢附之構造圖說包括下列何者？
①安全位置　②性能說明書　③相關回路圖　④安裝說明書。

解析 本題答案應有誤植，正確答案應該為「不」包括。
報驗義務人申請產品型式驗證時，應填具申請書，並檢附載明下列事項書件，向驗證機構提出：
一、符合性聲明書：製造者或輸入者簽署該產品符合型式驗證之實施程序及標準之聲明書。
二、產品基本資料：
  1. 型式名稱說明書：包括產品之型錄、名稱、外觀圖、商品分類號列、主機台及控制台基本規格等說明資訊。
  2. 歸類為同一型式之理由說明書。
  3. 主型式及系列型式清單。
  4. 構造圖說，包括產品安全裝置之性能示意圖及安裝位置。
  5. 有電氣、氣壓或液壓回路者，其各該相關回路圖。
  6. 性能說明書。
  7. 產品之安裝、操作、保養、維修說明書及危險對策。
  8. 產品安全裝置及安全配備清單：包括相關裝置之品名、規格、安全性能與符合性說明、重要零組件驗證測試報告及相關強度計算。
  9. 其他中央主管機關認有必要之技術文件資料。

三、設立登記文件：工廠登記、公司登記、商業登記或其他相當於設立登記之證明文件影本。但依法無須設立登記或相關資料已於中央主管機關指定之資訊網站登錄有案，且其記載事項無變更者，不在此限。

四、符合性評鑑證明文件：依型式驗證之實施程序及標準核發之符合性評鑑合格文件。但取得其他驗證證明文件報經中央主管機關同意者，得以該驗證證明文件替代符合性評鑑證明。

234.（ 3 ）依機械類產品型式驗證實施及監督管理辦法規定，驗證機構實施產品型式驗證，經審驗合格者，應發給附字號之型式驗證合格證明書。此型式驗證合格證明書之有效期間為幾年？
①1 ②2 ③3 ④4。

解析 機械類產品型式驗證實施及監督管理辦法第11條：
驗證機構實施產品型式驗證，經審驗合格者，應發給附字號之型式驗證合格證明書。
前項型式驗證合格證明書之有效期間，為3年。

235.（ 3 ）依機械類產品型式驗證實施及監督管理辦法規定，型式驗證合格證明書有效期間屆滿前幾個月內，報驗義務人得檢附展延申請書及相關書件向驗證機構申請展延？ ①1 ②2 ③3 ④6。

解析 機械類產品型式驗證實施及監督管理辦法第12條：
型式驗證合格證明書有效期間屆滿前3個月內，除有第18條及第20條規定之情形外，報驗義務人得檢附展延申請書及相關書件向驗證機構申請展延3年。逾期申請展延者，應重新申請型式驗證。
前項展延之申請，經驗證機構審查核可者，收繳舊證換發新證。

236.（ 2 ）依機械類產品型式驗證實施及監督管理辦法規定，下列何單位不得向中央主管機關申請認可為驗證機構？
①行政機關 ②營利法人 ③學術機構 ④公益法人。

解析 機械類產品型式驗證實施及監督管理辦法第23條：
行政機關、學術機構或公益法人符合下列資格條件者，得向中央主管機關申請認可為驗證機構：
一、具有從事型式驗證業務能力與公正性、固定辦公處所、組織健全且財務基礎良好。
二、已建立符合國際標準ISO/IEC 17065或其他同等標準要求之產品驗證制度，並取得經中央主管機關認可之我國認證機構相關領域之認證資格。
三、設有與型式驗證業務相關之專業檢測試驗室，並取得國際標準ISO/IEC 17025相關領域認證。
四、擬驗證之各項產品均置有一名以上之專業專職之驗證人員。
五、其他經中央主管機關公告之資格條件。

237.(1) 依機械類產品型式驗證實施及監督管理辦法規定，報驗義務人有下列情事者，不會遭中央主管機關得令其暫停辦理型式驗證，並限期改善？
①遭勞動檢查機構罰鍰處分
②經國內認證機構暫停其認證資格
③驗證機構所採用之符合性評鑑機構，未有中央主管機關核准
④經通知限期提供資料，無正當理由屆期未提供。

解析 機械類產品型式驗證實施及監督管理辦法第 39 條：
驗證機構有下列情形之一者，中央主管機關得令其暫停辦理型式驗證，並限期改善：
一、經國內認證機構暫停其認證資格。
二、驗證機構所採用之符合性評鑑機構，未有中央主管機關核准。
三、經通知限期提供資料，無正當理由屆期未提供。
四、中央主管機關辦理查核，無正當理由未配合辦理。
五、有申訴、陳情或爭議案件時，應配合辦理而未配合。
前項情形經改善，並經中央主管機關認定符合者，始予恢復辦理型式驗證。

238.(2) 依機械類產品型式驗證實施及監督管理辦法規定，驗證機構有下列情事者，不會遭中央主管機關得撤銷或廢止其認可？
①主動申請終止認可
②遭地方主管機關行政罰鍰處分
③經國內認證機構撤銷或廢止其認證資格
④違反利益迴避或保密義務原則。

解析 機械類產品型式驗證實施及監督管理辦法第 40 條：
驗證機構有下列情形之一者，中央主管機關得撤銷或廢止其認可：
一、主動申請終止認可。
二、經國內認證機構撤銷或廢止其認證資格。
三、驗證機構採用之符合性評鑑機構，皆經中央主管機關撤銷或廢止核准。
四、驗證機構喪失執行型式驗證業務能力，或有礙公正有效執行型式驗證業務。
五、違反利益迴避或保密義務原則。
六、逾越授權範圍或怠於辦理型式驗證及相關符合性評鑑業務。
七、違反第 31 條規定。
八、未依第 33 條規定辦理申請核准或變更，或未經核准前，擅自執行型式驗證業務。
九、違反第 38 條規定。
十、未於第 39 條規定期間內完成改善，並經中央主管機關認定符合者，逕自恢復型式驗證業務。
十一、核發之驗證合格證明書有虛偽不實之情事。
十二、未依規定繳納規費，經通知限期繳納，屆期仍未繳納。

十三、接受利害關係者餽贈財物、飲宴應酬或請託關說，或假借職務上之權力、方法、機會圖本人或第三人不正利益，情節重大。
十四、其他違反法令規定，情節重大。

239. (1) 依機械類產品型式驗證實施及監督管理辦法規定，報驗義務人有下列何情事者，中央主管機關不應註銷其型式驗證合格證明書？
①遭勞動檢查機構停工處分
②自行申請註銷
③設立登記文件經依法撤銷、廢止或註銷
④事業體經依法解散、歇業或撤回認許。

解析 機械類產品型式驗證實施及監督管理辦法第44條：
報驗義務人有下列情事之一者，中央主管機關應註銷其型式驗證合格證明書：
一、自行申請註銷。
二、設立登記文件經依法撤銷、廢止或註銷。
三、事業體經依法解散、歇業或撤回認許。
四、經中央主管機關查核發現有不合規定情事。

240. (2) 依機械類產品型式驗證實施及監督管理辦法規定，報驗義務人有下列情事者不會遭中央主管機關廢止型式驗證合格證明書？
①經購樣、取樣檢驗結果不符合型式驗證實施標準
②遭勞動檢查機構移送司法機關處分
③經限期提供型式驗證合格證明書、技術文件或樣品，無正當理由拒絕提供或屆期仍未提供
④驗證合格產品因瑕疵造成重大傷害或危害。

解析 機械類產品型式驗證實施及監督管理辦法第46條：
報驗義務人有下列情事之一者，中央主管機關應廢止型式驗證合格證明書：
一、經購樣、取樣檢驗結果不符合型式驗證實施標準。
二、經限期提供型式驗證合格證明書、技術文件或樣品，無正當理由拒絕提供或屆期仍未提供。
三、驗證合格產品因瑕疵造成重大傷害或危害。
四、產品未符合標示規定，經通知限期改正，屆期未改正。
五、未依第14條規定期限保存經型式驗證之產品符合性聲明書及技術文件。
六、違反第17條規定，產品與型式驗證合格證明書所載不符，經通知限期改正，屆期未改正完成。
七、經依第18條規定，限期依修正後驗證標準換發型式驗證合格證明書，屆期未完成。
八、驗證合格產品生產廠場不符合製造階段之符合性評鑑程序。
九、未繳納驗證規費，經通知限期繳納，屆期未繳納。

十、產品經公告廢止實施型式驗證。
十一、其他經中央主管機關認定違規情節重大者。

241.（ 4 ）依機械設備器具安全資訊申報登錄辦法規定，係依職業安全衛生法第幾條訂定？
①第 5 條第 1 項　②第 6 條第 1 項　③第 7 條第 3 項　④第 7 條第 4 項。

解析 機械設備器具安全資訊申報登錄辦法第 1 條：
本辦法依職業安全衛生法（以下簡稱本法）**第 7 條第 4 項**規定訂定之。

242.（ 2 ）依機械設備器具安全資訊申報登錄辦法規定，適用對象包括下列何者？
①雇主　②輸入者　③供應者　④設計者。

解析 機械設備器具安全資訊申報登錄辦法第 3 條：
製造者或輸入者（以下簡稱申報者），於國內生產、製造、加工、修改（以下簡稱產製）或自國外輸入前條產品，認其構造、性能及防護符合中央主管機關所定安全標準者，應於**中央主管機關指定之資訊申報網站**（以下簡稱資訊網站）登錄該產品之安全資訊，完成自我宣告（以下簡稱宣告安全產品）。

243.（ 1 ）依機械設備器具安全資訊申報登錄辦法規定，申報者認其構造、性能及防護符合中央主管機關所定安全標準者，應於何處登錄該產品之安全資訊，完成自我宣告？
①中央主管機關指定之資訊申報網站
②地方主管機關指定之資訊申報網站
③目的事業主管機關指定之資訊申報網站
④公益法人指定之資訊申報網站。

解析 機械設備器具安全資訊申報登錄辦法第 3 條：
製造者或輸入者（以下簡稱申報者），於國內生產、製造、加工、修改（以下簡稱產製）或自國外輸入前條產品，認其構造、性能及防護符合中央主管機關所定安全標準者，應於**中央主管機關指定之資訊申報網站**（以下簡稱資訊網站）登錄該產品之安全資訊，完成自我宣告（以下簡稱宣告安全產品）。

244.（ 4 ）依機械設備器具安全資訊申報登錄辦法規定，申報者宣告其產品符合安全標準者，應採佐證方式。但不包括下列何項？
①委託經中央主管機關認可之檢定機構實施型式檢定合格
②委託經國內外認證組織認證之產品驗證機構審驗合格
③製造者完成自主檢測，確認符合安全標準
④委託危險性機械型式廠商認可。

解析 機械設備器具安全資訊申報登錄辦法第 4 條：
申報者依本法第 7 條第 3 項規定，宣告其產品符合安全標準者，應採下列方式之一佐證，以網路傳輸相關測試合格文件，並自行妥為保存備查：
一、委託經中央主管機關認可之檢定機構實施型式檢定合格。
二、委託經國內外認證組織認證之產品驗證機構審驗合格。
三、製造者完成自主檢測及產品製程一致性查核，確認符合安全標準。
防爆燈具、防爆電動機、防爆開關箱、**動力衝剪機械**、木材加工用圓盤鋸及研磨機，以採前項第 1 款規定之方式為限。

245.（ 1 ）依機械設備器具安全資訊申報登錄辦法規定，下列何種機械、器具必需實施型式檢定以為佐證？
①動力衝剪機械 ②手推刨床 ③動力堆高機 ④鑽床。

解析 機械設備器具安全資訊申報登錄辦法第 4 條：
申報者依本法第 7 條第 3 項規定，宣告其產品符合安全標準者，應採下列方式之一佐證，以網路傳輸相關測試合格文件，並自行妥為保存備查：
一、委託經中央主管機關認可之檢定機構實施型式檢定合格。
二、委託經國內外認證組織認證之產品驗證機構審驗合格。
三、製造者完成自主檢測及產品製程一致性查核，確認符合安全標準。
防爆燈具、防爆電動機、防爆開關箱、**動力衝剪機械**、木材加工用圓盤鋸及研磨機，以採前項第 1 款規定之方式為限。

246.（ 4 ）依機械設備器具安全資訊申報登錄辦法規定，資訊申報登錄未符規定者，中央主管機關得限期通知其補正，補正總日數不得超過幾日？
①7 ②10 ③15 ④30。

解析 依照機械設備器具安全資訊申報登錄辦法，選項④之答案也應不正確。惟本題目前尚依勞動部公告試題為準，請讀者參考以下詳解。機械設備器具安全資訊申報登錄辦法第 6 條：
資訊申報登錄未符前條規定者，中央主管機關得限期通知其補正；屆期未補正者，不予受理。
前項補正總日數不得超過 60 日。但有特殊情形經中央主管機關核准者，不在此限。

247.（ 3 ）依機械設備器具安全資訊申報登錄辦法規定，申報者完成登錄後，登錄內容有變更者，應自事實發生日起幾日內，申請變更登錄？
①10 ②20 ③30 ④40。

解析 機械設備器具安全資訊申報登錄辦法第 9 條：
申報者完成登錄後，登錄內容有變更者，應自事實發生日起 30 日內，申請變更登錄。

248. (1) 依機械設備器具安全資訊申報登錄辦法規定，申報者應保存所登錄之產品符合性聲明書及相關技術文件，至該產品停產後至少幾年？
①10 ②20 ③30 ④40。

解析 機械設備器具安全資訊申報登錄辦法第11條：
申報者應保存所登錄之產品符合性聲明書及相關技術文件，至該產品停產後至少10年。

249. (3) 依機械設備器具安全資訊申報登錄辦法規定，中央主管機關應註銷產品安全資訊登錄，不包括下列何種情形？
①自行申請註銷
②申報者設立登記文件經依法撤銷、廢止或註銷
③申報者發生職業災害遭檢查機構停工處分
④申報者之事業體經依法解散、歇業或撤回認許。

解析 機械設備器具安全資訊申報登錄辦法第21條：
有下列情形之一者，中央主管機關應註銷產品安全資訊登錄：
一、自行申請註銷。
二、申報者設立登記文件經依法撤銷、廢止或註銷。
三、申報者之事業體經依法解散、歇業或撤回認許。
四、中央主管機關查核發現有其他不合規定之重大情事。
前項註銷登錄者，其相關授權輸入放行通知書隨同喪失效力。

250. (4) 依機械設備器具監督管理辦法規定，得依業務需要，執行產品之購樣、取樣之檢驗或調查，不包括下列何單位？
①中央主管機關　　　　　②勞動檢查機構
③型式驗證機構　　　　　④危險性機械製造型式廠商。

解析 機械設備器具監督管理辦法第4條：
中央主管機關、勞動檢查機構及本法第8條第1項之型式驗證機構，得依業務需要，執行產品之購樣、取樣之檢驗或調查。
中央主管機關執行前項產品購樣、取樣之市場查驗業務，得依本法第52條規定委託專業團體辦理。

251. (2) 依機械設備器具監督管理辦法規定，產品市場查驗之項目，不包括下列何者？
①產品之安全標示之樣式及張貼方式
②自我宣告說明書
③產品之驗證合格標章之樣式及張貼方式
④產品之資料登錄。

解析 機械設備器具監督管理辦法第 13 條：
產品市場查驗之查驗項目如下：
一、產品符合本法第 7 條第 1 項及第 3 項規定。
二、產品符合本法第 8 條第 1 項規定。
三、產品之安全標示或驗證合格標章之樣式及張貼方式，與法令規定相符。
四、違規產品經通知限期改正，是否如期改正。
五、違規產品經通知限期回收，是否如期回收。
六、產品之資料登錄或型式驗證合格經註銷、廢止或撤銷者，是否有違法產製運出廠場、輸入、租賃、供應或設置等情事。
中央主管機關或勞動檢查機構於市場查驗時，得通知受查驗者提供驗證合格證明、測試報告、技術文件、測試樣品或其他相關佐證資料，以供查驗。

252.(3) 依機械設備器具監督管理辦法規定，中央主管機關、勞動檢查機構及型式驗證機構為執行市場查驗與調查，遇有規避、妨礙或拒絕情事，得依個案請求何單位派員協助之？
①司法機關 ②地方主管機關 ③警察機關 ④學術團體。

解析 機械設備器具監督管理辦法第 16 條：
查驗人員執行前條之調查時，應於調查現場或運存指定處所，作成訪談紀錄，並將受查驗者之陳述意見，列入紀錄。
受查驗者將疑有違規產品運存指定處所時，應保留退運文件備查。
中央主管機關、勞動檢查機構及本法第 8 條第 1 項之型式驗證機構為前條之調查，遇有規避、妨礙或拒絕情事，得依個案請求**警察機關**派員協助之。

253.(4) 依機械設備器具監督管理辦法規定，中央主管機關或勞動檢查機構執行領有型式驗證合格證明書產品之市場查驗，發現有檢驗不合格之情形者，應通知何單位追蹤調查不合格原因及製作訪談紀錄，並依相關規定辦理？
①司法機關 ②地方主管機關 ③警察機關 ④原型式驗證機構。

解析 機械設備器具監督管理辦法第 19 條：
中央主管機關或勞動檢查機構執行領有型式驗證合格證明書產品之市場查驗，發現有檢驗不合格之情形者，應通知**原型式驗證機構**追蹤調查不合格原因及製作訪談紀錄，並依相關規定辦理。

254.(1) 依機械設備器具監督管理辦法規定，中央主管機關對於購樣或取樣檢驗不符合安全標準，而有危害工作者安全之虞之產品，得請下列何單位實施邊境抽驗？
①海關 ②地方主管機關 ③警察機關 ④海巡機關。

> **解析** 機械設備器具監督管理辦法第 22 條：
> 中央主管機關對於購樣或取樣檢驗不符合安全標準，而有危害工作者安全之虞之產品，得請**海關**實施邊境抽驗。

255. (4) 依機械設備器具監督管理辦法規定，報驗義務人對於檢驗不合格之產品，不能改正使其符合安全標準者，應於接獲不合格通知書後幾個月內，辦理退運、銷毀、拆解致不堪使用或為其他必要之處置？
①1　②3　③5　④6。

> **解析** 機械設備器具監督管理辦法第 23 條：
> 報驗義務人對於檢驗不合格之產品，不能改正使其符合安全標準者，應於接獲不合格通知書後**6個月**內，辦理退運、銷毀、拆解致不堪使用或為其他必要之處置。
> 報驗義務人對於產品進行前項之必要處置時，應向中央主管機關申請拆封或核准自行拆封，中央主管機關、勞動檢查機構及本法第8條第1項之型式驗證機構並應派員到場監督。
> 報驗義務人辦理第1項產品之退運時，應於退運後3個月內，檢附復運出口報單副本等相關文件，向中央主管機關申請銷案或核符關務退運資料後銷案。

256. (2) 依危害性化學品評估及分級管理辦法規定，評量或估算勞工暴露於化學品之健康危害情形之暴露評估方法，下列何者有誤？
①定性　②半定性　③半定量　④定量。

> **解析** 暴露評估：指以**定性、半定量或定量**之方法，評量或估算勞工暴露於化學品之健康危害情形。

257. (1) 依危害性化學品評估及分級管理辦法規定，以依化學品健康危害及暴露評估結果評定風險等級，並分級採取對應之控制或管理措施之方法，為下列何者？
①分級管理　②風險管理　③量化管理　④品質管理。

> **解析** 分級管理：指依化學品健康危害及暴露評估結果評定風險等級，並**分級**採取對應之控制或管理措施。

258. (3) 依危害性化學品評估及分級管理辦法規定，雇主使勞工製造、處置或使用之化學品，其分類須符合下列何種國家標準？
①CNS15010　②CNS15020　③CNS15030　④CNS15040。

解析 危害性化學品評估及分級管理辦法第 4 條：
雇主使勞工製造、處置或使用之化學品，符合國家標準 CNS 15030 化學品分類，具有健康危害者，應評估其危害及暴露程度，劃分風險等級，並採取對應之分級管理措施。

259. (3) 依危害性化學品評估及分級管理辦法規定，雇主使勞工製造、處置或使用之化學品，具有健康危害者，應至少幾年執行 1 次評估及分級管理？
　　　①1　②2　③3　④4。

解析 危害性化學品評估及分級管理辦法第 6 條：
第 4 條之評估及分級管理，雇主應至少每 3 年執行一次，因化學品之種類、操作程序或製程條件變更，而有增加暴露風險之虞者，應於變更前或變更後 3 個月內，重新進行評估與分級。

260. (3) 依危害性化學品評估及分級管理辦法規定，因化學品之種類、操作程序或製程條件變更，而有增加暴露風險之虞者，應於變更前或變更後幾個月內，重新進行評估與分級？
　　　①1　②2　③3　④4。

解析 危害性化學品評估及分級管理辦法第 6 條：
第 4 條之評估及分級管理，雇主應至少每 3 年執行一次，因化學品之種類、操作程序或製程條件變更，而有增加暴露風險之虞者，應於變更前或變更後 3 個月內，重新進行評估與分級。

261. (1) 依危害性化學品評估及分級管理辦法規定，事業單位從事特別危害健康作業之勞工人數在 100 人以上，暴露濃度低於容許暴露標準多少者，至少每 3 年評估 1 次？
　　　①1/2　②1/4　③1/6　④1/8。

解析 危害性化學品評估及分級管理辦法第 8 條：雇主應就前項暴露評估結果，依下列規定，定期實施評估：
一、暴露濃度低於容許暴露標準 1/2 者，至少每 3 年評估 1 次。
二、暴露濃度低於容許暴露標準但高於或等於其 1/2 者，至少每年評估 1 次。
三、暴露濃度高於或等於容許暴露標準者，至少每 3 個月評估 1 次。

262. (3) 依危害性化學品評估及分級管理辦法規定，化學品之暴露評估結果，其暴露濃度高於或等於容許暴露標準者，係屬下列第幾級管理？
　　　①1　②2　③3　④4。

解析 危害性化學品評估及分級管理辦法第 10 條：
雇主對於前 2 條化學品之暴露評估結果，應依下列風險等級，分別採取控制或管理措施：
一、第 1 級管理：暴露濃度低於容許暴露標準 1/2 者，除應持續維持原有之控制或管理措施外，製程或作業內容變更時，並採行適當之變更管理措施。
二、第 2 級管理：暴露濃度低於容許暴露標準但高於或等於其 1/2 者，應就製程設備、作業程序或作業方法實施檢點，採取必要之改善措施。
三、第 3 級管理：暴露濃度高於或等於容許暴露標準者，應即採取有效控制措施，並於完成改善後重新評估，確保暴露濃度低於容許暴露標準。

263. (1) 依新化學物質登記管理辦法規定，自然狀態或經製造過程所得之化學元素或化合物，屬下列何種物質？
①化學物質 ②物理物質 ③混合物質 ④礦物質。

解析 化學物質：指自然狀態或經製造過程所得之化學元素或化合物，包括維持產品穩定所需之任何添加劑，或製程衍生而非預期存在於化學物質中之成分。但不包括可分離而不影響物質穩定性，或改變其組成結構之任何溶劑。

264. (2) 依新化學物質登記管理辦法規定，製造者或輸入者對於公告清單以外之新化學物質，應向中央主管機關繳交下列何種報告方得製造或輸入？
①物理物質安全評估 ②化學物質安全評估 ③暴露評估 ④風險評估。

解析 新化學物質登記管理辦法第 5 條：
製造者或輸入者對於公告清單以外之新化學物質，未向中央主管機關繳交化學物質安全評估報告，並經核准登記前，不得製造或輸入含有該物質之化學品。
前項製造者或輸入者，得委託國內之廠商或機構，代為申請核准登記。
第 1 項公告清單之化學物質，中央環境保護主管機關依毒性化學物質管理法另有規定者，從其規定。

265. (1) 依新化學物質登記管理辦法規定，製造者或輸入者年製造或輸入量達 1 噸以上之新化學物質申請核准登記，下列登記類型何者正確？
①標準登記 ②簡易登記 ③無須登記 ④少量登記。

解析 年製造或輸入量與登記類型規定：

年製造或輸入量	登記類型
未達 100 公斤	少量登記
100 公斤以上未達 1 公噸	簡易登記
1 公噸以上	標準登記

266.（ 4 ）依新化學物質登記管理辦法規定，申請人使用申請登記工具所檢附之文件及核准登記文件，應保存幾年？
①1　②2　③3　④5。

解析 新化學物質登記管理辦法第 17 條：
申請人使用申請登記工具所檢附之文件及核准登記文件，應保存 5 年。

267.（ 1 ）依新化學物質登記管理辦法規定，中央主管機關核發簡易登記類型之核准登記文件之有效期間為幾年？
①2　②3　③4　④5。

解析 新化學物質登記管理辦法第 22 條：
中央主管機關依登記類型發給核准登記文件之有效期間如下：
一、標準登記：5 年。
二、簡易登記：2 年。
三、少量登記：2 年。但少量登記之低關注聚合物之有效期間為 5 年。
前項簡易登記、少量登記之核准登記文件有效期間屆滿前 3 個月，登記人得申請展延，經審查後發給新登記文件。

268.（ 3 ）依新化學物質登記管理辦法規定，標準登記滿幾年之新化學物質，中央主管機關得列入公告清單？
①3　②4　③5　④6。

解析 新化學物質登記管理辦法第 28 條：
符合下列規定之新化學物質，中央主管機關得列入公告清單：
一、標準登記滿 5 年者。
二、少量登記滿 5 年且屬於低關注聚合物者。
三、依附表一標準登記資訊要求，並繳交危害評估資訊及暴露評估資訊，經登記人申請提前列入清單者。
四、少量登記且屬於低關注聚合物，經登記人申請提前列入清單者。

269.（ 1 ）依管制性化學品之指定及運作許可管理辦法規定，對於管制性化學品之製造、輸入、供應或供工作者處置、使用之行為，係指下列何者？
①運作　②操作　③進口　④批發。

解析 本辦法所稱運作，指對於管制性化學品之製造、輸入、供應或供工作者處置、使用之行為。

270. (1) 依管制性化學品之指定及運作許可管理辦法規定,中央主管機關得邀請專家學者組成技術諮議會,辦理下列何事項之諮詢或建議?
①管制性化學品之篩選及指定　②優先化學品申請許可之審查
③限制性化學品申請許可之審查　④限制性化學品申請指定之審查。

解析 管制性化學品之指定及運作許可管理辦法第5條:
中央主管機關得邀請專家學者組成技術諮議會,辦理下列事項之諮詢或建議:
一、管制性化學品之篩選及指定。
二、管制性化學品申請許可之審查。
三、其他管制性化學品管理事項之研議。

271. (4) 依管制性化學品之指定及運作許可管理辦法規定,管制性化學品許可文件之有效期限為幾年?
①2　②3　③4　④5。

解析 管制性化學品之指定及運作許可管理辦法第13條:
一、許可文件之有效期限為5年,中央主管機關認有必要時,得依化學品之危害性或運作行為,縮短有效期限為3年。
二、運作者於前項期限屆滿仍有運作需要者,應於期滿前3個月至6個月期間,依第7條規定,重新提出申請。

272. (2) 依管制性化學品之指定及運作許可管理辦法規定,運作者名稱或負責人異動,運作者應於異動後幾日內向指定之資訊網站申請變更?
①20　②30　③40　④50。

解析 管制性化學品之指定及運作許可管理辦法第15條:
運作者於許可有效期限內,有下列異動情形之一者,應於異動後30日內,依附表四於指定之資訊網站申請變更:
一、運作者名稱或負責人。
二、運作場所名稱或地址。
運作者於許可有效期限內,有下列情形之一者,應依第7條規定重新提出申請:
一、運作行為或用途變更。
二、前項第1款之異動涉及運作者主體變更。
三、前項第2款之地址異動,經技術諮議會認有風險。

273. (1) 依管制性化學品之指定及運作許可管理辦法規定,運作者於許可有效期限內,有下列何種情形應重新提出申請?
①運作行為或用途變更　②運作場所名稱變更
③運作場所地址變更　④運作者變更。

解析 運作者於許可有效期限內,有下列異動情形之一者,應於異動後 30 日內,依附表四於指定之資訊網站申請變更:
一、運作者名稱或負責人。
二、運作場所名稱或地址。
運作者於許可有效期限內,有下列情形之一者,應依第 7 條規定重新提出申請:
一、運作行為或用途變更。
二、前項第 1 款之異動涉及運作者主體變更。
三、前項第 2 款之地址異動,經技術諮議會認有風險。

274. (1) 依優先管理化學品之指定及運作管理辦法規定,下列何者為優先管理化學品?
    ①氯氣　②鐵　③銀　④硫化氫。

解析 優先管理化學品之指定及運作管理辦法第 2 條:
本辦法所定優先管理化學品如下:
一、本法第 29 條第 1 項第 3 款及第 30 條第 1 項第 5 款規定之危害性化學品,如以下附表。
二、依國家標準 CNS 15030 分類,且有下列情形之一者:
　　1. 致癌物質、生殖細胞致突變性物質、生殖毒性物質。
　　2. 呼吸道過敏物質第 1 級。
　　3. 嚴重損傷或刺激眼睛物質第 1 級。
　　4. 特定標的器官系統毒性物質屬重複暴露第 1 級。
三、依國家標準 CNS 15030 分類,具物理性危害或健康危害之化學品,並經中央主管機關公告。
四、其他經中央主管機關指定公告者。

化學品名稱
1、黃磷
2、氯氣
3、氰化氫
4、苯胺
5、鉛及其無機化合物
6、六價鉻化合物
7、汞及其無機化合物
8、砷及其無機化合物
9、二硫化碳
10、三氯乙烯
11、環氧乙烷
12、丙烯醯胺
13、次乙亞胺
14、含有 1 至 13 列舉物占其重量超過 1%之混合物
15、其他經中央主管機關指定者

275.（3）依優先管理化學品之指定及運作管理辦法規定，第 1 級急毒性物質之最大運作總量達多少噸即為優先管理化學品？
①3　②4　③5　④6。

解析

化學品危害分類		臨界量（公噸）
健康危害	急毒性物質 －第 1 級（吞食、皮膚接觸、吸入）	5
	急毒性物質 －第 2 級（吞食、皮膚接觸、吸入） －第 3 級（吞食、皮膚接觸、吸入）	50
	特定標的器官系統毒性物質－單一暴露 －第 1 級	50
物理性危害	爆炸物 －不穩定爆炸物 －1.1 組、1.2 組、1.3 組、1.5 組、1.6 組	10
	爆炸物 －1.4 組	50
	易燃氣體 －第 1 級或第 2 級	10
	易燃氣膠 －第 1 級或第 2 級（含易燃氣體第 1、2 級或易燃液體第 1 級）	150
	易燃氣膠 －第 1 級或第 2 級（不含易燃氣體第 1、2 級或易燃液體第 1 級）	5000
	氧化性氣體 －第 1 級	50
	易燃液體 －第 1 級 －第 2 級或第 3 級，儲存溫度超過其沸點者	10
	易燃液體 －第 2 級或第 3 級，儲存溫度低於其沸點，在特定製程條件下（如高溫或高壓），可能發生重大危害事故者	50
	易燃液體 －第 2 級或第 3 級，非屬上述兩種特殊狀況者	5000
	自反應物質及有機過氧化物 －自反應物質 A 型或 B 型 －有機過氧化物 A 型或 B 型	10
	自反應物質及有機過氧化物 －自反應物質 C 型、D 型、E 型或 F 型 －有機過氧化物 C 型、D 型、E 型或 F 型	50
	發火性液體及固體 －發火性液體第 1 級 －發火性固體第 1 級	50

化學品危害分類	臨界量（公噸）
氧化性液體及固體 －氧化性液體第 1、第 2 或第 3 級 －氧化性固體第 1、第 2 或第 3 級	50
禁水性物質 －第 1 級	100

276.（ 2 ） 依優先管理化學品之指定及運作管理辦法規定，對於優先管理化學品之製造、輸入、供應或供工作者處置、使用行為之製造者、輸入者，稱為？
①管理者　②運作者　③供應者　④批發者。

解析　優先管理化學品之指定及運作管理辦法第 3 條：
一、本辦法所稱運作，指對於化學品之製造、輸入、供應或供工作者處置、使用之行為。
二、本辦法所稱運作者，指從事前項行為之製造者、輸入者、供應者或雇主。

277.（ 1 ） 依優先管理化學品之指定及運作管理辦法規定，優先管理化學品之運作者，須將下列何項資料報請中央主管機關備查，並每年定期更新？
①運作者基本資料　　　　　②化學品安全資料表
③化學物質標示　　　　　　④爆炸上下限。

解析　優先管理化學品之指定及運作管理辦法第 7 條：
運作者對於前條之優先管理化學品，應將下列資料報請中央主管機關備查，並每年定期更新：
一、運作者基本資料。
二、優先管理化學品運作資料。
三、其他中央主管機關指定公告之資料。

278.（ 2 ） 依優先管理化學品之指定及運作管理辦法規定，優先管理化學品運作者勞工人數達幾人以上者，應於中央主管機關公告日起 6 個月內報請備查？
①50　②100　③150　④200。

解析　報請備查之期限如下：
一、運作者勞工人數達 100 人以上者，應於中央主管機關公告生效日起 6 個月內報請備查。
二、運作者勞工人數未滿 100 人者，應於中央主管機關公告生效日起 12 個月內報請備查。

279. (1) 依優先管理化學品之指定及運作管理辦法規定，如有新增或取消運作優先管理化學品，運作者應於變更後幾日內辦理變更，並將更新資料登錄於指定之資訊網站？

①30　②40　③50　④60。

> **解析** 優先管理化學品之指定及運作管理辦法：
> 第11條：
> 運作者報請備查之資料，有下列情形之一者，應於變更後 30 日內依附表七辦理變更，並將更新資料登錄於指定之資訊網站：
> 一、運作者名稱、負責人、運作場所名稱或地址變更。
> 二、其他經中央主管機關指定者。

280. (1) 下列何者為有機溶劑中毒預防規則所列之第一種有機溶劑？

①四氯化碳　②甲苯　③異丙醇　④丙酮。

> **解析** 本規則第3條第1款規定之有機溶劑及其分類如下：
> 一、第一種有機溶劑：
>   1. 三氯甲烷 $CHCl_3$
>   Trichloromethane
>   2. 1,1,2,2-四氯乙烷 $CHCl_2CHCl_2$
>   1,1,2,2-Tetrachloroethane
>   3. 四氯化碳 CCl_4
>   Tetrachloromethane
>   4. 1,2-二氯乙烯 $CHCl=CHCl$
>   1,2-Dichloroethylene
>   5. 1,2-二氯乙烷 CH_2ClCH_2Cl
>   1,2-Dichloroethane
>   6. 二硫化碳 CS_2
>   Carbon disulfide
>   7. 三氯乙烯 $CHCl=CCl_2$
>   Trichloroethylene
>   8. 僅由 1. 至 7. 列舉之物質之混合物。

281. (2) 下列何者為有機溶劑中毒預防規則所列之第二種有機溶劑？

①三氯甲烷　②乙醚　③松節油　④二硫化碳。

解析 第二種有機溶劑包含：

1. 丙酮 Acetone	
2. 異戊醇 Isoamyl alcohol	
3. 異丁醇 Isobutyl alcohol	
4. 異丙醇 Isopropyl alcohol	
5. 乙醚 Ethyl ether	
6. 乙二醇乙醚 Ethylene glycol monoethyl ether	
7. 乙二醇乙醚醋酸酯 Ethylene glycol monoethyl ether acetate	
8. 乙二醇丁醚 Ethylene glycol monobutyl ether	
9. 乙二醇甲醚 Ethylene glycol monomethyl ether	

10. 鄰－二氯苯 O-dichlorobenzene	32. 甲基異丁酮 Methyl isobutyl ketone
11. 二甲苯（含鄰、間、對異構物）Xylenes	
12. 甲酚 Cresol	33. 甲基環己醇 Methyl cyclohexanol
13. 氯苯 Chlorobenzene	
14. 乙酸戊酯 Amyl acetate	34. 甲基環己酮 Methyl cyclohexanone
15. 乙酸異戊酯 Isoamyl acetate	
16. 乙酸異丁酯 Isobutyl acetate	35. 甲丁酮 Methyl butyl ketone
17. 乙酸異丙酯 Isopropyl acetate	
18. 乙酸乙酯 Ethyl acetate	36. 1,1,1,－三氯乙烷 1,1,1-Trichloroethane
19. 乙酸丙酯 Propyl acetate	
20. 乙酸丁酯 Butyl acetate	37. 1,1,2,－三氯乙烷 1,1,2-Trichloroethane
21. 乙酸甲酯 Methyl acetate	
22. 苯乙烯 Styrene	38. 丁酮 Methyl ethyl ketone
23. 1,4,－二氧陸圜 1,4-Dioxan	
24. 四氯乙烯 Tetrachloroethylene	39. 二甲基甲醯胺 N,N-Dimethyl formamide
25. 環己醇 Cyclohexanol	
26. 環己酮 Cyclohexanone	40. 四氫呋喃 Tetrahydrofuran
27. 1－丁醇 1-Butyl alcohol	
28. 2－丁醇 2-Butyl alcohol	41. 正己烷 n-hexane
29. 甲苯 Toluene	
30. 二氯甲烷 Dichloromethane	42. 僅由 1.至 41.列舉之物質之混合物
31. 甲醇 Methyl alcohol	

282. (3) 下列何者非為有機溶劑中毒預防規則所列之第二種有機溶劑？
①苯乙烯　②乙酸甲酯　③石油精　④四氯乙烯。

解析 請參考上一題詳解所列之有機溶劑中毒預防規則所列之第二種有機溶劑表格。

283. (2) 依有機溶劑中毒預防規則規定，雇主使勞工以噴布方式於室內作業場所，使用第 2 種有機溶劑從事為粘接之塗敷作業，應於該作業場所設置何種控制設備？
①只限密閉設備
②密閉設備或局部排氣裝置
③只限整體換氣裝置
④不用設置控制設備。

解析 有機溶劑中毒預防規則第 6 條：
雇主使勞工於下列規定之作業場所作業，應依下列規定，設置必要之控制設備：
一、於室內作業場所或儲槽等之作業場所，從事有關第一種有機溶劑或其混存物之作業，應於各該作業場所設置密閉設備或局部排氣裝置。
二、於室內作業場所或儲槽等之作業場所，從事有關第二種有機溶劑或其混存物之作業，應於各該作業場所設置密閉設備、局部排氣裝置或整體換氣裝置。
三、於儲槽等之作業場所或通風不充分之室內作業場所，從事有關第三種有機溶劑或其混存物之作業，應於各該作業場所設置密閉設備、局部排氣裝置或整體換氣裝置。

284. (3) 依有機溶劑中毒預防規則規定，雇主使勞工於儲槽之內部從事有機溶劑作業時，應送入或吸出幾倍於儲槽容積之空氣？
①1　②2　③3　④4。

解析 有機溶劑中毒預防規則第 21 條：
雇主使勞工於儲槽之內部從事有機溶劑作業時，應依下列規定：
一、派遣有機溶劑作業主管從事監督作業。
二、決定作業方法及順序於事前告知從事作業之勞工。
三、確實將有機溶劑或其混存物自儲槽排出，並應有防止連接於儲槽之配管流入有機溶劑或其混存物之措施。
四、前款所採措施之閥、旋塞應予加鎖或設置盲板。
五、作業開始前應全部開放儲槽之人孔及其他無虞流入有機溶劑或其混存物之開口部。
六、以水、水蒸氣或化學藥品清洗儲槽之內壁，並將清洗後之水、水蒸氣或化學藥品排出儲槽。
七、應送入或吸出 3 倍於儲槽容積之空氣，或以水灌滿儲槽後予以全部排出。
八、應以測定方法確認儲槽之內部之有機溶劑濃度未超過容許濃度。
九、應置備適當的救難設施。
十、勞工如被有機溶劑或其混存物污染時，應即使其離開儲槽內部，並使該勞工清洗身體除卻污染。

285. (2) 依有機溶劑中毒預防規則規定，勞工戴用輸氣管面罩之連續作業時間，每次不得超過多少小時？
① 0.5　② 1　③ 2　④ 3。

解析 有機溶劑中毒預防規則第 23 條：
雇主依前條及本條規定使勞工戴用輸氣管面罩之連續作業時間，每次不得超過 1 小時，並給予適當之休息時間。

286. (3) 依特定化學物質危害預防標準規定，甲醛係屬下列何種特定化學物質？
① 甲類物質　② 乙類物質　③ 丙類第 1 種物質　④ 丁類物質。

解析 丙類第一種物質：

1. 次乙亞胺 C_2H_5N Ethyleneimine
2. 氯乙烯 CH_2CHCl Vinyl chloride
3. 3,3'-二氯-4,4'-二胺基苯化甲烷 $C_{13}H_{12}Cl_2N_2$ 3,3'-Dichloro-4,4'-diaminodiphenylmethane
4. 四羰化鎳 $Ni(CO)_4$ Nickel carbonyl
5. 對-二甲胺基偶氮苯 $C_6H_5N_2C_6H_4N(CH_3)_2$ p-Dimethylaminoazobenzene
6. β-丙內酯 $(CH_2)_2CO_2$ β-Propiolactone
7. 丙烯醯胺 $CH_2CHCONH_2$ Acrylamide
8. 丙烯腈 CH_2CHCN Acrylonitrile
9. 氯 Cl_2 Chlorine
10. 氰化氫 HCN Hydrogen cyanide
11. 溴甲烷 CH_3Br Methyl bromide
12. 2,4-二異氰酸甲苯或 2,6-二異氰酸甲苯 $C_6H_3CH_3(NCO)_2$ Toluene 2,4-diisocyanate or Toluene 2,6-diisocyanate
13. 4,4'-二異氰酸二苯甲烷 $CH_2(C_6H_4NCO)_2$ 4,4'-Methylene bisphenyl diisocyanate
14. 二異氰酸異佛爾酮 $(CH_3)C_6H_7(CH_3)(NCO)CH_2(NCO)$ Isophorone diisocyanate
15. 異氰酸甲酯 CH_3NCO Methyl isocyanate
16. 碘甲烷 CH_3I Methyl iodide
17. 硫化氫 H_2S Hydrogen sulfide
18. 硫酸二甲酯 $(CH_3)_2SO_4$ Dimethyl sulfate
19. 四氯化鈦 $TiCl_4$ Titanium tetrachloride
20. 氧氯化磷 $POCl_3$ Phosphorus oxychloride
21. 環氧乙烷 C_2H_4O Ethylene oxide
22. 甲醛 $HCHO$ Formaldehyde
23. 1,3-丁二烯 C_4H_6 1,3-Butadiene

24. 1,2-環氧丙烷 C_3H_6O
    1,2-Epoxypropane
25. 苯 C_6H_6
    Benzene
26. 氫氧化四甲銨 $(CH_3)_4NOH$
    Tetramethylammonium hydroxide
27. 溴化氫 HBr
    Hydrogen bromide
28. 三氟化氯 ClF_3
29. 對-硝基氯苯 $C_6H_4ClNO_2$
    p-Nitrochlorobenzene
30. 氟化氫 HF
    Hydrogen fluoride
31. 含有 1 至 24 列舉物佔其重量超過 1% 之混合物；含有 25 列舉物體積比超過 1% 之混合物；含有 26 列舉物佔其重量超過 2.38% 之混合物；含有 27、28 列舉物佔其重量超過 4% 之混合物。含有 29、30 列舉物佔其重量超過 5% 之混合物。

287. (3) 依特定化學物質危害預防標準規定，氯乙烯係屬下列何種特定化學物質？
①甲類物質　②乙類物質　③丙類第 1 種物質　④丁類物質。

解析 請參考上一題詳解所列之特定化學物質列表。

288. (3) 下列何者屬特定化學物質中之甲類物質？
①氯　②甲苯　③多氯聯苯　④硫酸。

解析 甲類物質：
1. 黃磷火柴 P　Yellow phosphorus match
2. 聯苯胺及其鹽類 $(C_6H_4NH_2)_2$　Benzidine and its salts
3. 4-胺基聯苯及其鹽類 $C_{12}H_9NH_2$　4-Aminodiphenyl and its salts
4. 4-硝基聯苯及其鹽類 $C_{12}H_9NO_2$　4-Nitrodiphenyl and its salts
5. β-萘胺及其鹽類 $C_{10}H_7NH_2$　β-Naphthylamine and its salts
6. 二氯甲基醚 $ClCH_2OCH_2Cl$　bis-Chloromethyl ether
7. 多氯聯苯 $C_{12}H_nCl_{(10-n)} (0 \leq n \leq 9)$　Polychlorinated biphenyls
8. 氯甲基甲基醚 $ClCH_2OCH_3$　Chloromethyl methyl ether
9. 青石綿、褐石綿 $3MgO \cdot 2SiO_2 \cdot 2H_2O$、$(FeO \cdot MgO)SiO_2$ Crocidolite、Amosite
10. 甲基汞化合物 $CH_3HgX, (CH_3)_2Hg (X: H_2PO_4, Cl 等)$ Methyl mercury compounds
11. 五氯酚及其鈉鹽 C_6Cl_5OH　Pentachlorophenol and its sodium salts
12. 含苯膠糊〔含苯容量占該膠糊之溶劑（含稀釋劑）超過 5% 者。〕
13. 含有 2 至 11 列舉物佔其重量超過 1% 之混合物。

289.（1）雇主不得使勞工從事製造、處置、使用之特定化學物質為下列何者？
①甲類物質　②乙類物質　③丙類物質　④丁類物質。

解析 特定化學物質危害預防標準第 7 條：
雇主不得使勞工從事製造、處置或使用甲類物質。但供試驗或研究者，不在此限。
前項供試驗或研究之甲類物質，雇主應依管制性化學品之指定及運作許可管理辦法規定，向中央主管機關申請許可。

290.（3）雇主依特定化學物質危害預防標準規定設置之局部排氣裝置，下列規定何者錯誤？
①氣罩應置於每一氣體、蒸汽或粉塵發生源
②設置有除塵或廢氣處理裝置者，其排氣機應置於各該裝置之後
③應盡量延長導管長度，減少彎曲數目
④排氣孔應置於室外。

解析 特定化學物質危害預防標準第 17 條：
雇主依本標準規定設置之局部排氣裝置，應依下列規定：
一、氣罩應置於每一氣體、蒸氣或粉塵發生源；如為外裝型或接受型之氣罩，則應儘量接近各該發生源設置。
二、應儘量縮短導管長度、減少彎曲數目，且應於適當處所設置易於清掃之清潔口與測定孔。
三、設置有除塵裝置或廢氣處理裝置者，其排氣機應置於各該裝置之後。但所吸引之氣體、蒸氣或粉塵無爆炸之虞且不致腐蝕該排氣機者，不在此限。
四、排氣口應置於室外。
五、於製造或處置特定化學物質之作業時間內有效運轉，降低空氣中有害物濃度。

291.（2）依特定化學物質危害預防標準規定，下列何者為非？
①多氯聯苯屬於甲類物質
②甲基汞化合物屬於乙類物質
③雇主應於作業場所指定現場主管擔任特定化學物質監督作業
④局部排氣裝置，應儘量縮短導管長度。

解析 甲類物質：
1. 黃磷火柴 P　Yellow phosphorus match
2. 聯苯胺及其鹽類 $(C_6H_4NH_2)_2$　Benzidine and its salts
3. 4-胺基聯苯及其鹽類 $C_{12}H_9NH_2$　4-Aminodiphenyl and its salts
4. 4-硝基聯苯及其鹽類 $C_{12}H_9NO_2$　4-Nitrodiphenyl and its salts
5. β-萘胺及其鹽類 $C_{10}H_7NH_2$　β-Naphthylamine and its salts
6. 二氯甲基醚 $ClCH_2OCH_2Cl$　bis-Chloromethyl ether
7. 多氯聯苯 $C_{12}H_nCl_{(10-n)}(0 \leq n \leq 9)$　Polychlorinated biphenyls

8. 氯甲基甲基醚 ClCH₂OCH₃　Chloromethyl methyl ether
9. 青石綿、褐石綿 3MgO・2SiO₂・2H₂O、(FeO・MgO)SiO₂ Crocidolite、Amosite
10. 甲基汞化合物 CH₃HgX,(CH₃)₂Hg(X:H₂PO₄,Cl 等) Methyl mercury compounds
11. 五氯酚及其鈉鹽 C₆Cl₅OH　Pentachlorophenol and its sodium salts
12. 含苯膠糊〔含苯容量占該膠糊之溶劑（含稀釋劑）超過5%者。〕
13. 含有 2 至 11 列舉物占其重量超過 1% 之混合物。

292. (3) 依特定化學物質危害預防標準規定，有關氯氣處置作業場所吸菸及飲食之規定，下列何者正確？
　　①可吸菸，不可飲食　　②可飲食，不可吸菸
　　③吸菸及飲食皆不可　　④吸菸及飲食皆可。

解析 特定化學物質危害預防標準第40條：
雇主應禁止勞工在特定化學物質作業場所**吸菸**或**飲食**，且應將其意旨揭示於該作業場所之顯明易見之處。

293. (2) 依鉛中毒預防規則規定，下述何者有誤？
　　①未滿 18 歲者，不得從事鉛作業
　　②鉛合金係指鉛佔該合金重量 5% 以上
　　③作業時間短暫，係指每日作業時間在 1 小時以內
　　④使用含鉛化合物之繪料從事繪畫，亦屬鉛作業。

解析 鉛合金：指鉛與鉛以外金屬之合金中，鉛佔該合金重量**10%**以上者。

294. (2) 依鉛中毒預防規則規定，有關通風不充分之場所定義，下述何者正確？
　　①室內開口面積未達底面積 1/20 以上或全面積 5% 以上
　　②室內開口面積未達底面積 1/20 以上或全面積 3% 以上
　　③室內開口面積未達底面積 1/30 以上或全面積 3% 以上
　　④室內開口面積未達底面積 1/15 以上或全面積 5% 以上。

解析 通風不充分之場所：指室內對外開口面積未達底面積 **1/20** 以上或全面積 **3%** 以上者。

295. (4) 依鉛中毒預防規則規定，得免設置局部排氣裝置或整體換氣裝置，不包括下列何種作業？
　　①作業時間短暫　　②臨時性作業
　　③與其他作業有效隔離勞工不必經常出入　　④採用濕式作業。

解析 鉛中毒預防規則第 24 條：
雇主使勞工從事下列各款規定之作業時，得免設置局部排氣裝置或整體換氣裝置。
但第 1 款至第 3 款勞工有遭鉛污染之虞時，應提供防護具：
一、與其他作業場所有效隔離而勞工不必經常出入之室內作業場所。
二、作業時間短暫或臨時性作業。
三、從事鉛、鉛混存物、燒結礦混存物等之熔融、鑄造或第 2 條第 2 項第 2 款規定使用轉爐從事熔融之作業場所等，其牆壁面積一半以上為開放，而鄰近 4 公尺無障礙物者。
四、於熔融作業場所設置利用溫熱上升氣流之排氣煙囪，且以石灰覆蓋熔融之鉛或鉛合金之表面者。

296.（2）某一鉛作業場所鉛作業人數為 60 人，均為軟焊作業，則本鉛作業場所整體換氣裝置之換氣量約為每分鐘多少立方公尺以上？
①60　②100　③600　④1000。

解析 鉛中毒預防規則第 32 條：
雇主使勞工從事第 2 條第 2 項第 10 款規定之作業，其設置整體換氣裝置之換氣量，應為每一從事鉛作業勞工平均每分鐘 1.67 立方公尺以上。因此此題之換氣量為 60 × 1.67 = 100 立方公尺/每分鐘。

297.（2）勞工於室內從事軟焊作業，係屬於下列何者？
①有機溶劑作業　②鉛作業　③噪音作業　④重體力勞動作業。

解析 鉛作業，指下列之作業：
一、鉛之冶煉、精煉過程中，從事焙燒、燒結、熔融或處理鉛、鉛混存物、燒結礦混存物之作業。
二、含鉛重量在 3% 以上之銅或鋅之冶煉、精煉過程中，當轉爐連續熔融作業時，從事熔融及處理煙灰或電解漿泥之作業。
三、鉛蓄電池或鉛蓄電池零件之製造、修理或解體過程中，從事鉛、鉛混存物等之熔融、鑄造、研磨、軋碎、製粉、混合、篩選、捏合、充填、乾燥、加工、組配、熔接、熔斷、切斷、搬運或將粉狀之鉛、鉛混存物倒入容器或取出之作業。
四、前款以外之鉛合金之製造，鉛製品或鉛合金製品之製造、修理、解體過程中，從事鉛或鉛合金之熔融、被覆、鑄造、熔鉛噴布、熔接、熔斷、切斷、加工之作業。
五、電線、電纜製造過程中，從事鉛之熔融、被覆、剝除或被覆電線、電纜予以加硫處理、加工之作業。
六、鉛快削鋼之製造過程中，從事注鉛之作業。
七、鉛化合物、鉛混合物製造過程中，從事鉛、鉛混存物之熔融、鑄造、研磨、混合、冷卻、攪拌、篩選、煆燒、烘燒、乾燥、搬運倒入容器或取出之作業。
八、從事鉛之襯墊及表面上光作業。
九、橡膠、合成樹脂之製品、含鉛塗料及鉛化合物之繪料、釉藥、農藥、玻璃、黏著劑等製造過程中，鉛、鉛混存物等之熔融、鑄注、研磨、軋碎、混合、篩選、被覆、剝除或加工之作業。

十、於通風不充分之場所從事鉛合金軟焊之作業。
十一、使用含鉛化合物之釉藥從事施釉或該施釉物之烘燒作業。
十二、使用含鉛化合物之繪料從事繪畫或該繪畫物之烘燒作業。
十三、使用熔融之鉛從事金屬之淬火、退火或該淬火、退火金屬之砂浴作業。
十四、含鉛設備、襯墊物或已塗布含鉛塗料物品之軋碎、壓延、熔接、熔斷、切斷、加熱、熱鉚接或剝除含鉛塗料等作業。
十五、含鉛、鉛塵設備內部之作業。
十六、轉印紙之製造過程中，從事粉狀鉛、鉛混存物之散布、上粉之作業。
十七、機器印刷作業中，鉛字之檢字、排版或解版之作業。
十八、從事前述各款清掃之作業。

298.(2) 依粉塵危害預防標準規定，雇主使勞工於室內從事水泥袋裝之處所，應採設備為何？
　　①設置密閉設備　　　　　　　　②設置局部排氣裝置
　　③維持濕潤狀態　　　　　　　　④設置整體換氣。

解析 依粉塵危害預防標準規定：
第6條：
雇主為防止特定粉塵發生源之粉塵之發散，應依附表一乙欄所列之每一特定粉塵發生源，分別設置對應同表該欄所列設備之任何之一種或具同等以上性能之設備。
第7條：
雇主依前條規定設置之局部排氣裝置（在特定粉塵發生源設置有磨床、鼓式砂磨機等除外），應就附表二所列之特定粉塵發生源，設置同表所列型式以外之氣罩。

299.(2) 依粉塵危害預防標準規定，下述何者有誤？
　　①作業場所禁止飲食
　　②至少每4小時清掃1次以上
　　③應指定粉塵作業主管
　　④若作業場所對於粉塵飛揚之清掃方法有困難，可以採行供給勞工使用呼吸防護具，以代替每日至少清掃1次以上之規定。

解析 粉塵危害預防標準第20條：
雇主僱用勞工從事粉塵作業時，應指定粉塵作業主管，從事監督作業。
粉塵危害預防標準第21條：
雇主應公告粉塵作業場所禁止飲食或吸菸，並揭示於明顯易見之處所。
粉塵危害預防標準第22條：
雇主對室內粉塵作業場所至少每日應清掃1次以上。
雇主至少每月應定期使用真空吸塵器或以水沖洗等不致發生粉塵飛揚之方法，清除室內作業場所之地面、設備。但使用不致發生粉塵飛揚之清掃方法顯有困難，並已供給勞工使用適當之呼吸防護具時，不在此限。

300.(2) 依粉塵危害預防標準規定，勞工戴用輸氣管面罩之連續作業時間，每次不得超過多少小時？
①0.5　②1　③2　④3。

解析 粉塵危害預防標準第24條：
雇主使勞工戴用輸氣管面罩之連續作業時間，每次不得超過1小時。

301.(3) 依四烷基鉛中毒預防規則規定，勞工從事加鉛汽油用儲槽作業時，下列何者有誤？
①如使用水蒸氣清洗時，該儲槽應妥為接地
②應使用換氣裝置，將儲槽內部充分換氣
③儲槽之人孔、排放閥等之開口部分，應全部密閉
④應指派監視人員1人以上監視作業狀況。

解析 四烷基鉛中毒預防規則第8條：
雇主使勞工從事第2條第1項第3款規定有關加鉛汽油用儲槽作業時，依下列規定：
一、自儲槽內抽出加鉛汽油後，應有防止自所有與該儲槽有關之管線倒流四烷基鉛或加鉛汽油於儲槽內部之措施。
二、儲槽之人孔、排放閥及其他不致使四烷基鉛或加鉛汽油流入內部之開口部分，應**全部開放**。
三、使用水或水蒸氣清洗儲槽內部，如使用水蒸氣清洗時，該儲槽應妥為接地。
四、作業開始前或在作業期間，均應使用換氣裝置，將儲槽內部充分換氣。
五、應設置於發生緊急狀況時，能使儲槽內之勞工即刻避難之設備或器材等設施。
六、應指派監視人員一人以上監視作業狀況，發現有異常時，應立即報告四烷基鉛作業主管及其他有關人員。
七、應供給從事第1款至第3款作業勞工不滲透性防護衣著、不滲透性長統手套、不滲透性長靴、防護帽及輸氣管面罩，並使其確實使用。
八、應供給第1款至第3款有關措施之作業勞工及第6款監視作業勞工不滲透性防護衣著、不滲透性長靴及有機氣體用防毒面罩。但雇主或工作場所負責人認為作業勞工不致受四烷基鉛污染或無吸入其蒸氣之虞時，不在此限。
前項第4款之換氣裝置，需將槽內空氣中汽油濃度降低至符合勞工作業場所容許暴露標準之規定。

302.(4) 依四烷基鉛中毒預防規則規定，雇主於處理四烷基鉛或加鉛汽油作業之場所，應置備藥品材料，下列何者有誤？
①洗眼液、吸附劑等急救藥品　②肥皂或其他適當清洗劑
③氧化劑及其他防止擴散之材料　④解毒劑。

解析 四烷基鉛中毒預防規則第25條：
雇主於處理四烷基鉛或加鉛汽油作業之場所，應置備下列規定之藥品材料等：
一、肥皂或其他適當清洗劑。
二、洗眼液、吸附劑及其他急救藥品等。

三、氧化劑、活性白土及其他防止擴散之材料等。
四、整補材料。

303.（1）依高溫作業勞工作息時間標準規定，下列何者為輕工作？
①以坐姿或立姿進行手臂部動作以操縱機器者
②走動中提舉或推動一般重量物體者
③鏟、掘、推等全身運動之工作者
④鍋爐房從事作業者。

解析 高溫作業勞工作息時間標準第4條：
本標準所稱輕工作，指僅以坐姿或立姿進行手臂部動作以操縱機器者。所稱中度工作，指於走動中提舉或推動一般重量物體者。所稱重工作，指鏟、掘、推等全身運動之工作者。

304.（4）依高溫作業勞工作息時間標準規定，鏟、掘、推等全身運動之工作屬下列何者？
①低度工作　②輕工作　③中度工作　④重工作。

解析 高溫作業勞工作息時間標準第4條：
本標準所稱輕工作，指僅以坐姿或立姿進行手臂部動作以操縱機器者。所稱中度工作，指於走動中提舉或推動一般重量物體者。所稱重工作，指鏟、掘、推等全身運動之工作者。

305.（3）依高溫作業勞工作息時間標準規定，勞工於接近黑球溫度達攝氏多少度以上高溫灼熱物體時，雇主應供給身體熱防護設備？
①30　②40　③50　④60。

解析 高溫作業勞工作息時間標準第6條：
勞工於操作中須接近黑球溫度50度以上高溫灼熱物體者，雇主應供給身體熱防護設備並使勞工確實使用。

306.（1）依重體力勞動作業勞工保護措施標準規定，雇主使勞工從事重體力勞動作業時，應充分供應飲用水及下列何種物質？
①食鹽　②糖　③運動飲料　④提神飲料。

解析 重體力勞動作業勞工保護措施標準第5條：
雇主使勞工從事重體力勞動作業時，應充分供應飲用水及食鹽，並採取必要措施指導勞工避免重體力勞動之危害。

307. (4) 依精密作業勞工視機能保護設施標準規定，雇主使勞工從事何種精密作業時，其作業台面局部照明可低於 1000 米燭光？
①精密零件之切削　　　　　　　　②隱形眼鏡之拋光
③印刷電路板上以人工檢視　　　　④以顯微鏡從事半導體之檢驗。

解析 精密作業勞工視機能保護設施標準第 4 條：
雇主使勞工從事精密作業時，應依其作業實際需要施予適當之照明，除從事第 3 條第 8 款至第 11 款（八、以放大鏡、顯微鏡或外加光源從事記憶盤、半導體、積體電路元件、光纖等之檢驗、判片、製造、組合、熔接。九、電腦或電視影像顯示器之調整或檢視。十、以放大鏡或顯微鏡從事組織培養、微生物、細胞、礦物等之檢驗或判片。十一、記憶盤製造過程中，從事磁蕊之穿線、檢試、修理。）之作業時，其照明得酌減外，其作業台面局部照明不得低於 1,000 米燭光。

308. (1) 依精密作業勞工視機能保護設施標準規定，精密作業照度分佈以均勻為宜，務使工作台面：半徑 1 公尺以內接鄰地區：鄰近地區之照度比不得低於下列何者？
①1：1/5：1/20　②1：1/10：1/30　③1：1/15：1/40　④1：1/20：1/50。

解析 精密作業勞工視機能保護設施標準第 7 條：
雇主使勞工從事精密作業時，其工作台面照明與其半徑 1 公尺以內接鄰地區照明之比率不得低於 1：1/5，與鄰近地區照明之比率不得低於 1：1/20。

309. (2) 依精密作業勞工視機能保護設施標準規定，雇主使勞工從事精密作業，於連續作業多少小時，應給予作業勞工至少 15 分鐘之休息？
①1　②2　③3　④4。

解析 精密作業勞工視機能保護設施標準第 9 條：
雇主使勞工從事精密作業時，應縮短工作時間，於連續作業 2 小時，給予作業勞工至少 15 分鐘之休息。

310. (3) 依精密作業勞工視機能保護設施標準規定，從事精密作業之勞工，於連續作業 2 小時，應給予至少幾分鐘之休息？
①5　②10　③15　④20。

解析 精密作業勞工視機能保護設施標準第 9 條：
雇主使勞工從事精密作業時，應縮短工作時間，於連續作業 2 小時，給予作業勞工至少 15 分鐘之休息。

311. (2) 依高架作業勞工保護措施標準規定，未設置平台、護欄等設備而已採取必要安全措施，其高度在至少幾公尺以上者是高架作業？
①1.5　②2　③2.5　④5。

解析 高架作業勞工保護措施標準第 3 條：
本標準所稱高架作業，係指雇主使勞工從事之下列作業：
一、未設置平台、護欄等設備而已採取必要安全措施，其高度在 2 公尺以上者。
二、已依規定設置平台、護欄等設備，並採取防止墜落之必要安全措施，其高度在 5 公尺以上者。

312. (3) 依高架作業勞工保護措施標準規定，已依規定設置平台、護欄等設備，並採取防止墜落之必要安全措施，其高度在多少公尺以上者是高架作業？
①2　②3　③5　④7。

解析 高架作業勞工保護措施標準第 3 條：
本標準所稱高架作業，係指雇主使勞工從事之下列作業：
一、未設置平台、護欄等設備而已採取必要安全措施，其高度在 2 公尺以上者。
二、已依規定設置平台、護欄等設備，並採取防止墜落之必要安全措施，其高度在 5 公尺以上者。

313. (2) 依高架作業勞工保護措施標準規定，於露天作業場所，高架作業高度之計算，係自勞工站立位置半徑多少公尺範圍內，最低點之地面或水面起至勞工立足點平面間之垂直距離？
①2　②3　③4　④5　公尺。

解析 高度之計算方式依下列規定：
一、露天作業場所，自勞工站立位置，半徑 3 公尺範圍內最低點之地面或水面起至勞工立足點平面間之垂直距離。
二、室內作業或儲槽等場所，自勞工站立位置與地板間之垂直距離。

314. (2) 依高架作業勞工保護措施標準規定，於高度 5 公尺以上未滿 20 公尺之高架作業者，每連續作業 2 小時，至少應休息多少分鐘？
①20　②25　③30　④40。

解析 高架作業勞工保護措施標準第 4 條：
雇主使勞工從事高架作業時，應減少工作時間，每連續作業 2 小時，應給予作業勞工下列休息時間：
一、高度在 2 公尺以上未滿 5 公尺者，至少有 20 分鐘休息。
二、高度在 5 公尺以上未滿 20 公尺者，至少有 25 分鐘休息。
三、高度在 20 公尺以上者，至少有 35 分鐘休息。

315. (4) 依高架作業勞工保護措施標準規定，勞工有一些情事者，雇主不得使其從事高架作業。下列何者未包括在內？
①情緒不穩定，有安全顧慮者　②酒醉或有酒醉之虞者
③勞工自覺不適從事工作者　④有吸菸習慣者。

解析 高架作業勞工保護措施標準第 8 條：
勞工有下列情事之一者，雇主不得使其從事高架作業：
一、酒醉或有酒醉之虞者。
二、身體虛弱，經醫師診斷認為身體狀況不良者。
三、情緒不穩定，有安全顧慮者。
四、勞工自覺不適從事工作者。
五、其他經主管人員認定者。

316. (1) 依異常氣壓危害預防標準規定，潛水作業係指使用潛水器具之水肺或水面供氣設備等，於水深超過多少公尺之水中實施之作業？
　　　①10　②20　③30　④40。

解析 異常氣壓危害預防標準第 2 條：
本標準所稱異常氣壓作業，種類如下：
一、高壓室內作業：指沉箱施工法或壓氣潛盾施工法及其他壓氣施工法中，於表壓力超過大氣壓之作業室或豎管內部實施之作業。
二、潛水作業：指使用潛水器具之水肺或水面供氣設備等，於水深超過 10 公尺之水中實施之作業。

317. (1) 依異常氣壓危害預防標準規定，雇主在氣閘室對高壓室內作業實施加壓時，其加壓速率每分鐘應維持在每平方公分幾公斤以下？
　　　①0.8　②1.2　③2.4　④3.6。

解析 異常氣壓危害預防標準第 18 條：
雇主在氣閘室對高壓室內作業實施加壓時，其加壓速率每分鐘應維持在每平方公分 0.8 公斤以下。

318. (1) 依異常氣壓危害預防標準規定，勞工從事潛水作業而使用水肺或水面供氣供給空氣，其正常上浮速率每分鐘不得超過多公尺？
　　　①9.1　②10.1　③11.1　④12.1。

解析 異常氣壓危害預防標準第 43 條：
雇主使勞工從事潛水作業而使用水肺或水面供氣供給空氣，正常上浮速率不得超過每分鐘 9.1 公尺（30 呎）。

319. (3) 依勞工作業環境監測實施辦法規定，中央管理方式之空調建物室內作業場所應多久期間監測二氧化碳濃度 1 次以上？
　　　①1 個月　②3 個月　③6 個月　④1 年。

解析

一、設有中央管理方式之空氣調節設備之建築物室內作業場所，應每 6 個月監測二氧化碳濃度 1 次以上。

二、下列坑內作業場所應每 6 個月監測粉塵、二氧化碳之濃度 1 次以上：
　　1. 礦場地下礦物之試掘、採掘場所。
　　2. 隧道掘削之建設工程之場所。
　　3. 前 2 目已完工可通行之地下通道。

三、勞工噪音暴露工作日 8 小時日時量平均音壓級 85 分貝以上之作業場所，應每 6 個月監測噪音 1 次以上。

320.（2）依勞工作業環境監測實施辦法規定，下列何種作業場所不必實施作業環境監測？
　　①坑內作業場所　　②一般辦公室無中央空調作業場所
　　③鉛作業場所　　　④高溫作業場所。

解析

勞工作業環境監測實施辦法第 7 條：
本法施行細則第 17 條第 2 項第 1 款至第 3 款規定之作業場所，雇主應依下列規定，實施作業環境監測。但臨時性作業、作業時間短暫或作業期間短暫之作業場所，不在此限：

一、設有中央管理方式之空氣調節設備之建築物室內作業場所，應每 6 個月監測二氧化碳濃度 1 次以上。

二、下列坑內作業場所應每 6 個月監測粉塵、二氧化碳之濃度 1 次以上：
　　1. 礦場地下礦物之試掘、採掘場所。
　　2. 隧道掘削之建設工程之場所。
　　3. 前 2 目已完工可通行之地下通道。

三、勞工噪音暴露工作日 8 小時日時量平均音壓級 85 分貝以上之作業場所，應每 6 個月監測噪音 1 次以上。

勞工作業環境監測實施辦法第 8 條：
本法施行細則第 17 條第 2 項第 4 款規定之作業場所，雇主應依下列規定，實施作業環境監測：

一、下列作業場所，其勞工工作日時量平均綜合溫度熱指數在中央主管機關規定值以上者，應每 3 個月監測綜合溫度熱指數 1 次以上：
　　1. 於鍋爐房從事工作之作業場所。
　　2. 處理灼熱鋼鐵或其他金屬塊之壓軋及鍛造之作業場所。
　　3. 鑄造間內處理熔融鋼鐵或其他金屬之作業場所。
　　4. 處理鋼鐵或其他金屬類物料之加熱或熔煉之作業場所。
　　5. 處理搪瓷、玻璃及高溫熔料或操作電石熔爐之作業場所。
　　6. 於蒸汽機車、輪船機房從事工作之作業場所。
　　7. 從事蒸汽操作、燒窯等之作業場所。

二、粉塵危害預防標準所稱之特定粉塵作業場所，應每 6 個月監測粉塵濃度 1 次以上。

三、製造、處置或使用附表一所列有機溶劑之作業場所，應每 6 個月監測其濃度 1 次以上。

四、製造、處置或使用附表二所列特定化學物質之作業場所，應每 6 個月監測其濃度 1 次以上。

五、接近煉焦爐或於其上方從事煉焦作業之場所，應每 6 個月監測溶於苯之煉焦爐生成物之濃度 1 次以上。

六、鉛中毒預防規則所稱鉛作業之作業場所，應每年監測鉛濃度 1 次以上。

七、四烷基鉛中毒預防規則所稱四烷基鉛作業之作業場所，應每年監測四烷基鉛濃度 1 次以上。

321.（4）依勞工作業環境監測實施辦法規定，特定粉塵作業場所應每多久實施作業環境監測 1 次以上？
①半個月　②1 個月　③3 個月　④半年。

解析 粉塵危害預防標準所稱之特定粉塵作業場所，應每 6 個月監測粉塵濃度 1 次以上。

322.（4）依勞工作業環境監測實施辦法規定，鉛作業場所應多久實施作業環境監測 1 次以上？
①每日　②每月　③每半年　④每年。

解析 鉛中毒預防規則所稱鉛作業之作業場所，應**每年**監測鉛濃度 1 次以上。

323.（4）依勞工作業環境監測實施辦法規定，指定之有機溶劑室內作業場所應多久定期實施作業環境監測 1 次以上？
①每 1 個月　②每 2 個月　③每 3 個月　④每 6 個月。

解析 製造、處置或使用附表一所列有機溶劑之作業場所，應每 6 個月監測其濃度 1 次以上。

324.（3）依勞工作業環境監測實施辦法規定，對熱環境評估採用下列何者？
①熱危害指數　②有效溫度　③綜合溫度熱指數　④排汗量。

解析 綜合溫度熱指數計算方法如下：
一、戶外有日曬情形者。
綜合溫度熱指數＝0.7×(自然濕球溫度)＋0.2×(黑球溫度)＋0.1×(乾球溫度)
二、戶內或戶外無日曬情形者。
綜合溫度熱指數＝0.7×(自然濕球溫度)＋0.3×(黑球溫度)。

325.（1）設置中央管理方式之空氣調節設備之建築物室內作業場所，應每 6 個月監測二氧化碳濃度 1 次以上，雇主實施前述作業環境監測時，應僱用下列何種人員辦理？
　　①乙級化學性因子以上之作業環境監測人員
　　②乙級物理性因子以上之作業環境監測人員
　　③職業安全衛生管理員
　　④職業衛生管理師。

解析 勞工作業環境監測實施辦法第 7 條規定略以，設有中央管理方式之空氣調節設備之建築物室內作業場所，應每 6 個月監測二氧化碳濃度 1 次以上，及同辦法第 11 條規定略以，雇主實施作業環境監測時，應設置或委託監測機構辦理。但監測項目屬二氧化碳者，得僱用乙級以上之監測人員或委由執業之工礦衛生技師辦理。
勞工作業環境監測實施辦法第 4 條：
本辦法之作業環境監測人員（以下簡稱監測人員），其分類及資格如下：
一、甲級化學性因子監測人員，為領有下列證照之一者：
　　1. 工礦衛生技師證書。
　　2. 化學性因子作業環境監測甲級技術士證照。
　　3. 中央主管機關發給之作業環境測定服務人員證明並經講習。
二、甲級物理性因子監測人員，為領有下列證照之一者：
　　1. 工礦衛生技師證書。
　　2. 物理性因子作業環境監測甲級技術士證照。
　　3. 中央主管機關發給之作業環境測定服務人員證明並經講習。
三、乙級化學性因子監測人員，為領有化學性因子作業環境監測乙級技術士證照者。
四、乙級物理性因子監測人員，為領有物理性因子作業環境監測乙級技術士證照者。
本辦法施行前，已領有作業環境測定技術士證照者，可繼續從事作業環境監測業務。

326.（4）使用重鉻酸之作業場所，每 6 個月應監測濃度 1 次以上，依勞工作業環境監測實施辦法規定，其監測紀錄應保存幾年？
　　①3　②5　③20　④30。

解析 作業環境監測紀錄應保存 30 年之化學物質一覽表

分類	化學物質名稱
特定化學物質 甲類物質	1. 聯苯胺及其鹽類 2. 4-胺基聯苯及其鹽類 3. β-萘胺及其鹽類
特定化學物質 乙類物質	1. 二氯聯苯胺及其鹽類 2. α-萘胺及其鹽類 3. 鄰-二甲基聯苯胺及其鹽類 4. 二甲氧基聯苯胺及其鹽類 5. 鈹及其化合物
特定化學物質 丙類第一種物質	1. 次乙亞胺 2. 氯乙烯 3. 苯
特定化學物質 丙類第三種物質	1. 石綿 2. 鉻酸及其鹽類 3. 砷及其化合物 4. **重鉻酸**及其鹽類 5. 煤焦油 6. 鎳及其化合物
特定化學物質 丁類物質	硫酸
第一種有機溶劑	三氯乙烯
第二種有機溶劑	四氯乙烯

327.（ 1 ） 依勞工作業環境監測管理辦法規定，下列敘述何者有誤？
　　　　①雇主應自行實施作業環境監測，不得委外
　　　　②雇主於實施監測 15 日前，應將監測計畫實施通報
　　　　③監測計畫內容應包括樣本分析
　　　　④粉塵之監測紀錄應保存 10 年。

解析 勞工作業環境監測實施辦法中第 12 條規定：
雇主依前二條訂定監測計畫，實施作業環境監測時，應會同職業安全衛生人員及勞工代表實施。
前項監測結果應依附表三記錄，並保存 3 年。但屬辦法中附表四所列化學物質者，應保存 30 年；粉塵之監測紀錄應保存 10 年。

328.（ 4 ） 依勞工作業環境監測實施辦法規定，雇主應於採樣或測定後多少日內，完成監測結果報告？
　　　　①7　②14　③15　④45。

解析 雇主應於採樣或測定後 45 日內完成監測結果報告，通報至中央主管機關指定之資訊系統。所通報之資料，主管機關得作為研究及分析之用。

329.（2） 有關勞工作業環境監測，下列何者正確？
①監測計畫實施時，無須勞工代表參與
②應於實施監測 15 日前，將監測計畫實施通報
③雇主應於採樣或測定後 60 日內完成監測結果報告，並通報至中央主管機關指定之資訊系統
④粉塵之監測紀錄應保存 30 年。

解析 勞工作業環境監測實施辦法第 10 條規定：
雇主實施作業環境監測前，應就作業環境危害特性、監測目的及中央主管機關公告之相關指引，規劃採樣策略，並訂定含採樣策略之作業環境監測計畫（以下簡稱監測計畫），確實執行，並依實際需要檢討更新。
前項監測計畫，雇主應於作業勞工顯而易見之場所公告或以其他公開方式揭示之，必要時應向勞工代表說明。
雇主於實施監測 15 日前，應將監測計畫依中央主管機關公告之網路登錄系統及格式，實施通報。但依前條規定辦理之作業環境監測者，得於實施後 7 日內通報。
勞工作業環境監測實施辦法中第 12 條規定：
雇主依前二條訂定監測計畫，實施作業環境監測時，應會同職業安全衛生人員及勞工代表實施。
前項監測結果應依附表三記錄，並保存 3 年。但屬辦法中附表四所列化學物質者，應保存 30 年；粉塵之監測紀錄應保存 10 年。

330.（4） 勞工室內作業場所空氣中二氧化碳容許濃度為多少 ppm？
①100　②500　③1000　④5000。

解析

中文名稱	英文名稱	化學式	符號	容許濃度 ppm	容許濃度 mg/m³	化學文摘社（CAS.No.）	備註
二氧化碳	Carbon dioxide	CO_2		**5000**	9000	124-38-9	煤礦坑內 10,000 ppm

331.（2） 某有害物之勞工作業環境空氣中 8 小時日時量平均容許濃度為 100ppm，其變量係數為何？
①1　②1.25　③1.5　④2。

解析

容許濃度	變量係數	備註
未滿 1	3	
1 以上，未滿 10	2	表中容許濃度氣狀物以 ppm、粒狀物以 mg/m³、石綿 f/cc 為單位。
10 以上，未滿 100	1.5	
100 以上，未滿 1000	**1.25**	
1000 以上	1	

332.（ 2 ）勞工作業場所容許暴露標準中註「皮」者，係指下列何者？
　　①不會由皮膚滲透人體　　②易由皮膚進入人體
　　③除皮膚外不會進入人體　　④易引起皮膚病。

解析 勞工作業場所容許暴露標準中說明：本表內註有「皮」字者，表示該物質易從皮膚、粘膜滲入體內，並不表示該物質對勞工會引起刺激感、皮膚炎及敏感等特性。

333.（ 3 ）短時間時量平均容許濃度中之短時間係指多少分鐘？
　　①5　②10　③15　④20。

解析 短時間時量平均容許濃度：附表一符號欄未註有「高」字及附表二之容許濃度乘以變量係數所得之濃度，為一般勞工連續暴露在此濃度以下任何 15 分鐘，不致有不可忍受之刺激、慢性或不可逆之組織病變、麻醉昏暈作用、事故增加之傾向或工作效率之降低者。

334.（ 3 ）某物質之空氣中 8 小時日時量平均容許濃度為 200ppm，未註明「高」字，其短時間時量平均容許濃度為多少 ppm？
　　①100　②125　③250　④400。

解析 勞工作業場所容許暴露標準中說明：
一、8 小時日時量平均容許濃度：除附表一符號欄註有「高」字外之濃度，為勞工每天工作 8 小時，一般勞工重複暴露此濃度以下，不致有不良反應者。
二、短時間時量平均容許濃度：附表一符號欄未註有「高」字及附表二之容許濃度乘以下表變量係數所得之濃度，為一般勞工連續暴露在此濃度以下任何 15 分鐘，不致有不可忍受之刺激、慢性或不可逆之組織病變、麻醉昏暈作用、事故增加之傾向或工作效率之降低者。

容許濃度	變量係數	備註
未滿 1	3	表中容許濃度氣狀物以 ppm、粒狀物以 mg/m^3、石綿 f/cc 為單位。
1 以上，未滿 10	2	
10 以上，未滿 100	1.5	
100 以上，未滿 1,000	**1.25**	
1,000 以上	1	

三、最高容許濃度：附表一符號欄註有「高」字之濃度，為不得使一般勞工有任何時間超過此濃度之暴露，以防勞工不可忍受之刺激或生理病變者。

335. (23) 依勞動基準法規定，下列敘述哪些正確？
① 勞工遭遇職業災害死亡，其死亡補償受領之遺屬第一順位為父母
② 勞工遭遇職業災害而死亡時，雇主應於死亡後 3 日內給與 5 個月平均工資之喪葬費
③ 勞工遭遇職業災害而死亡時，雇主應於死亡後 15 日內給與 40 個月平均工資之死亡補償
④ 受領補償權，自得受領之日起，因 3 年間不行使而消滅。

解析 勞工遭遇職業傷害或罹患職業病而死亡時，雇主除給與 5 個月平均工資之喪葬費外，並應一次給與其遺屬 40 個月平均工資之死亡補償。其遺屬受領死亡補償之順位如下：
一、配偶及子女。
二、父母。
三、祖父母。
四、孫子女。
五、兄弟姐妹。
受領補償權，自得受領之日起，因 2 年間不行使而消滅。

336. (124) 依職業災害勞工保護法規定，下列哪些情形，雇主得預告終止與職業災害勞工之勞動契約？
① 歇業或重大虧損，報經主管機關核定者
② 職業災害勞工經醫療終止後，經公立醫療機構認定心神喪失或身體殘廢不堪勝任工作者
③ 事業單位改組，致事業單位消滅者
④ 因天災、事變或其他不可抗力因素，致事業不能繼續經營者。

解析 職業災害勞工保護法第 23 條：
非有下列情形之一者，雇主不得預告終止與職業災害勞工之勞動契約：
一、歇業或重大虧損，報經主管機關核定。
二、職業災害勞工經醫療終止後，經公立醫療機構認定身心障礙不堪勝任工作。
三、因天災、事變或其他不可抗力因素，致事業不能繼續經營，報經主管機關核定。

337. (34) 依勞動檢查法規定，下列敘述哪些正確？
① 執行職業災害檢查，不得事先通知事業單位
② 事業單位應於違規場所顯明易見處，公告檢查結果 14 日以上
③ 勞動檢查機構接獲勞工申訴後，應於 14 日內將檢查結果通知申訴人
④ 無故拒絕勞動檢查，處新台幣 3 萬元以上 15 萬元以下罰鍰。

解析 ① 勞動檢查法第 13 條：
勞動檢查員執行職務，不得事先通知事業單位，但下列事項得事先通知：
一、勞動檢查法所定危險性工作場所之審查或檢查。

二、危險性機械或設備檢查。
三、職業災害檢查。
四、其他經勞動檢查機構或主管機關核准者。
②勞動檢查法第 25 條：
勞動檢查員對於事業單位之檢查結果，應報由所屬勞動檢查機構依法處理；其有違反勞動法令規定事項者，勞動檢查機構並應於 10 日內以書面通知事業單位立即改正或限期改善，並副知直轄市、縣（市）主管機關督促改善。對公營事業單位檢查之結果，應另副知其目的事業主管機關督促其改善。
事業單位對前項檢查結果，應於違規場所顯明易見處公告 7 日以上。

338. (123) 依職業安全衛生法規定，健康檢查發現勞工有異常情形者，雇主應採取下列些措施？

　　　　①變更勞工工作場所
　　　　②更換工作或縮短工作時間
　　　　③健康管理
　　　　④予以解僱。

解析 職業安全衛生法第 21 條：
雇主依前條體格檢查發現應僱勞工不適於從事某種工作，不得僱用其從事該項工作。健康檢查發現勞工有異常情形者，應由醫護人員提供其健康指導；其經醫師健康評估結果，不能適應原有工作者，應參採醫師之建議，變更其作業場所、更換工作或縮短工作時間，並採取健康管理措施。

339. (124) 依職業安全衛生法規定，滿 17 歲未滿 18 歲男性工作者不得從事下列哪些工作？

　　　　①坑內工作　②處理易燃性物質　③有機溶劑作業　④有害輻射散布場所。

解析 依職業安全衛生法第 29 條規定：
雇主不得使未滿 18 歲者從事下列危險性或有害性工作：
一、坑內工作。
二、處理爆炸性、易燃性等物質之工作。
三、鉛、汞、鉻、砷、黃磷、氯氣、氰化氫、苯胺等有害物散布場所之工作。
四、有害輻射散布場所之工作。
五、有害粉塵散布場所之工作。
六、運轉中機器或動力傳導裝置危險部分之掃除、上油、檢查、修理或上卸皮帶、繩索等工作。
七、超過 220 伏特電力線之銜接。
八、已熔礦物或礦渣之處理。
九、鍋爐之燒火及操作。
十、鑿岩機及其他有顯著振動之工作。

十一、一定重量以上之重物處理工作。
十二、起重機、人字臂起重桿之運轉工作。
十三、動力捲揚機、動力運搬機及索道之運轉工作。
十四、橡膠化合物及合成樹脂之滾輾工作。
十五、其他經中央主管機關規定之危險性或有害性之工作。
前項危險性或有害性工作之認定標準，由中央主管機關定之。

340. (123) 有關事業單位工作場所發生勞工死亡職業災害之處理，下列敘述哪些正確？
① 事業單位應即採取必要措施
② 非經許可不得移動或破壞現場
③ 應於 8 小時內報告檢查機構
④ 於當月職業災害統計月報表陳報者，得免 8 小時內報告。

解析 職業安全衛生法第 37 條：
事業單位工作場所發生職業災害，雇主應即採取必要之急救、搶救等措施，並會同勞工代表實施調查、分析及作成紀錄。
事業單位勞動場所發生下列職業災害之一者，雇主應於 8 小時內通報勞動檢查機構：
一、發生死亡災害。
二、發生災害之罹災人數在 3 人以上。
三、發生災害之罹災人數在 1 人以上，且需住院治療。
四、其他經中央主管機關指定公告之災害。
勞動檢查機構接獲前項報告後，應就工作場所發生死亡或重傷之災害派員檢查。
事業單位發生第 2 項之災害，除必要之急救、搶救外，雇主非經司法機關或勞動檢查機構許可，不得移動或破壞現場。

341. (124) 依職業安全衛生設施規則規定，下列哪些屬車輛系營建機械？
① 推土機　② 挖土斗　③ 堆高機　④ 鏟土機。

解析 職業安全衛生設施規則第 6 條：
本規則所稱車輛機械，係指能以動力驅動且自行活動於非特定場所之車輛、車輛系營建機械、堆高機等。
前項所稱車輛系營建機械，係指推土機、平土機、鏟土機、碎物積裝機、刮運機、鏟刮機等地面搬運、裝卸用營建機械及動力鏟、牽引鏟、拖斗挖泥機、挖土斗、斗式掘削機、挖溝機等掘削用營建機械及打樁機、拔樁機、鑽土機、轉鑽機、鑽孔機、地鑽、夯實機、混凝土泵送車等基礎工程用營建機械。

342. (234) 雇主對於工作用階梯之設置，應符合下列哪些規定？
① 如在原動機與鍋爐房中，或在機械四周通往工作台之工作用階梯，其寬度不得小於 40 公分
② 斜度不得大於 60 度
③ 梯級面深度不得小於 15 公分
④ 應有適當之扶手。

解析 職業安全衛生設施規則第 29 條：
雇主對於工作用階梯之設置，應依下列之規定：
一、如在原動機與鍋爐房中，或在機械四周通往工作台之工作用階梯，其寬度不得小於 56 公分。
二、斜度不得大於 60 度。
三、梯級面深度不得小於 15 公分。
四、應有適當之扶手。

343. (124) 雇主對於高度在 2 公尺以上之工作場所邊緣及開口部分，勞工有遭受墜落危險之虞者，應採取下列哪些防護措施？
① 護欄　② 安全網　③ 腳趾板　④ 護蓋。

解析 職業安全衛生設施規則第 224 條：
雇主對於高度在 2 公尺以上之工作場所邊緣及開口部分，勞工有遭受墜落危險之虞者，應設有適當強度之**護欄**、**護蓋**等防護設備。
雇主為前項措施顯有困難，或作業之需要臨時將護欄、護蓋等拆除，應採取使勞工使用安全帶等防止因墜落而致勞工遭受危險之措施。
職業安全衛生設施規則第 225 條：
雇主對於在高度 2 公尺以上之處所進行作業，勞工有墜落之虞者，應以架設施工架或其他方法設置工作台。但工作台之邊緣及開口部分等，不在此限。
雇主依前項規定設置工作台有困難時，應採取張掛**安全網**或使勞工使用安全帶等防止勞工因墜落而遭致危險之措施，但無其他安全替代措施者，得採取繩索作業。使用安全帶時，應設置足夠強度之必要裝置或安全母索，供安全帶鉤掛。

344. (124) 雇主對勞工於以石綿板、鐵皮板、瓦、木板、茅草、塑膠等材料構築之屋頂及雨遮，或於以礦纖板、石膏板等材料構築之夾層天花板從事作業時，為防止勞工踏穿墜落，應採取下列哪些設施？
① 規劃安全通道，於屋架、雨遮或天花板支架上設置適當強度且寬度在 30 公分以上之踏板
② 於屋架、雨遮或天花板下方可能墜落之範圍，裝設堅固格柵或安全網等防墜設施
③ 指定專人指揮或監督該作業
④ 指定屋頂作業主管指揮或監督該作業。

解析 職業安全衛生設施規則第 227 條：
雇主對勞工於以石綿板、鐵皮板、瓦、木板、茅草、塑膠等易踏穿材料構築之屋頂及雨遮，或於以礦纖板、石膏板等易踏穿材料構築之夾層天花板從事作業時，為防止勞工踏穿墜落，應採取下列設施：
一、規劃安全通道，於屋架、雨遮或天花板支架上設置適當強度且寬度在 30 公分以上之踏板。
二、於屋架、雨遮或天花板下方可能墜落之範圍，裝設堅固格柵或安全網等防墜設施。
三、指定屋頂作業主管指揮或監督該作業。
雇主對前項作業已採其他安全工法或設置踏板面積已覆蓋全部易踏穿屋頂、雨遮或天花板，致無墜落之虞者，得不受前項限制。

345. (14) 雇主對於使用之合梯，應符合下列哪些規定？
　　①具有堅固之構造
　　②其材質有顯著之損傷、腐蝕
　　③梯腳與地面之角度應在 80 度以內，且兩梯腳間有金屬等硬質繫材扣牢，腳部有防滑絕緣腳座套
　　④有安全之防滑梯面。

解析 職業安全衛生設施規則第 230 條：
雇主對於使用之合梯，應符合下列規定：
一、具有堅固之構造。
二、其材質不得有顯著之損傷、腐蝕等。
三、梯腳與地面之角度應在 75 度以內，且兩梯腳間有金屬等硬質繫材扣牢，腳部有防滑絕緣腳座套。
四、有安全之防滑梯面。
雇主不得使勞工以合梯當作二工作面之上下設備使用，並應禁止勞工站立於頂板作業。

346. (124) 依職業安全衛生設施規則規定，下列哪些屬雇主應於明顯易見之處所標明，並禁止非從事作業有關之人員進入之工作場所？
　　①處置大量高熱物體或顯著濕熱之場所
　　②氧氣濃度未滿 18% 之場所
　　③高架作業之場所
　　④有害物超過容許濃度之場所。

解析 職業安全衛生設施規則第 299 條：
雇主應於明顯易見之處所設置警告標示牌，並禁止非與從事作業有關之人員進入下列工作場所：
一、處置大量高熱物體或顯著濕熱之場所。
二、處置大量低溫物體或顯著寒冷之場所。

三、具有強烈微波、射頻波或雷射等非游離輻射之場所。
四、氧氣濃度未達 18% 之場所。
五、有害物超過勞工作業場所容許暴露標準之場所。
六、處置特殊有害物之場所。
七、遭受生物病原體顯著污染之場所。
前項禁止進入之規定，對於緊急時並使用有效防護具之有關人員不適用之。

347.（13）依職業安全衛生管理辦法規定，事業單位達到何種規定以上者應設職業安全衛生管理單位？
①第一類事業之事業單位勞工人數 100 人
②第一類事業之事業單位勞工人數 200 人
③第二類事業之事業單位勞工人數 300 人
④第二類事業之事業單位勞工人數 500 人。

解析 食品製造業依據職業安全衛生管理辦法事業之分類屬於第一類事業，而根據第 2-1 條：
事業單位應依下列規定設職業安全衛生管理單位（以下簡稱管理單位）：
一、第一類事業之事業單位勞工人數在 100 人以上者，應設直接隸屬雇主之專責一級管理單位。
二、第二類事業勞工人數在 300 人以上者，應設直接隸屬雇主之一級管理單位。
前項第 1 款專責一級管理單位之設置，於勞工人數在 300 人以上者，自中華民國 99 年 1 月 9 日施行；勞工人數在 200 人至 299 人者，自 100 年 1 月 9 日施行；勞工人數在 100 人至 199 人者，自 101 年 1 月 9 日施行。

348.（234）依職業安全衛生管理辦法規定，職業安全衛生委員會除勞工代表外，雇主視事業單位之實際需要指定何種人員組成？
①急救人員　②職業安全衛生人員　③醫護人員　④主管人員。

解析 職業安全衛生管理辦法第 11 條：
委員會置委員 7 人以上，除雇主為當然委員及第 5 款規定者外，由雇主視該事業單位之實際需要指定下列人員組成：
一、職業安全衛生人員。
二、事業內各部門之主管、監督、指揮人員。
三、與職業安全衛生有關之工程技術人員。
四、從事勞工健康服務之醫護人員。
五、勞工代表。
委員任期為 2 年，並以雇主為主任委員，綜理會務。
委員會由主任委員指定 1 人為秘書，輔助其綜理會務。
第 1 項第 5 款之勞工代表，應佔委員人數 1/3 以上；事業單位設有工會者，由工會推派之；無工會組織而有勞資會議者，由勞方代表推選之；無工會組織且無勞資會議者，由勞工共同推選之。

349. (13) 依職業安全衛生管理辦法規定，下列哪些機械、設備於開始使用時須實施重點檢查？

①捲揚裝置　②第一種壓力容器　③除塵裝置　④整體換氣裝置。

解析 職業安全衛生管理辦法第 46 條：
雇主對捲揚裝置於開始使用、拆卸、改裝或修理時，應依下列規定實施重點檢查：
一、確認捲揚裝置安裝部位之強度，是否符合捲揚裝置之性能需求。
二、確認安裝之結合元件是否結合良好，其強度是否合乎需求。
三、其他保持性能之必要事項。
職業安全衛生管理辦法第 47 條：
雇主對局部排氣裝置或除塵裝置，於開始使用、拆卸、改裝或修理時，應依下列規定實施重點檢查：
一、導管或排氣機粉塵之聚積狀況。
二、導管接合部分之狀況。
三、吸氣及排氣之能力。
四、其他保持性能之必要事項。

350. (1234) 依職業安全衛生教育訓練規則規定，雇主對下列哪些勞工，應使其接受特殊作業安全衛生教育訓練？

①小型鍋爐操作人員　　　　②高空工作車操作人員
③火藥爆破作業人員　　　　④潛水作業人員。

解析 職業安全衛生教育訓練規則第 14 條：
雇主對下列勞工，應使其接受特殊作業安全衛生教育訓練：
一、小型鍋爐操作人員。
二、荷重在 1 公噸以上之堆高機操作人員。
三、吊升荷重在 0.5 公噸以上未滿 3 公噸之固定式起重機操作人員或吊升荷重未滿 1 公噸之斯達卡式起重機操作人員。
四、吊升荷重在 0.5 公噸以上未滿 3 公噸之移動式起重機操作人員。
五、吊升荷重在 0.5 公噸以上未滿 3 公噸之人字臂起重桿操作人員。
六、高空工作車操作人員。
七、使用起重機具從事吊掛作業人員。
八、以乙炔熔接裝置或氣體集合熔接裝置從事金屬之熔接、切斷或加熱作業人員。
九、火藥爆破作業人員。
十、胸高直徑 70 公分以上之伐木作業人員。
十一、機械集材運材作業人員。
十二、高壓室內作業人員。
十三、潛水作業人員。
十四、油輪清艙作業人員。
十五、其他經中央主管機關指定之人員。

351. (123) 依職業安全衛生教育訓練規則規定，雇主對擔任下列哪些工作性質勞工，每3年至少3小時接受安全衛生在職教育訓練？
①具有危險性之機械或設備操作人員　②特殊作業人員
③急救人員　　　　　　　　　　　　④職業安全衛生業務主管。

解析 職業安全衛生教育訓練規則規定每3年至少3小時接受安全衛生在職教育訓練如下：
一、具有危險性之機械或設備操作人員。
二、特殊作業人員。
三、急救人員。
四、各級管理、指揮、監督之業務主管。
五、職業安全衛生委員會成員。
六、下列作業之人員：
　(一) 營造作業。
　(二) 車輛系營建機械作業。
　(三) 起重機具吊掛搭乘設備作業。
　(四) 缺氧作業。
　(五) 局限空間作業。
　(六) 氧乙炔熔接裝置作業。
　(七) 製造、處置或使用危害性化學品作業。
七、前述各款以外之一般勞工。
八、其他經中央主管機關指定之人員。

352. (123) 依勞工健康保護規則規定，下列哪些屬於特別危害健康作業？
①苯作業　②游離輻射作業　③正己烷作業　④氨作業。

解析 特別危害健康作業

項次	作業名稱
一	高溫作業勞工作息時間標準所稱之高溫作業。
二	勞工噪音暴露工作日8小時日時量平均音壓級在85分貝以上之噪音作業。
三	游離輻射防護法所稱之**游離輻射作業**。
四	異常氣壓危害預防標準所稱之異常氣壓作業。
五	鉛中毒預防規則所稱之鉛作業。
六	四烷基鉛中毒預防規則所稱之四烷基鉛作業。
七	粉塵危害預防標準所稱之粉塵作業。
八	有機溶劑中毒預防規則所稱之下列有機溶劑作業： (一) 1，1，2，2-四氯乙烷。 (二) 四氯化碳。 (三) 二硫化碳。

項次	作業名稱
	(四) 三氯乙烯。 (五) 四氯乙烯。 (六) 二甲基甲醯胺。 (七) 正己烷。
九	製造、處置或使用下列特定化學物質或其重量比（苯為體積比）超過 1%之混合物之作業： (一) 聯苯胺及其鹽類。 (二) 4-胺基聯苯及其鹽類。 (三) 4-硝基聯苯及其鹽類。 (四) β-萘胺及其鹽類。 (五) 二氯聯苯胺及其鹽類。 (六) α-萘胺及其鹽類。 (七) 鈹及其化合物（鈹合金時，以鈹之重量比超過 3%者為限）。 (八) 氯乙烯。 (九) 2,4-二異氰酸甲苯或 2,6-二異氰酸甲苯。 (十) 4,4-二異氰酸二苯甲烷。 (十一) 二異氰酸異佛爾酮。 (十二) 苯。 (十三) 石綿（以處置或使用作業為限）。 (十四) 鉻酸與其鹽類或重鉻酸及其鹽類。 (十五) 砷及其化合物。 (十六) 鎘及其化合物。 (十七) 錳及其化合物（一氧化錳及三氧化錳除外）。 (十八) 乙基汞化合物。 (十九) 汞及其無機化合物。 (二十) 鎳及其化合物。 (二十一) 甲醛。 (二十二) 1,3-丁二烯。 (二十三) 銦及其化合物。
十	黃磷之製造、處置或使用作業。
十一	聯吡啶或巴拉刈之製造作業。
十二	其他經中央主管機關指定公告之作業： 製造、處置或使用下列化學物質或其重量比超過 5%之混合物之作業：溴丙烷。

353.（ 23 ）依女性勞工母性健康保護實施辦法規定，下列哪些正確？
①作業場所空氣中暴露濃度低於容許暴露標準 1/5，屬第 1 級管理
②作業場所空氣中暴露濃度在容許暴露標準 1/2 以上，屬第 3 級管理
③血中鉛濃度低於 5μg/dl 者，屬第 1 級管理
④血中鉛濃度在 20μg/dl 以上者，屬第 3 級管理。

解析 女性勞工母性健康保護實施辦法第 9 條：
雇主使保護期間之勞工從事第 3 條或第 5 條第 2 項之工作，應依下列原則區分風險等級：
一、符合下列條件之一者，屬第一級管理：
　1. 作業場所空氣中暴露濃度低於容許暴露標準 1/10。
　2. 第 3 條或第 5 條第 2 項之工作或其他情形，經醫師評估無害母體、胎兒或嬰兒健康。
二、符合下列條件之一者，屬第二級管理：
　1. 作業場所空氣中暴露濃度在容許暴露標準 1/10 以上未達 1/2。
　2. 第 3 條或第 5 條第 2 項之工作或其他情形，經醫師評估可能影響母體、胎兒或嬰兒健康。
三、符合下列條件之一者，屬第三級管理：
　1. 作業場所空氣中暴露濃度在容許暴露標準 1/2 以上。
　2. 第 3 條或第 5 條第 2 項之工作或其他情形，經醫師評估有危害母體、胎兒或嬰兒健康。
前項規定對於有害輻射散布場所之工作，應依游離輻射防護安全標準之規定辦理。

354.（ 23 ）依危險性工作場所審查及檢查辦法規定，下列哪幾類工作場所之雇主應使勞工作業 45 日前，向當地勞動檢查機構申請審查及檢查？
①甲　②乙　③丙　④丁。

解析 危險性工作場所審查及檢查辦法第 4 條：
事業單位應於甲類工作場所、丁類工作場所使勞工作業 30 日前，向當地勞動檢查機構（以下簡稱檢查機構）申請審查。
事業單位應於乙類工作場所、丙類工作場所使勞工作業 45 日前，向檢查機構申請審查及檢查。

355.（123）依危險性工作場所審查及檢查辦法規定，事業單位向檢查機構申請審查丁類工作場所前，應由下列哪些人員組成評估小組實施評估？
①工作場所負責人　　　　　②專任工程人員
③職業安全衛生人員　　　　④熟悉該場所作業之顧問。

解析 危險性工作場所審查及檢查辦法第 6 條：
前條資料事業單位應依作業實際需要，於事前由下列人員組成評估小組實施評估：
一、工作場所負責人。
二、曾受國內外製程安全評估專業訓練或具有製程安全評估專業能力，並有證明文件，且經中央主管機關認可者（以下簡稱製程安全評估人員）。
三、依職業安全衛生管理辦法設置之職業安全衛生人員。
四、工作場所作業主管。
五、熟悉該場所作業之勞工。
事業單位未置前項第 2 款所定製程安全評估人員者，得以在國內完成製程安全評估人員訓練之下列執業技師任之：
一、工業安全技師及下列技師之一：
　1. 化學工程技師。
　2. 職業衛生技師。
　3. 機械工程技師。
　4. 電機工程技師。
二、工程技術顧問公司僱用之工業安全技師及前款各目所定技師之一。
前項人員兼具工業安全技師資格及前項第 1 款各目所定技師資格之一者，得為同 1 人。
第 1 項實施評估之過程及結果，應予記錄。

356. (234) 依營造安全衛生設施標準規定，使勞工於易踏穿材料構築之屋頂作業時，為防止屋頂踏穿災害，應有哪些安全衛生設施？
①護欄　②安全通道　③安全網　④適當強度、寬度之踏板。

解析 營造安全衛生設施標準第 18 條：
雇主使勞工從事屋頂作業時，應指派專人督導，並依下列規定辦理：
一、因屋頂斜度、屋面性質或天候等因素，致勞工有墜落、滾落之虞者，應採取適當安全措施。
二、於斜度大於 34 度（高底比為 2：3）或滑溜之屋頂作業者，應設置適當之護欄，支承穩妥且寬度在 40 公分以上之適當工作臺及數量充分、安裝牢穩之適當梯子。但設置護欄有困難者，應提供背負式安全帶使勞工佩掛，並掛置於堅固錨錠、可供鉤掛之堅固物件或安全母索等裝置上。
三、於易踏穿材料構築之屋頂作業時，應先規劃安全通道，於屋架上設置適當強度，且寬度在 30 公分以上之踏板，並於下方適當範圍裝設堅固格柵或安全網等防墜設施。但雇主設置踏板面積已覆蓋全部易踏穿屋頂或採取其他安全工法，致無踏穿墜落之虞者，不在此限。

357. (13) 依營造安全衛生設施標準規定，設置之護蓋，應依哪些規定辦理？
①具有能使車輛安全通過之強度
②供車輛通行者，得以車輛後軸載重之 1.5 倍設計之，並不得妨礙車輛之正常通行
③有效防止滑溜、掉落、掀出或移動
④為柵狀構造者，柵條間隔不得大於 2 公分。

解析 營造安全衛生設施標準第 21 條：
雇主設置之護蓋，應依下列規定辦理：
一、應具有能使人員及車輛安全通過之強度。
二、應以有效方法防止滑溜、掉落、掀出或移動。
三、供車輛通行者，得以車輛後軸載重之 2 倍設計之，並不得妨礙車輛之正常通行。
四、為柵狀構造者，柵條間隔不得大於 3 公分。
五、上面不得放置機動設備或超過其設計強度之重物。
六、臨時性開口處使用之護蓋，表面漆以黃色並書以警告訊息。

358. (123) 依危害性化學品標示及通識規則規定，下列敘述哪些正確？
①安全資料表有 16 項內容
②容器容積 100 毫升以下，得僅標示名稱、危害圖示及警示語
③危害圖示符號應使用黑色，背景為白色
④安全資料表更新紀錄，應保存 5 年。

解析 安全資料表更新之內容、日期、版次等更新紀錄，應保存 3 年。

359. (1234) 製造者為維護商業機密之必要，而保留揭示危害物質成分之名稱等資料時，應檢附下列哪些文件，報中央主管機關核定？
①商業營業秘密之證明 ②所採取之對策
③經濟利益評估 ④危害性分類說明與證明。

解析 危害性化學品標示及通識規則第 18 條：
製造者、輸入者或供應者為維護國家安全或商品營業秘密之必要，而保留揭示安全資料表中之危害性化學品成分之名稱、化學文摘社登記號碼、含量或製造者、輸入者或供應者名稱時，應檢附下列文件，向中央主管機關申請核定：
一、認定為國家安全或商品營業秘密之證明。
二、為保護國家安全或商品營業秘密所採取之對策。
三、對申請者及其競爭者之經濟利益評估。
四、該商品中危害性化學品成分之危害性分類說明及證明。

360. (23) 依缺氧症預防規則規定，下列敘述哪些正確？
　　　　①雇主於通風不充分之室內作業場所置乾粉滅火器時，應禁止勞工不當操作，並將禁止規定公告於顯而易見之處所
　　　　②以含有乾性油之油漆塗敷地板，在油漆未乾前即予密閉之地下室屬缺氧危險場所
　　　　③應採取隨時可確認空氣中硫化氫濃度之措施
　　　　④勞工戴用輸氣管面罩之連續作業時間，每次不得超過 2 小時。

解析 缺氧症預防規則第 7 條：
雇主於地下室、機械房、船艙或其他通風不充分之室內作業場所，置備以二氧化碳等為滅火劑之滅火器或滅火設備時，依下列規定：
一、應有預防因勞工誤觸導致翻倒滅火器或確保把柄不易誤動之設施。
二、禁止勞工不當操作，並將禁止規定公告於顯而易見之處所。
缺氧症預防規則第 30 條：
雇主使勞工戴用輸氣管面罩之連續作業時間，每次不得超過 1 小時。

361. (14) 依缺氧症預防規則規定，下列敘述哪些正確？
　　　　①使用乾冰從事冷凍之冷凍貨車內部屬缺氧危險場所
　　　　②雇主使勞工於冷藏室內部作業時，於作業期間應採取出入口之門不致閉鎖之措施，冷藏室內部設有通報裝置者亦同
　　　　③雇主採用壓氣施工法實施作業之場所，如存有含甲烷之地層時，應調查該作業之井有否空氣之漏洩
　　　　④從事缺氧作業時，應指派 1 人以上之監視人員。

解析 依缺氧症預防規則規定：
第 8 條：
雇主使勞工於冷藏室、冷凍室、地窖及其他密閉使用之設施內部作業時，於該作業期間，應採取該設施出入口之門或蓋等不致閉鎖之措施。但該門或蓋有易自內部開啟之構造或該設施內部設置有通報裝置或警報裝置等得與外部有效聯絡者，不在此限。
第 6 條：
雇主使勞工從事隧道或坑井之開鑿作業時，為防止甲烷或二氧化碳之突出導致勞工罹患缺氧症，應於事前就該作業場所及其四周，藉由鑽探孔或其他適當方法調查甲烷或二氧化碳之狀況，依調查結果決定甲烷、二氧化碳之處理方法、開鑿時期及程序後實施作業。

362. (124) 依職業安全衛生設施規則規定，有危害勞工之虞之局限空間作業，應經雇主、工作場所負責人或現場作業主管簽署後始得進入，前項進入許可事項包括下列哪些？
　　①防護設備
　　②救援設備
　　③許可進入人員之住址
　　④現場監視人員及其簽名。

解析 職業安全衛生設施規則第29-6條：
雇主使勞工於有危害勞工之虞之局限空間從事作業時，其進入許可應由雇主、工作場所負責人或現場作業主管簽署後，始得使勞工進入作業。對勞工之進出，應予確認、點名登記，並作成紀錄保存3年。
前項進入許可，應載明下列事項：
一、作業場所。
二、作業種類。
三、作業時間及期限。
四、作業場所氧氣、危害物質濃度測定結果及測定人員簽名。
五、作業場所可能之危害。
六、作業場所之能源或危害隔離措施。
七、作業人員與外部連繫之設備及方法。
八、準備之防護設備、救援設備及使用方法。
九、其他維護作業人員之安全措施。
十、許可進入之人員及其簽名。
十一、現場監視人員及其簽名。

363. (34) 依起重升降機具安全規則規定，雇主不得以有下列哪些情形之鋼索，供起重吊掛作業使用？
　　①鋼索一撚間素線截斷未達10%者
　　②直徑減少未達公稱直徑7%者
　　③有顯著變形或腐蝕者
　　④已扭結者。

解析 起重升降機具安全規則第68條：
雇主不得以有下列各款情形之一之鋼索，供起重吊掛作業使用：
一、鋼索一撚間有10%以上素線截斷者。
二、直徑減少達公稱直徑7%以上者。
三、有顯著變形或腐蝕者。
四、已扭結者。

364.（12）依起重升降機具安全規則規定，雇主對於使用下列哪些機械，應僱用曾受吊掛作業訓練合格者擔任吊掛作業勞工？
① 固定式起重機　　　　　② 移動式起重機
③ 升降機　　　　　　　　④ 營建用提升機。

解析 起重升降機具安全規則第 62 條：
雇主對於使用固定式起重機、移動式起重機或人字臂起重桿（以下簡稱起重機具）從事吊掛作業之勞工，應僱用曾受吊掛作業訓練合格者擔任。但已受吊升荷重在 3 公噸以上之起重機具操作人員訓練合格或具有起重機具操作技能檢定技術士資格者，不在此限。
雇主對於前項起重機具操作及吊掛作業，應分別指派具法定資格之勞工擔任之。但於地面以按鍵方式操作之固定式起重機，或積載型卡車起重機，其起重及吊掛作業，得由起重機操作者一人兼任之。
前 2 項所稱吊掛作業，指用鋼索、吊鏈、鉤環等，使荷物懸掛於起重機具之吊鉤等吊具上，引導起重機具吊升荷物，並移動至預定位置後，再將荷物卸放、堆置等一連串相關作業。

365.（23）依機械類產品型式驗證實施及監督管理辦法規定，下列哪些為適用對象？
① 雇主　② 製造者　③ 輸入者　④ 設計者。

解析 機械類產品型式驗證實施及監督管理辦法第 1 條：
本辦法依職業安全衛生法第 8 條第 5 項規定訂定之。
職業安全衛生法第 8 條：
製造者或輸入者對於中央主管機關公告列入型式驗證之機械、設備或器具，非經中央主管機關認可之驗證機構實施型式驗證合格及張貼合格標章，不得產製運出廠場或輸入。

366.（123）依機械設備器具安全資訊申報登錄辦法規定，申報者宣告產品安全時，符合安全標準之測試證明文件包括下列哪些項目？
① 型式檢定合格證明書
② 產品驗證機構審驗合格證明
③ 產品自主檢測報告
④ 設立登記證明文件。

解析 本題標準答案為①②③，惟依照法規所述選項④應也納入答案。
機械設備器具安全資訊申報登錄辦法第 6 條：
報驗義務人申請產品型式驗證時，應填具申請書，並檢附載明下列事項書件，向驗證機構提出：
一、符合性聲明書：製造者或輸入者簽署該產品符合型式驗證之實施程序及標準之聲明書。

二、產品基本資料：
1. 型式名稱說明書：包括產品之型錄、名稱、外觀圖、商品分類號列、主機台及控制台基本規格等說明資訊。
2. 歸類為同一型式之理由說明書。
3. 主型式及系列型式清單。
4. 構造圖說，包括產品安全裝置之性能示意圖及安裝位置。
5. 有電氣、氣壓或液壓回路者，其各該相關回路圖。
6. 性能說明書。
7. 產品之安裝、操作、保養、維修說明書及危險對策。
8. 產品安全裝置及安全配備清單：包括相關裝置之品名、規格、安全性能與符合性說明、重要零組件驗證測試報告及相關強度計算。
9. 其他中央主管機關認有必要之技術文件資料。
三、設立登記文件：工廠登記、公司登記、商業登記或其他相當於設立登記之證明文件影本。但依法無須設立登記或相關資料已於中央主管機關指定之資訊網站登錄有案，且其記載事項無變更者，不在此限。
四、符合性評鑑證明文件：依型式驗證之實施程序及標準核發之符合性評鑑合格文件。但取得其他驗證證明文件報經中央主管機關同意者，得以該驗證證明文件替代符合性評鑑證明。

367. (12) 依機械設備器具監督管理辦法規定，產品監督係指於生產廠場或倉儲場所之執行下列哪些情形？
①取樣檢驗　　　　　　　　②查核產銷紀錄完整性
③市場查驗　　　　　　　　④檢核相關技術文件。

解析 產品監督：指對本法第7條第1項、第3項或第8條第1項所定產品，於生產廠場或倉儲場所，執行取樣檢驗、查核產銷紀錄完整性及製造階段產品安全規格一致性。

368. (124) 依新化學物質登記管理辦法規定，新化學物質之登記類型可區分為下列哪些？
①標準登記　②簡易登記　③無須登記　④少量登記。

解析 新化學物質登記管理辦法第6條：
製造者或輸入者應依其新化學物質之登記類型，按中央主管機關所定之技術指引及登記工具，繳交評估報告，申請核准登記。
前項申請核准登記之類型及應繳交評估報告之資訊項目及內容如下：
一、標準登記。
二、簡易登記。
三、少量登記。
前項新化學物質屬簡易登記、少量登記或經中央主管機關公告者，其製造者或輸入者已依毒性化學物質管理法取得中央環境保護主管機關核准登記，得免依第1項規定申請核准登記。

369. (12) 依新化學物質登記管理辦法規定，新化學物質符合下列哪些用途，申請人除使用登記工具繳交評估報告外，應另繳交中央主管機關指定之相關資料？
①科學研發
②產品與製程研發
③聚合物
④低關注聚合物。

解析 新化學物質登記管理辦法第9條：
新化學物質符合科學研發用途、產品與製程研發用途或經中央主管機關指定公告者，申請人除使用登記工具繳交評估報告外，應另繳交中央主管機關指定之相關資料。

370. (123) 依管制性化學品之指定及運作許可管理辦法規定，管制性化學品之許可文件，應記載下列哪些事項？
①許可編號、核發日期及有效期限
②運作者名稱及登記地址
③運作場所名稱及地址
④變更事項。

解析 管制性化學品之指定及運作許可管理辦法第12條：
管制性化學品之許可文件，應記載下列事項：
一、許可編號、核發日期及有效期限。
二、運作者名稱及登記地址。
三、運作場所名稱及地址。
四、許可運作事項：
　1. 管制性化學品名稱。
　2. 運作行為及用途。
五、其他備註事項。

371. (124) 下列哪些為有機溶劑中毒預防規則所列之第二種有機溶劑？
①丙酮　②乙醚　③汽油　④異丙醇。

解析 第二種有機溶劑包含：

1. 丙酮 Acetone	
2. 異戊醇 Isoamyl alcohol	
3. 異丁醇 Isobutyl alcohol	
4. 異丙醇 Isopropyl alcohol	
5. 乙醚 Ethyl ether	
6. 乙二醇乙醚 Ethylene glycol monoethyl ether	
7. 乙二醇乙醚醋酸酯 Ethylene glycol monoethyl ether acetate	
8. 乙二醇丁醚 Ethylene glycol monobutyl ether	
9. 乙二醇甲醚 Ethylene glycol monomethyl ether	

10. 鄰－二氯苯 O-dichlorobenzene	32. 甲基異丁酮 Methyl isobutyl ketone
11. 二甲苯（含鄰、間、對異構物）Xylenes	
12. 甲酚 Cresol	33. 甲基環己醇 Methyl cyclohexanol
13. 氯苯 Chlorobenzene	
14. 乙酸戊酯 Amyl acetate	34. 甲基環己酮 Methyl cyclohexanone
15. 乙酸異戊酯 Isoamyl acetate	
16. 乙酸異丁酯 Isobutyl acetate	35. 甲丁酮 Methyl butyl ketone
17. 乙酸異丙酯 Isopropyl acetate	
18. 乙酸乙酯 Ethyl acetate	36. 1,1,1,－三氯乙烷 1,1,1-Trichloroethane
19. 乙酸丙酯 Propyl acetate	
20. 乙酸丁酯 Butyl acetate	37. 1,1,2,－三氯乙烷 1,1,2-Trichloroethane
21. 乙酸甲酯 Methyl acetate	
22. 苯乙烯 Styrene	38. 丁酮 Methyl ethyl ketone
23. 1,4,－二氧陸圜 1,4-Dioxan	
24. 四氯乙烯 Tetrachloroethylene	39. 二甲基甲醯胺 N,N-Dimethyl formamide
25. 環己醇 Cyclohexanol	
26. 環己酮 Cyclohexanone	40. 四氫呋喃 Tetrahydrofuran
27. 1－丁醇 1-Butyl alcohol	
28. 2－丁醇 2-Butyl alcohol	41. 正己烷 n-hexane
29. 甲苯 Toluene	
30. 二氯甲烷 Dichloromethane	42. 僅由 1.至 41.列舉之物質之混合物
31. 甲醇 Methyl alcohol	

372. (134) 依特定化學物質危害預防標準規定,雇主對特定化學管理設備,為早期掌握其異常化學反應等之發生,應設適當之計測裝置,包括下列哪些?
①溫度計 ②濕度計 ③流量計 ④壓力計。

解析 特定化學物質危害預防標準第 26 條:
雇主對特定化學管理設備,為早期掌握其異常化學反應等之發生,應設適當之溫度計、流量計及壓力計等計測裝置。

373. (14) 依粉塵危害預防標準規定,設置局部排氣之規定,下列哪些正確?
①氣罩宜設置於每一粉塵發生源
②導管長度宜儘量延長,以涵蓋較多範圍
③肘管數盡量增多,並於適當位置開啟易於清掃之清潔口
④排氣機應置於空氣清淨裝置後之位置。

解析 粉塵危害預防標準第 15 條:
雇主設置之局部排氣裝置,應依下列之規定:
一、氣罩宜設置於每一粉塵發生源,如採外裝型氣罩者,應儘量接近發生源。
二、導管長度宜儘量縮短,肘管數應儘量減少,並於適當位置開啟易於清掃及測定之清潔口及測定孔。
三、局部排氣裝置之排氣機,應置於空氣清淨裝置後之位置。
四、排氣口應設於室外。但移動式局部排氣裝置或設置於附表一乙欄(七)所列之特定粉塵發生源之局部排氣裝置設置過濾除塵方式或靜電除塵方式者,不在此限。
五、其他經中央主管機關指定者。

374. (123) 依重體力勞動作業勞工保護措施標準規定,下列哪些為重體力勞動作業?
①以站立姿勢從事伐木作業
②坑內人力搬運作業
③以人力拌合混凝土之作業
④以人力搬運或揹負重量在 35 公斤物體之作業。

解析 重體力勞動作業勞工保護措施標準第 2 條:
本標準所定重體力勞動作業,指下列作業:
一、以人力搬運或揹負重量在 40 公斤以上物體之作業。
二、以站立姿勢從事伐木作業。
三、以手工具或動力手工具從事鑽岩、挖掘等作業。
四、坑內人力搬運作業。
五、從事薄板壓延加工,其重量在 20 公斤以上之人力搬運作業及壓延後之人力剝離作業。
六、以 4.5 公斤以上之鎚及動力手工具從事敲擊等作業。
七、站立以鏟或其他器皿裝盛 5 公斤以上物體做投入與出料或類似之作業。

八、站立以金屬棒從事熔融金屬熔液之攪拌、除渣作業。
九、站立以壓床或氣鎚等從事 10 公斤以上物體之鍛造加工作業，且鍛造物必須以人力固定搬運者。
十、鑄造時雙人以器皿裝盛熔液其總重量在 80 公斤以上或單人掐金屬熔液之澆鑄作業。
十一、以人力拌合混凝土之作業。
十二、以人工拉力達 40 公斤以上之纜索拉線作業。
十三、其他中央主管機關指定之作業。

375. (123) 依高架作業勞工保護措施標準規定，雇主使勞工從事高架作業時應減少工作時間，每連續作業 2 小時應給予作業勞工休息時間，下列哪些正確？

①高度在 2 公尺以上未滿 5 公尺者，至少有 20 分鐘休息
②高度在 5 公尺以上未滿 20 公尺者，至少有 25 分鐘休息
③高度在 20 公尺以上者，至少有 35 分鐘休息
④高度在 30 公尺以上者，至少有 40 分鐘休息。

解析 高架作業勞工保護措施標準第 4 條：
雇主使勞工從事高架作業時，應減少工作時間，每連續作業 2 小時，應給予作業勞工下列休息時間：
一、高度在 2 公尺以上未滿 5 公尺者，至少有 20 分鐘休息。
二、高度在 5 公尺以上未滿 20 公尺者，至少有 25 分鐘休息。
三、高度在 20 公尺以上者，至少有 35 分鐘休息。

22200 職業安全衛生管理　乙級
工作項目 02：職業安全衛生計畫及管理

1. （ 1 ）下列有關臺灣職業安全衛生管理系統驗證的敘述，何者正確？
   ①為自願性驗證　　　　　　　　②通過驗證即可免接受勞動檢查
   ③高風險事業單位須優先通過驗證　④申請驗證須向勞動部繳費。

   解析 我國為與國際接軌，96年起由勞動部整合 ILO-OHS 及 OHSAS 18001 主要項目，陸續制定符合國情的 TOSHMS 指引、驗證規範及指導綱要等文件，且從 97 年起首度試行自願性驗證，使企業藉由外部稽核，檢視內部各項運作與文件等是否合乎系統要求。由於採用**自願性驗證**，通過後還是需要受到勞動檢查，且驗證費用是向驗證單位繳交並非勞動部。

2. （ 3 ）下列何者不是推動職業安全衛生管理系統指引之目的？
   ①持續改善安全衛生管理績效　　②強化組織自主管理
   ③維護環境生態　　　　　　　　④降低職業災害。

   解析 勞動部為鼓勵及輔導事業單位推行職業安全衛生管理系統，落實安全衛生自主管理，**持續改善安全衛生績效**，以防止職業災害發生，特訂定職業安全衛生管理系統指引。

3. （ 4 ）下列何者非職業安全衛生管理系統？
   ①TOSHMS　②CNS 45001　③ILO-OSH　④ISO 14001。

   解析 ISO 14001:2015 環境管理系統（ISO 14001:2015 Environmental Management）拆開來看，可分為三部分逐一解讀：
   ● ISO：指的是國際標準組織（International Organization for Standardization）。
   ● 14001：至今已成立 65 年的 ISO，歷年來已針對不同業產業製定不同者的品質標準，並為不同的管理系統命名。因此，「14001」並無數字上的特殊意義。
   ● 2015：代表這套系統是由 ISO 在 2015 年公佈的最新版本。上一個版本是 2004 年版。

4. （ 3 ）下列何者為臺灣職業安全衛生管理系統之簡稱？
   ①VPP　②OHSAS 18001　③TOSHMS　④TS。

   解析 臺灣職業安全衛生管理系統（Taiwan Occupational Safety and Health Management System，簡稱 **TOSHMS**）。

5. （ 2 ）在職業安全衛生管理系統之項目中，下列何者係針對事故發生時，能提供作業現場人員必要的資訊，並採取急救、醫療救援、消防及疏散等措施與步驟？
   ①變更管理　②緊急應變措施　③調害調查與分析　④稽核措施。

解析 緊急應變措施包含：事業單位應依評估結果，置備各類緊急應變所需類型及數量之應變器材，如呼吸防護具、空氣呼吸器、化學防護衣、通訊器材、緊急發電機及照明器材、急救及醫療器材、消防衣、毒性化學物質解毒劑、濃煙逃生袋等，且應定期進行維護保養，確保其隨時可發揮功效。於緊急狀況時，人員可迅速、安全且正確使用應變器材。

6. （ 4 ）有關事業單位申請職業安全衛生管理系統驗證之動機或目的，下列何者有誤？
    ①提升安全衛生管理水準
    ②希望透過第三者的稽核，瞭解是否符合系統要求
    ③客戶在貿易上的要求
    ④須向檢查機構報備。

解析 申請職業安全衛生管理系統驗證採用自願性的意願，**不需要向檢查機構報備**。

7. （ 2 ）有關事業單位推動職業安全衛生管理系統可能帶來的好處，下列何者有誤？
    ①降低工作場所意外事故　　②減少客戶對產品品質的抱怨
    ③減少不必要之災害善後支出　④避免事故造成經營中斷。

解析 職業安全衛生管理系統與產品的品質沒有直接的關聯，而品質系統（Quality system, QS）品質系統才是在品質方面指揮和控制組織的管理系統，品質管理系統是組織的管理系統的一部分，它致力於實現與品質目標有關的結果。
所以本題之選項②為品質管理系統所帶來的好處，並非職業安全衛生管理系統能提供。

8. （ 3 ）有關臺灣職業安全衛生管理系統的特色，下列何者有誤？
    ①由大型且高風險事業單位優先推動
    ②融合 ILO-OSH 指引與 CNS 45001 之要求
    ③政府強制推動高風險事業單位通過驗證
    ④可與 ISO 9001、ISO 14001 相容。

解析 依據職業安全衛生管理辦法規定，下列事業單位，雇主應依國家標準 CNS 45001 同等以上規定，建置適合該事業單位之職業安全衛生管理系統，並據以執行：
一、第一類事業勞工人數在 200 人以上者。
二、第二類事業勞工人數在 500 人以上者。
三、有從事石油裂解之石化工業工作場所者。
四、有從事製造、處置或使用危害性之化學品，數量達中央主管機關規定量以上之工作場所者。
因此，政府僅強制要求上述事業單位應建置職業安全衛生管理系統，而尚未要求須通過驗證。

9. （ 1 ）有關臺灣職業安全衛生管理系統指引，下列敘述何者錯誤？
① 為重點式的管理
② 系統化的管理制度
③ 採預防職災的理念
④ 目的在強化自主管理，持續改善安全衛生績效。

解析 職業安全衛生管理系統，指事業單位依其規模、性質，建立包括安全衛生政策、組織設計、規劃與實施、評估及改善措施之系統化管理體制。

10. （ 3 ）有關臺灣職業安全衛生管理系統指引中之「組織設計」，主要項目不包括下列何者？
① 文件化　② 能力與訓練　③ 目標　④ 溝通。

解析 臺灣職業安全衛生管理系統指引 4.2 組織設計包含：
4.2.1 責任與義務
4.2.2 能力與訓練
4.2.3 職業安全衛生管理系統文件化
4.2.4 溝通

11. （ 1 ）有關臺灣職業安全衛生管理系統指引中之「規劃與實施」，主要項目不包括下列何者？
① 管理階層審查　② 變更管理　③ 預防與控制措施　④ 採購管理。

解析 臺灣職業安全衛生管理系統指引 4.3 規劃與實施包含：
4.3.1 先期審查
4.3.2 系統規劃、建立與實施
4.3.3 職業安全衛生目標
4.3.4 預防與控制措施
4.3.5 變更管理
4.3.6 緊急應變措施
4.3.7 採購
4.3.8 承攬

12. （ 4 ）事業單位如欲申請臺灣職業安全衛生管理系統之驗證，可向下列何者申請？
① 當地主管機關　② 經濟部工業局　③ 當地勞動檢查機構　④ 驗證機構。

解析 驗證機構：指依據經公布之職業安全衛生管理系統或其他類似規範性文件，與依該系統所需要之任何輔助文件，執行事業單位職業安全衛生管理系統稽核、驗證之機構。

13. (3) 事業單位建置及推動職業安全衛生管理系統，必須先獲得內部誰的支持與承諾？
①現場領班　②業務主管　③雇主或高階主管　④安全衛生管理人員。

解析 要求企業**負責人或高階主管**展現公開承諾的決心，將安全衛生納入企業永續發展策略，建置包括安全衛生政策、組織、制度規劃與實施、評估及改善措施等要項的安全衛生管理系統，打造企業新形象。

14. (1) 依臺灣職業安全衛生管理系統指引所定，改善措施涵蓋內容包括持續改善及下列何者？
①預防與矯正措施　②先期審查　③風險評估　④文件化。

解析 臺灣職業安全衛生管理系統指引 4.5 改善措施包含：
4.5.1 預防與矯正措施
4.5.2 持續改善

15. (4) 依臺灣職業安全衛生管理系統指引所定預防與控制措施，其排列第一優先的預防及控制措施為下列何者？
①設置護欄及護蓋　　　　②提供個人防護具
③實施教育訓練　　　　　④源頭消除危害及風險。

解析 組織應建立及維持適當的程序，以持續辨識和評估各種影響員工安全衛生的危害及風險，並依下列優先順序進行預防和控制：
一、消除危害及風險。
二、經由工程控制或管理控制從源頭控制危害及風險。
三、設計安全的作業制度，包括行政管理措施將危害及風險的影響減到最低。
四、當綜合上述方法仍然不能控制殘餘的危害及風險時，雇主應免費提供適當的個人防護具，並採取措施確保防護具的使用和維護。

16. (2) 為執行職業安全衛生管理系統的績效監督與量測，被動指標通常會選用下列何者？
①教育訓練人數　　　　　②職業傷病統計資料
③作業環境監測數據　　　④機械設備故障率。

解析 被動式（Reactive）績效量測：
● 用已發生過的**職災事故次數及職業疾病案例數**等負面產出作為量測安全衛生執行績效的方式。
● 包括把所發生的事故、事件、虛驚事故或職業疾病案例的數目與所設定的相對目標值做比較，並依據比較的結果作為後續安全衛生績效提昇推動努力方向之指引參考。

17. （ 3 ）高風險事業單位已實施職業安全衛生管理系統，且管理績效良好經中央主管機關認可者，其所設置之職業安全衛生管理單位得以免除下列何種限制？
①管理單位 ②一級單位 ③專責單位 ④第一線單位。

解析 職業安全衛生管理辦法第 6-1 條：
第一類事業單位或其總機構，已實施第 12-2 條職業安全衛生管理系統相關管理制度，管理績效並經中央主管機關審查通過者，得不受第 2-1 條、第 3 條及第 6 條有關一級管理單位應為**專責**及職業安全衛生業務主管應為專職之限制。

18. （ 3 ）對於「稽核」之敘述，下列何者正確？
①組織無需建立定期稽核程式
②僅部分書面文件
③稽核範圍包含系統各要素之評估
④在系統建置流程中屬於準備期的工作範疇。

解析 稽核：以系統化、獨立和文件化的過程取得證據，並客觀評估以判斷符合所定準則的程度。該過程並不一定指獨立的外部稽核（由來自組織外部的一個或多個稽核員進行的稽核）。

19. （ 1 ）臺灣職業安全衛生管理系統指引所定之「政策」項目，除職業安全衛生政策之外，尚包括下列何者？
①員工參與 ②目標 ③管理階層審查 ④文件管理。

解析 臺灣職業安全衛生管理系統指引 4.1 政策包含：
4.1.1 職業安全衛生政策
4.1.2 **員工參與**

20. （ 4 ）職業安全衛生管理系統中之主要項目中，首先必須要有下列何者？
①稽核 ②組織 ③控制 ④政策。

解析 職業安全衛生管理系統應包括下列安全衛生事項：
一、政策。
二、組織設計。
三、規劃與實施。
四、評估。
五、改善措施。

21. （ 2 ）職業安全衛生管理系統中之安全衛生政策，最重要應由下列何者承諾？
①安全衛生人員 ②雇主 ③勞工 ④第一線之主管。

解析 職業安全衛生管理系統中之安全衛生政策由雇主承諾，雇主應負保護員工安全衛生的最終責任，而所有管理階層皆應提供建立、實施及改善職業安全衛生管理系統所需的資源，並展現其對職業安全衛生績效持續改善的承諾。

22. (1) 職業安全衛生管理系統所強調的 P-D-C-A 管理循環，係指哪些管理功能？
①規劃－實施－檢查－改進　　②程序－執行－改進－考核
③規劃－發展－確認－改進　　④計畫－檢討－執行－回饋。

解析 將企業品質管理及環境管理所熟悉的 P-D-C-A 管理手法應用於安全衛生管理，對各項安全衛生工作予以「標準化、文件化、程序化」，透過規劃（Plan）、實施（Do）、查核（Check）及改進（Act）的循環過程，實現安全衛生管理目標，並藉由持續不斷的體檢與發現問題，及時採取糾正措施。

23. (4) 下列何者非職業安全衛生管理系統建置期之主要工作項目？
①先期審查　②風險評估　③目標及方案之擬定　④矯正措施。

解析 職業安全衛生管理系統架構建置期包含：
● 先期審查。
● 法規鑑別查核。
● 環安衛風險評估。
● 風險評估結果確認。
● 政策、目標及方案。

24. (3) 依職業安全衛生法施行細則規定，下列何者非職業安全衛生管理計畫應包含之安全衛生事項？
①安全衛生教育訓練
②安全衛生資訊之蒐集、分享及運用
③工作時間規劃
④個人防護具之管理。

解析 依職業安全衛生法施行細則第 31 條規定：
本法第 23 條第 1 項所定職業安全衛生管理計畫，包括下列事項：
一、工作環境或作業危害之辨識、評估及控制。
二、機械、設備或器具之管理。
三、危害性化學品之分類、標示、通識及管理。
四、有害作業環境之採樣策略規劃及監測。
五、危險性工作場所之製程或施工安全評估。
六、採購管理、承攬管理及變更管理。
七、安全衛生作業標準。
八、定期檢查、重點檢查、作業檢點及現場巡視。

3-147

九、安全衛生教育訓練。
十、個人防護具之管理。
十一、健康檢查、管理及促進。
十二、安全衛生資訊之蒐集、分享及運用。
十三、緊急應變措施。
十四、職業災害、虛驚事故、影響身心健康事件之調查處理及統計分析。
十五、安全衛生管理紀錄及績效評估措施。
十六、其他安全衛生管理措施。

25. （1）依職業安全衛生法施行細則規定，職業安全衛生管理計畫內容對下列何者不須實施調查處理及統計分析？
　　①不合格品　②職業災害　③影響身心健康事件　④虛驚事故。

解析 職業安全衛生法施行細則規定須對**職業災害、虛驚事故、影響身心健康事件**之調查處理及統計分析。

26. （1）依職業安全衛生法施行細則所定職業安全衛生管理計畫，包括幾款安全衛生事項？
　　①16　②14　③12　④10。

解析 依職業安全衛生法施行細則第 31 條規定：
本法第 23 條第 1 項所定職業安全衛生管理計畫，包括下列事項：
一、工作環境或作業危害之辨識、評估及控制。
二、機械、設備或器具之管理。
三、危害性化學品之分類、標示、通識及管理。
四、有害作業環境之採樣策略規劃及監測。
五、危險性工作場所之製程或施工安全評估。
六、採購管理、承攬管理及變更管理。
七、安全衛生作業標準。
八、定期檢查、重點檢查、作業檢點及現場巡視。
九、安全衛生教育訓練。
十、個人防護具之管理。
十一、健康檢查、管理及促進。
十二、安全衛生資訊之蒐集、分享及運用。
十三、緊急應變措施。
十四、職業災害、虛驚事故、影響身心健康事件之調查處理及統計分析。
十五、安全衛生管理紀錄及績效評估措施。
十六、其他安全衛生管理措施。

27. （ 3 ）事業單位各部門提出之自動檢查執行計畫，係由下列何者彙整？
①勞工代表　②雇主　③職業安全衛生人員　④人事主管。

解析 職業安全衛生人員，指導並彙整各單位自動檢查紀錄建檔管理。

28. （ 4 ）依職業安全衛生管理辦法規定，雇主應依其事業單位之規模及下列何者，以訂定職業安全衛生管理計畫？
①產品　②範圍　③行業　④性質。

解析 職業安全衛生管理辦法第 12-1 條：
雇主應依其事業單位之規模、**性質**，訂定職業安全衛生管理計畫，要求各級主管及負責指揮、監督之有關人員執行；勞工人數在 30 人以下之事業單位，得以安全衛生管理執行紀錄或文件代替職業安全衛生管理計畫。

29. （ 1 ）依職業安全衛生管理辦法規定，勞工人數在多少人以下之事業單位，得以安全衛生管理執行紀錄或文件代替職業安全衛生管理計畫？
①30　②50　③100　④300。

解析 職業安全衛生管理辦法第 12-1 條：
雇主應依其事業單位之規模、性質，訂定職業安全衛生管理計畫，要求各級主管及負責指揮、監督之有關人員執行；勞工人數在 30 人以下之事業單位，得以安全衛生管理執行紀錄或文件代替職業安全衛生管理計畫。

30. （ 2 ）事業單位訂定書面的職業安全衛生政策，不須傳達給下列何者？
①勞工　②醫療機構　③承攬人　④利害相關者。

解析 應依據事業單位規模及性質，並諮詢員工及其代表意見，訂定書面的職業安全衛生政策，以展現符合適用法令規章、預防與工作有關的傷病及持續改善之承諾。安全衛生政策宜傳達給勞工、承攬人及利害相關者。

31. （ 3 ）依據職業安全衛生政策，訂定事業單位之安全衛生目標，下列何者為主動目標？
①職業災害頻率在 0.1 以下　　②交通事故為零
③安全衛生教育訓練 250 人次以上　④無失能職業災害。

解析 主動性安全目標之目的，是要全員參與，建立是主動性安全績效指標（KPI），塑造主動性安全衛生文化，因此制定正向目標是主動的目標。因此選項①②④都是被動式量化目標，選項③只有完成教育訓練的人數，屬於積極主動的職業安全衛生目標。

32. (2) 針對某特殊狀況需要或實施操作效率試驗等進行之變更，此等變更必須清楚界定變更之期間，且於期滿時，恢復變更前之狀況稱之為何種變更？
①緊急性變更 ②暫時性變更 ③永久性變更 ④同型變更。

解析 暫時性變更：
係指針對某特殊狀況需要或實施性能試驗、操作效率試驗等臨時性之變更，此等變更必須清楚界定變更之期間，且於期滿時，須恢復變更前之狀況。

33. (4) 公司機台負責部門須於請購規範中明定，材質之安全等級，並確保該項資訊是否符合之安全規範或法令規定，稱之為何種管理？
①承攬管理 ②變更管理 ③風險管理 ④採購管理。

解析 事業單位之採購程序一般包括：請購、詢價、比價、議價、訂購、交貨驗收與報支等作業，而與安全衛生風險危害有關較需考慮安全衛生事項之作業階段有：
一、請購階段：訂定工程、財物或勞務之安全衛生規格，且應考量供應商提供的所有工程、財物或勞務之所有可能潛在危害。
二、議價前或業務承攬之備標選商：將工程、財物或勞務之安全衛生規格納為投標必要資格或議比價評選標準中的重要因素，以避免因競價而降低工程、財物或勞務之安全衛生標準。
三、交貨驗收階段：依據契約相關規定及量測程序，確認供應商所提供的工程、財物或勞務符合相關安全衛生規格。

34. (1) 以 A 廠牌 6"-150# 具石墨 packing 之閘閥替換 B 廠牌 6"-150# 具石墨 packing 之閘閥屬於下列何種變更？
①同型物料替換 ②非同型物料替換 ③永久性變更 ④沒有變更。

解析 同型物料替換：欲進行更換之設備或其零組件在基本設計規格、材質、結構、維修及操作上與舊有設備或其零組件一致時，稱之為「同型物料替換」，否則即屬於「非同型物料替換」。

35. (3) 一件不希望發生的事故，雖然沒有造成損失，但顯示其潛在可能造成傷害或損失的事故，稱之為下列何者？
①輕微事故 ②急救事故 ③虛驚事故 ④失能事故。

解析 虛驚事故（Near Miss）的定義：未造成人員傷亡、財產損失、製程中斷，但引起人員驚嚇之事件。

36. (4) 下列何者非緊急應變疏散路線之要求？
①至少2條 ②應事先規劃 ③應保持通暢 ④應最短距離。

解析 事業單位至少應規劃二條疏散路線及二處集合地點，且應定期檢查以保持通暢可用。

37. (2) 達成失能傷害頻率在 0.13 以下是職業安全衛生管理計畫之何者？
    ①基本方針　②計畫目標　③實施細目　④預定進度。

解析 職業安全衛生管理計畫之架構宜包含下列幾個要項：
一、政策：應依據事業單位規模及性質，並諮詢員工及其代表意見，訂定書面的職業安全衛生政策。
二、計畫目標：依據安全衛生政策及利害相關者關切的課題，訂定符合相關安全衛生法令規章，以及具體、可量測且能達成的目標。
三、計畫項目：政策與計畫目標確定後，應擬出為完成此目標所需之實施計畫項目。
四、實施細目：依據工作項目欲訂定能切合現場實際狀況的實施細目，研擬出最有效果的改善對策，然後具體條列化成為實施細部項目。
五、計畫時程：計畫時程可為長期計畫，亦可為短期計畫，惟通常均係以訂定年度計畫為宜。
六、實施方法：每一計畫項目宜訂定實施方法，並依實施方法完成該項目之工作，含實施程序或其實施週期等。
七、實施單位及人員：每一安全衛生管理計畫項目應規定實施單位，並規定監督或執行人員。
八、完成期限：每一計畫項目宜規定完成期限，促使負責實施單位知所遵循並如期達成任務。
九、經費編列：任何工作均需經費支應，因此每一安全衛生管理計畫項目均需列出其經費預算。
十、績效考核：績效考核之目的在於增進員工的績效，故訂定適當的計畫目標、工作項目及任務。
十一、其他規定事項：凡是在前述各要項內無法詳述或有特殊情形者，均可在其他規定事項補充說明。

38. (2) 下列何項較不屬於事業單位釐訂職業安全衛生管理計畫考慮之事項？
    ①作業現場實態　　　　　　②外部客戶對產品品質之抱怨
    ③生產部門意見　　　　　　④勞工抱怨。

解析 職業安全衛生管理計畫：指事業單位為執行職業安全衛生法施行細則第 31 條所定職業安全衛生事項，訂定之各項工作目標、期程、採行措施、資源需求及績效考核等具體實施內容。品質之部分內容並不屬於職業安全衛生計畫中所考慮的事項。

39. (3) 下列何者較不屬於檢討上年度職業安全衛生管理計畫的目的？
    ①了解哪些工作要繼續進行　　②要增加哪些新工作
    ③修訂下半年度品質管理要點　④所完成之工作獲得什麼效果。

解析 職業安全衛生管理計畫與品質管理較無關聯。

40. (2) 事業單位製作職業安全衛生管理計畫，必需先瞭解事業單位的下列何者？
①經營績效　②安全衛生政策　③職業教育程度　④生產設備及流程。

解析 職業安全衛生管理計畫之第一個項目即為安全衛生政策，要先了解政策才能往下制定目標與期程。

41. (4) 事業單位擬定職業安全衛生管理計畫，明訂失能傷害案件下降 5%，屬該計畫內容之何者？
①計畫項目　②實施要領　③工作項目　④計畫目標。

解析 職業安全衛生管理計畫之架構宜包含下列幾個要項：
一、政策：應依據事業單位規模及性質，並諮詢員工及其代表意見，訂定書面的職業安全衛生政策。
二、計畫目標：依據安全衛生政策及利害相關者關切的課題，訂定符合相關安全衛生法令規章，以及具體、可量測且能達成的目標。
三、計畫項目：政策與計畫目標確定後，應擬出為完成此目標所需之實施計畫項目。
四、實施細目：依據工作項目欲訂定能切合現場實際狀況的實施細目，研擬出最有效果的改善對策，然後具體條列化成為實施細部項目。
五、計畫時程：計畫時程可為長期計畫，亦可為短期計畫，惟通常均係以訂定年度計畫為宜。
六、實施方法：每一計畫項目宜訂定實施方法，並依實施方法完成該項目之工作，含實程序或其實施週期等。
七、實施單位及人員：每一安全衛生管理計畫項目應規定實施單位，並規定監督或執行人員。
八、完成期限：每一計畫項目宜規定完成期限，促使負責實施單位知所遵循並如期達成任務。
九、經費編列：任何工作均需經費支應，因此每一安全衛生管理計畫項目均需列出其經費預算。
十、績效考核：績效考核之目的在於增進員工的績效，故訂定適當的計畫目標、工作項目及任務。
十一、其他規定事項：凡是在前述各要項內無法詳述或有特殊情形者，均可在其他規定事項補充說明。

42. (2) 事業單位製作職業安全衛生管理計畫，實施工作安全分析及訂定安全作業標準，是為該計畫內容中下列哪一項？
①計畫目標　②計畫項目　③工作項目　④實施要領。

解析 職業安全衛生管理計畫計畫項目範例：
一、工作環境或作業危害之辨識、評估及控制。
二、機械、設備或器具之管理。
三、危害性化學品之分類、標示、通識及管理。
四、有害作業環境之採樣策略規劃及監測。
五、危險性工作場所之製程或施工安全評估事項。
六、採購管理、承攬管理與變更管理。
七、安全衛生作業標準。
八、定期檢查、重點檢查、作業檢點及現場巡視。
九、安全衛生教育訓練。
十、個人防護具之管理。
十一、健康檢查、管理及促進事項。
十二、安全衛生資訊之蒐集、分享及運用。
十三、緊急應變措施。
十四、職業災害、虛驚事故、影響身心健康事件之調查處理及統計分析。
十五、安全衛生管理紀錄及績效評估措施。
十六、其他安全衛生管理措施。

43. (4) 事業單位設有鍋爐乙座，而該座鍋爐檢查合格證之有效期限至 6 月期滿，則於釐訂自動檢查計畫中，明訂應於 6 月前完成定期檢查，是為該計畫內容中下列何者？
    ①工作項目　②計畫項目　③計畫目標　④工作進度。

解析 預定工作進度：每一個實施項目要規定其**工作進度**，使相關人員有所遵循，而如期達成任務。

44. (4) 自動檢查之擬訂，首先應選擇下列何者？
    ①檢查人員　②檢查週期　③檢查結果處理　④檢查對象及項目。

解析 自動檢查之擬訂應先規劃**檢查之項目與對象**，才能安排檢查週期及由誰檢查，以及結果之處理。

45. (4) 自動檢查計畫係由下列何者核定？
    ①安全衛生業務主管　②各部門主管　③職業代表　④雇主。

解析 自動檢查計畫由**雇主**核定。

46. (2) 自動檢查計畫訂定之程序中，有關檢查表格以下列何者負責訂定較為妥適？
    ①雇主　②執行部門之主管　③承攬商　④維修保養人員。

解析
- 自動檢查實施管理表之擬訂：工作場所管理人員。
- 自動檢查實施管理表之審查／核准：實習（工作）場所管理單位主管。
- 自動檢查表之擬訂與執行：各工作場所安全衛生管理人。
- 自動檢查表之審查／核准：工作場所管理單位主管。
- 年度自動檢查確認：環安衛單位。
- 季、月自動檢查執行：工作場所安全衛生管理人。

47. （ 2 ）釐訂職業安全衛生管理計畫宜依下列何種程序後，再發布實施？
    ①報經勞動檢查機構核准
    ②經事業單位行政體系各級主管審查，經事業主核准
    ③事業單位職業安全衛生業務主管核准
    ④經工會同意。

解析 職業安全衛生管理計畫之頒布實施及修正：需經事業單位**負責人或最高主管核准**公告，並有公告日期及文號。

48. （ 1 ）2個以上之事業單位分別出資共同承攬時，防止職業災害之雇主責任應由下列何者負責？
    ①此 2 事業單位互推 1 人為代表人　②2 事業單位一起負責
    ③出資較多的事業單位　　　　　　④勞工人數較多的事業單位。

解析 2 個以上之事業單位分別出資共同承攬工程時，應**互推 1 人為代表人**；該代表人視為該工程之事業雇主，負本法雇主防止職業災害之責任。

49. （ 1 ）下列何者不是職業安全衛生法規定協議組織應協議之事項？
    ①承攬人勞工薪資
    ②從事動火、高架、開挖、爆破、高壓電活線等危險作業之管制
    ③對進入密閉空間、有害物質作業等作業環境之作業管制
    ④電氣機具入廠管制。

解析 職業安全衛生法施行細則第 38 條：
本法第 27 條第 1 項第 1 款規定之協議組織，應由原事業單位召集之，並定期或不定期進行協議下列事項：
一、安全衛生管理之實施及配合。
二、勞工作業安全衛生及健康管理規範。
三、從事動火、高架、開挖、爆破、高壓電活線等危險作業之管制。
四、對進入局限空間、危險物及有害物作業等作業環境之作業管制。
五、機械、設備及器具等入場管制。
六、作業人員進場管制。
七、變更管理。

八、劃一危險性機械之操作信號、工作場所標識（示）、有害物空容器放置、警報、緊急避難方法及訓練等。
九、使用打樁機、拔樁機、電動機械、電動器具、軌道裝置、乙炔熔接裝置、氧乙炔熔接裝置、電弧熔接裝置、換氣裝置及沉箱、架設通道、上下設備、施工架、工作架台等機械、設備或構造物時，應協調使用上之安全措施。
十、其他認有必要之協調事項。

50. (1) 下列敘述中，何者非職業安全衛生法規定原事業單位應盡之義務？
① 替承攬商申請移動式起重機定期檢查，經檢查合格才可進入工地
② 設置安全衛生協議組織及運作
③ 召集承攬人指派代表實施工地安全聯合巡視
④ 指導承攬商製作相關工程施工計畫。

解析 職業安全衛生法第25條：
事業單位以其事業招人承攬時，其承攬人就承攬部分負本法所定雇主之責任；原事業單位就職業災害補償仍應與承攬人負連帶責任。再承攬者亦同。
原事業單位違反本法或有關安全衛生規定，致承攬人所僱勞工發生職業災害時，與承攬人負連帶賠償責任。再承攬者亦同。承攬關係乃以民法之規定為依據，依照民法第490條規定「稱承攬者，謂當事人約定，一方為他方完成一定之工作，他方俟工作完成，給付報酬之契約。」而雙方均有依約履行契約之義務，但此種契約在二者間並不具從屬關係。

51. (1) 水泥製品製造廠甲公司將其成品之吊裝及運送交付乙公司承攬並與該公司共同作業，下列敘述何者有誤？
① 甲公司對於乙公司使用之機具設備無權管制
② 甲公司應告知乙公司有關其事業工作環境、危害因素暨職業安全衛生法及有關安全衛生規定應採取之措施
③ 甲公司應與乙公司協議劃一危險性機械之操作信號
④ 對於乙公司之勞工，甲公司應提供相關安全衛生教育訓練之協助。

解析
① 職業安全衛生法施行細則第38條第1項第5款：
五、機械、設備及器具等入場管制。
② 職業安全衛生法第26條第1項：
事業單位以其事業之全部或一部分交付承攬時，應於事前告知該承攬人有關其事業工作環境、危害因素暨本法及有關安全衛生規定應採取之措施。
③ 職業安全衛生法施行細則第38條第1項第8款：
八、劃一危險性機械之操作信號、工作場所標識（示）、有害物空容器放置、警報、緊急避難方法及訓練等。
④ 職業安全衛生法第27條第1項第4款：
四、相關承攬事業間之安全衛生教育之指導及協助。

52. (1) 事業單位以其事業之全部或一部分交付承攬,並與承攬人、再承攬人分別僱用勞工共同作業,如再承攬人之勞工未依規定接受安全衛生教育訓練即進入工作場所作業時,下列敘述何者不正確?
　　①屬再承攬人之勞工,與原事業單位無關
　　②原事業單位應管制,不准其進場
　　③再承攬人之雇主違反職業安全衛生法規定
　　④原事業單位應協助再承攬人之勞工符合勞工法令。

解析 依職業安全衛生法第 26 條:
事業單位以其事業之全部或一部分交付承攬時,應於事前告知該承攬人有關其事業工作環境、危害因素暨本法及有關安全衛生規定應採取之措施。
承攬人就其承攬之全部或一部分交付再承攬時,承攬人亦應依前項規定告知再承攬人。

53. (3) 依職業安全衛生管理辦法規定,事業單位勞工在多少人以上時,雇主應訂定職業安全衛生管理規章?
　　①30　②50　③100　④300。

解析 職業安全衛生管理辦法第 12-1 條:
雇主應依其事業單位之規模、性質,訂定職業安全衛生管理計畫,要求各級主管及負責指揮、監督之有關人員執行;勞工人數在 30 人以下之事業單位,得以安全衛生管理執行紀錄或文件代替職業安全衛生管理計畫。
勞工人數在 100 人以上之事業單位,應另訂定職業安全衛生管理規章。
第 1 項職業安全衛生管理事項之執行,應作成紀錄,並保存 3 年。

54. (1) 甲機械加工廠所僱勞工人數有 193 人,廠內另有乙承攬商勞工 39 人、丙承攬商勞工 180 人等共同作業,依職業安全衛生管理辦法規定,請問何者須建置職業安全衛生管理系統?
　　①甲　②甲、丙　③丙　④甲、乙、丙。

解析 職業安全衛生管理辦法第 12-2 條:
下列事業單位,雇主應依國家標準 CNS 45001 同等以上規定,建置適合該事業單位之職業安全衛生管理系統,並據以執行:
一、第一類事業勞工人數在 200 人以上者。
二、第二類事業勞工人數在 500 人以上者。
三、有從事石油裂解之石化工業工作場所者。
四、有從事製造、處置或使用危害性之化學品,數量達中央主管機關規定量以上之工作場所者。
前項安全衛生管理之執行,應作成紀錄,並保存 3 年。

55. (3) 事業單位經有關人員擬定職業安全衛生管理規章後,應請下列何者核定後實施之?
①職業安全衛生人員 ②部門主管 ③雇主 ④工會(職業)代表。

解析 事業單位經有關人員擬定職業安全衛生管理規章後,應請**雇主**核定後實施。

56. (1) 下列何者非事業單位承攬管理之目的?
①處罰承攬商增加營收 ②符合法規
③照顧承攬商及其員工 ④善盡企業社會責任。

解析 事業單位建立及執行承攬管理計畫,以符合安全衛生法規要求及本身需求之事業單位。事業單位亦可參考承攬管理技術指引之基本原則及建議性作法,以建立、實施及維持符合職業安全衛生管理系統相關規範要求之承攬管理制度,善盡社會責任。

57. (1) 下列敘述中,何者不屬承攬關係之特徵?
①只負責出工不負責損益 ②承攬人具備「雇主之性質」
③工作指派不受他人所約束工 ④有獨立營運之自主權。

解析 承攬關係乃以民法之規定為依據,並以此為認定基礎,屬於契約之一種,依照民法第 490 條規定「稱承攬者,謂當事人約定,一方為他方完成一定之工作,他方俟工作完成,給付報酬之契約。」而雙方均有依約履行契約之義務,但此種契約在二者間並不具從屬關係。故承攬人必須具備「雇主之性質」即(1)不受他人所約束;(2)有獨立營運之自主權;(3)為損益計算之對象等。承攬管理技術指引所謂之承攬則指與勞工安全衛生法有關之承攬,即事業單位以其事業之全部或部分交付承攬者。惟原事業主僅將部分工作交由他人施工,本身仍具指揮監督、統籌規劃之權者,應不認定具承攬關係。

58. (4) 僱用勞工從事作業時,於各項職業安全衛生管理措施中,應報請勞動檢查機構備查者為何?
①安全衛生管理計畫 ②實施勞工體格檢查結果
③新僱勞工之安全衛生教育訓練 ④安全衛生工作守則。

解析 雇主應依職業安全衛生法及有關規定會同勞工代表訂定適合其需要之**安全衛生工作守則**,報經檢查機構備查後,公告實施。

59. (4) 訂定安全衛生工作守則時,下列敘述何者有誤?
①要有勞工代表會同訂定
②訂定後要報經勞動檢查機構備查
③屬於雇主責任不得轉嫁給勞工
④只要合理即可不需考慮其可行性。

3-157

解析 事業單位之安全衛生工作守則，係事業單位依其作業性質及需要，考量其相關設施、作業，自行審慎訂定及負責；當設施、作業等如有新增、變更時應重新申報；涉及違反職業安全衛生工作原理、原則、法令規定及將雇主責任藉安全衛生工作守則之訂定轉嫁勞工者，應由函報之事業單位修正。

60.（ 4 ）事業單位所訂安全衛生工作守則報請勞動檢查機構備查公告實施，其效力所及，下列敘述何者正確？
①效力不及於當初未表同意之勞工
②公告實施後，新受僱之勞工如不同意亦不受拘束
③已離職之勞工仍應遵行
④效力及於在職之全體勞工。

解析 事業單位所訂安全衛生工作守則報請勞動檢查機構備查公告實施其效力及於在職之全體勞工。

61.（ 3 ）依職業安全衛生法施行細則規定，安全衛生工作守則之內容應依下列哪一事項擬定之？
①事業之經營方針　②勞工學歷　③教育及訓練　④勞工體能狀態。

解析 職業安全衛生法施行細則第41條：安全衛生工作守則之內容，參酌下列事項定之：
一、事業之安全衛生管理及各級之權責。
二、機械、設備或器具之維護及檢查。
三、工作安全及衛生標準。
四、教育及訓練。
五、健康指導及管理措施。
六、急救及搶救。
七、防護設備之準備、維持及使用。
八、事故通報及報告。
九、其他有關安全衛生事項。

62.（ 2 ）依職業安全衛生法施行細則規定，會同訂定安全衛生工作守則及參與實施職業災害調查分析之勞工代表的推派或推選，依優先順序，其第一優先為下列何者？
①由勞資會議之勞方代表推選　　②由工會推派
③由全體員工推選　　　　　　　④由雇主派任。

解析 職業安全衛生法施行細則第43條規定：
本法第34條第1項、第37條第1項所定之勞工代表，事業單位設有工會者，由工會推派之；無工會組織而有勞資會議者，由勞方代表推選之；無工會組織且無勞資會議者，由勞工共同推選之。

63. (1) 工作安全分析要辨識作業中潛在的危害，下列何者非危害的根源？
①訓練 ②方法 ③人員 ④材料。

解析 危險的根源，包括：
一、人的方面：人的知識、經驗、意願、身體狀況、精神狀況、人際關係、婚姻、家庭、親子關係等都是造成人為失誤的主要因素。
二、工作方法方面：有些工作程序、步驟、方法，如果錯誤，會造成危險，例如濃硫酸直接加水就產生危險。
三、機械設備方面：機械設備是否備齊？有無安全防護裝置？是否為本質安全？有無定期檢查、保養？
四、材料方面：材料是否事先備齊？材料是否具有危機性？
五、環境方面：注意作業場所的空間、溫度、濕度、噪音、照明條件、安全狀況、安全標示。

64. (2) 危害的種類中下列何者為物理性危害？
①火災、爆炸 ②機械性傷害 ③病菌感染 ④過度疲勞。

解析 火災、爆炸屬於化學性危害，**機械性傷害是物理性危害**，而病菌感染、過度疲勞則是健康性危害。

65. (4) 主管人員藉觀察屬下工作步驟，分析作業實況，以發掘作業場所潛在的危險及可能的危害，經協商、討論、修正而建立安全的工作方法，稱為下列何者？
①安全作業標準 ②安全觀察 ③風險管理 ④工作安全分析。

解析 **工作安全分析：**
主管人員（領班）藉觀察屬下工作步驟，分析作業實況，以發掘作業場所潛在的危險及可能危害，經觀察、討論、修正而建立安全的工作方法。

66. (1) 經由工作安全分析，建立正確工作程序，以消除工作時的不安全行為，設備與環境，確保工作安全的標準，稱為下列何者？
①安全作業標準 ②安全觀察 ③風險管理 ④工作安全分析。

解析 **安全作業標準：**
經由工作安全分析，建立正確作業程序，以消除作業之不安全行為、設備與環境，確保作業安全的程序。

工作步驟	工作方法	不安全因素	安全措施	事故處理

67. (3) 下列何項紀錄較無法協助事業單位了解現場危害因素？
①自動檢查紀錄　　　　②工作安全分析單
③教育訓練實施紀錄　　④安全觀察紀錄表。

解析 教育訓練實施紀錄與現場之危害因素無關。
自動檢查紀錄、工作安全分析與安全觀察紀錄表可以看出現場之危害因素容易造成災害發生的重點項目。

68. (1) 下列工作安全分析中何者為最後一個程序？
①尋求避免危害及可能發生事故的方法
②決定要分析的工作
③找出危害及可能發生的事故
④將工作分解成若干步驟。

解析 最後一步之安全措施，乃針對不安全因素所提出的防範對策與行動目標，要具體可行，而且充分必要，而沒有不安全因素時，即不得提安全措施，找出避免危害及可能發生事故的方法。

69. (4) 下列何者非屬工作安全分析中「潛在的危險」？
①不安全行為　②不安全設備　③不安全環境　④天災。

解析 工作場所中的危害種類一般而言區分為物理性、化學性、生物性及人因工程性危害。
● 不安全的行為包括作業中可能會有的人為失誤，及錯誤的方法。
● 不安全的設備則為有缺失的機械、設備、工具、材料等。
● 不安全的環境包括危險品、有害物質，不良環境、異常的狀況等。
這些都是潛在的危險，都可能造成對身體的危害，因此是工作安全分析中應考慮的事項。

70. (4) 下列何種工作非為工作安全分析優先考慮的對象？
①傷害頻率高者　②新工作　③臨時性工作　④低風險性工作。

解析 工作安全分析優先考慮的對象：
● 傷害頻率高的工作。
● 傷害嚴重率高的工作。
● 曾發生事故的工作。
● 有潛在危險的工作。
● 臨時的工作。
● 新的或內容、流程經變更的工作。
● 經常性但非生產性的工作。

71. (4) 工作安全分析的分析者通常為下列何者？
①事業經營負責人　②廠長　③急救人員　④領班。

解析 工作安全分析：
一、實施工作安全分析時，一般由主管人員或領班擔任分析者，負責填寫工作安全分析表。
二、主管人員依分析表之工作步驟要求該工作之操作人員或作業者，填寫工作危害分析單或預知危險紀錄表（填寫後需經領班及安全管理人員過目）。
三、彙整工作危害分析單或預知危險紀錄表於工作安全分析表中，再將安全工作方法依序填寫完畢。
四、將工作安全分析表送請職業安全管理人員審核後，送最高主管如廠長批准公告實施。

72. (3) 工作安全分析的初核者為何人？
①事業經營負責人　②廠長　③職業安全衛生人員　④領班。

解析 工作安全分析：
一、實施工作安全分析時，一般由主管人員或領班擔任分析者，負責填寫工作安全分析表。
二、主管人員依分析表之工作步驟要求該工作之操作人員或作業者，填寫工作危害分析單或預知危險紀錄表（填寫後需經領班及安全管理人員過目）。
三、彙整工作危害分析單或預知危險紀錄表於工作安全分析表中，再將安全工作方法依序填寫完畢。
四、將工作安全分析表送請職業安全管理人員審核後，送最高主管如廠長批准公告實施。

73. (2) 下列何者最適合為工作安全分析的批准者？
①事業經營負責人　②廠長　③職業安全衛生人員　④領班。

解析 工作安全分析：
一、實施工作安全分析時，一般由主管人員或領班擔任分析者，負責填寫工作安全分析表。
二、主管人員依分析表之工作步驟要求該工作之操作人員或作業者，填寫工作危害分析單或預知危險紀錄表（填寫後需經領班及安全管理人員過目）。
三、彙整工作危害分析單或預知危險紀錄表於工作安全分析表中，再將安全工作方法依序填寫完畢。
四、將工作安全分析表送請職業安全管理人員審核後，送最高主管或領班批准公告實施。

74. （ 2 ）下列何者為工作安全分析的功能？
　　①作為採購品質的參考　　②作為安全教導的參考
　　③作為員工升遷的參考　　④作為健康管理的參考。

解析：工作安全分析是主管人員藉觀察屬下工作步驟，分析作業實況，來發現作業場所潛在的危險及可能產生的危害，經討論、修正而建立的工作安全方法。

75. （ 3 ）下列何者非屬工作安全分析的目的？
　　①發現並杜絕工作危害　　②確立工作安全所需工具與設備
　　③懲罰犯錯的員工　　　　④作為員工在職訓練的參考。

解析：工作安全分析的目的：
一、使工作人員瞭解其在整個組織中之關係或地位。
二、為考選、訓練、任用、升調之依據。
三、作為人員考核之基礎。
四、作為工作評價，建立薪給制度之基礎。
五、作為工作方法改進，工作分配調整之參考。
六、作為各級人員權責劃分，推行分層負責工作之參考。

76. （ 2 ）作業中所存在的潛在危險或危害因素需加以分析，唯不分析下列何事項？
　　①人員　②經費　③方法　④機械。

解析：危險或危害因素：
一、人員方面。
二、機械方面。
三、材料方面。
四、方法方面。
五、環境方面。

77. （ 4 ）下列何者為「工作分析」與「預知危險」的結合，是一種簡單定性的風險管理方法？
　　①工作風險分析　②安全觀察　③風險評估　④工作安全分析。

解析：工作安全分析可以說是工作分析與預知危險的結合。

78. （ 4 ）工作安全分析過程中，詳細觀察、記錄作業中的危害，並採取適當的工作方法和程序，以防止危害發生，是下列哪項工作安全分析的目的？
　　①作為員工在職訓練的方法　　②確立工作安全所需的資格條件
　　③作為安全觀察的參考資料　　④發現及杜絕工作危害。

解析 發現及杜絕工作危害是將每件工作中的潛在危險與可能危害，事先加以預知防範，經溝通討論，而決定最佳的行為方針、目標，以確保能安全完成作業。

79. (4) 在工作安全分析中，應考慮的不安全主體為下列何者？
    ①材料　②機械　③環境　④人。

解析 考慮的不安全主體應以人為主體，考量的因子以人為出發點思考。

80. (3) 下列何項不列入工作安全分析考慮項目？
    ①人　②環境　③產品品質　④材料。

解析 工作安全分析考慮項目：
一、人員方面。
二、機械方面。
三、材料方面。
四、方法方面。
五、環境方面。

81. (2) 下列何項通常非為工作安全分析表內應有之項目？
    ①工作步驟　　　　　　②成本分析
    ③潛在危險　　　　　　④安全工作方法。

解析 工作安全分析表內應包含四欄：
一、工作步驟。
二、工作方法。
三、潛在危險。
四、安全工作方法。

82. (3) 某工廠新設 1 台冷卻風扇，要發掘作業潛在的危險及可能的危害，最好使用下列哪一種方法？
    ①自動檢查　　　　　　②安全觀察
    ③工作安全分析　　　　④教育訓練。

解析 工作安全分析是主管人員藉觀察屬下工作步驟，分析作業實況，來發現作業場所潛在的危險及可能產生的危害，經討論、修正而建立的工作安全方法。

83. (3) 下列何者非安全作業標準修訂的時機？
    ①事故發生時　　　　　②製程改變時
    ③違反安全作業標準規定時　④風險評估有不可忍受風險時。

3-163

解析　工作安全分析及安全作業標準並非一成不變，須隨下列情況而隨時修正或定期修正
● 發生事故時應檢討事故原因予以修正或增刪。
● 工作程序變更時應即修訂。
● 工作方法改變時亦應重新分析，以符實際需要。

84. （ 3 ）安全作業標準之製作程序，不包括下列何者？
　　①確認實際工作步驟　　　　②規劃事故之處理
　　③實施自動檢查　　　　　　④辨識不安全因素。

解析　安全作業標準之步驟：
一、將工作分成主要步驟。
二、決定工作項目的優先順序。
三、辨識不安全因素，分析潛在的風險及危害。
四、決定安全的工作方法。
五、事故處理。

85. （ 1 ）製作安全作業標準時，下列何者為首要步驟？
　　①確認實際工作步驟　　　　②不安全因素
　　③可能造成之傷害　　　　　④事故處理之方法。

解析　安全作業標準之步驟：
一、將工作分成主要步驟。
二、決定工作項目的優先順序。
三、辨識不安全因素，分析潛在的風險及危害。
四、決定安全的工作方法。
五、事故處理。

86. （ 2 ）事業單位發生職業災害時，以下列何者為較好之事故調查參考？
　　①緊急應變計畫　　　　　　②安全作業標準
　　③教育訓練紀錄　　　　　　④自動檢查表。

解析　安全作業標準：經工作安全分析後，對相關危害採取之緊急處理措施，以消除作業時不安全的行為、設備與環境，確保作業的標準作業程序。

87. (34) 下列哪些事業單位，應參照職業安全衛生管理系統指引，建置職業安全衛生管理系統？
　　①第一類事業勞工人數在 100 以上者
　　②第二類事業勞工人數在 300 以上者
　　③有從事石油裂解之石化工業工作場所者
　　④有從事製造、處置或使用危害性之化學品，數量達中央主管機關規定量以上之工作場所者。

解析 職業安全衛生管理辦法第 12-2 條：
下列事業單位，雇主應依國家標準 CNS 45001 同等以上規定，建置適合該事業單位之職業安全衛生管理系統，並據以執行：
一、第一類事業勞工人數在 200 人以上者。
二、第二類事業勞工人數在 500 人以上者。
三、有從事石油裂解之石化工業工作場所者。
四、有從事製造、處置或使用危害性之化學品，數量達中央主管機關規定量以上之工作場所者。
前項安全衛生管理之執行，應作成紀錄，並保存 3 年。

88. (124) 員工參與是職業安全衛生管理系統的基本要素之一，依職業安全衛生相關法規規定，下列哪些事項應會同勞工代表實施？
　　①訂定安全衛生工作守則　　②實施職業災害調查、分析及作成紀錄
　　③製作工作安全分析　　　　④實施作業環境監測。

解析 應會同勞工代表之作業項目包含：
● 依職業安全衛生法第 34 條規定，雇主應會同勞工代表訂定適合其需要之安全衛生工作守則，報經勞動檢查機構備查後，公告實施。
● 依職業安全衛生法第 37 條規定，事業單位工作場所發生職業災害，雇主應即採取必要之急救、搶救之措施，並會同勞工代表實施調查、分析及作成紀錄。
● 依勞工作業環境監測實施辦法第 12 條第 1 項之規定，雇主訂定監測計劃，實施作業環境監測時，應會同職業安全衛生人員及勞工代表實施。
● 職業安全衛生管理辦法第 11 條：委員會置委員 7 人以上，除雇主為當然委員及第 5 款規定者外，由雇主視該事業單位之實際需要指定下列人員組成：
一、職業安全衛生人員。
二、事業內各部門之主管、監督、指揮人員。
三、與職業安全衛生有關之工程技術人員。
四、從事勞工健康服務之醫護人員。
五、勞工代表。

89. (124) 依職業安全衛生法施行細則規定，下列何者為職業安全衛生管理計畫內容所包含之事項？
①安全衛生作業標準　　②緊急應變措施
③重複性作業促發肌肉骨骼疾病之預防　④機械、設備或器具之管理。

解析 職業安全衛生法施行細則第 31 條：
本法第 23 條第 1 項所定職業安全衛生管理計畫，包括下列事項：
一、工作環境或作業危害之辨識、評估及控制。
二、機械、設備或器具之管理。
三、危害性化學品之分類、標示、通識及管理。
四、有害作業環境之採樣策略規劃及監測。
五、危險性工作場所之製程或施工安全評估。
六、採購管理、承攬管理及變更管理。
七、安全衛生作業標準。
八、定期檢查、重點檢查、作業檢點及現場巡視。
九、安全衛生教育訓練。
十、個人防護具之管理。
十一、健康檢查、管理及促進。
十二、安全衛生資訊之蒐集、分享及運用。
十三、緊急應變措施。
十四、職業災害、虛驚事故、影響身心健康事件之調查處理及統計分析。
十五、安全衛生管理紀錄及績效評估措施。
十六、其他安全衛生管理措施。

90. (23) 依職業安全衛生管理辦法規定，雇主訂定職業安全衛生管理計畫，應要求下列何者執行？
①雇主　　②各級主管
③負責指揮、監督之有關人員　④職業安全衛生人員。

解析 職業安全衛生管理規章指事業單位為有效防止職業災害，促進勞工安全與健康，所訂定要求各級主管及管理、指揮、監督等有關人員執行與職業安全衛生有關之內部管理程序、準則、要點或規範等文件。

91. (14) 職業安全衛生管理計畫之製作，須訂定計畫目標，以達到最佳的安全衛生績效，對於計畫目標須有哪些特性？
①可達成的　②模糊的　③越高越好　④可量測的。

解析 目標設定可應用 SMART 原則達成：
S：Specific（具體的）。
M：Measurable（可量化的）。
A：Achievable（可達成的）。

R：Relevant（有相關的）。
T：Time-bound（有時限的）。

92. (123) 下列敘述哪些正確？
    ①各級主管人員應負起安全衛生管理的責任
    ②各階層主管之安全衛生職掌應明定
    ③雇主應依其事業之規模、性質，實施安全衛生管理，並依中央主管機關之規定設置職業安全衛生組織人員
    ④事業單位皆應訂定安全衛生管理規章。

解析 全體員工應確實遵守職安守則，如有違反，應從嚴議處，其直接主管應經常輔導，查核屬員遵行情形。且應就本身工作範圍，負安全衛生之責任，並隨時相互提醒，避免因疏失造成事故。事業單位應依其事業規模、性質，訂定職業安全衛生管理計畫，勞工人數在100人以上者，應另訂定職業安全衛生管理規章。

93. (124) 有關事業單位訂定安全衛生工作守則之規定，下列哪些正確？
    ①應依職業安全衛生法及有關規定訂定適合其需要者
    ②會同勞工代表訂定
    ③應報經當地勞工主管機關認可
    ④應報經檢查機構備查後公告實施。

解析 依據職業安全衛生法第34條規定：
雇主應依本法及有關規定會同勞工代表訂定適合其需要之安全衛生工作守則，報經勞動檢查機構備查後，公告實施。勞工對於前項安全衛生工作守則，應切實遵行。

94. (234) 下列哪些為製作工作安全分析程序之要項？
    ①製作安全衛生作業標準　　　②將工作步驟分解
    ③決定安全的工作方法　　　　④辨識出潛在的危害。

解析 工作安全分析程序：
一、決定要分析的工作。
二、將工作分成幾個主要步驟。
三、發掘潛在危險及可能危害。
四、決定安全工作方法。

95. (13) 工作安全分析優先選擇要分析下列哪2項工作？
    ①新的工作　　　　　　　　　②未曾發生事故之工作
    ③傷害嚴重率高的工作　　　　④經常性的工作。

3-167

> **解析** 工作安全分析優先選擇要分析：
> 一、傷害頻率高的工作。
> 二、傷害嚴重率高的工作。
> 三、具潛在嚴重危害性的工作。
> 四、臨時性或非經常性的工作。
> 五、經常性，但非生產性的工作。
> 六、新工作。

96. (134) 下列哪些為安全作業標準之功用？
    ①安全觀察的參考　　　　　　②違規懲處參考
    ③事故調查參考　　　　　　　④防範工作場所危害的發生。

> **解析** 安全作業標準之功用：
> 一、防範工作場所災害發生。
> 二、確定工作場所所需的設備或器具。
> 三、選擇適當的工作人員。
> 四、作為安全教導之參考。
> 五、作為安全觀察之參考。
> 六、作為事故調查之參考。
> 七、增進工作人員的參與感。

22200 職業安全衛生管理　乙級
工作項目 03：專業課程

1. （ 4 ）依職業安全衛生設施規則規定，低壓係指多少伏特以下之電壓？
   ①220　②380　③110　④600。

   解析 職業安全衛生設施規則第 3 條規定，低壓係指 600 伏特以下之電壓。

2. （ 2 ）下列敘述何者有誤？
   ①滿 18 歲可以從事橡膠化合物之滾輾作業
   ②高溫場所每日工作時間不得高於 4 小時
   ③新進勞工應施行體格檢查
   ④勞工代表應優先由工會推派之。

   解析 在高溫場所工作之勞工，雇主不得使其每日工作時間超過 6 小時。

3. （ 3 ）有關工作場所作業安全，下列敘述何者有誤？
   ①毒性及腐蝕性物質應存放在安全處所
   ②有害揮發性物質應隨時加蓋
   ③機械運轉中從事上油作業
   ④佩戴適合之防護具。

   解析 雇主對於機械、設備及其相關配件之掃除、上油、檢查、修理或調整有導致危害勞工之虞者，應停止相關機械運轉及送料。

4. （ 1 ）有關堆高機搬運作業，下列何者為非？
   ①載物行駛中可搭乘人員
   ②作業前應實施檢點
   ③作業完畢人員離開座位時，應關閉動力並拉上手煞車
   ④載貨荷重不得超過該機械所能承受最大荷重。

   解析 堆高機之行駛不可載運人員。

5. （ 3 ）消除不安全的狀況及行為所採 4E 政策係指除工程、教育、執行外，還包括下列何者？
   ①教養　②永恆　③熱心　④宣傳。

   解析 教育（education）、執行（enforcement）、熱忱（enthusiasm）與工程（engineering）合稱職業安全的 4E。

6. （ 1 ）人體墜落是屬於何種危害因子？
   ①物理性　②化學性　③生物性　④人因性。

   解析 人體墜落屬於**物理性**危害。其他包含觸電或感電事故、被固體或液體掩埋、被夾（捲）於狹小空間、陷住塌陷、吞陷、熱或冷危害等等。

7. （ 4 ）以不適當的姿勢做重複性的動作，為下列何種危害因子？
   ①化學性　②物理性　③生物性　④人因工程。

   解析 座椅、儀表、操作方式、工具等設計不良、或位置安排不當而導致意外發生率增加或造成疲勞、下背痛及其他肌肉骨骼傷害；長期負重所造成之脊椎傷害、高重複性手腕的動作造成腕道症候群等，都是因為人體與機器設備的介面沒有適當的調配所致，這種問題稱為**人因工程**（或人體工學）危害。

8. （ 1 ）將要與不要的物品加以區分，是指 5S 中之下列何者？
   ①整理　②整頓　③清掃　④清潔。

   解析 整理（SEIRI）或（Order／Arrangement）：將要與不要的加以區分，不要的加以層別管理妥善處理：回收、再生、廢棄。

9. （ 1 ）需要的物品要能很快的拿到，是指 5S 中之下列何者？
   ①整頓　②整理　③清掃　④清潔。

   解析 整頓（SEITON）或（Put in order）：必要時可以立刻使用。
   一、定位標示，所有物品，處於最有效的狀態；
   二、目視管理，容易發現異常問題，容易矯正。

10. （ 1 ）對於經常使用手部從事劇烈局部振動作業時，易造成下列何種職業病？
    ①白指症　②皮膚病　③高血壓　④中風。

    解析 白指症是一種因長期局部振動所引起的職業病。如長期使用電鑽之類的動力手工具。剛開始，手部易疲麻、疼痛、僵硬，接著就會罹患此症。發作時，手指會間歇變白或發紺，動脈強烈收縮，血流因而停止，嚴重時，會造成手指壞死。

11. （ 1 ）以人力自地面抬舉物品時應儘量利用人體之何部位？
    ①腿肌　②手肌　③腳肌　④肩肌。

    解析 人力搬運時應儘量利用人體腿肌，因為腿部肌肉較強壯，以免其他部位產生傷害。

12. （ 4 ）下列何者非安全衛生運動設計的理念？
    ①尊重生命　②關懷安全　③保障勞工生命安全與健康　④雇主的利益。

解析 安全衛生運動設計的理念包括尊重生命，關懷健康，以環境設備本質安全為前提，以先知先制防範未然為優先，安全衛生活動，人人參與；追求安全健康，永無止境，並保障勞工生命安全與健康。

13. (2) 造成事故的危害因子，除人的因素、物料因素、環境因素外，尚包括下列何種因素？
    ①客戶因素　②設備因素　③品質因素　④成本因素。

解析 危害因子之評估：
一、人員因素。
二、物料因素。
三、環境因素。
四、機械設備因素。
五、製程因素。

14. (4) 下列何項較不會影響事業單位的安全衛生狀態？
    ①作業環境產生變化　②人事異動　③上班形態改變　④股票上漲。

解析 事業單位的安全衛生與人員、方法、環境等因素有關聯，與股票或者收益等外部條件較無關。

15. (3) Abraham Maslow 的需求層級理論包括：1.尊嚴需求 2.安全需求 3.自我實現需求 4.生理需求 5.愛與歸屬的需求，由下而上之正確排列為何？
    ①24153　②42153　③42513　④35124。

解析 心理學家馬斯洛（Abraham Maslow）提出，他主張人類需求可分為五個需求層次，依序為生理需求、安全需求、歸屬（社會）需求、尊重（自尊）需求及自我實現需求等，有如金字塔般由下往上滿足，以下簡單說明：
- 生理需求（physiological needs）：係人類與生俱來的基本需求。
- 安全需求（security needs）：係在生理需求滿足之後，另外一項人身安全需求。
- 歸屬（社會）需求（social needs）：係追求被他人接受和歸屬感。
- 尊重（自尊）需求（self-esteem needs）：係獨立、達成目標、專業能力、肯定、地位以及受到他人尊重的需求。
- 自我實現需求（self-actualization needs）：係當其他層次需求都滿足之後，就會追求自我實現，針對自己認定之理想或目標來努力。

16. (3) 改善工作壓力的方法，下列何者有誤？
    ①坦誠傾吐　②改善工作環境　③吃喝調適　④學習自我鬆弛。

解析 吃喝調適不是有效的改善工作壓力的方法，應該尋求其他紓壓的管道。

17. （ 1 ） 由於勞動者的「勞心」與「勞力」，造就成有形或無形的功業，改善了人類的生活，所以勞動環境的本質是以下列何者為中心？
    ①人　②事　③時　④地。

    解析 勞動環境的本質皆離不開人，職業安全衛生法第 1 條是為防止職業災害，保障工作者安全及健康，特制定本法。因此可以看出勞動環境是以工作者為中心。

18. （ 1 ） 如果一個人在其負責的區域看到紙屑會撿起來，這是廠場整潔教導或管理的成功，但如果任何人在任何區域看到紙屑都會撿起來，此種現象為下列何者所形成？
    ①安全衛生文化　　　　　　②安全衛生檢查
    ③安全衛生計畫　　　　　　④安全衛生組織。

    解析 員工對於安全相關議題之共享的態度、信念、知覺及價值是有認同性的，且在全面安全文化的組織中，每個成員視安全為己責，並落實於每日之工作生活中。

19. （ 4 ） 下列何者非安全衛生運動設計的理念？
    ①尊重生命　　　　　　　　②關懷安全
    ③保障勞工生命安全與健康　④雇主的利益。

    解析 安全衛生運動設計的理念包括尊重生命，關懷健康，以環境設備本質安全為前提，以先知先制防範未然為優先，安全衛生活動，人人參育；追求安全健康，永無止境，並保障勞工生命安全與健康。

20. （ 4 ） 廠場整潔的 5S 運動不包含下列何種？
    ①整理　②整頓　③教養　④環保。

    解析 5S 活動源於日本，包括「整理（SEIRI）、整頓（SEITON）、清掃（SEISOU）、清潔（SEIKETO）、教養（SHITUKE）」等活動。

21. （ 4 ） 在道路施工時，為防止工作人員遭車輛撞擊之交通事故，對於出入口之防護措施，下列何者有誤？
    ①設置警告標示
    ②工地大門置交通引導人員
    ③管制非工作人員不得進入
    ④各包商之車輛一律停放於工地現場。

解析 雇主對於工作場所人員及車輛機械出入口處，應依下列規定辦理：
一、事前調查地下埋設物之埋置深度、危害物質，並於評估後採取適當防護措施，以防止車輛機械輾壓而發生危險。
二、工作場所出入口應設置方便人員及車輛出入之拉開式大門，作業上無出入必要時應關閉，並標示禁止無關人員擅入工作場所。但車輛機械出入頻繁之場所，必須打開工地大門等時，應置交通引導人員，引導車輛機械出入。
三、人員出入口與車輛機械出入口應分隔設置。但設有警告標誌足以防止交通事故發生者不在此限。
四、應置管制人員辦理下列事項：
　1. 管制出入人員，非有適當防護具不得讓其出入。
　2. 管制、檢查出入之車輛機械，非具有許可文件上記載之要件，不得讓其出入。
五、規劃前款第 2 目車輛機械接受管制所需必要之停車處所，不得影響工作場所外道路之交通。
六、維持車輛機械進出有充分視線淨空。

22. (2) 在 25°C 一大氣壓下時，氣態有害物之克摩爾體積為多少公升？
①22.4　②24.45　③25　④760。

解析 標準狀態：0°C，1atm 時，氣體之莫耳體積為 22.4 L。
常溫常壓：25°C，1atm 時，氣體之莫耳體積為 24.45 L。

23. (4) 下列何者係屬強制接地？
①電線絕緣不良電流經接地線流入大地
②設備接地
③馬達絕緣不良造成短路現象
④高壓線路斷電維修時電路予以短路，再予接地。

解析 電氣作業之停電線路如含有電力電纜、電力電容器等會殘留電荷者，應先予短路接地放電，隨後再進行檢電。高壓輸配線路維修時，停電後須對該線路實施工作接地，以防系統誤送電或鄰近地區發電機產生逆送電而導致工作人員傷亡，屬於強制接地。

24. (1) 下列何者防止感電效果最佳？
①感電防止用漏電斷路器　②無熔絲開關　③保險絲　④消弧開關。

解析 漏電斷路器是保護電器設備發生微小的漏電時，能夠瞬間將電源自動跳脫斷電，來防止人員受到電擊，或設備燒毀，造成火災的一種電器安全裝置。在設計上，它有永久固定型及可移動型，以跳脫斷電的動作原理來分類，它可分電壓型和電流型，一般常用的以電流型為主，電流型的自動跳脫斷電電流在 0.03 安培以下，動作時間在 0.1 秒以下，電壓型的跳脫斷電電壓在 30V 以下，動作時間在 0.2 秒以下。

25. (1) 漏電斷路器之性能中，高感應型者係指額定動作電流在多少毫安培以下？
①30　②35　③40　④45。

解析 漏電斷路器之種類：

類別		額定感度電流（毫安）	動作時間
高感度型	高速型	5、10、15、30	額定感度電流 0.1 秒以內
	延時型		額定感度電流 0.1 秒以上 2 秒以內

26. (1) 為確保電氣作業安全，下列何者不是接地目的？
①防止機械災害
②電動機具絕緣物劣化、損傷等原因而發生漏電時，防止感電
③高低壓混觸，高壓電流可流經接地迴路以免傷害人員
④輸電線、配電線、高低壓線路發生接地故障時，使電驛動作確實。

解析
● 當用電設備的絕緣劣化而漏電時，提供漏電電流一條低阻抗回路，使斷路器能跳脫以保護人員及機具的安全。
● 非帶電金屬外殼，因事故或靜電感應等因素，產生的電位升高或電荷之積聚時，能經由接地予以有效降低或將電荷疏導至大地，以防止人員碰觸導致感電事故的發生。

27. (4) 電氣安全中，有關接地種類及接地電阻，下列何者為非？
①特種接地：接地電阻 10Ω 以下
②第一種接地：接地電阻 25Ω 以下
③第二種接地：接地電阻 50Ω 以下
④第三種接地：接地電阻 10～150Ω。

解析 接地電阻：
● 特種接地：適用於三相四線式高壓用電設備，其電阻值應在 10Ω 以下。
● 第一種接地：適用於非接地系統之高壓用電設備接地，其電阻值應在 25Ω 以下。
● 第二種接地：適用於三相三線非接地系統之低壓用電設備接地，其電阻值應在 50Ω 以下。
● 第三種接地：例如低壓用電設備接地，其電阻值應在 10~100Ω 間。

28. (3) 於鍋爐胴體內等導電性高之場所作業所用電氣設備電壓應為下列何者？
①須使用 110 伏特電壓　　②須使用單相三線 220 伏特電壓
③須使用 24 伏特以下電壓　④須使用直流電，電壓不拘。

解析 公認的安全特低電壓是 24 伏特（即工作電壓高於 24V 的家用電器應具有完善的絕緣保護機制）。

29. (2) 依用戶用電設備裝置規則規定，高感度型漏電斷路器之額定作動電流在多少毫安培（mA）以下？

    ①20　②30　③40　④50。

解析 漏電斷路器之種類：

類別		額定感度電流（毫安）	動作時間
高感度型	高速型	5、10、15、30	額定感度電流 0.1 秒以內
	延時型		額定感度電流 0.1 秒以上 2 秒以內

30. (1) 用戶用電設備裝置規則所規定高速型之漏電斷路器，在額定動作電流下，其動作時間需在多少秒以內？

    ①0.1　②0.5　③1.0　④2.0。

解析 用戶用電設備裝置規則中列出之漏電斷路器之種類：

類別		額定感度電流（毫安）	動作時間
高感度型	高速型	5、10、15、30	額定感度電流 0.1 秒以內
	延時型		額定感度電流 0.1 秒以上 2 秒以內
中感度型	高速型	50、100、200、300、500、1000	額定感度電流 0.1 秒以內
	延時型		額定感度電流 0.1 秒以上 2 秒以內
備註：漏電斷路器之最小動作電流，係額定感度電流 50% 以上之電流值。			

31. (3) 第三種地線、電路對地電壓在 150 伏特以下時，依規定其接地電阻應保持在幾歐姆以下？

    ①5　②50　③100　④150。

3-175

解析 接地種類與接地導線—第三種接地整理如下：

種類	適用場所	電阻值
第三種接地	1. 低壓用電設備接地。 2. 內線系統接地。 3. 變比器二次線接地。 4. 支持低壓用電設備之金屬體接地	1. 對地電壓 150V 以下：100 歐姆以下。 2. 對地電壓 151V 至 300V：50 歐姆以下。 3. 對地電壓 301V 以上：10 歐姆以下。

32. （ 3 ） 活線作業勞工應佩戴何種防護手套？
    ①棉紗手套　②耐熱手套　③絕緣手套　④防振手套。

解析 電用橡膠手套（絕緣手套）：以防止感電為目的，適用於一般電氣作業或活線近接作業時用。

33. （ 3 ） 接地之目的為何？
    ①防止短路　②防止絕緣破壞　③防止感電　④節省電力。

解析 接地目的：
一、當絕緣體損壞時，易與外界接觸的部件，會因為累積電荷，而使得電位升高。為了安全目的，主要電力設備必須連接到接地。
二、保護電路的絕緣體，會因過量的電位而遭到損壞。所以，必須限制電路與大地之間電位升高。

34. （ 1 ） 下列有關電氣安全之敘述何者錯誤？
    ①電氣火災時用泡沫滅火器灌救
    ②不可用濕手操作開關
    ③更換保險絲等由合格電氣技術人員操作之
    ④非從事電氣有關人員不得進入電氣室。

解析 電氣火災也稱為 C 類火災，涉及通電中之電氣設備，如電器、變壓器、電線、配電盤等引起之火災。需使用二氧化碳滅火器、乾粉滅火器做滅火。

35. （ 2 ） 電線間的絕緣破壞，裸線彼此直接接觸時，發生爆炸性火花，為下列何者？
    ①漏電　②短路　③尖端放電　④一般放電。

解析 短路（Short circuit）是指在正常電路中電勢不同的兩點不正確地直接碰接或被阻抗（或電阻）非常小的導體接通時的情況。短路時電流強度很大可能產生爆炸性火花，往往會損壞電氣設備或引起火災。

36. (3) 電氣安全中，下列何者不是短路事故原因？
①電纜、電線絕緣物自然劣化　②變壓器、電動機等電氣設備裝置製造不良　③配線對地電壓超過 150 伏特　④電纜施工不良及絕緣物自然劣化。

解析 短路事故之原因：
- 電線絕緣物自然劣化。
- 變壓器等電氣設備裝置不良。
- 礙子自然劣化或製造不良。
- 電纜施工不良絕緣物自然劣化。

37. (3) 電氣安全中何者不是電氣設備防爆構造？
①耐壓防爆構造　②內壓防爆構造　③機械防爆構造　④特殊防爆構造。

解析 防爆設備構造分類：

型式	耐壓防爆	安全增加防爆	本質安全防爆	內壓防爆	油入防爆	充填防爆	模注防爆	無火花防爆	特殊防爆
代號	d	e	i	p	o	q	m	n	s

38. (2) 下列何者不是線路過電流的原因？
①短路　②斷線　③漏電　④超負荷。

解析 「斷線」是指電線內的銅線因被拉扯、重壓而發生斷裂，斷裂的部分尚有接觸或未完全斷線還留有部分完整，會讓電流流經此處時產生熱及火花，引燃周圍可燃物。不會產生過電流的現象。

39. (2) 電氣安全中，下列何者為靜電危害防止對策？
①乾燥　②接地　③使用非導電性之材料　④使成為帶電體。

解析 靜電危害防制方法可分為接地、增加溼度、限制速度、抗靜電材料、與靜電消除器等五種。工業製造過程中，因作業環境、程序及材料的不同，所實施的靜電危害防制方法亦會有所不同。

40. (3) 若 C 表電容量且 V 表電壓值，則電容器之放電能量為下列何者？
①0.5CV　②CV　③$0.5CV^2$　④CV^2。

解析 導體帶電體放電：$E = \dfrac{1}{2}CV^2 = \dfrac{Q^2}{2C} = \dfrac{1}{2}QV$

靜電火花能量 E（焦耳），靜電容量 C（法拉），電壓 V（伏特），電荷量 Q（庫侖）。

41. （ 1 ）靜電為引發火災爆炸之重要火源之一，下列防護方式何者較無法避免靜電火花之產生？
①利用惰性氣體充填　②接地　③增加溼度　④穿戴導電器具。

解析 靜電危害防制方法可分為接地、增加溼度、限制速度、抗靜電材料、與靜電消除器等五種。工業製造過程中，因作業環境、程序及材料的不同，所實施的靜電危害防制方法亦會有所不同。

42. （ 3 ）消除靜電的有效方法為下列何者？
①隔離　②摩擦　③接地　④絕緣。

解析 接地：線路或設備與大地或可視為大地之某導電體間有導電性之連接。防止靜電災害的最簡單有效的方法是將帶電體接地，使所產生之電荷迅速地疏導至大地。如果有兩個以上之帶靜電物體時，可將不同物體以導體連接並加以接地，以減低不同物體間之電位差，來避免物體間發生放電現象。

43. （ 2 ）機械安全防護中，下列何種安全裝置具有發生異常時，可迅即停止其動作並維持安全之功能？
①一行程一停止裝置　　②緊急停止裝置
③自動吹洩安全裝置　　④自動電擊防止裝置。

解析 緊急停止裝置：指衝剪機械發生危險或異常時，以人為操作而使滑塊等動作緊急停止之裝置。

44. （ 2 ）具有捲入危害之滾軋機，應設置何種操作者於災害發生時，可以自己操控的裝置？
①掃除物件裝置　②緊急制動裝置　③急救裝置　④兩手觸控裝置。

解析 雇主對於具有顯著危險之原動機或動力傳動裝置，應於適當位置設置緊急制動裝置，立即遮斷動力並與剎車系統連動，於緊急時能立即停止原動機或動力傳動裝置之轉動。

45. （ 1 ）下列何種裝置可以預防木材加工用圓盤鋸鋸切木條時反撥？
①撐縫片　②自動護罩　③手工具送料　④光電監視。

解析 圓盤鋸安全裝置（撐縫片）：
一、撐縫片及鋸齒接觸預防裝置經常使包含其縱斷面之縱向中心線而和其側面平行之面，與包含圓鋸片縱斷面之縱向中心線而和其側面平行之面，位於同一平面上。
二、撐縫片所標示之標準鋸台位置，沿圓鋸片斜齒 2/3 以上部分與圓鋸片鋸齒前端之間隙在 12 毫米以內之形狀。

三、撐縫片厚度為圓鋸片厚度之 1.1 倍以上。
四、撐縫片安裝部具有可調整圓鋸片鋸齒與撐縫片間之間隙之構造。
五、圓鋸片直徑超過 610 毫米者，該圓盤鋸所使用之撐縫片為懸垂式者。
六、木材加工用圓盤鋸，使撐縫片與其面對之圓鋸片鋸齒前端之間隙在 12 毫米以下。
七、圓盤鋸應設置可固定圓鋸軸之裝置，以防止更換圓鋸片時，因圓鋸軸之旋轉引起之危害。
八、圓盤鋸之動力遮斷裝置，設置於操作者不離開作業位置即可操作之處。須易於操作，且具有不因意外接觸、振動等致圓盤鋸有意外起動之虞之構造。
九、圓盤鋸之圓鋸片、齒輪、帶輪、皮帶及其他旋轉部分，於旋轉中有接觸致生危險之虞者，應設置覆蓋。

46. (3) 為防止脫水機中物料從缸口飛出傷人，下列敘述何者正確？
①有爬升作用，必須將蓋子打開　　②有下降作用，必須將蓋子打開
③有爬升作用，必須將蓋子關閉　　④有下降作用，必須將蓋子關閉。

解析 脫水機高速旋轉具有強力的爬升脫水能力，需要將蓋子緊閉以維護安全。

47. (3) 機械裝置失靈、失效的故障，應視為整台機械安全失效，其應採用之措施，下列何者不適當？　①斷電　②停用　③減速　④標示。

解析 機械安全防護的原則，在失效的狀況必須完全安全使用，因此必須斷電、完全停用且標示讓人周知。

48. (2) 為防止堆高機之油壓過高發生危險，應有下列何種安全裝置？
①警報裝置　②釋壓閥　③制動裝置　④過負荷遮斷裝置。

解析 堆高機壓力過高之處理：
● 釋壓閥、溢流閥或卸荷閥設定值不對重新設定。
● 釋壓閥、溢流閥或卸荷閥堵塞或損壞清洗或更換。
● 變速機構不工作修理或更換。

49. (3) 從事車床頭座外部之長件工件加工時，應預防下列何種危害？
①墜落危險　　　　　　　　②高熱潤滑油
③因離心力導致工件彎曲的危害　　④冷卻不足。

解析 車床（Lathe），又稱鏇床，是一種將加工物固定在一旋轉主軸上加工的工具機。頭座（Head stock）：又稱主軸台，位於車床左側。包含有傳導機構（皮帶傳導的塔輪變速、齒輪變速等。）與中空主軸組成。主軸後段裝置齒輪，與傳動機構之塔輪或齒輪連接，帶動主軸運轉。主軸前段可裝置夾頭、面盤等夾具夾持工件。使用長件加工時應注意旋轉離心力更產生振動、多稜、竹節、圓柱度和彎曲等缺陷之損害。

50. （1）制動器的功能為下列何者？
    ①機械停止運轉用　　　　　　　②機械變速用，如變速齒輪組
    ③除去泥土之用　　　　　　　　④作為送風之用。

解析　制動器（brake）俗稱煞車，是利用物體的摩擦力、流體的黏滯力或電磁的阻尼力來吸收運動機件的動能或位能，並將其轉變為熱能，以達到調節運動機件的速度或停止其運動的裝置。

51. （2）以下所列舉之機械，何者未有型式檢定制度？
    ①動力衝剪機械　②木材加工用鑽孔機　③動力堆高機　④研磨機。

解析　防爆燈具、防爆電動機、防爆開關箱、動力衝剪機械、木材加工用圓盤鋸及研磨機需有委託經中央主管機關認可之檢定機構實施型式檢定合格。

52. （3）下列何者為中央主管機關訂有機械設備器具安全標準之機械器具？
    ①起重機　②升降機　③動力堆高機　④電焊機。

解析　職業安全衛生法施行細則第12條：
本法第7條第1項所稱中央主管機關指定之機械、設備或器具如下：
一、動力衝剪機械。
二、手推刨床。
三、木材加工用圓盤鋸。
四、動力堆高機。
五、研磨機。
六、研磨輪。
七、防爆電氣設備。
八、動力衝剪機械之光電式安全裝置。
九、手推刨床之刃部接觸預防裝置。
十、木材加工用圓盤鋸之反撥預防裝置及鋸齒接觸預防裝置。
十一、其他經中央主管機關指定公告者。

53. （2）機械防護之安全管理的最基本原理，為下列何者？
    ①截果斷因　②源頭管理　③品質管理　④管末管理。

解析　自104年1月1日啟動「機械、設備或器具安全資訊申報網站登錄制度」至105年，已累計超過10,850餘筆型式或單品申報資料，顯示源頭管理制度，已藉由供需市場逐漸落實，且製造、輸入、供應或使用機械安全產品的工安文化也慢慢形成。

54. （1）反撥預防裝置係使用在下列何種機械上？
    ①木材加工用圓盤鋸　②手推刨床　③帶鋸　④立軸機。

解析 機械設備器具安全標準第 60 條：
圓盤鋸應設置下列安全裝置：
一、圓盤鋸之反撥預防裝置（簡稱反撥預防裝置）。但橫鋸用圓盤鋸或因反撥不致引起危害者，不在此限。
二、圓盤鋸之鋸齒接觸預防裝置（簡稱鋸齒接觸預防裝置）。但製材用圓盤鋸及設有自動輸送裝置者，不在此限。

55. （3）以手推車搬運物料時，裝載之重心應儘量在何處？
①上部 ②中部 ③下部 ④任意部位。

解析 操作手推車搬運物料時要注意下列安全事項：
一、重的物品置於下面，使重心儘量在底部。
二、搬運物品放在車約前端，以便車軸負荷重力，不使拉手吃力。
三、搬運物品必須妥置，不使滑溜以防中途跌落，物品高度絕不可妨礙推車人的視線。
四、應讓車身負荷所載物品的重量，操作人員只需出力保持車身之平衡並向前推進。
五、不要拉車後退。
六、當下坡時車輛應在人之後。

56. （4）下列何者非屬防止搬運事故之一般原則？
①以機械代替人力 ②以機動車輛搬運
③採取適當之搬運方法 ④儘量增加搬運距離。

解析 搬運時應盡量減少搬運距離，並以機械代替人力，減少人員體力消耗。

57. （3）依機械設備器具安全標準規定，堆高機頂蓬上框開口處寬度或長度，應不得超過多少公分？
①12 ②14 ③16 ④18。

解析 機械設備器具安全標準第 79 條：
堆高機應設置符合下列規定之頂蓬。但堆高機已註明限使用於裝載貨物掉落時無危害駕駛者之虞者，不在此限：
一、頂蓬強度足以承受堆高機最大荷重之 2 倍之值等分布靜荷重。其值逾 4 公噸者為 4 公噸。
二、上框各開口之寬度或長度不得超過 16 公分。
三、駕駛者以座式操作之堆高機，自駕駛座上面至頂蓬下端之距離，在 95 公分以上。
四、駕駛者以立式操作之堆高機，自駕駛座底板至頂蓬上框下端之距離，在 1.8 公尺以上。

58. （ 1 ）造成研磨輪破裂之主要原因為何？
①軸徑不符　②儲存過久　③利度不符　④沒有施行現場檢點。

解析 研磨輪造成破裂原因包含：
一、未鎖緊，轉動時破裂。
二、軸徑不符合標準。
三、利度不夠，造成性能不佳，或過熱破裂。
四、現場並未檢點：
　1. 研磨輪應於每日作業開始前，試轉 1 分鐘以上。
　2. 研磨輪更換時應先檢驗有無裂痕，並在護罩下試轉 3 分鐘以上。
五、本題之選項皆為研磨輪容易破裂之原因，但最常發生之原因是因為沒有使用確切的軸徑或最高使用周速度不符而造成。

59. （ 3 ）輸送帶的使用，要注意下列何者？
①操作人員必須考取執照　　　　②切勿使用穀物輸送
③預防感電、夾捲事故　　　　　④只能處理乾燥性物料。

解析 輸送帶要注意最常發生夾捲事故，有捲入、夾入之危險點所設置防護裝置情形需要特別注意。而輸送機維修保養常使用電銲作業，供電及電銲設備漏電易造成感電事故。

60. （ 4 ）往復機件與固定物之間，會造成下列何種危險？
①捲入　②跌倒　③反彈　④擠夾。

解析 往復機件與固定物之間會來回運動，容易造成擠夾危害。

61. （ 4 ）下列何者非屬避免動力衝剪機械引起危害之預防方法？
①使用自動拉開裝置　②設置護圍　③使用光電連鎖裝置　④使用撐縫片。

解析 衝剪機械之安全裝置，應具有下列機能之一：
一、連鎖防護式安全裝置：滑塊等在閉合動作中，能使身體之一部無介入危險界限之虞。
二、雙手操作式安全裝置：
　1. 安全一行程式安全裝置：在手指按下起動按鈕、操作控制桿或操作其他控制裝置（以下簡稱操作部），脫手後至該手達到危險界限前，能使滑塊等停止動作。
　2. 雙手起動式安全裝置：以雙手作動操作部，於滑塊等閉合動作中，手離開操作部時使手無法達到危險界限。
三、感應式安全裝置：滑塊等在閉合動作中，遇身體之一部接近危險界限時，能使滑塊等停止動作。

四、拉開式或掃除式安全裝置：滑塊等在閉合動作中遇身體之一部介入危險界限時，能隨滑塊等之動作使其脫離危險界限。

62. （ 3 ）操作車床時，其主要危險為下列何者？
①火災爆炸　②粉塵危害　③被夾、被捲　④墜落。

解析 車床主要的潛在危害來自於勞工身體接觸機器的移動部分，被夾於工具及工件之間、工件及機器之間、或機器移動及固定部分之間，搬運工件不當。

63. （ 4 ）研磨機之研磨輪破裂損害屬何種類型災害？
①物體破裂　②被撞　③與有害物接觸　④物體飛落。

解析 結合性研磨產品的安全裝置主要為防護罩。防護罩的功用為防止研磨的材料碎片或破裂的碎片噴出，造成操作員的傷害。防護罩的強度應符合中國國家標準之規定。當防護罩損壞時，使用者應使用製造商所提供之護罩立即加以更換，不可以任意以替代品取代。機器加工時，防護罩應以適當的方法固定於機台上，不可有位移或鬆脫的現象發生。

64. （ 3 ）依機械設備器具安全標準規定，衝剪機械之安全模，在上死點時其上模與下模之間距應在多少公厘以下？
①4　②6　③8　④10。

解析 安全模：下列各構件間之間隙應在 8 毫米以下：
一、上死點之上模與下模之間。
二、使用脫料板者，上死點之上模與下模脫料板之間。
三、導柱與軸襯之間。

65. （ 2 ）衝剪機械之滑塊在動作中，遇身體之一部接近危險界限時，能使滑塊等停止動作者，為下列何種型式之安全裝置？
①防護式　②感應式　③拉開式　④雙手操作式。

解析 衝剪機械之安全裝置，應具有下列機能之一：
一、連鎖防護式安全裝置：滑塊等在閉合動作中，能使身體之一部無介入危險界限之虞。
二、雙手操作式安全裝置：
1. 安全一行程式安全裝置：在手指按下起動按鈕、操作控制桿或操作其他控制裝置（以下簡稱操作部），脫手後至該手達到危險界限前，能使滑塊等停止動作。
2. 雙手起動式安全裝置：以雙手作動操作部，於滑塊等閉合動作中，手離開操作部時使手無法達到危險界限。

三、感應式安全裝置：滑塊等在閉合動作中，遇身體之一部接近危險界限時，能使滑塊等停止動作。
四、拉開式或掃除式安全裝置：滑塊等在閉合動作中遇身體之一部介入危險界限時，能隨滑塊等之動作使其脫離危險界限。

66. （1）動力衝剪機械之感應式安全裝置，應為下列何種型式？
①光電式　②機械式　③防護式　④寸動式。

解析 光電式安全裝置應符合下列規定：
一、衝剪機械之光電式安全裝置，應具有身體之一部將光線遮斷時能檢出，並使滑塊等停止動作之構造。
二、衝壓機械之光電式安全裝置，其投光器及受光器須有在滑塊等動作中防止危險之必要長度範圍有效作動，具須能跨越在滑塊等調節量及行程長度之合計長度（以下簡稱防護高度）。
三、投光器及受光器之光軸數須具2個以上且將遮光棒放在前款之防護高度範圍內之任意位置時，檢出機構能感應遮光棒之最小直徑（以下簡稱連續遮光幅）在50毫米以下。但具啟動控制功能之光電式安全裝置，其連續遮光幅為30毫米以下。
四、剪斷機械之光電式安全裝置，其投光器及受光器之光軸，從剪斷機械之桌面起算之高度，應為該光軸所含鉛直面和危險界限之水平距離之0.67倍以下。但其值超過180毫米時，視為180毫米。
五、前款之投光器及受光器，其光軸所含鉛直面與危險界限之水平距離超過270毫米時，該光軸及刀具間須設有1個以上之光軸。
六、衝剪機械之光電式安全裝置之構造，自投光器照射之光線，僅能達到其對應之受光器或反射器，且受光器不受其對應之投光器或反射器以外之其他光線感應。但具有感應其他光線時亦不影響滑塊等之停止動作之構造者，不在此限。

67. （1）依營造安全衛生設施標準規定，工作臺、作業面開口部分之護欄，其高度應在多少公分以上？
①90　②60　③70　④105。

解析 雇主設置之護欄，應依下列規定辦理：
一、具有高度90公分以上之上欄杆、中間欄杆或等效設備（以下簡稱中欄杆）、腳趾板及杆柱等構材；其上欄杆、中欄杆及地盤面與樓板面間之上下開口距離，應不大於55公分。
二、以木材構成者，其規格如下：
1. 上欄杆應平整，且其斷面應在30平方公分以上。
2. 中欄杆斷面應在25平方公分以上。

3. 腳趾板高度應在 10 公分以上，厚度在 1 公分以上，並密接於地盤面或樓板面舖設。
4. 杆柱斷面應在 30 平方公分以上，相鄰間距不得超過 2 公尺。

三、以鋼管構成者，其上欄杆、中欄杆及杆柱之直徑均不得小於 3.8 公分，杆柱相鄰間距不得超過 2.5 公尺。

四、採用前 2 款以外之其他材料或型式構築者，應具同等以上之強度。

五、任何型式之護欄，其杆柱、杆件之強度及錨錠，應使整個護欄具有抵抗於上欄杆之任何一點，於任何方向加以 75 公斤之荷重，而無顯著變形之強度。

六、除必須之進出口外，護欄應圍繞所有危險之開口部分。

七、護欄前方 2 公尺內之樓板、地板，不得堆放任何物料、設備，並不得使用梯子、合梯、踏凳作業及停放車輛機械供勞工使用。但護欄高度超過堆放之物料、設備、梯、凳及車輛機械之最高部達 90 公分以上，或已採取適當安全設施足以防止墜落者，不在此限。

八、以金屬網、塑膠網遮覆上欄杆、中欄杆與樓板或地板間之空隙者，依下列規定辦理：
1. 得不設腳趾板。但網應密接於樓板或地板，且杆柱之間距不得超過 1.5 公尺。
2. 網應確實固定於上欄杆、中欄杆及杆柱。
3. 網目大小不得超過 15 平方公分。
4. 固定網時，應有防止網之反彈設施。

68. (1) 依營造安全衛生設施標準關於護欄的規定，下列何者有誤？
①護欄的高度應在 75 公分以上
②護欄能抵抗於上欄杆之任何一點，於任何方向加以 75 公斤的荷重，而無顯著變形
③護欄前方 2 公尺內嚴禁堆放物料
④護欄應包括上欄杆、中欄杆、腳趾板及杆柱。

解析 雇主設置之護欄，應依下列規定辦理：

一、具有高度 90 公分以上之上欄杆、中間欄杆或等效設備（以下簡稱中欄杆）、腳趾板及杆柱等構材；其上欄杆、中欄杆及地盤面與樓板面間之上下開口距離，應不大於 55 公分。

二、以木材構成者，其規格如下：
1. 上欄杆應平整，且其斷面應在 30 平方公分以上。
2. 中欄杆斷面應在 25 平方公分以上。
3. 腳趾板高度應在 10 公分以上，厚度在 1 公分以上，並密接於地盤面或樓板面舖設。
4. 杆柱斷面應在 30 平方公分以上，相鄰間距不得超過 2 公尺。

三、以鋼管構成者，其上欄杆、中欄杆及杆柱之直徑均不得小於 3.8 公分，杆柱相鄰間距不得超過 2.5 公尺。

四、採用前 2 款以外之其他材料或型式構築者，應具同等以上之強度。
五、任何型式之護欄，其杆柱、杆件之強度及錨錠，應使整個護欄具有抵抗於上欄杆之任何一點，於任何方向加以 75 公斤之荷重，而無顯著變形之強度。
六、除必須之進出口外，護欄應圍繞所有危險之開口部分。
七、護欄前方 2 公尺內之樓板、地板，不得堆放任何物料、設備，並不得使用梯子、合梯、踏凳作業及停放車輛機械供勞工使用。但護欄高度超過堆放之物料、設備、梯、凳及車輛機械之最高部達 90 公分以上，或已採取適當安全設施足以防止墜落者，不在此限。
八、以金屬網、塑膠網遮覆上欄杆、中欄杆與樓板或地板間之空隙者，依下列規定辦理：
　1. 得不設腳趾板。但網應密接於樓板或地板，且杆柱之間距不得超過 1.5 公尺。
　2. 網應確實固定於上欄杆、中欄杆及杆柱。
　3. 網目大小不得超過 15 平方公分。
　4. 固定網時，應有防止網之反彈設施。

69. (1) 依營造安全設施安全標準規定，臨時性開口處使用之覆蓋，表面應漆成什麼顏色並標示「開口注意」等警告訊息？
①黃　②綠　③藍　④黑。

解析 營造安全衛生設施標準第 21 條：
雇主設置之護蓋，應依下列規定辦理：
一、應具有能使人員及車輛安全通過之強度。
二、應以有效方法防止滑溜、掉落、掀出或移動。
三、供車輛通行者，得以車輛後軸載重之 2 倍設計之，並不得妨礙車輛之正常通行。
四、為柵狀構造者，柵條間隔不得大於 3 公分。
五、上面不得放置機動設備或超過其設計強度之重物。
六、臨時性開口處使用之護蓋，表面漆以黃色並書以警告訊息。

70. (1) 依職業安全衛生設施規則規定，有墜落之虞之場所，應設置至少高度幾公分以上之堅固扶手？
①75　②80　③85　④90。

解析 職業安全衛生設施規則第 36 條：
雇主架設之通道及機械防護跨橋，應依下列規定：
一、具有堅固之構造。
二、傾斜應保持在 30 度以下。但設置樓梯者或其高度未滿 2 公尺而設置有扶手者，不在此限。
三、傾斜超過 15 度以上者，應設置踏條或採取防止溜滑之措施。
四、有墜落之虞之場所，應置備高度 75 公分以上之堅固扶手。在作業上認有必要時，得在必要之範圍內設置活動扶手。

五、設置於豎坑內之通道，長度超過 15 公尺者，每隔 10 公尺內應設置平台一處。
六、營建使用之高度超過 8 公尺以上之階梯，應於每隔 7 公尺內設置平台一處。
七、通道路用漏空格條製成者，其縫間隙不得超過 3 公分，超過時，應裝置鐵絲網防護。

71.（1） 依職業安全衛生設施規則規定，有關固定梯之敘述，下列何者有誤？
①可當作工作檯使用　　②應有堅固構造
③等間隔設置踏條　　　④應有防止梯移位的措施。

解析 職業安全衛生設施規則第 37 條：
雇主設置之固定梯，應依下列規定：
一、具有堅固之構造。
二、應等間隔設置踏條。
三、踏條與牆壁間應保持 16.5 公分以上之淨距。
四、應有防止梯移位之措施。
五、不得有防礙工作人員通行之障礙物。
六、平台用漏空格條製成者，其縫間隙不得超過 3 公分；超過時，應裝置鐵絲網防護。
七、梯之頂端應突出板面 60 公分以上。
八、梯長連續超過 6 公尺時，應每隔 9 公尺以下設一平台，並應於距梯底 2 公尺以上部分，設置護籠或其他保護裝置。但符合下列規定之一者，不在此限。
  1. 未設置護籠或其他保護裝置，已於每隔 6 公尺以下設一平台者。
  2. 塔、槽、煙囪及其他高位建築之固定梯已設置符合需要之安全帶、安全索、磨擦制動裝置、滑動附屬裝置及其他安全裝置，以防止勞工墜落者。
九、前款平台應有足夠長度及寬度，並應圍以適當之欄柵。
前項第 7 款至第 8 款規定，不適用於沉箱內之梯。

72.（1） 依營造安全設施安全標準規定，施工架上舖設 2 個以上之工作用板料時，其板料間隙須在多少公分以下，以避免勞工發生墜落？
①3　②4　③5　④6。

解析 營造安全衛生設施標準第 62-1 條：
雇主對於施工構臺，應依下列規定辦理：
一、支柱應依施工場所之土壤性質，埋入適當深度或於柱腳部襯以墊板、座鈑等以防止滑動或下沉。
二、支柱、支柱之水平繫材、斜撐材及構臺之梁等連結部分、接觸部分及安裝部分，應以螺栓或鉚釘等金屬之連結器材固定，以防止變位或脫落。
三、高度 2 公尺以上構臺之覆工板等板料間隙應在 3 公分以下。
四、構臺設置寬度應足供所需機具運轉通行之用，並依施工計畫預留起重機外伸撐座伸展及材料堆置之場地。

73. （2）依職業安全衛生設施規則規定，勞工在高度多少公尺以上場所作業時，雇主應有防止勞工墜落之措施？
①1.5 ②2 ③3 ④5。

解析 職業安全衛生設施規則第224條：
雇主對於高度在2公尺以上之工作場所邊緣及開口部分，勞工有遭受墜落危險之虞者，應設有適當強度之護欄、護蓋等防護措施。
雇主為前項措施顯有困難，或作業之需要臨時將護欄、護蓋等拆除，應採取使勞工使用安全帶等防止因墜落而致勞工遭受危險之措施。

74. （3）依職業安全衛生設施規則規定，在石綿板、鐵皮板、塑膠等材料構築之屋頂從事作業時，為防止勞工踏穿墜落，應於屋架上設置適當強度，且寬度在多少公分以上之踏板？
①10 ②20 ③30 ④40。

解析 職業安全衛生設施規則第227條：
雇主對勞工於以石綿板、鐵皮板、瓦、木板、茅草、塑膠等材料構築之屋頂及雨遮，或於以礦纖板、石膏板等易踏穿材料構築之夾層天花板從事作業時，為防止勞工踏穿墜落，應採取下列設施：
一、規劃安全通道，於屋架、雨遮或天花板支架上設置適當強度且寬度在30公分以上之踏板。
二、於屋架、雨遮或天花板下方可能墜落之範圍，裝設堅固格柵或安全網等防墜設施。
三、指定專人指揮或監督該作業。
雇主對前項作業已採其他安全工法或設置踏板面積已覆蓋全部易踏穿屋頂、雨遮或天花板，致無墜落之虞者，得不受前項限制。

75. （4）依職業安全衛生設施規則規定，移動梯之寬度應在多少公分以上？
①15 ②20 ③25 ④30。

解析 職業安全衛生設施規則規定：
第229條：
雇主對於使用之移動梯，應符合下列之規定：
1. 具有堅固之構造。
2. 其材質不得有顯著之損傷、腐蝕等現象。
3. 寬度應在30公分以上。
4. 應採取防止滑溜或其他防止轉動之必要措施。
第230條：
雇主對於使用之合梯，應符合下列規定：
1. 具有堅固之構造。
2. 其材質不得有顯著之損傷、腐蝕等。

3. 梯腳與地面之角度應在 75 度以內，且兩梯腳間有金屬等硬質繫材扣牢，腳部有防滑絕緣腳座套。
4. 有安全之防滑梯面。
雇主不得使勞工以合梯當作二工作面之上下設備使用，並應禁止勞工站立於頂板作業。

76. (1) 為防止墜落災害，有關使用移動梯子必須遵守事項，下列何者錯誤？
①梯子寬度應在 20 公分以上　　②梯子與地面保持 75 度角
③應有防止梯子滑溜、移位的措施　　④禁止於梯子上從事作業。

解析 職業安全衛生設施規則規定：
第 229 條：
雇主對於使用之移動梯，應符合下列之規定：
1. 具有堅固之構造。
2. 其材質不得有顯著之損傷、腐蝕等現象。
3. 寬度應在 30 公分以上。
4. 應採取防止滑溜或其他防止轉動之必要措施。
第 230 條：
雇主對於使用之合梯，應符合下列規定：
1. 具有堅固之構造。
2. 其材質不得有顯著之損傷、腐蝕等。
3. 梯腳與地面之角度應在 75 度以內，且兩梯腳間有金屬等硬質繫材扣牢，腳部有防滑絕緣腳座套。
4. 有安全之防滑梯面。
雇主不得使勞工以合梯當作二工作面之上下設備使用，並應禁止勞工站立於頂板作業。

77. (3) 依職業安全衛生設施規則規定，有關使用合梯作業，下列何者為非？
①合梯須有堅固之構造
②合梯材質不可有顯著損傷
③梯角與地面應在 82 度以內，且兩梯腳間有繫材扣牢
④有安全梯面。

解析 職業安全衛生設施規則規定：
第 229 條：
雇主對於使用之移動梯，應符合下列之規定：
1. 具有堅固之構造。
2. 其材質不得有顯著之損傷、腐蝕等現象。
3. 寬度應在 30 公分以上。
4. 應採取防止滑溜或其他防止轉動之必要措施。
第 230 條：
雇主對於使用之合梯，應符合下列規定：

1. 具有堅固之構造。
2. 其材質不得有顯著之損傷、腐蝕等。
3. 梯腳與地面之角度應在 75 度以內，且兩梯腳間有金屬等硬質繫材扣牢，腳部有防滑絕緣腳座套。
4. 有安全之防滑梯面。
雇主不得使勞工以合梯當作二工作面之上下設備使用，並應禁止勞工站立於頂板作業。

78. （1） 下列有關合梯之使用，何者有誤？
①材質之損傷、腐蝕未達百分之二十者
②梯面踏腳處應有適當面積
③梯腳與地面所形成角度應在 75 度以內
④應設有保持其開合角度之金屬扣件。

解析 職業安全衛生設施規則規定：
第 229 條：
雇主對於使用之移動梯，應符合下列之規定：
1. 具有堅固之構造。
2. 其材質不得有顯著之損傷、腐蝕等現象。
3. 寬度應在 30 公分以上。
4. 應採取防止滑溜或其他防止轉動之必要措施。
第 230 條：
雇主對於使用之合梯，應符合下列規定：
1. 具有堅固之構造。
2. 其材質不得有顯著之損傷、腐蝕等。
3. 梯腳與地面之角度應在 75 度以內，且兩梯腳間有金屬等硬質繫材扣牢，腳部有防滑絕緣腳座套。
4. 有安全之防滑梯面。
雇主不得使勞工以合梯當作二工作面之上下設備使用，並應禁止勞工站立於頂板作業。

79. （1） 依職業安全衛生設施規則規定，使用合梯作業時，高度達多少公尺以上，必須設置工作檯或使用安全帶等防墜措施？
①2　②1　③1.5　④1.8。

解析 職業安全衛生設施規則第 225 條：
雇主對於在高度 2 公尺以上之處所進行作業，勞工有墜落之虞者，應以架設施工架或其他方法設置工作台。但工作台之邊緣及開口部分等，不在此限。
雇主依前項規定設置工作台有困難時，應採取張掛安全網或使勞工使用安全帶等防止勞工因墜落而遭致危險之措施，但無其他安全替代措施者，得採取繩索作業。使用安全帶時，應設置足夠強度之必要裝置或安全母索，供安全帶鉤掛。

80. (2) 依職業安全衛生設施規則規定，使用梯式施工架立木之梯子，兩梯相互連接以增加長度時，至少應疊接多少公尺以上，並紮結牢固？
①1 ②1.5 ③1.8 ④2。

解析 職業安全衛生設施規則第231條：
雇主對於使用之梯式施工架立木之梯子，應符合下列規定：
一、具有適當之強度。
二、置於座板或墊板之上，並視土壤之性質埋入地下至必要之深度，使每一梯子之二立木平穩落地，並將梯腳適當紮結。
三、以一梯連接另一梯增加其長度時，該二梯至少應疊接 1.5 公尺以上，並紮結牢固。

81. (3) 有關勞工於吊籠之工作台上作業時，下列敘述何者為非？
①應佩戴安全帶及安全帽
②禁止無關人員進入作業場所下方
③必要時，得設置腳墊
④作業場所下方危險區域，應設警告標示。

解析 起重升降機具安全規則第100條：
雇主於吊籠之工作台上，不得設置或放置腳墊、梯子等供勞工使用。

82. (1) 高度 2 公尺以上作業遇強風大雨，勞工有墜落之虞時，應使勞工停止作業，所謂之強風係指10分鐘的平均風速達每秒多少公尺以上者？
①10 ②20 ③30 ④40。

解析 強風係指10分鐘的平均風速達每秒10公尺以上者，大雨指24小時累積雨量達50毫米以上，且其中至少有1小時雨量達15毫米以上之降雨現象。為避免因強風大雨危及勞工生命安全，營造工地應格外加強安全措施，重點包括外牆施工架、鋼骨、塔吊、土方開挖工程、鄰近河岸工程、坡地工程等作業之防護。

83. (4) 墜落災害防止對策，在高處作業人員之管理對策方面，不包括下列何項？
①選擇適合高架作業之勞工
②限制身體精神狀況不良勞工之作業
③培養從事高處作業之安全態度
④設置無墜落之虞的通路、樓梯、升降設備等設施。

解析 營造安全衛生設施標準第17條：
雇主對於高度 2 公尺以上之工作場所，勞工作業有墜落之虞者，應訂定墜落災害防止計畫，依下列風險控制之先後順序規劃，並採取適當墜落災害防止設施：
一、經由設計或工法之選擇，儘量使勞工於地面完成作業，減少高處作業項目。

二、經由施工程序之變更，優先施作永久構造物之上下設備或防墜設施。
三、設置護欄、護蓋。
四、張掛安全網。
五、使勞工佩掛安全帶。
六、設置警示線系統。
七、限制作業人員進入管制區。
八、對於因開放邊線、組模作業、收尾作業等及採取第1款至第5款規定之設施致增加其作業危險者，應訂定保護計畫並實施。

84.（ 1 ）為防止墜落災害，使用移動式施工架作業之安全注意事項，下列何者錯誤？
①人在架上，應以寸動方式移動施工架
②作業時應使用安全帶
③兩人不得同時於同側作業
④使用時應將腳輪之止滑裝置予以固定。

解析 移動式施工架須注意：
一、勞工確實使用安全帽等防護具。
二、需設置安全上下設備，工作平台應設置安全欄杆。
三、設置活動撐座，並確實使用煞車腳輪。
四、作業時防滑煞車器應固定，**人員在施工架上時不可移動施工架**。
五、工作平台上不可架設合梯。

85.（ 1 ）在高架作業中，若設置工作台有困難者，應使用下列何者來防止墜落？
①安全網　②安全帽　③安全鞋　④安全眼鏡。

解析 高架作業中，若設置工作台有困難，應於下方設置**安全網**以避免人員墜落發生災害。

86.（ 3 ）下列何者不是高架電桿作業應注意事項？
①應獲得主管許可
②必須使用安全索
③登桿後須用力跳躍與踐踏以確定踏腳桁是否牢固
④須為合格之電氣技術人員。

解析 ● 作業前：
一、設置防止車輛突入造成危害的交通號誌、標示或柵欄。
二、告知勞工危害防範注意事項並檢點作業器具。
三、以驗電筆檢驗電桿並目視檢驗電桿有無痕裂。
四、裝安全母索、吊物繩。
五、固定安全母索並裝設止滑防墜器。
六、梯具以安定繩固定。
七、佩帶背負式安全帶並勾掛於止滑防墜器。

- 作業中：
  一、共同作業人員扶梯後，開始登梯，且確認踏腳桁是否牢固。
  二、登梯保持 3 點不動 1 點動。
  三、至頂先固定安全帶。
  四、作業完解開電桿安全帶固定處。
  五、下梯保持 3 點不動 1 點動。
- 作業後：
  一、移除安定繩。
  二、撤收升縮梯及工具。
  三、移除交通號誌、標示或柵欄。

87. （ 1 ）使勞工從事屋頂維修作業，該作業之主要危害為何？
    ①人員踏穿屋頂，發生墜落
    ②瓦片未灑水，致更換屋頂瓦片時產生粉塵
    ③材料未經核對，至外觀不良
    ④屋頂維修只要聘請專業泥水師父，就不會產生危害。

解析 從近年重大職災分析，屋頂作業墜落災害型態以踏穿石綿瓦、採光罩、塑膠浪板等墜落為最多，其次為於屋頂邊緣或開口作業墜落，再其次為於攀爬至屋頂過程中墜落，其中以踏穿墜落最為嚴重，佔所有屋頂墜落災害 66%。由於施工的便利性及臺灣氣候的因素，石綿瓦、塑膠浪板及採光罩等輕質材料大量運用於民宅及廠房的屋頂，但是也由於其材質脆弱，容易老化及脆化，尤其是塑膠浪板；而經過長期的風吹日曬之後，外觀上不易與屋頂周圍材質作區分（如烤漆金屬浪板），因此於進行屋頂維修及作業時，便極易發生「踏穿」石綿瓦、塑膠浪板及採光罩，而發生墜落災害。

88. （ 1 ）下列何種災害類型佔重大職業災害最高的比率？
    ①墜落 ②感電 ③捲夾 ④倒崩塌。

解析 據勞動部統計資料顯示，近年工作場所重大職災死亡人數以墜落發生最多，約佔全部災害 49%，其中從屋頂墜落比例最高，每年約有 40 名以上勞工於屋頂作業時發生墜落死亡。

89. （ 1 ）預防樓地板開口墜落最有效的防護方式為下列何者？
    ①設置足夠強度的覆蓋 ②設警語 ③拉警示帶 ④使用安全帶。

解析 雇主對於高度在 2 公尺以上之工作場所邊緣及開口部分，勞工有遭受墜落危險之虞者，應設有適當強度之護欄、護蓋等防護措施。

90. （1） 依營造安全衛生設施標準規定，對於設置鋼管施工架之敘述，下列何者正確？
    ①使用金屬附屬配件應確實連接固定
    ②接近高架線路設置施工架，可不裝設絕緣用防護裝備或警告標示
    ③使用之鋼材與構架方式，得依個人意思施作
    ④裝有腳輪之移動式施工架，勞工於其上作業時得移動施工架。

解析 營造安全衛生設施標準第 59 條：
雇主對於鋼管施工架之設置，應依下列規定辦理：
一、使用國家標準 CNS 4750 型式之施工架，應符合國家標準同等以上之規定；其他型式之施工架，其構材之材料抗拉強度、試驗強度及製造，應符合國家標準 CNS 4750 同等以上之規定。
二、前款設置之施工架，於提供使用前應確認符合規定，並於明顯易見之處明確標示。
三、裝有腳輪之移動式施工架，勞工作業時，其腳部應以有效方法固定之；勞工於其上作業時，不得移動施工架。
四、構件之連接部分或交叉部分，應以適當之金屬附屬配件確實連接固定，並以適當之斜撐材補強。
五、屬於直柱式施工架或懸臂式施工架者，應依下列規定設置與建築物連接之壁連座連接：
    1. 間距應小於下表所列之值為原則：

鋼管施工架之種類	間距（單位：公尺）	
	垂直方向	水平方向
單管施工架	5	5.5
框式施工架（高度未滿 5 公尺者除外）	9	8

    2. 應以鋼管或原木等使該施工架構築堅固。
    3. 以抗拉材料與抗壓材料合構者，抗壓材與抗拉材之間距應在 1 公尺以下。
六、接近高架線路設置施工架，應先移設高架線路或裝設絕緣用防護裝備或警告標示等措施，以防止高架線路與施工架接觸。
七、使用伸縮桿件及調整桿時，應將其埋入原桿件足夠深度，以維持穩固，並將插銷鎖固。

前項第一款因工程施作需要，將內側交叉拉桿移除者，其內側應設置水平構件，並與立架連結穩固，提供施工架必要強度，以防止作業勞工墜落危害。
前項內側以水平構件替換交叉拉桿之施工架，替換後之整體施工架強度計算，除依第 40 條規定辦理外，其水平構件強度應與國家標準 CNS 4750 相當。

91. (2) 依職業安全衛生設施規則規定，自高度在幾公尺以上之場所，投下物體有危害勞工之虞時，應設置適當之滑槽及承受設備？
①2　②3　③4　④5。

解析 職業安全衛生設施規則第237條：
雇主對於自高度在3公尺以上之場所投下物體有危害勞工之虞時，應設置適當之滑槽、承受設備，並指派監視人員。

92. (1) 於拆除建築物或構造物時，為確保作業安全，下列何者有誤？
①拆除順序應由下而上逐步拆除
②不得同時在不同高度之位置從事拆除
③有飛落、震落之物件，優先拆除
④拆除進行中予以灑水，避免塵土飛揚。

解析 拆除順序應**由上而下**逐步拆除，以避免重心不穩發生倒塌等災害。

93. (1) 下列何者非模板支撐作業常見災害類型？
①爆炸　②物體飛落　③墜落　④倒崩塌。

解析 建築工程之模板作業災害類型主要為**墜落及倒塌崩塌**兩類。
● 墜落災害發生主要原因為：
　1. 高度2公尺以上之作業，未設置適當之施工架，或未使勞工確實使用安全帽、安全帶。
　2. 施工架設備不良，造成作業勞工墜落，例如：施工架未設置內側交叉拉桿及下拉桿、施工架與建築物間開口未設防護設備、施工架工作台未鋪滿密接板料、施工架頂層未設置護欄、施工架無安全上下設備等。
　3. 樓版開口未設置護欄、護蓋或安全網。
● 倒塌崩塌災害發生主要原因為：
　1. 模板支撐未設計及繪製施工圖說，由工地依經驗施工，支撐強度不足。
　2. 可調鋼管支柱連接使用。
　3. 可調鋼管支柱高度超過3.5公尺以上時，高度每2公尺內未設置足夠強度之縱向、橫向水平繫條。而東西沒放置固定好也可能發生飛落災害，但不太會發生爆炸災害。

94. (4) 滅火方法有很多種，下列敘述何者不正確？
①油料漏油引起火災可關閉進口，停止輸送為隔離法
②以水冷卻火場溫度為冷卻法
③密閉燃燒空間使火自然熄滅為窒息法
④以不燃性泡沫覆蓋燃燒物為抑制法。

解析 滅火的基本原理：

燃燒條件	方法名稱	滅火原理	滅火方法
可燃物	拆除法	搬離或除去可燃物	將可燃物搬離火中或自燃燒的火焰中除去。
助燃物（氧）	窒息法	除去助燃物	排除、隔絕或者稀釋空氣中的氧氣。
熱能	冷卻法	減少熱能	使可燃物的溫度降低到燃點以下。
連鎖反應	抑制法	破壞連鎖反應	加入能與游離基結合的物質，破壞或阻礙連鎖反應。

95. （ 4 ）可燃物於無明火等火源條件下，在大氣中僅因受熱而開始自行持續燃燒所需之最低溫度為下列何者？
①沸點　②閃火點　③熔點　④自燃溫度。

解析 發火（自燃）溫度：可燃物於無明火等火源的條件下，在大氣中僅因受熱而開始自行持續燃燒所需之最低溫度。

96. （ 4 ）灌注、卸收危險物於液槽車、儲槽、油桶等之設備，有因靜電引起爆炸或火災之虞者，應採取之安全措施或去除靜電之裝置，下列何者錯誤？
①接地　②加濕　③使用除電劑　④漏電斷路器。

解析 雇主對於下列設備有因靜電引起爆炸或火災之虞者，應採取**接地**、使用**除電劑**、**加濕**、使用不致成為發火源之虞之除電裝置或其他去除靜電之裝置：
一、灌注、卸收危險物於液槽車、儲槽、油桶等之設備。
二、收存危險物之液槽車、儲槽、油桶等設備。
三、塗敷含有易燃液體之塗料、粘接劑等之設備。
四、以乾燥設備中，從事加熱乾燥危險物或會生其他危險物之乾燥物及其附屬設備。
五、易燃粉狀固體輸送、篩分等之設備。
六、其他有因靜電引起爆炸、火災之虞之化學設備或其附屬設備。

97. （ 3 ）下列何種危險物，為防止爆炸火災，不得使其接觸促進其分解之物質，並不得予以加熱磨擦或撞擊？
①爆炸性物質　②著火性物質　③氧化性物質　④易燃液體。

解析 氧化性物質：本身並不一定可燃，通常能放出氧氣或導致其他物質燃燒者。

98. （3） 有關批式反應製程有機過氧化物之儲存、使用，下列敘述何者不正確？
    ①儲存室應獨立設於製程區外
    ②有機過氧化物之儲存管理應採先進先出
    ③每日應將當天各時段各批次所需之有機過氧化物一次提領，以降低儲存室內之風險
    ④使用抑制劑為防止失控反應常用方法之一。

解析 有機過氧化物：
它是含有兩價的 -O-O- 結構可被認為是過氧化氫的衍生物的有機物質，其中一個或兩個氫原子被有機原子團取代。有機過氧化物是遇熱不穩定的物質，它可發熱並自行加速分解。此外，這類物質還可能具有一種或多種下列特性：
一、易發生爆炸性的分解。
二、迅速燃燒。
三、對撞擊或摩擦敏感。
四、與其他物質起危險反應。
五、損害眼睛。
每日不得將當天各時段各批次所需之有機過氧化物一次提領，以免產生危險。

99. （4） 以水為滅火劑，下列何者是水的主要滅火效果？
    ①抑制作用　②加成作用　③隔離作用　④冷卻作用。

解析
● 要將一公克的水提高攝氏一度，需要一卡（cal）的熱量；如果要將一公克的熱水變成水蒸氣時，則需要539卡的熱量。如果對燃燒中的物質噴水，由於水的溫度會上升甚至於蒸發，就會吸取燃燒物的大量熱量，燃燒物的溫度自然下降，火也因而熄滅，這就是水的「冷卻作用」，也是水的主要滅火機制。
● 水一經加上高熱後，就會汽化成水蒸氣，體積也迅速膨脹為原來的1,700倍之多；這些膨脹的水蒸氣便會再燃燒物周圍形成一道如牆壁般的屏障，能防止空氣進入，也能隔絕了氧氣，這就是水的「窒息或隔離作用」，但相較於水霧系統，這樣的效果並非水的主要滅火機制。
● 抑制作用：此乃針對連鎖反應而言，由於燃燒過程中產生的氫離子（H^+）或氫氧離子（OH^-）等活性基或原子乃是促進連鎖反應的因素，因此加入一些抑制物質與這些游離基結合，則游離基不再發生，燃燒之連鎖反應必告斷絕，燃燒自然停止，現行滅火劑如乾粉、蒸發性液體滅火劑等，其主要的滅火作用即是抑制作用。

100. （3） 易燃液體遇到火源和適當的空氣，表面可閃爍起火，但火焰不能繼續燃燒之最低溫度為下列何者？　①沸點　②散火點　③閃火點　④發火溫度。

解析 當可燃性液體受熱時在表面將揮發少量蒸氣，並與空氣混合，此時若有微小火源接近時將引燃液體表面附近之蒸氣而形成一閃即逝之火花，能產生此種現象之最低溫度稱為閃火點或閃點，亦可稱為下閃點。

101. (4) 下列何種可燃性氣體比空氣重？
①氫　②乙炔　③甲烷　④丙烷。

解析 丙烷比空氣重（大約是空氣的 1.5 倍）。在自然狀態下，丙烷會下落並積聚在地表附近。在常壓下，液態的丙烷會很快的變為蒸汽並且由於空氣中水氣凝結而顯白色。

102. (4) 可燃性金屬如鉀、鈉、鎂等引起之火災，必須使用特種化學乾粉予以撲滅者稱為何類火災？
①甲(A)　②乙(B)　③丙(C)　④丁(D)。

解析

火災類型	火災名稱	火災產生原因	適用滅火器
A 類火災	普通火災	普通可燃物如木製品、紙纖維、棉、布、合成只樹脂、橡膠、塑膠等發生之火災。通常建築物之火災即屬此類。	泡沫滅火器 乾粉滅火器
B 類火災	油類火災	可燃物液體如石油、或可燃性氣體如乙烷氣、乙炔氣、或可燃性油脂如塗料等發生之火災。	泡沫滅火器 二氧化碳滅火器 乾粉滅火器
C 類火災	電氣火災	涉及通電中之電氣設備，如電器、變壓器、電線、配電盤等引起之火災。	二氧化碳滅火器 乾粉滅火器
D 類火災	金屬火災	活性金屬如鎂、鉀、鋰、鋯、鈦等或其他禁水性物質燃燒引起之火災。	乾粉滅火器

103. (1) 汽油桶發生火災，不宜使用下列何種滅火劑？
①水　②乾粉　③二氧化碳　④泡沫。

解析 油類火災（B 類）：可燃性液體（如汽油）或可燃性氣體（天然氣）或可燃性油脂（塗料）引起之火災。主要是其揮發出來之氣體在燃燒，所以只有表面有火燄，但因這類燃燒的是氣體，燃燒速度快，易引起擴大燃燒。此類火災主要以掩蓋法隔離助燃物氧氣，多以乾粉滅火器或泡沫滅火器（停車場）來滅火。

104. (4) 下列何種滅火作用，不是鹵化烷系統（海龍）的主要滅火機制？
①抑制作用　②冷卻作用　③窒息作用　④隔離作用。

解析 鹵化烴類俗稱海龍滅火器，其藥劑為鹵素之碳氫化合物（四氯化碳、一氯一溴甲烷、二溴四氯乙烷）。在火災現場上遭遇火焰會化為氣體不導電且易蒸發，具有冷卻、窒息、抑制的作用。
惟海龍滅火器的成分為鹵化烷的化合物會破壞臭氧層，所以蒙特婁國際公約規定於 1994 年，海龍滅火劑零生產、零消費，但已生產之海龍滅火劑可以繼續使用，但不再繼續生產。

105.(2) 槽車、油罐車進入石化廠時，為避免所產生之廢氣引發火災爆炸，故在其排氣管末端會裝置滅焰器，此種預防火災爆炸之方法為下列何者？
①隔離法　②冷卻法　③窒息法　④抑制法。

解析 有可燃物的作業場所所使用的原動力機械皆應採取防止產生火花引燃易燃物之必要措施，如裝設滅燄器（flame arrester）或火花防止器（spark arrester），避免所產生之廢氣引發火災爆炸。

106.(1) 靜電為引發火災爆炸之重要火源之一，下列防護方式何者較無法避免靜電火花之產生？
①利用惰性氣體充填　②接地　③增加溼度　④穿戴導電器具。

解析 靜電危害防制方法可分為接地、增加溼度、限制速度、抗靜電材料、與靜電消除器等五種。工業製造過程中，因作業環境、程序及材料的不同，所實施的靜電危害防制方法亦會有所不同。選用時必須考量現場製程環境、條件與限制，甚至經費、管理系統與人力素質等因素。沒有一種靜電危害防制方法可以適用於所有的工業製程或情況，有時同時採用二種或多種以上的靜電危害防制方法。

107.(2) 下列特性何者無法表示麵粉粉塵爆炸之可能？
①爆炸下限　②閃火點　③自燃溫度　④最低著火能量。

解析 粉塵爆炸 5 要素包括「可燃性粉塵」大量「散布」空氣中、「點火源（著火能量）」、空氣不流通的「局限空間」以及「充足的氧氣」，使用粉塵不可不慎。

108.(4) 下列火災爆炸防護方法，何者非屬預防控制方式？
①使用防爆電氣　　　　　　②嚴禁煙火
③設備與配管接地與等電位連結　④設置自動灑水消防設備。

解析 可從三方向來進行：
● 避免可燃性混合物的形成。
● 避免足夠氧濃度的供應。
● 避免有效火源的產生。
自動灑水裝置並不是預防控制方式，而是發生後的處理應對措施。

109.(1) 下列何種方式無法於粉塵作業場所有效預防塵爆之發生或降低塵爆之嚴重度？
①使用壓縮空氣吹去可燃性粉塵以避免其堆積
②裝設洩爆門或破裂片
③用惰性氣體充填粉體儲槽
④設備與配管接地與等電位連結。

解析　作業場所應保持整潔，避免粉塵堆積，亦不可用壓縮空氣吹去可燃性粉塵。

110. (1) 油料漏油引起火災，採關閉進料口或停止輸送屬何種滅火方法？
①隔離法　②冷卻法　③窒息法　④抑制法。

解析　隔離法：將燃燒中的物質燃料移開或是斷絕其供應，以削弱火勢或阻止其繼續延燒而滅火。常見的方法為開闢防火巷及防火牆、防火門的設置。其他如可燃性液體加入不燃性液體，以降低其濃度，使液面蒸發之可燃性氣體減少；又如油料漏油引起火災，應立即關閉進口、停止油料的輸送。

111. (4) 可燃性液體加熱其所產生之蒸氣與空氣混合後之氣體，足以持續燃燒，而使火燄不再熄滅時之最低溫度稱為下列何者？
①沸點（boiling point）　　②熔點（melting point）
③閃火點（flash point）　　④著火點（fire point）。

解析　著火點（Fire Point）：引火性液體表面有充分空氣遇到火種即刻燃燒火焰歷久不滅之最低溫度。

112. (2) 下列何種滅火劑不適用於易燃液體火災？
①不燃性氣體　　　　②水（柱狀）
③化學泡沫　　　　　④碳酸氫鉀乾粉。

解析　乙類（B類）火災：由可燃性液體或可燃性氣體與固體油脂類物質所引起的火災。例如：汽油、機油、燃料油、溶劑、酒精、油霧、液化石油氣、溶解乙炔氣等。最有效的滅火方法為控制空氣中的氧氣。禁止使用大量的水灌注，以免助長火焰的蔓延；常用乾化學滅火劑。例如，二氧化碳、泡沫、乾粉等。

113. (4) 以鹵化烷類滅火之方法，主要是利用何種滅火原理？
①冷卻法降低溫度　　②窒息法阻斷氧氣
③移除法除去可燃物　④抑制連鎖反應。

解析　抑制連鎖反應法：利用化學藥劑於火焰中產生鹵化烷類（或鹼金屬）離子，取代燃燒機構之氫離子或氧離子，阻礙燃燒現象而產生負面之觸媒效果；如乾粉滅火器等。

114. (4) 在 1atm 下，室溫為 30°C 時，一工作場所處置甲醇（閃火點 12°C）、乙醇（閃火點 13°C）、二甲苯（閃火點 17-27°C）、異戊醇（閃火點 43°C），下列何者發生火災爆炸之可能性最小？
①甲醇　②乙醇　③二甲苯　④異戊醇。

解析 閃火點（Flash Point）：可燃物質在某個溫度或某個溫度以上，不需外來火源即可發火，此最低溫度即為閃火點，亦稱自燃點（auto-ignition temperature）或發火溫度。此溫度亦為在氧氣存在下，可燃物質開始燃燒所必須達到的最低溫度。每種燃料皆有各自的發火溫度，當溫度高於發火溫度，且燃燒過程的放熱速率高於熱向周圍傳導的速率時，才能維持持續的燃燒過程。因此閃火點越高發生爆炸的可能也最小。

115.（1） 某一可燃性氣體之濃度為 5%（等於其爆炸下限值），如以 4 倍空氣稀釋使之完全混合後，以測爆計測定，其測定值為爆炸下限之百分之多少？
①20　②30　③40　④50。

解析 原本之爆炸下限為 5%混合 4 倍空氣為沒有爆炸性氣體之空氣＝要將 1 倍的爆炸性氣體稀釋 5 倍（若是原本為 1 立方公尺的爆炸性氣體＋4 立方公尺的一般非爆炸性氣體＝5 立方公尺），因此 5%爆炸性氣體就是 1000000×5%＝每立方公尺含有 50000ppm 爆炸性氣體，稀釋之後的混合氣體為 5 立方公尺含有 50000ppm 爆炸性氣體，也就是每立方公尺含有 10000ppm，10000/50000＝0.2×100(%)＝20%。

116.（1） 以爆炸界限來論，試比較下列何者最危險？
①二硫化碳（LEL1.3%，UEL50%）　②丙酮（LEL2.6%，UEL12.8%）
③苯（LEL1.4%，UEL7.1%）　　　　④乙醇（LEL4.3%，UEL19%）。

解析 爆炸界限又稱爆炸範圍、燃燒範圍、燃燒界限等。可燃性氣體與助燃性氣體混合時，必需在一恰當濃度範圍內方能燃燒或爆炸，例如甲烷在空氣中之爆炸界限約為 4.7%～14%。該界限之最高百分比稱爆炸上限，最低百分比稱爆炸下限。爆炸下限數字愈小表示該物質易於爆炸；(爆炸上限－爆炸下限)／爆炸下限＝危險指數，**危險指數愈高愈危險**。此外爆炸上限為 100%者則多數為不穩定物質，可能會產生分解爆炸、聚合爆炸等。

117.（2） 依營造安全衛生設施標準規定，訂定墜落災害防止計畫，依風險控制之先後順序規劃，最優先採取下列何種墜落災害防止設施？
①設置護欄、護蓋　　　　②使勞工於地面完成作業，減少高處作業項目
③張掛安全網　　　　　　④使勞工佩掛安全帶。

解析 營造安全衛生設施標準第 17 條：
雇主對於高度 2 公尺以上之工作場所，勞工作業有墜落之虞者，應訂定墜落災害防止計畫，依下列風險控制之先後順序規劃，並採取適當墜落災害防止設施：
一、經由設計或工法之選擇，儘量使勞工於地面完成作業，減少高處作業項目。
二、經由施工程序之變更，優先施作永久構造物之上下設備或防墜設施。
三、設置護欄、護蓋。
四、張掛安全網。

五、使勞工佩掛安全帶。
六、設置警示線系統。
七、限制作業人員進入管制區。
八、對於因開放邊線、組模作業、收尾作業等及採取第 1 款至第 5 款規定之設施致增加其作業危險者,應訂定保護計畫並實施。

118.(3) 依營造安全衛生設施標準規定,使勞工從事易踏穿材料構築屋頂作業時,為預防踏穿墜落之災害,下列辦理事項何者正確?

①指派專人於現場指揮勞工作業
②屋架上設置寬度在 20 公分以上之踏板
③屋架下裝設堅固格柵或安全網
④設置適當之護欄。

解析 於易踏穿材料構築之屋頂作業時,應先規劃安全通道,於屋架上設置適當強度,且寬度在 30 公分以上之踏板,並於下方適當範圍裝設堅固格柵或安全網等防墜設施。但雇主設置踏板面積已覆蓋全部易踏穿屋頂或採取其他安全工法,致無踏穿墜落之虞者,不在此限。

119.(4) 依營造安全衛生設施標準關於護欄的規定,下列何者不正確?

①護欄應包括上欄杆、中欄杆、腳趾板及杆柱
②護欄能抵抗於上欄杆之任何一點,於任何方向加以 75 公斤的荷重,而無顯著變形
③腳趾板高度應在 10 公分以上
④護欄的高度應在 75 公分以上。

解析 雇主設置之護欄,應依下列規定辦理:
一、具有高度 90 公分以上之上欄杆、中間欄杆或等效設備(以下簡稱中欄杆)、腳趾板及杆柱等構材;其上欄杆、中欄杆及地盤面與樓板面間之上下開口距離,應不大於 55 公分。
二、以木材構成者,其規格如下:
　1. 上欄杆應平整,且其斷面應在 30 平方公分以上。
　2. 中欄杆斷面應在 25 平方公分以上。
　3. 腳趾板高度應在 10 公分以上,厚度在 1 公分以上,並密接於地盤面或樓板面舖設。
　4. 杆柱斷面應在 30 平方公分以上,相鄰間距不得超過 2 公尺。
三、以鋼管構成者,其上欄杆、中欄杆及杆柱之直徑均不得小於 3.8 公分,杆柱相鄰間距不得超過 2.5 公尺。
四、採用前 2 款以外之其他材料或型式構築者,應具同等以上之強度。

五、任何型式之護欄，其杆柱、杆件之強度及錨錠，應使整個護欄具有抵抗於上欄杆之任何一點，於任何方向加以 75 公斤之荷重，而無顯著變形之強度。

六、除必須之進出口外，護欄應圍繞所有危險之開口部分。

七、護欄前方 2 公尺內之樓板、地板，不得堆放任何物料、設備，並不得使用梯子、合梯、踏凳作業及停放車輛機械供勞工使用。但護欄高度超過堆放之物料、設備、梯、凳及車輛機械之最高部達 90 公分以上，或已採取適當安全設施足以防止墜落者，不在此限。

八、以金屬網、塑膠網遮覆上欄杆、中欄杆與樓板或地板間之空隙者，依下列規定辦理：
　1. 得不設腳趾板。但網應密接於樓板或地板，且杆柱之間距不得超過 1.5 公尺。
　2. 網應確實固定於上欄杆、中欄杆及杆柱。
　3. 網目大小不得超過 15 平方公分。
　4. 固定網時，應有防止網之反彈設施。

120. (4) 為預防人員墜落，於護欄附近堆積物料時，以下何者不正確？
　　①應有墜落警告標示　　②應將護欄適度加高
　　③不可使用合梯作業　　④物料應儘量緊臨護欄。

解析 雇主對於營造用各類物料之儲存、堆積及排列，應井然有序；且不得儲存於距庫門或升降機 2 公尺範圍以內或足以妨礙交通之地點。倉庫內應設必要之警告標示、護圍及防火設備。

121. (3) 依營造安全衛生設施標準規定，臨時性開口處使用之護蓋，表面應漆成什麼顏色並標示「開口注意」等警告訊息？
　　①藍色　②紅色　③黃色　④黑色。

解析 營造安全衛生設施標準第 21 條：
雇主設置之護蓋，應依下列規定辦理：
一、應具有能使人員及車輛安全通過之強度。
二、應以有效方法防止滑溜、掉落、掀出或移動。
三、供車輛通行者，得以車輛後軸載重之 2 倍設計之，並不得妨礙車輛之正常通行。
四、為柵狀構造者，柵條間隔不得大於 3 公分。
五、上面不得放置機動設備或超過其設計強度之重物。
六、臨時性開口處使用之護蓋，表面漆以黃色並書以警告訊息。

122. (4) 關於安全網的設置何者不正確？
　　①應適時汰換　　　　　②材料需符合國家標準
　　③下方需有足夠的淨高度　④應每星期定時清理掉落的物品。

解析 營造安全衛生設施標準第 22 條：
雇主設置之安全網，應依下列規定辦理：
一、安全網之材料、強度、檢驗及張掛方式，應符合下列國家標準規定之一：
　　(一) CNS 14252。
　　(二) CNS 16079-1 及 CNS 16079-2。
二、工作面至安全網架設平面之攔截高度，不得超過 7 公尺。但鋼構組配作業得依第 151 條之規定辦理。
三、為足以涵蓋勞工墜落時之拋物線預測路徑範圍，使用於結構物四周之安全網時，應依下列規定延伸適當之距離。但結構物外緣牆面設置垂直式安全網者，不在此限：
　　1. 攔截高度在 1.5 公尺以下者，至少應延伸 2.5 公尺。
　　2. 攔截高度超過 1.5 公尺且在 3 公尺以下者，至少應延伸 3 公尺。
　　3. 攔截高度超過 3 公尺者，至少應延伸 4 公尺。
四、工作面與安全網間不得有障礙物；安全網之下方應有足夠之淨空，以避免墜落人員撞擊下方平面或結構物。
五、材料、垃圾、碎片、設備或工具等掉落於安全網上，應即清除。
六、安全網於攔截勞工或重物後應即測試，其防墜性能不符第 1 款之規定時，應即更換。
七、張掛安全網之作業勞工應在適當防墜設施保護之下，始可進行作業。
八、安全網及其組件每週應檢查一次。有磨損、劣化或缺陷之安全網，不得繼續使用。

123.（1）依營造安全衛生設施標準規定，對於置放於高處且有飛落之虞，位能超過幾公斤·公尺之物件，應予以固定之？
　　①12　②24　③60　④100。

解析 營造安全衛生設施標準第 26 條：
雇主對於置放於高處，位能超過 12 公斤·公尺之物件有飛落之虞者，應予以固定之。

124.（3）依營造安全衛生設施標準規定，對於磚、瓦、木塊或相同及類似材料應整齊緊靠堆置，其高度最高不得超過幾公尺？
　　①1　②1.5　③1.8　④2。

解析 營造安全衛生設施標準第 35 條：
雇主對於磚、瓦、木塊、管料、鋼筋、鋼材或相同及類似營建材料之堆放，應置放於穩固、平坦之處，整齊緊靠堆置，其高度不得超過 1.8 公尺，儲存位置鄰近開口部分時，應距離該開口部分 2 公尺以上。

125. (4) 依營造安全衛生設施標準規定，對於高度幾公尺以上施工架之構築及拆除，應置備施工圖說，並指派所僱之專任工程人員簽章確認強度計算書及施工圖說？

①1.5　②2　③3　④7。

解析 營造安全衛生設施標準第 40 條：
雇主對於施工構臺、懸吊式施工架、懸臂式施工架、高度 7 公尺以上且立面面積達 330 平方公尺之施工架、高度 7 公尺以上之吊料平臺、升降機直井工作臺、鋼構橋橋面板下方工作臺或其他類似工作臺等之構築及拆除，應依下列規定辦理：
一、事先就預期施工時之最大荷重，應由所僱之專任工程人員或委由相關執業技師，依結構力學原理妥為設計，置備施工圖說及強度計算書，經簽章確認後，據以執行。
二、建立按施工圖說施作之查驗機制。
三、設計、施工圖說、簽章確認紀錄及查驗等相關資料，於未完成拆除前，應妥存備查。
有變更設計時，其強度計算書及施工圖說，應重新製作，並依前項規定辦理。

126. (4) 為維持施工架之穩定，預防倒塌，對於施工架下列何者不正確？
①應有荷重限制　　　　　　　　②應設置繫牆桿、壁連座
③設置斜撐材　　　　　　　　　④連接混凝土模板支撐。

解析 營造安全衛生設施標準第 45 條：
雇主為維持施工架及施工構臺之穩定，應依下列規定辦理：
一、施工架及施工構臺不得與混凝土模板支撐或其他臨時構造連接。
二、對於未能與結構體連接之施工架，應以斜撐材或其他相關設施作適當而充分之支撐。
三、施工架在適當之垂直、水平距離處與構造物妥實連接，其間隔在垂直方向以不超過 5.5 公尺，水平方向以不超過 7.5 公尺為限。但獨立而無傾倒之虞或已依第 59 條第 5 款規定辦理者，不在此限。
四、因作業需要而局部拆除繫牆桿、壁連座等連接設施時，應採取補強或其他適當安全設施，以維持穩定。
五、獨立之施工架在該架最後拆除前，至少應有 1/3 之踏腳桁不得移動，並使之與橫檔或立柱紮牢。
六、鬆動之磚、排水管、煙囪或其他不當材料，不得用以建造或支撐施工架及施工構臺。
七、施工架及施工構臺之基礎地面應平整，且夯實緊密，並襯以適當材質之墊材，以防止滑動或不均勻沉陷。

127. (1) 依營造安全衛生設施標準規定，從事露天開挖作業，其垂直開挖最大深度在幾公尺以上者，應設擋土支撐？
①1.5　②2　③3　④5。

解析 營造安全衛生設施標準第71條：
雇主僱用勞工從事露天開挖作業，其開挖垂直最大深度應妥為設計；其深度在1.5 公尺以上，使勞工進入開挖面作業者，應設擋土支撐。但地質特殊或採取替代方法，經所僱之專任工程人員或委由相關執業技師簽認其安全性者，不在此限。

128. (3) 為預防模板支撐作業人員墜落，以下何項不正確？
①應設置水平及垂直母索並使用安全帶
②應設置工作平台
③支撐的間距應適當，以方便作業人員攀爬
④應設置安全網。

解析 營造安全衛生設施標準第19條：
雇主對於高度 2 公尺以上之屋頂、鋼梁、開口部分、階梯、樓梯、坡道、工作臺、擋土牆、擋土支撐、施工構臺、橋梁墩柱及橋梁上部結構、橋臺等場所作業，勞工有遭受墜落危險之虞者，應於該處設置護欄、護蓋或安全網等防護設備。
雇主設置前項設備有困難，或因作業之需要臨時將護欄、護蓋或安全網等防護設備拆除者，應採取使勞工使用安全帶等防止墜落致勞工遭受危險之措施。但其設置困難之原因消失後，應依前項規定辦理。

129. (2) 雇主對於勞工於高度多少公尺以上之高處作業，應使勞工確實使用安全帶、安全帽及其他必要之防護具？
①1.5　②2　③2.5　④3。

解析 職業安全衛生設施規則第281條：
雇主對於在高度 2 公尺以上之高處作業，勞工有墜落之虞者，應使勞工確實使用安全帶、安全帽及其他必要之防護具，但經雇主採安全網等措施者，不在此限。

130. (2) 以下關於施工架壁連座的設置何者不正確？
①需有足夠強度　　　　　　②考量施工效率，可同時拆除
③需與建築物緊密固定　　　④應儘量於靠近橫架處設置。

解析 因作業需要而局部拆除繫牆桿、壁連座等連接設施時，應採取補強或其他適當安全設施，以維持穩定。

131.(1) 以下何項對預防近接道路作業人員遭車輛撞擊較有效？
①設置路障及指揮人員　②戴安全帽　③加強整理整頓　④加快作業速度。

解析 雇主對於有車輛出入、使用道路作業、鄰接道路作業或有導致交通事故之虞之工作場所，應設置號誌、標示或柵欄等設施，尚不足以警告防止交通事故時，應置交通引導人員。

132.(4) 高度達多少公尺以上之處進行作業，必須設置工作台或使用安全帶等防墜措施？
①1　②1.5　③1.8　④2。

解析 職業安全衛生設施規則第225條：
雇主對於在高度2公尺以上之處所進行作業，勞工有墜落之虞者，應以架設施工架或其他方法設置工作台。但工作台之邊緣及開口部分等，不在此限。
雇主依前項規定設置工作台有困難時，應採取張掛安全網或使勞工使用安全帶等防止勞工因墜落而遭致危險之措施，但無其他安全替代措施者，得採取繩索作業。使用安全帶時，應設置足夠強度之必要裝置或安全母索，供安全帶鉤掛。

133.(1) 預防土壤開挖造成開挖面土壤崩塌災害，下列何者正確？
①應視情況設置擋土支撐　　②應不斷澆水保持濕潤
③應在緊臨開挖面處堆積重物　④應增加土壤擾動以方便開挖。

解析 營造安全衛生設施標準第65條：
雇主僱用勞工從事露天開挖作業時，為防止地面之崩塌或土石之飛落，應採取下列措施：
一、作業前、大雨或4級以上地震後，應指定專人確認作業地點及其附近之地面有無龜裂、有無湧水、土壤含水狀況、地層凍結狀況及其地層變化等情形，並採取必要之安全措施。
二、爆破後，應指定專人檢查爆破地點及其附近有無浮石或龜裂等狀況，並採取必要之安全措施。
三、開挖出之土石應常清理，不得堆積於開挖面之上方或與開挖面高度等值之坡肩寬度範圍內。
四、應有勞工安全進出作業場所之措施。
五、應設置排水設備，隨時排除地面水及地下水。

134.(2) 以下何者非模板支撐作業常見災害類型？
①物體飛落　②爆炸　③墜落　④倒崩塌。

解析　建築工程之模板作業災害類型主要為墜落及倒塌崩塌兩類。
● 墜落災害發生主要原因為：
1. 高度 2 公尺以上之作業，未設置適當之施工架，或未使勞工確實使用安全帽、安全帶。
2. 施工架設備不良，造成作業勞工墜落，例如：施工架未設置內側交叉拉桿及下拉桿、施工架與建築物間開口未設防護設備、施工架工作台未舖滿密接板料、施工架頂層未設置護欄、施工架無安全上下設備等。
3. 樓版開口未設置護欄、護蓋或安全網。
● 倒塌崩塌災害發生主要原因為：
1. 模板支撐未設計及繪製施工圖說，由工地依經驗施工，支撐強度不足。
2. 可調鋼管支柱連接使用。
3. 可調鋼管支柱高度超過 3.5 公尺以上時，高度每 2 公尺內未設置足夠強度之縱向、橫向水平繫條。而東西沒放置固定好也可能發生飛落災害，但不太會發生爆炸災害。

135.(1) 以下何項措施對於屋頂作業墜落防護不適當？
　　①使用腰掛式安全帶　　②應有安全的上下設備
　　③應設護欄或安全母索　　④儘量在天氣穩定時作業。

解析
營造安全衛生設施標準第 18 條：
雇主使勞工從事屋頂作業時，應指派專人督導，並依下列規定辦理：
一、因屋頂斜度、屋面性質或天候等因素，致勞工有墜落、滾落之虞者，應採取適當安全措施。
二、於斜度大於 34 度（高底比為 2：3）或滑溜之屋頂作業者，應設置適當之護欄，支承穩妥且寬度在 40 公分以上之適當工作臺及數量充分、安裝牢穩之適當梯子。但設置護欄有困難者，應提供背負式安全帶使勞工佩掛，並掛置於堅固錨錠、可供鉤掛之堅固物件或安全母索等裝置上。
三、於易踏穿材料構築之屋頂作業時，應先規劃安全通道，於屋架上設置適當強度，且寬度在 30 公分以上之踏板，並於下方適當範圍裝設堅固格柵或安全網等防墜設施。但雇主設置踏板面積已覆蓋全部易踏穿屋頂或採取其他安全工法，致無踏穿墜落之虞者，不在此限。

136.(2) 屋頂採光罩更換作業，最可能發生的災害類型為下列何項？
　　①火災　②墜落　③捲夾　④倒崩塌。

解析
屋頂作業墜落災害型態以踏穿石綿瓦、採光罩、塑膠浪板等墜落為最多，其次為屋頂邊緣或開口作業墜落，再其次為攀爬至屋頂過程中墜落。

137.(1) 施工架何項配件較不具墜落防護功能？
①制式插銷　②交叉拉桿　③下拉桿　④水平踏板。

解析　框式施工架之工作台兩側需架設交叉拉桿、水平拉桿及腳趾板。框式施工架上下連結需使用**制式插銷**。制式插銷用於固定施工架，無法防護墜落災害。

138.(1) 預防樓地板開口墜落最有效的防護方式為下列何者？
①設置足夠強度的覆蓋　②設警語　③拉警示帶　④使用安全帶。

解析　雇主對於高度在 2 公尺以上之工作場所邊緣及開口部分，勞工有遭受墜落危險之虞者，應設有適當強度之護欄、**護蓋**等防護措施。
雇主為前項措施顯有困難，或作業需要臨時將護欄、護蓋等拆除，應使勞工使用安全帶等防止因墜落而致勞工遭受危險之措施。

139.(2) 施工架斜籬主要在於預防下列何種災害？
①捲夾　②物體飛落　③墜落　④倒崩塌。

解析　斜籬：斜籬係設置於施工架上做為防止**物體飛落**造成災害之延伸構造，施工架向外延伸最少為 2 公尺，強度須能抗 7 公斤之重物自 30 公分以 30 度自由落下而不受破壞，若以鐵皮製造者，鐵皮厚度最少為 1.2 公厘。

140.(4) 下列何者非為起重機的安全裝置？
①過負荷預防裝置　②過捲預防裝置　③防滑舌片　④破裂板。

解析　所謂**破裂板**，是非再封閉式的壓力解放設備，為了防止過剩壓力，保護壓力容器、處理設備。活用於石油、天然氣產業和化學產業，電力業，製藥產業，食品和飲料產業，紙、紙漿產業，航空產業等產業的生產工程系統。

141.(2) 依起重升降機具安全規則規定，為防止油壓式起重機油壓缸內油壓過高發生危險，應有下列何種安全裝置？
①警報裝置　②安全閥　③過捲預防裝置　④緊急剎車。

解析　起重升降機具安全規則第 16 條：
雇主對於使用液壓為動力之固定式起重機，應裝置防止該液壓過度升高之安全閥，此安全閥應調整在額定荷重（伸臂起重機為額定荷重之最大值）以下之壓力即能作用。但實施荷重試驗及安定性試驗時，不在此限。

142.(3) 依起重升降機具安全規則規定，在特定場所使用動力將貨物吊升，並做水平搬運為目的之機械裝置稱為下列何者？
①移動式起重機　②升降機　③固定式起重機　④營建用提升機。

解析 起重升降機具安全規則第 2 條：
固定式起重機：指在特定場所使用動力將貨物吊升並將其作水平搬運為目的之機械裝置。

143. (3) 依鍋爐及壓力容器安全規則規定，以火燄加熱於水，使發生超過大氣壓之壓力蒸汽且供給他用之裝置為下列何者？
①電熱鍋爐　②熱水鍋爐　③蒸汽鍋爐　④熱媒鍋爐。

解析 鍋爐及壓力容器安全規則第 2 條，本規則所稱鍋爐，分為下列二種：
一、蒸汽鍋爐：指以火焰、燃燒氣體、其他高溫氣體或以電熱加熱於水或熱媒，使發生超過大氣壓之壓力蒸汽，供給他用之裝置及其附屬過熱器與節煤器。
二、熱水鍋爐：指以火焰、燃燒氣體、其他高溫氣體或以電熱加熱於有壓力之水或熱媒，供給他用之裝置。

144. (1) 依起重升降機具安全規則規定，簡易提升機係指下列何者？
①搬器之底面積在 1 平方公尺以下，頂高 1.2 公尺以下
②搬器之底面積在 1 平方公尺以下，頂高 1.2 公尺以上
③吊升荷重在 1 公噸以下
④搬器之底面積在 2.4 平方公尺以下。

解析 簡易提升機：指僅以搬運貨物為目的之升降機，其搬器之底面積在 1 平方公尺以下或頂高在 1.2 公尺以下者。但營建用提升機，不包括之。

145. (4) 依危險性機械及設備安全檢查規則規定，危險性設備中之第一種壓力容器係指最高使用壓力（kg/cm^2）與內容積（m^3）之乘積，超過下列何者？
①0.03　②0.04　③0.05　④0.2。

解析 第一種壓力容器：最高使用壓力超過每平方公分 1 公斤，且內容積超過 0.2 立方公尺之第一種壓力容器。

146. (1) 依起重升降機具安全規則規定，未具伸臂之固定式起重機或未具吊桿之人字臂起重桿，自吊升荷重扣除吊鉤、抓斗等吊具重量所得之荷重，稱為下列何者？　①額定荷重　②安全荷重　③積載荷重　④容許荷重。

解析 起重升降機具安全規則第 6 條：
本規則所稱額定荷重，在未具伸臂之固定式起重機或未具吊桿之人字臂起重桿，指自吊升荷重扣除吊鉤、抓斗等吊具之重量所得之荷重。

147.（ 1 ） 依危險性機械及設備安全檢查規則規定，雇主於固定式起重機經設置完成時，應向勞動檢查機構申請下列何種檢查？
①竣工檢查　②使用檢查　③定期檢查　④重新檢查。

解析 危險性機械及設備安全檢查規則第12條：
雇主於固定式起重機設置完成或變更設置位置時，應填具固定式起重機竣工檢查申請書，檢附下列文件，向所在地檢查機構申請竣工檢查：
一、製造設施型式檢查合格證明（外國進口者，檢附品管等相關文件）。
二、設置場所平面圖及基礎概要。
三、固定式起重機明細表。
四、強度計算基準及組配圖。

148.（ 3 ） 依危險性機械及設備安全檢查規則規定，固定式起重機變更設置位置時，需申請下列何種檢查？
①重新檢查　②使用檢查　③竣工檢查　④構造檢查。

解析 危險性機械及設備安全檢查規則第12條：
雇主於固定式起重機設置完成或變更設置位置時，應填具固定式起重機竣工檢查申請書，檢附下列文件，向所在地檢查機構申請竣工檢查：
一、製造設施型式檢查合格證明（外國進口者，檢附品管等相關文件）。
二、設置場所平面圖及基礎概要。
三、固定式起重機明細表。
四、強度計算基準及組配圖。

149.（ 1 ） 依職業安全衛生教育訓練規則規定，乙級鍋爐操作人員安全衛生教育訓練合格者，可操作傳熱面積多少平方公尺之鍋爐？
①未滿500　②未滿600　③未滿800　④1000以上。

解析 職業安全衛生教育訓練規則第13條：
雇主對擔任下列具有危險性之設備操作之勞工，應於事前使其接受具有危險性之設備操作人員之安全衛生教育訓練：
具有危險性設備操作人員安全衛生教育訓練課程、時數：
一、甲級鍋爐（傳熱面積在500平方公尺以上者）操作人員安全衛生教育訓練時數（50小時）。
二、乙級鍋爐（傳熱面積在50平方公尺以上未滿500平方公尺者）操作人員安全衛生教育訓練時數（50小時）。
三、丙級鍋爐（傳熱面積未滿50平方公尺者）操作人員安全衛生教育訓練時數（39小時）。

150.（ 4 ） 依職業安全衛生教育訓練規則規定，第一種壓力容器操作人員，應由下列何者擔任？
①高級中學以上畢業者
②國民中學以上畢業者
③國民小學畢業者
④經法定訓練合格或取得該項技能檢定資格者。

解析 職業安全衛生教育訓練規則第13條之規定，平時雇主僱用勞工從事第一種壓力容器操作之人員，應使擔任者接受之**第一種壓力容器操作人員訓練**。

151.（ 2 ） 依危險性機械及設備安全檢查規則規定，新製造之固定式起重機，其竣工檢查合格證最長使用有效期限為多少年？
①1　②2　③3　④4　年。

解析 危險性機械及設備安全檢查規則第18條：
檢查機構對定期檢查合格之固定式起重機，應於原檢查合格證上簽署，註明使用有效期限，最長為**2年**。

152.（ 2 ） 依鍋爐及壓力容器安全規則規定，鍋爐過熱器所用安全閥之吹洩壓力應比鍋爐本體安全閥之吹洩壓力如何？
①為高　②為低　③相同　④無關。

解析 鍋爐及壓力容器安全規則第17條：
雇主對於鍋爐之安全閥及其他附屬品，應依下列規定管理：
一、安全閥應調整於最高使用壓力以下吹洩。但設有2具以上安全閥者，其中至少一具應調整於最高使用壓力以下吹洩，其他安全閥可調整於超過最高使用壓力至最高使用壓力之1.03倍以下吹洩；具有釋壓裝置之貫流鍋爐，其安全閥得調整於最高使用壓力之1.16倍以下吹洩。經檢查後，應予固定設定壓力，不得變動。
二、過熱器使用之安全閥，應調整在鍋爐本體上之安全閥吹洩前吹洩。
三、釋放管有凍結之虞者，應有保溫設施。
四、壓力表或水高計應避免在使用中發生有礙機能之振動，且應採取防止其內部凍結或溫度超過攝氏80度之措施。
五、壓力表或水高計之刻度板上，應明顯標示最高使用壓力之位置。
六、在玻璃水位計上或與其接近之位置，應適當標示蒸汽鍋爐之常用水位。
七、有接觸燃燒氣體之給水管、沖放管及水位測定裝置之連絡管等，應用耐熱材料防護。
八、熱水鍋爐之回水管有凍結之虞者，應有保溫設施。

153.(2) 依危險性機械及設備安全檢查規則規定，雇主對於停用超過檢查合格有效期限多久以上之起重升降機具，如擬恢復使用時，應向代行檢查機構申請重新檢查？
①6個月 ②1年 ③18個月 ④2年。

解析 危險性機械及設備安全檢查規則第21條：
雇主對於停用超過檢查合格證有效期限 1 年以上之固定式起重機，如擬恢復使用時，應填具固定式起重機重新檢查申請書（附表十三），向檢查機構申請重新檢查。檢查機構對於重新檢查合格之固定式起重機，應於原檢查合格證上記載檢查日期、檢查結果及使用有效期限，最長為2年。

154.(2) 依危險性機械及設備安全檢查規則規定，由國外進口之移動式起重機，未經下列何種檢查合格不得使用？
①重新檢查 ②使用檢查 ③竣工檢查 ④構造檢查。

解析 危險性機械及設備安全檢查規則第23條：
雇主於移動式起重機製造完成使用前或從外國進口使用前，應填具移動式起重機使用檢查申請書，檢附下列文件，向當地檢查機構申請使用檢查：
一、製造設施型式檢查合格證明（外國進口者，檢附品管等相關文件）。
二、移動式起重機明細表。
三、強度計算基準及組配圖。

155.(3) 依危險性機械及設備安全檢查規則規定，鍋爐及第一種壓力容器在下列何種情況應申請重新檢查？
①水位計損壞者 ②本體修補 ③由外國進口者 ④實施定期保養者。

解析 危險性機械及設備安全檢查規則第89條：
鍋爐有下列各款情事之一者，應由所有人或雇主向檢查機構申請重新檢查：
一、從外國進口。
二、構造檢查、重新檢查、竣工檢查或定期檢查合格後，經閒置1年以上，擬裝設或恢復使用。
三、經禁止使用，擬恢復使用。
四、固定式鍋爐遷移裝置地點而重新裝設。
五、擬提升最高使用壓力。
六、擬變更傳熱面積。
對外國進口具有相當檢查證明文件者，檢查機構得免除本條所定全部或一部之檢查。

156. (1) 依危險性機械及設備安全檢查規則規定,由國外進口之高壓氣體特定設備,須先經下列何種檢查合格?
　　　　①重新檢查　②使用檢查　③自主檢查　④構造檢查。

解析 危險性機械及設備安全檢查規則第138條:
高壓氣體特定設備有下列各款情事之一者,應由所有人或雇主向檢查機構申請**重新檢查**:
一、從外國進口。
二、構造檢查、重新檢查、竣工檢查或定期檢查合格後,經閒置1年以上,擬裝設或恢復使用。但由檢查機構認可者,不在此限。
三、經禁止使用,擬恢復使用。
四、遷移裝置地點而重新裝設。
五、擬提升最高使用壓力。
六、擬變更內容物種類。
對外國進口具有相當檢查證明文件者,檢查機構得免除本條所定全部或一部之檢查。

157. (4) 依危險性機械及設備安全檢查規則規定,國內新製完成之高壓氣體容器,應先經下列何種檢查合格?
　　　　①重新檢查　②定期檢查　③竣工檢查　④構造檢查。

解析 危險性機械及設備安全檢查規則第125條:
製造高壓氣體特定設備之塔、槽等本體完成時,應由製造人向製造所在地檢查機構申請構造檢查。但在設置地組合之分割組合式高壓氣體特定設備,得在安裝前,向設置所在地檢查機構申請**構造檢查**。

158. (1) 吊掛用鋼索之張角愈大,則下列何者亦愈大?
　　　　①張力　②浮力　③扭力　④重力。

解析 吊掛用鋼索之張角愈大,則**張力**亦愈大。吊掛用鋼索之張角建議小於60度。

159. (3) 從事吊掛作業吊掛物之重心應在何處?
　　　　①起重機重心處　　　　②起重機吊桿之中心
　　　　③吊鉤正下方　　　　　④吊鉤下方15度角。

解析 吊掛作業人員進行吊掛作業時,要注意作業環境周遭的安全,及要有明確的指揮,以正確的吊掛方法進行作業。並應注意荷物的重量、荷物的重心、吊掛的方法、荷物起吊方式及運搬路徑等事項,要將吊鉤誘導至荷物重心的**正上方**,將荷物垂直起吊,不可斜拉地吊起。

160. (1) 燃燒氣體或其他高溫氣體流通於管外，而加熱於管內或鼓胴內之水，此種鍋爐稱為下列何者？
①水管式鍋爐　②煙管式鍋爐　③機車型鍋爐　④可尼西型鍋爐。

解析 水管式鍋爐（Water-tube Type Boilers）與火管式鍋爐的原理相反，利用爐水在管路中流動，氣體在燃燒室內燃燒，傳熱給管內的水。水管式多為中高壓大型的鍋爐，尤其是發電用或大工廠用的鍋爐。

161. (4) 一般鍋爐事故易發生之部位為下列何者？
①燃油泵　②煙管　③煙道　④鍋爐本體。

解析 鍋爐中的爐膛、鍋筒、燃燒器、水冷壁、過熱器、省煤器、空氣預熱器、構架和爐牆等主要部件構成生產蒸汽的核心部分，稱為鍋爐本體。鍋爐本體的災害，大都是起因於過熱，因此要防止下列事項：
一、不允許異常之低水位運轉。
二、高溫爐管內，不可有水垢附著不可有水垢附著（注意水質）。
三、維持良水的鍋爐水循環。
四、避免火焰直接接觸鋼材。
五、熱量可能滯留的部分應以耐火材防護。

162. (4) 下列何者非鍋爐本體產生裂痕之可能原因？
①鍋爐水鹼性過高形成苛性脆化　②鍋爐失水　③鍋爐過熱　④高水位。

解析 鍋爐本體產生裂痕之原因，主要由鍋爐水鹼性過高形成苛性脆化失水且過熱。

163. (3) 鍋爐由於水位過低，造成失水過熱，突然加進冷水，易造成下列何者？
①爆裂　②脹大　③縮扁　④挫曲。

解析 縮扁（Collaps）：由於水位過低，造成失水過熱，突然加進冷水，使鍋內蒸汽凝結成水，體積縮小乃成真空，如支撐不良，受不住外面大氣壓即造成縮扁。

164. (1) 依職業安全衛生設施規則規定，高壓氣體容器，搬運時之注意事項下列何者為非？
①溫度保持攝氏 50 度以下　　②儘量使用專用手推車
③避免與其他氣體混載　　　　④應有警戒標誌。

解析 職業安全衛生設施規則第 107 條：
雇主對於高壓氣體容器，不論盛裝或空容器，搬運時，應依下列規定辦理：
一、溫度保持在攝氏 40 度以下。
二、場內移動儘量使用專用手推車等，務求安穩直立。

三、以手移動容器，應確知護蓋旋緊後，方直立移動。
四、容器吊起搬運不得直接用電磁鐵，吊鏈、繩子等直接吊運。
五、容器裝車或卸車，應確知護蓋旋緊後才進行，卸車時必須使用緩衝板或輪胎。
六、儘量避免與其他氣體混載，非混載不可時，應將容器之頭尾反方向置放或隔置相當間隔。
七、載運可燃性氣體時，要置備滅火器；載運毒性氣體時，要置備吸收劑、中和劑、防毒面具等。
八、盛裝容器之載運車輛，應有警戒標誌。
九、運送中遇有漏氣，應檢查漏出部位，給予適當處理。
十、搬運中發現溫度異常高昇時，應立即灑水冷卻，必要時，並應通知原製造廠協助處理。

165. (3) 依職業安全衛生設施規則規定,使用軌道手推車輛時,下列敘述何者有誤？
①車輛於上坡行駛時，應保持 6 公尺以上間距
②下坡行駛時，應保持 20 公尺以上之間距
③車輛下坡速率不得超過每小時 10 公里
④傾斜千分之十以上軌道區，手推車應設置有效之煞車。

解析 職業安全衛生設施規則第 150 條：
雇主對於勞工使用軌道手推車輛，應規定其遵守下列事項：
一、車輛於上坡或水平行駛時，應保持 6 公尺以上之間距，於下坡行駛時，應保持 20 公尺以上之間距。
二、車輛速率於下坡時，不得超過每小時 15 公里。

166. (2) 為防止堆置物料倒塌、崩塌或掉落，下列防護措施何者有誤？
①限制物料堆置高度　　　　②禁止人員進入該場所
③採用繩索綑綁　　　　　　④採用護網、擋樁等防護措施。

解析 職業安全衛生設施規則第 153 條：
雇主對於搬運、堆放或堆置物料，為防止倒塌、崩塌或掉落，應採取繩索捆綁、護網、擋樁、限制高度或變更堆積等必要設施，並禁止與作業無關人員進入該等場所。

167. (4) 下列何者非屬防止搬運事故之一般原則？
①以機械代替人力　　　　　②以機動車輛搬運
③採取適當之搬運方法　　　④儘量增加搬運距離。

解析 工廠災害常發生於搬運作業過程，因此搬運時應盡量減少搬運距離，並以機械代替人力，減少人員體力消耗。

168.(2) 依職業安全衛生設施規則規定，雇主對物料之堆放方式，下列何者錯誤？
①不得影響照明　　　　　　②遠離自動灑水器
③不得阻礙交通　　　　　　④以不倚靠牆壁或結構支柱堆放為原則。

解析 職業安全衛生設施規則第159條：
雇主對物料之堆放，應依下列規定：
一、不得超過堆放地最大安全負荷。
二、不得影響照明。
三、不得妨礙機械設備之操作。
四、不得阻礙交通或出入口。
五、不得減少自動灑水器及火警警報器有效功用。
六、不得妨礙消防器具之緊急使用。
七、以不倚靠牆壁或結構支柱堆放為原則。並不得超過其安全負荷。

169.(4) 雇主對物料處置方式，下列何者錯誤？
①纖維纜繩已斷一股子索者，不得使用
②不得影響照明
③不得阻礙交通
④從事載貨台裝卸貨物其高差在2公尺以上者，才需提供勞工安全上下之設備。

解析 職業安全衛生設施規則第101條：
雇主不得使用下列任何一種情況之纖維索、帶，作為起重升降機具之吊掛用具：
一、已斷一股子索者。
二、有顯著之損傷或腐蝕者。
職業安全衛生設施規則第159條：
雇主對物料之堆放，應依下列規定：
一、不得超過堆放地最大安全負荷。
二、不得影響照明。
三、不得妨礙機械設備之操作。
四、不得阻礙交通或出入口。
五、不得減少自動灑水器及火警警報器有效功用。
六、不得妨礙消防器具之緊急使用。
七、以不倚靠牆壁或結構支柱堆放為原則。並不得超過其安全負荷。
職業安全衛生設施規則第228條：
雇主對勞工於高差超過1.5公尺以上之場所作業時，應設置能使勞工安全上下之設備。

170.(3) 依職業安全衛生設施規則規定，對於堆積於倉庫、露存場所等之物料集合體之物料積垛作業，其作業地點高低差在幾公尺以上時，應指定專人決定作業方法及順序並指揮作業？
①1.5　②2　③2.5　④3

解析 職業安全衛生設施規則第 161 條：
雇主對於堆積於倉庫、露存場等之物料集合體之物料積垛作業，應依下列規定：
一、如作業地點高差在 1.5 公尺以上時，應設置使從事作業之勞工能安全上下之設備。但如使用該積垛即能安全上下者，不在此限。
二、作業地點高差在 2.5 公尺以上時，除前款規定外，並應指定專人採取下列措施：
　1. 決定作業方法及順序，並指揮作業。
　2. 檢點工具、器具，並除去不良品。
　3. 應指示通行於該作業場所之勞工有關安全事項。
　4. 從事拆垛時，應確認積垛確無倒塌之危險後，始得指示作業。
　5. 其他監督作業情形。

171. (1) 依職業安全衛生設施規則規定，以塑膠袋為袋裝容器構成之積垛，高度在 2 公尺以上者，積垛與積垛間下端之距離應保持多少公分以上？
①10　②15　③20　④25。

解析 職業安全衛生設施規則第 162 條：
雇主對於草袋、麻袋、塑膠袋等袋裝容器構成之積垛，高度在 2 公尺以上者，應規定其積垛與積垛間下端之距離在 10 公分以上。

172. (1) 依職業安全衛生設施規則規定，雇主使勞工於載貨台從事單一物料裝卸物之重量超過多少公斤以上時，應指定專人決定作業方法及順序並指揮作業？
①100　②200　③300　④500。

解析 職業安全衛生設施規則第 167 條：
雇主使勞工於載貨台從事單一之重量超越 100 公斤以上物料裝卸時，應指定專人採取下列措施：
一、決定作業方法及順序，並指揮作業。
二、檢點工具及器具，並除去不良品。
三、禁止與作業無關人員進入作業場所。
四、從事解纜或拆墊之作業時，應確認載貨台上之貨物無墜落之危險。
五、監督勞工作業狀況。

173. (1) 依職業安全衛生設施規則規定，搬運高壓氣體容器時，不論盛裝或空容器，下列敘述何者有誤？
①溫度保持攝氏 25 度以下　②儘量使用專用手推車　③容器吊起搬運不得直接使用吊鏈　④容器卸車必須使用緩衝板或輪胎。

解析 職業安全衛生設施規則第107條：
雇主對於高壓氣體容器，不論盛裝或空容器，搬運時，應依下列規定辦理：
一、溫度保持在攝氏40度以下。
二、場內移動儘量使用專用手推車等，務求安穩直立。
三、以手移動容器，應確知護蓋旋緊後，方直立移動。
四、容器吊起搬運不得直接用電磁鐵，吊鏈、繩子等直接吊運。
五、容器裝車或卸車，應確知護蓋旋緊後才進行，卸車時必須使用緩衝板或輪胎。
六、儘量避免與其他氣體混載，非混載不可時，應將容器之頭尾反方向置放或隔置相當間隔。
七、載運可燃性氣體時，要置備滅火器；載運毒性氣體時，要置備吸收劑、中和劑、防毒面具等。
八、盛裝容器之載運車輛，應有警戒標誌。
九、運送中遇有漏氣，應檢查漏出部位，給予適當處理。
十、搬運中發現溫度異常高昇時，應立即灑水冷卻，必要時，並應通知原製造廠協助處理。

174.（1） 用人力提舉物件，應儘量利用身體之何部位？
①腿肌 ②腰部 ③腹部 ④背肌。

解析 一般的法則是盡量保持腰直，利用大腿肌肉來提舉。這方法當然要視乎當時的環境而確定。提舉時，腿先要用力，將物件盡量貼近身體，用強而有力之腿部肌肉而非使用背部肌肉發力來進行提舉動作。

175.（3） 以手推車搬運物料時，裝載之重心應儘量在何處？
①上部 ②中部 ③下部 ④任意部位。

解析 操作手推車搬運物料時要注意下列安全事項：重的物品置於下面，使重心儘量在底部。搬運物品放在車約前端，以便車軸負荷重力，不使拉手吃力。

176.（2） 實施工作場所風險評估之方法，通常使用的方法不包括下列何者？
①腦力激盪（brain storming）
②甘特圖（Gantt chart）
③故障樹分析（fault tree analysis）
④初步危害分析（preliminary hazard analysis）。

解析
- 腦力激盪法（Brain storming），又稱為頭腦風暴法，是一種為激發創造力、強化思考力而設計出來的一種方法。可以由一個人或一組人進行。參與者圍在一起，隨意將腦中和研討主題有關的見解提出來，然後再將大家的見解重新分類整理。
- 甘特圖，也稱為條狀圖（Bar chart）。是在1917年由亨利·甘特開發的，其內在思想簡單，基本是一條線條圖，橫軸表示時間，縱軸表示活動（項目），線條表示在整個期間上計劃和實際的活動完成情況。它直觀地表明任務計畫在什麼時候進行，及實際進展與計劃要求的對比。
- 故障樹分析（FTA）技術主要針對一特定的意外事件或系統失誤，一般為樹狀圖形表示，由圖形中的數學及邏輯關係，描繪出意外事件的人為錯誤與設備失效組合，找出所有可能危害因素，並以量化方式找出機會最高危害因素。
- 初步危害分析PHA（Preliminary Hazard Analysis）：是一種簡單而具結構的危害鑑定方法，對系統的第一次分析檢討，此分析需列出某一系列之每一主要危害，予以評估並予以控制，以達到令人接受的安全標準。

177.（2）下列何者為實施工作場所風險評估之第一步驟？
①決定控制方法　②危害辨識　③採取控制措施　④計算風險等級。

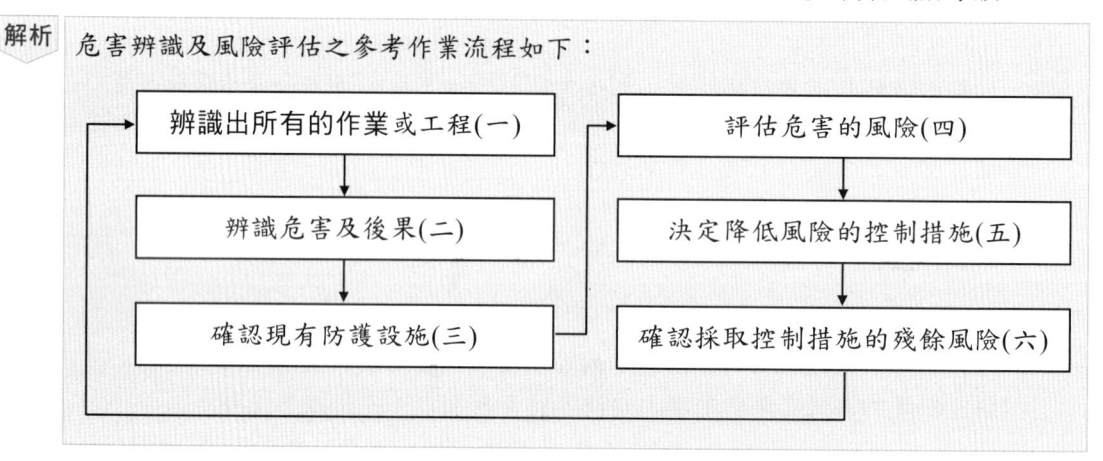

解析 危害辨識及風險評估之參考作業流程如下：

```
辨識出所有的作業或工程(一) → 評估危害的風險(四)
         ↓                         ↓
辨識危害及後果(二)         決定降低風險的控制措施(五)
         ↓                         ↓
確認現有防護設施(三)       確認採取控制措施的殘餘風險(六)
```

178.（3）風險評估方法以簡單的公式描述為下列何者？
①風險×暴露=危害　　　　②風險×危害=評估
③危害×暴露=風險　　　　④危害×風險=暴露。

解析「風險」係一個特定危害事件發生之可能性及後果的組合。可能性即指特定危害事件發生的機率，而後果則代表其影響的嚴重性。

179.（2）將災害發生要素有系統地以一定之順序、型態分析各要素間之關係的方法，為下列何者？
①檢核表　②故障樹分析法　③危害評估分析法　④初步危害分析法。

解析 失誤樹（故障樹）分析法：
失誤樹分析法是從系統的失效現象做出發，再根據這些失效現象，配合系統的作動原理，操作條件，操作環境等因素，分析失效發生的原因及造成系統失效的可能部位，失效後的影響，系統內的偵測裝置、隔離裝置、保護裝置是否足夠，從而決定是否需要進行系統的安全改善。在執行FTA時可將系統失效現象不斷向下展開，直到無法繼續展開為止。

180.（ 4 ） 下列有關風險判定基準之敘述，何者錯誤？
　　①應依可用資源等因素，調整不可接受風險判定基準值
　　②應訂定不可接受風險之判定基準
　　③功能在作為優先決定風險控制措施之依據
　　④不可接受風險之判定基準，應維持固定不變。

解析 執行風險估算之後，即進入風險評量階段，以決定機械是否已達到安全的要求，或是尚未達到安全的要求，而必須進行危害消除。如果必須進行危害消除，則必須選擇和應用適當的安全對策，並重復進行風險評估。另一方面也需要注意，不可因為增加安全對策，而引發二次危害，同時也應將此項納入風險評估的範圍內。

181.（ 1 ） 下列有關風險評估結果之敘述，何者正確？
　　①新的安全衛生知識、技術產生時，即需檢討修正原有的風險評估結果
　　②其結果已經過參與者充分討論，不得任意變更
　　③安全衛生法規修正與危害辨識有關，但與風險評估結果無關
　　④風險評估結果涉及控制措施的採行，為持續通過驗證，非經驗證機構同意，不得變更之。

解析 事業單位須善用風險評估結果，方能有效預防或降低職業災害的發生。風險評估結果可應用於：
● 依風險評估結果及可用的資源（含人力、技術、財務等），採取降低風險所需之控制設施，逐步將風險降至可接受的程度。
● 事業單位可針對危害類型及風險等級進行統計分析，作為後續執行相關因應對策的參考。
● 作為教育訓練或教導、宣導或溝通、制（修）定標準作業程序（SOP）結果運用等之參考資料或教材，使每個人熟知相關作業的危害、防護設施、異常或緊急處理措施等。
● 作為各級主管規劃監督或查核重點及內容的依據。
● 新的安全衛生知識、技術產生時，需要檢討修正原有的風險評估結果看是否需重新討論。
● 安全衛生法規修正與危害辨識有關，但與風險評估結果有關。
● 其結果雖已經過參與者充分討論，如因為時空或環境之不同還是可以修正。

182.（ 3 ）下列何者屬風險評估之定量評估法？
　　　　①檢核表分析　　　　　　②危害與可操作分析
　　　　③失誤樹分析　　　　　　④初步危害分析。

解析 風險評估有定性評估、半定量評估和定量評估法，有由上而下的（Top Down Assessment），也有由下而上的（Bottom Up Assessment）。有些分析方法如失誤樹分析 FTA（失誤樹）、ETA（事件樹）和 FMECA 可適用於定性和定量分析方式，甚至適用於半定量分析法；然而有些分析方式如 What-If 和 Checklist 多使用在定性分析方面。一般而言，定性分析所使用的人力、經費、時間和資源較少，相對的所得到的結果較不完整和深入。定量分析可得到完整而深入的量化結果，可提供決策者充實的資料與數據，做為政策決定的判斷依據，然而相對的，所投入的人力、經費、時間和資源也需要相對的增加。決定使用定性或是定量分析方法的依據，在於可投入的人力、時間和相關的資源與系統的危害度和關鍵程度。

183.（ 3 ）使勞工於廢水槽內從事電銲作業，下列哪一種危害較不可能發生？
　　　　①中毒　②火災爆炸　③倒塌　④感電。

解析 廢水槽內從事電銲，廢水槽內本身容易產生氣體中毒及可燃氣體造成火災爆炸的可能，電銲作業則可能產生感電的危害。

184.（ 1 ）針對重大危害區域之評估，不宜使用下列何種方法進行評估？
　　　　①預知危險（KY）
　　　　②檢核表（checklist）
　　　　③失誤模式與影響分析（FMEA）
　　　　④危害與可操作性分析（HazOp）。

解析 重大危害區域之評估方法：
一、假如分析法（What-If Analysis）
二、查核表（Checklist Analysis）
三、危害與可操作性分析（Hazard and Operability Analysis）
四、失誤樹分析法（Fault Tree Analysis）
五、失效模式和影響（和關鍵性）分析法【Failure Mode Effects (and Criticality) Analysis】。

185.（ 4 ）下列有關危害辨識之敘述何者正確？
　　　　①無須參考作業環境監測之結果
　　　　②應指定勞工單獨限時完成
　　　　③以往事故已經發生過者無須再辨識
　　　　④事業單位應依安全衛生法規要求，選擇適合方法執行危害辨識。

解析 一般而言，在執行危害辨識時可以從以下幾個方向去加以思考：
一、是否有引發傷害的因子？危害的根源是什麼？
二、危害是如何發生的？可能受到影響或傷害的是哪些人員？
三、這些傷害後果會有多嚴重？
對於以往事故已經發生過、或是現在已可有效控制者還是需要辨識，並提出應對措施。針對作業之危害來源，辨識出危害、發生原因、合理後果等。

186.（2）下列有關危害辨識之敘述何者錯誤？
①應依危害之特性，界定潛在危害之分類或類型
②對現有可有效預防控制措施屬於控制範疇，故無須辨識
③針對作業之危害來源，辨識出危害、發生原因、合理後果等
④對於執行危害辨識之人員應給予必要教育訓練。

解析 一般而言，在執行危害辨識時可以從以下幾個方向去加以思考：
一、是否有引發傷害的因子？危害的根源是什麼？
二、危害是如何發生的？可能受到影響或傷害的是哪些人員？
三、這些傷害後果會有多嚴重？
對於以往事故已經發生過、或是現在已可有效控制者還是需要辨識，並提出應對措施。針對作業之危害來源，辨識出危害、發生原因、合理後果等。

187.（3）下列何者無法幫助我們實施危害辨識？
①員工討論及意外事故調查　②工作安全分析單
③工商普查　　　　　　　　④安全資料表。

解析 工商普查提供了政府預算、政府會計、政府統計及普查、資訊管理、主計法規等重要資訊、全國性農林漁牧業、工商及服務業、戶口及住宅等普查最新資訊，但與危害辨識無關。

188.（1）危害辨識係指下列何者？
①辨識工作場所的潛在危害
②考量危害後果的嚴重度與發生的可能性
③評估其風險等級
④採取降低風險的控制設施。

解析 在ISO 45001條文3.19與3.20中對「危害」與「風險」的定義有清楚的說明：「危害」係指一個潛在傷害（包括人員受傷或疾病、財產損失、工作場所環境損害、或上列各項之組合）的來源或狀況；而「風險」係不確定性之效應。不確定性係指事件可能性或後果，可能性即指特定危害事件發生的機率，而後果則代表其影響的嚴重性。在執行危害辨認時，必須明確地辨認出危害型態，我們可以由損失的四個來源（PEME）：人員、設備、物料與環境來加考量。

189.(4) 有關危害辨識，下列敘述何者錯誤？
　　①應涵蓋例行性和非例行性的作業活動
　　②要找尋工作場所中所有可能造成人員傷害的潛在因素
　　③要有系統的進行，考量現場、辦公室或外部工作人員的作業活動
　　④只需針對有安全疑慮的工作項目辦理即可。

解析 在執行危害辨認時，必須明確地辨認出危害型態，我們可以由損失的四個來源（PEME）：人員、設備、物料與環境來加考量，並對項目作完整檢視。

190.(1) 事業單位要降低因機械、設備和物料等引起的安全衛生危害及風險，下列何者為最佳的控制時機？
　　①採購時　②使用時　③維修時　④發生事故後。

解析 事業單位要降低因機械、設備和物料等引起的安全衛生危害及風險在採購時準備即是最佳時機。

191.(1) 氯乙烯單體屬下列何種物質？
　　①致肝癌物質　②腐蝕性物質　③惰性物質　④致肺纖維化物質。

解析 氯乙烯（VCM），Vinyl chloride，化學式為 CH_2CHCl，是鹵代烴的一種，工業上大量用作生產聚氯乙烯（PVC）的單體。它在室溫下是無色的氣體，微溶於水，有醚樣的氣味。可由乙烯或乙炔製得。為無色。易液化氣體，容易致癌。

192.(4) 四氯化碳可能危害下列何者？
　　①呼吸系統　②血液系統　③骨骼　④肝腎。

解析 四氯化碳可經由吸入、皮膚接觸或誤食進入人體而中毒，症狀為頭痛、頸痛、暈眩、噁心、刺激眼睛、視力受損、皮膚灼燒、昏迷、肝損害、腎衰竭、心臟衰竭、皮膚炎、嚴重者致死。

193.(4) 氯痤瘡是因暴露於下列何種危害因子而造成？
　　①過氯酸　②氯乙烯　③氯苯　④多氯聯苯。

解析 氯痤瘡（Chloracne），由氯、氯酚和多氯聯苯等導致的痤瘡。氯化煙霧以及不斷接觸固態氯可造成接觸部位皮膚損害。氯化透過衣服也可造成皮膚損傷。皮疹好發部位在臉部、耳輪、耳後、頸、肩、手臂、胸部、腹部甚至陰囊。皮疹初起時呈小粉刺狀或囊狀，以後發展為硬囊狀隆腫，有些還可能化膿。損傷開始時出現小囊，類似粉刺和痤瘡的小膿泡。氯痤瘡在某些方面與一般痤瘡不同，前者皮膚乾燥，後者常含較多油脂。氯痤瘡的丘疹為非炎症型，而一般痤瘡則常伴炎症損傷。形成氯痤瘡所需的接觸時間主要與工作條件有關，可以從數週至約 1 年不等。

194. (4) 下列何者會造成過敏性氣喘？
　　　　①甲烷　②氯乙烯　③硫化氫　④二異氰酸甲苯。

解析 二異氰酸甲苯可經由呼吸、接觸與食入引起人體中毒，中毒症狀如下：
一、吸入性中毒之症狀：
　　蒸氣會刺激呼吸道，造成鼻子與喉嚨灼熱或刺激感、流鼻水、氣喘、喉頭炎、咳嗽、呼吸急促、胸部痛和緊痛。高濃度會引起支氣管炎、肺發炎、肺積水，甚至死亡，症狀可能是幾小時後才出現。
二、皮膚接觸性中毒之症狀：
　　直接接觸到液體會引起皮膚刺激感。
三、眼睛接觸性中毒之症狀：
　　蒸氣或液體濺到眼睛會造成刺激。
四、食入性中毒之症狀：
　　會引起口腔、喉嚨及胃組織的刺痛及腐蝕。

195. (2) 二異氰酸甲苯對人體會造成危害，它屬於何種物質？
　　　　①窒息性物質　②致過敏性物質　③麻醉性物質　④致癌性物質。

解析 職業性氣喘：最有名的物質就是二異氰酸甲苯（Toluene Diisocyanate, TDI），是一種過敏性物質，在國內曾有黏扣帶製造工人、漆包線工人發生職業性氣喘，即因接觸 TDI，而在製造泡綿當做發泡劑也會使用。

196. (1) 刺激性危害物質具高溶解度者，主要會作用於暴露者之何部位？
　　　　①上呼吸道　②上、下呼吸道　③下呼吸道　④下呼吸道及呼吸道末端。

解析 上呼吸道刺激指鼻、咽、喉及鼻竇等受到危害物質的刺激，例如氨對鼻子、喉嚨及肺部有刺激性，暴露於濃度高於 1000ppm 的環境下，10 分鐘後將會對呼吸系統造成嚴重的傷害，因上呼吸道傷害而造成的支氣管肺炎是最常見的情況，在高濃度下聲帶（Vocal Chords）因腐蝕而易受傷。

197. (2) 以下何者被吸入人體，較可能會導致肺部纖維化？
　　　　①鉛　②游離二氧化矽　③氧化鐵　④石膏。

解析 結晶型游離二氧化矽可能引起之疾病，矽肺症（Silicosis）是一種塵肺症：
一、慢性矽肺症（Chronic Silicosis）：最常見之肺部纖維化疾病，暴露於較低濃度結晶型二氧化矽之環境，於暴露後 10 年發病。
二、加速型矽肺症（Accelerated Silicosis）：暴露於較高濃度之結晶型二氧化矽，於暴露後 5 年至 10 年發病。
三、急性矽肺症（Acute Silicosis）：為較罕見且致命的症狀，原因為短期內暴露於極高濃度與高百分比含量的游離二氧化矽，造成呼吸氣管的細胞被破壞。於暴露後數週至 5 年內皆可能發生。

198.（ 2 ）　二氧化矽作業勞工，因作業環境不良，較易罹患下列何種疾病？
　　　　①痛痛病　②塵肺症　③白血症　④多發性神經病變。

解析 塵肺症通常是在工作（包括挖隧道、煤礦業，玻璃、陶瓷器等製造業，或是營造建築等作業環境）中吸入礦物性粉塵，如二氧化矽、金屬燻煙等物質，沉積於肺部，引起肺部一些非腫瘤性組織反應，例如肺部有粒狀或塊狀纖維化塵肺症（矽肺症、鋁肺症等）、瀰漫性纖維化塵肺症（石綿肺症等）、肉芽腫性塵肺症（滑石粉塵肺症、鈹肺症等）或非纖維化性的良性塵肺症（鐵、錫、鈣、鋇、銻等粉塵）等狀況。塵肺症之發生原因與粉塵之粒子大小、粉塵之濃度、暴露時間、個人的感受性及粉塵的性質有關。

199.（ 3 ）　鎘可能引起下列何種病變？
　　　　①白手病　②皮膚病　③痛痛病　④佝僂病。

解析 痛痛病，又稱疼痛病、骨痛病，是 1950 年發生在日本富山縣的世界最早的鎘中毒事件。鎘中毒導致骨骼軟化（骨質疏鬆症）及腎功能衰竭。病名來自患者由於關節和脊骨極度痛楚而發出的叫喊聲。

200.（ 1 ）　錳對人體之主要危害為下列何者？
　　　　①神經　②血液　③皮膚　④骨骼。

解析 吸入過高濃度的錳暴露對人體則有害；像是錳礦工的高濃度錳暴露已被證實會對神經系統產生影響，包括行為上的改變或肢體動作變得緩慢而笨拙等神經系統的毛病。

201.（ 3 ）　國內錳作業工廠曾引起下列何種職業病？
　　　　①鼻中膈穿孔　②痛痛病　③巴金森氏症　④水俁症。

解析 吸入過高濃度的錳暴露對人體則有害；像是錳礦工的高濃度錳暴露已被證實會對神經系統產生影響，若這些症狀越變越嚴重就會被稱為「錳中毒」，又稱為「巴金森氏症」。

202.（ 2 ）　鍍鉻作業易使勞工暴露於下列何種形態之鉻而造成鼻中膈穿孔？
　　　　①粉塵　②霧滴　③燻煙　④煙霧。

解析 在電鍍工業中，由於鉻金屬性質適於耐磨、抗腐蝕，在工業上用途十分廣泛，但因具有較高之毒性，更是形成工業安全衛生上的隱憂。如在電鍍鉻、鎳金屬時，沒有適當防制設備容易產生大量霧滴及蒸氣，鉻酸霧滴飄散在整個作業場所，造成對勞工的危害。

203.（ 3 ）　下列何種作業勞工可能會發生鼻中膈穿孔現象？
　　　　①苯　②硫酸　③鉻酸　④鎘。

解析 台灣由於中部地區的電鍍工廠分佈密集，一直缺乏有效的管理，常導致附近居民環境的污染，尤其部分地下工廠在電鍍鉻、鎳金屬後，沒有適當防治設備容易產生大量霧滴及蒸氣，倘若勞工在工廠暴露於這種的環境，會造成其鼻腔黏膜鼻竇炎、潰瘍、鼻中膈穿孔、支氣管炎、氣喘等徵候。

204.（ 4 ）下列何者不為判定職業性癌症之要件？
　　　　①有害物確實存在　②曾暴露於有害環境　③具備有害物暴露與發病時間之時序性　④符合暴露季節之特性。

解析 所謂的職業病可視為因為職業的原因所導致的疾病，但職業病的表現可能是馬上的，也可能是經過很久時間才發病或是漸進式的加重症狀，所以要判定疾病的發生是否真的由職業因素所引起，是相當專業的過程。我國目前是採列舉方式，並且必須由職業病專家判定。一般的判定條件如下：
一、工作場所中有害因子確實存在。
二、得病的人必須曾經在有害因子的環境下工作。
三、發病必須在接觸有害因子之後。
四、經醫師診斷確實有病。
五、起因與非職業原因無關。

205.（ 2 ）下列何者為可影響神經系統之危害因子？
　　　　①石綿　②汞　③二氧化碳　④鉻酸。

解析 汞及有機汞可穿過血腦屏障和胎盤影響胎兒及分泌於人奶中，而且汞對神經系統的損害可以是永久性的，所以汞的毒性對小孩及胎兒的傷害會較一般成年人為大。

206.（ 3 ）吸菸行為會加劇石綿之致癌率，是由於何種效應？
　　　　①相加效應　②拮抗效應　③相乘效應　④獨立效應。

解析 相乘作用：兩種物質同時存在時，其危害大於兩種危害相加的效果，有時甚至等於兩者相乘的效應，例如：菸煙與石綿、菸煙與二氧化矽、氫氟酸及硫酸鈹、過氧化氫及臭氧、二氧化硫及硫酸霧滴。

207.（ 2 ）勞工從事石綿作業且有抽菸習慣易造成肺癌，其暴露化學物質間之反應屬下列何種效應？
　　　　①獨立　②相乘　③相減　④相加。

解析 某些特定化學物質同時存在時，會造成相乘效應而增加了特定化學物質的毒性或危害性。例如石綿職業暴露會增加5倍罹患肺癌的機會，吸菸會增加10倍罹患肺癌的機會，若同時吸菸及石綿職業暴露則會增加50倍罹患肺癌的機會。

208.（2）白手病之症狀係由何種危害因子引起？
①高低溫危害　②振動危害　③游離輻射危害　④異常氣壓危害。

解析 長時間操作振動手工具如鑽孔機、破碎機、鏈鋸等則會發生局部振動危害，而對手部神經及血管造成傷害，發生手指蒼白、麻痺、疼痛、骨質疏鬆等症狀，稱為白指病或白手病。低溫會加重振動引起的症狀，因此高山寒冷地區操作鏈鋸之林場工人較易罹患此症。除白指症之外，當振動由手掌傳至手臂時也會對臂部肌肉、骨骼、神經造成影響。

209.（1）下列何者非屬熱環境所導致之急性危害？
①白指病　②中暑　③失水　④熱衰竭。

解析 長時間操作振動手工具如鑽孔機、破碎機、鏈鋸等則會發生局部振動危害，而對手部神經及血管造成傷害，發生手指蒼白、麻痺、疼痛、骨質疏鬆等症狀，稱為白指病或白手病。

210.（4）化學性危害，下列何者影響最小？
①毒性物質之毒性　②毒性物質之濃度　③暴露途徑　④環境溫濕度。

解析 化學性危害因子包含：
一、有害物質進入人體途徑。
二、劑量與效應。
三、有害物的型態與毒性。

211.（2）作業環境監測屬下列何者？
①危害認知　②危害評估　③危害控制　④環境管理。

解析 作業環境監測：指為掌握勞工作業環境實態與評估勞工暴露狀況，所採取之規劃、採樣、測定、分析及評估。

212.（3）依職業安全衛生設施規則規定，雇主對於勞工從事其身體或衣著有被污染之虞之特殊作業時，刺激物、腐蝕性物質或毒性物質污染之工作場所，應每多少人設置一個冷熱水沖淋設備？
①5　②10　③15　④20。

解析 職業安全衛生設施規則第318條：
雇主對於勞工從事其身體或衣著有被污染之虞之特殊作業時，應置備該勞工洗眼、洗澡、漱口、更衣、洗滌等設備。前項設備，應依下列規定設置：
一、刺激物、腐蝕性物質或毒性物質污染之工作場所，每15人應設置一個冷熱水沖淋設備。

二、刺激物、腐蝕性物質或毒性物質污染之工作場所，每 5 人應設置一個冷熱水盥洗設備。

213.（ 4 ）依職業安全衛生設施規則規定，雇主對於餐廳面積，應以同時進餐之人數每人在多少平方公尺以上為原則？

①0.3　②0.5　③0.7　④1。

解析 職業安全衛生設施規則第 322 條對於餐廳之規定如下：
雇主對於廚房及餐廳，應依下列規定辦理：
一、餐廳、廚房應隔離，並有充分之採光、照明，且易於清掃之構造。
二、餐廳面積，應以同時進餐之人數每人 1 平方公尺以上為原則。
三、餐廳應設有供勞工使用之餐桌、座椅及其他設備。
四、應保持清潔，門窗應裝紗網，並採用以三槽式洗滌暨餐具消毒設備及保存設備為原則。
五、通風窗之面積不得少於總面積 12%。
六、應設穩妥有蓋之垃圾容器及適當排水設備。
七、應設有防止蒼蠅等害蟲、鼠類及家禽等侵入之設備。
八、廚房之地板應採用不滲透性材料，且為易於排水及清洗之構造。
九、污水及廢物應置於廚房外並妥予處理。
十、廚房應設機械排氣裝置以排除煙氣及熱。

214.（ 2 ）依職業安全衛生設施規則規定，雇主對於廚房及餐廳，通風窗之面積不得少於總面積百分之多少？

①7　②12　③15　④18。

解析 職業安全衛生設施規則第 322 條對於餐廳之規定如下：
雇主對於廚房及餐廳，應依下列規定辦理：
一、餐廳、廚房應隔離，並有充分之採光、照明，且易於清掃之構造。
二、餐廳面積，應以同時進餐之人數每人 1 平方公尺以上為原則。
三、餐廳應設有供勞工使用之餐桌、座椅及其他設備。
四、應保持清潔，門窗應裝紗網，並採用以三槽式洗滌暨餐具消毒設備及保存設備為原則。
五、通風窗之面積不得少於總面積 12%。
六、應設穩妥有蓋之垃圾容器及適當排水設備。
七、應設有防止蒼蠅等害蟲、鼠類及家禽等侵入之設備。
八、廚房之地板應採用不滲透性材料，且為易於排水及清洗之構造。
九、污水及廢物應置於廚房外並妥予處理。
十、廚房應設機械排氣裝置以排除煙氣及熱。

215.（2）高溫爐前作業，為防止輻射熱及保護手部，宜使用下列何者？
①棉紗手套　②石綿手套　③橡膠手套　④塑膠手套。

解析 石棉纖維：石棉也稱為石綿，指具有高抗張強度、高撓性、耐化學和熱侵蝕、電絕緣和具有可紡性的矽酸鹽類礦物產品。石棉具有高度耐火性、電絕緣性和絕熱性，是重要的防火、絕緣和保溫材料。

216.（2）活線作業勞工應佩戴下列何種絕緣手套？
①棉質　②橡膠　③石綿　④尼龍。

解析 電用橡膠手套（絕緣手套）：以防止感電為目的，適用於一般電氣作業或活線近接作業時用。

217.（2）佩掛背負式安全帶主要目的為下列何者？
①防止感電　②防止人體墜落　③防止物體飛落　④幫助平衡。

解析 無論是工廠、建築工地或邊坡堤防等工作場所，都有可能有高處墜落的風險。勞動部自96年度起強制要求高處工作工人必需穿戴全身式背負安全帶，雇主只要負擔低廉的成本，工人只要忍受少許的麻煩，便可以作到**防墜**的目的。

218.（4）勞工於吊籠工作台上作業時，為防止墜落危害，應佩戴何種防護具？
①防護衣　②防護眼鏡　③安全面罩　④安全帶及安全帽。

解析 起重升降機具安全規則第102條：雇主對勞工於吊籠工作台上作業時，應使勞工佩戴安全帽及符合國家標準 CNS 14253-1 同等以上規定之全身背負式安全帶。

219.（4）使用工作安全帶應儘可能著裝在身體何部位附近？
①臀部　②膝蓋　③胸部　④腰部。

解析 應固定在安全帶使用者之**腰部**兩側之位置，以與腰帶平均分散受力。

220.（4）若欲降低工作者實際暴露噪音量5分貝，在考量50%安全係數下，應選用 NRR 值多少分貝的耳塞？
①5　②10　③12　④17。

解析 假設現場作業環境監測的結果（區域採樣）是90分貝，而我們想要保護勞工讓暴露劑量不會因為加班或是其他原因超過法定標準，我們至少需要減少5分貝左右的噪音量，則在選擇 NRR 值時至少要選用數值在 17 dB 以上的產品。

221.（3）熔斷作業中為防止火苗或熔融金屬飛落引起燒傷，宜穿著下列何種防護具？
　　①靜電服　②圍裙　③耐熱服　④塑膠雨衣。

解析 耐熱服由耐火布料製成，主要可以防止作業中為防止火苗或熔融金屬飛落引起燒傷。

222.（3）呼吸防護具的濾清口罩防護係數為 20，表示該口罩能適用於空氣中有害物濃度在幾倍容許濃度值以下之作業環境？
　　①10　②15　③20　④100。

解析 不同種類之防護具都有一個防護係數（Protection Factor），防護係數是表示該呼吸防護具可提供之防護效果，其定義如下：
防護係數（PF）＝環境中有害物之濃度/防護具面體內有害物之濃度。
而防護具面體內有害物之濃度不可超過有害物容許濃度標準，因此當一個呼吸防護具之防護係數（PF）為 20 時，則表示該防護具可用於 20 倍的容許濃度下的環境。

223.（2）使用防毒口罩目的為下列何者？
　　①預防缺氧　②預防中毒　③保暖　④美觀。

解析 對於有暴露於高溫、低溫、非游離輻射線、生物病原體、有害氣體、蒸氣、粉塵或其他有害物之虞者，應置備安全衛生防護具，如安全面罩、防塵口罩、**防毒面具**、防護眼鏡、防護衣等適當之防護具。

224.（3）口罩濕了就該換，下列何者為其主要理由？
　　①口罩外表層黏住粉塵　　　　②口罩變重而佩戴不牢
　　③導致更多空氣從側邊進入口罩內　④口罩會溶解而破掉。

解析 使用高過濾效率口罩時，更需要配合高密合度，因為空氣分子像人一樣，會往阻力最小的地方流動，若變濕造成密合不佳，空氣反而不經過濾材，而選擇從口罩與臉部的**洩漏縫進入**，整體防護效果反而變差。

225.（1）有關防毒面罩吸收罐使用之敘述何者不正確？
　　①使用時間無限制　　　　②使用時間有限制
　　③對有毒氣體種類有使用限制　④對空氣中氣體濃度有限制。

解析 吸收罐能夠符合測試規範之要求，必須具有適當之濾除能力，在特定有害物濃度與流量測試下，在一定時間下下游不可超過有害物特定濃度，一般使用破出時間來表示，不代表可以無限時間的使用。

226.(4) 下列何者非為選用防毒口罩應留意事項？
①須經檢定合格　②面體完整密合度　③面罩有廣闊視野　④氣候因素。

解析 呼吸防護具選用原則：
一、於使勞工使用呼吸防護具前，必須先完成作業場所勞工危害暴露評估（可參考有害物安全資料表，依危害性化學品評估及分級管理辦法規定辦理暴露評估）及佩戴人員生理狀況或呼吸功能等條件之評估。
二、參考前項評估結果並依職業安全衛生專業人員之建議，選擇適當及有效之呼吸防護具。
三、作業勞工應受過呼吸防護具相關訓練，並在作業主管監督下使用呼吸防護具。
四、呼吸防護具應定期及妥善的實施清潔、儲存及檢查，以確保其有效性。

227.(4) 在缺氧危險而無火災、爆炸之虞之場所應不得戴用下列何種呼吸防護具？
①空氣呼吸器　②氧氣呼吸器　③輸氣管面罩　④濾罐式防毒面罩。

解析 過濾式防毒面具只能在空氣中有毒氣體濃度<2%，氧氣濃度>18%的情況下使用，且各種過濾式防毒面具只能專防專用，不同型號濾毒罐或濾棉只能防其對應的有毒氣體，要防止錯用。

228.(4) 空氣呼吸器使用前應注意事項，下列敘述何者錯誤？
①確認瓶內空氣量　②確認輸氣管有無破損　③檢查面體與顏面之密合度是否良好　④呼氣阻抗愈大愈佳。

解析 空氣呼吸器使用前需要注意：
一、使用前需檢查面具是否有裂痕、破口，確保面具與臉部貼合密封性。
二、檢查呼氣閥片有無變形，破裂及裂縫。
三、檢查頭帶是否有彈性。
四、檢查濾毒盒座密封圈是否完好。
五、檢查濾毒盒是否在使用期內。
六、檢查確認面具完好無破損。
七、檢查確認濾毒罐未過期，無受潮，無鏽蝕。
八、呼氣阻抗應該越低越好。

229.(3) 自攜式呼吸防護具中，空氣呼吸器、氧氣呼吸器為下列何種型式？
①循環式　②壓縮式　③開放式　④氧氣發生式。

解析 呼吸器是一種自給開放式空氣呼吸器，廣泛套用於消防、化工、船舶、石油、冶煉、倉庫、試驗室、礦山等部門，供消防員或搶險救護人員在濃煙、毒氣、蒸汽或缺氧等各種環境下安全有效地進行滅火，搶險救災和救護工作。

230.(2) 進入含 3% 氯氣之室內作業場所，宜佩戴下列何種呼吸防護具？
　　　　①有機溶劑吸收罐防毒面具　　②供氣式呼吸防護具
　　　　③防塵用呼吸防護具　　　　　④酸性氣體吸收罐防毒面具。

解析 供氣式呼吸防護具：
供氣式呼吸防護具又可分為兩種基本型式：一為「輸氣管面罩」（airline respirator）；另一種為「自攜呼吸器」（self-contained breathing apparatus，SCBA）。前者是以空氣管自其他場所提供清潔空氣予配戴者呼吸使用；而後者則是由配戴者攜帶空氣源。

231.(1) 遮光防護具，其目的為防止下列何者所引起眼睛之傷害？
　　　　①電弧熔接熔斷之有害光線　　②磨床產生微細粉塵
　　　　③切削產生之切屑　　　　　　④處置溶劑之飛沫。

解析 雇主對於勞工以電焊、氣焊從事熔接、熔斷等作業時，應置備安全面罩、防護眼鏡及防護手套等，並使勞工確實使用。
雇主對於前項電焊熔接、熔斷作業產生電弧，而有散發強烈非游離輻射線致危害勞工之虞之場所，應予以適當隔離。

232.(1) 使用防塵眼鏡應優先確認下列何者？
　　　　①鏡片有否裂傷、破損　　　　②遮光度是否適當
　　　　③可否防止氣體侵入　　　　　④可否遮斷輻射熱。

解析 使用防塵眼鏡應優先確認鏡片有否裂傷、破損，以免傷害眼部。

233.(4) 下列何者非為危害眼睛之因素？
　　　　①飛濺之粒子　②熔融金屬　③有害光線　④噪音。

解析 噪音，又稱噪聲，從物理角度上看，是聲波的頻率、強弱變化無規律、雜亂無章的聲音，會對耳朵的聽力肇生危害。

234.(4) 安全眼鏡（goggle）應有下列構造？
　　　　①厚鏡片　②變色鏡片　③彈簧耳掛　④側護片。

解析 側框或側護片（分為有、無側護片）
一、目的：防止外物從側邊撞擊眼部。
二、缺點：無法防護氣狀污染物。

235.(1) 安全帽受過大衝擊，雖外觀良好，應採下列何種處理方式？
　　　　①廢棄　②繼續使用　③送修　④油漆保護。

解析 當然安全帽經外力衝擊後外觀雖無損壞，但其材料及結構已發生劇烈變化，故此安全帽已無任何保護作用。

236.（3）一般作業勞工戴用之安全帽多採用何種材質？
①鋼鐵　②輕金屬　③合成樹脂　④橡膠。

解析 目前帽體的材質多有兩種，其一為 ESP（合成樹脂、保麗龍發泡體）；其二為 EPU（合成樹脂）。
前者發泡成形需採高溫，一般發泡後的體積厚度比 EPU 厚；EPU 所需的發泡溫度較低，因此帽殼可和其一起在模具內發泡，一體成型。

237.（4）有關一般工地用安全帽及機車用安全帽之使用原則，下列何者正確？
①僅乘機車時可戴工地用安全帽　②僅在工地可戴機車用安全帽
③兩者可互用　④兩者不可互用。

解析 工程安全帽與機車安全帽不同，不管是工地錯戴機車安全帽，或騎機車錯戴工程安全帽，不僅會被開單告發，也都可能產生安全上的危險。

238.（4）下列何者不是急救的目的？
①維持呼吸功能　②維持血液循環功能
③防止傷情惡化　④施予治療。

解析 急救主要為了維持生命（Preserve life），而所有醫療服務的首要目的是為了拯救生命。防止進一步的傷害（Prevent further injury），有時也被稱為防止病情惡化，這涵蓋了兩個的外部因素：移動病人遠離任何傷害的原因。運用急救技術，以防止病情惡化變得危急。

239.（4）依衛生福利部公告的民眾版心肺復甦術參考指引摘要表（2021年版），心肺復甦術（CPR）之胸部按壓，每分鐘應該要幾次？
①1~2　②12~15　③72　④100~120。

解析 做到高品質的 CPR，心臟按摩時必須壓得快（每分鐘 100 下）、壓得深（成人約 4~5 公分）、避免中斷、完全放鬆（每一次按壓後須讓胸部恢復原來形狀），胸部按壓操作得愈好，才能使更多的血液到達重要器官。

240.（2）施行心肺復甦術，按壓與吹氣次數比為何？
①30:1　②30:2　③15:1　④15:2。

解析 壓胸與吹氣比為 30：2：舊版胸部按壓 15 次後，再吹氣 2 次，新版則改為按壓 30 次、吹氣 2 次，如此可以減少胸部按壓中斷；且吹氣時，也不再區分大人、兒童或嬰兒，一律吹 2 口氣，每口氣吹 1 秒鐘。

241.（1） 依衛生福利部公告的民眾版心肺復甦術參考指引摘要表（2021年版），下列胸部按壓口訣，何者之內容依年齡而有所不同？
　　①用力壓　②快快壓　③胸回彈　④莫中斷。

解析

步驟/動作	對象	成人 ≥8歲	兒童 1-8歲	嬰兒（新生兒除外） <1歲
(C) 胸部按壓 Compressions	按壓位置	胸部兩乳頭連線中央		胸部兩乳頭連線中央之下方
	用力壓	5至6公分	至少胸廓深度1/3，勿超過6公分	至少胸廓前後徑1/3
	快快壓	100至120次/分鐘		
	胸回彈	確保每次按壓後完全回彈		
	莫中斷	盡量避免中斷，中斷時間不超過10秒		

242.（1） 衛生單位推動之民眾版簡易CPR，與正式CPR相較，主要省略下列何者？
　　①人工呼吸　②胸部按壓　③檢查意識　④求救。

解析 民眾CPR簡易版中，倘若施救者不願意跟患者口對口做人工吹氣的步驟，那麼此吹氣步驟可以省略，就一直胸外按壓即可。

243.（4） 目前衛生福利部公告之CPR口訣為何？
　　①叫ABC　②叫叫ABC　③叫叫ABCD　④叫叫CABD。

解析 完整版CPR分為六個程序，簡稱為「叫叫CABD」。
一、叫：確定病患有無意識。
二、叫：請人撥打119求救，並拿AED過來。
三、C（Circulation）：施行胸外心臟按摩，壓胸30下。
四、A（Airway）：打開呼吸道，維持呼吸道通暢。
五、B（Breathing）：人工呼吸2次（受過訓練，有能力，且有意願給予患者人工呼吸者適用）。
六、D（Defibrillation）：電擊除顫，依據機器指示操作進行急救。

244.（3） 實施CPR前應先打什麼電話號碼？
　　①110　②112　③119　④親人手機。

解析 叫（求救）：快找人幫忙，打119，如果附近有市內電話，請優先使用市內電話，因為119勤務中心可顯示來電地址，有利於迅速救援。

245.（ 2 ）依衛生福利部公告的民眾版心肺復甦術參考指引摘要表（2021年版），當你1個人碰到下列何種情況下要先做5個循環的CPR再打電話求援？
①無此適用情況　②對象未滿8歲　③對象已瀕死　④溺水。

解析 依衛生福利部公告的民眾版心肺復甦術參考指引摘要表（2021年版）顯示，下列狀況在只有1個人也沒有手機時，應先進行5個循環的CPR，再打119求援：
一、兒童1~8歲。
二、嬰兒（新生兒除外）<1歲。

246.（ 2 ）依CPR口訣，在進行下列何動作時要去找AED？
①第1個叫　②第2個叫　③A　④D。

解析 根據2015年美國心臟協會的原文著作，內文顯示2012年協會發表一份科學聲明，針對到院前死亡的病患，他們建議派遣員建立流程，即時教育及引導第一反應者（如民眾）去評估病患呼吸，並在必要時操作CPR的步驟。由於瀕死呼吸不易判斷，而且擔心因判斷呼吸狀況而延遲打119的時間，故把2010年版中同時評估意識及呼吸的部分，改成評估意識後即打119求救，並設法取得AED。

247.（ 2 ）關於急救用AED，下列敘述何者有誤？
①台灣已經依好撒瑪利亞人法（Good Samaritan Law）精神立法，救人者不用負法律責任
②有受過AED訓練的人才可以依AED指示來操作救人
③AED特別設計給非醫護人員使用於心臟驟停突發事件的急救上
④台灣已經有Android及iOS都可下使用的「全民急救AED」app，即時有效掌握全台各公共場所AED的位置。

解析 AED特別設計給非醫護人員使用於心臟驟停突發事件的急救上，操作簡便會有語音指示操作者步驟與位置，民眾皆可操作救人。另外手機平時就可以下載急救App軟體，例如「急救先鋒APP」，當119接獲報案有人突然心跳停止（OHCA）倒下，在派遣消防救護車的同時，119將透過《急救先鋒》App召喚周邊的人們（APP下載者），即時伸出援手，搶在119抵達前實施CPR和AED急救，共同提升OHCA病人的急救成功率。

248.（ 1 ）下列何者非屬休克的可能症狀？
①臉色潮紅　　　　　　　②自訴寒冷，甚至發抖
③噁心、嘔吐　　　　　　④呼吸快而淺。

解析 休克是因外傷、出血、燒燙傷等傷害或情緒過度刺激及恐懼而引起的一種血液循環量不足的情況，患者膚色蒼白、冰冷，脈搏快而弱，呼吸淺而快，感覺口渴並可能有嘔吐現象，若沒有即時處理，傷患會意識喪失、體溫下降，並且可能死亡。

249. (3) 對於面部潮紅之休克患者進行急救時，應使患者採何種姿勢為宜？
① 使頭偏向一側　　② 採用頭低位
③ 抬高頭部　　④ 兩腳墊高約30度。

解析　臉色潮紅、脈搏快而強、體溫高達40度以上可能為中暑，神智不清或昏迷之急救須將患者送至陰涼通風的地方使其仰臥，解開衣服、束帶、頭部墊高。

250. (1) 對於化學燒傷傷患的一般處理原則，下列何者正確？
① 立即用大量清水沖洗
② 傷患必須臥下，而且頭、胸部須高於身體其他部位
③ 於燒傷處塗抹油膏、油脂或發酵粉
④ 使用酸鹼中和。

解析　化學物質通常為強酸或強鹼，須立即用大量溫水或大量清水反覆沖洗皮膚，需要沖洗得越早、越乾淨、越徹底。切忌不經沖洗，急急忙忙地將病人送往醫院。用水沖洗乾淨後，再用清潔紗布輕輕覆蓋創面，送往醫院處理。

251. (1) 下列何者為燒傷急救口訣？
① 沖脫泡蓋送　② 叫叫壓　③ 拉拉壓　④ 快狠準。

解析　燒傷急救5步驟：沖、脫、泡、蓋、送：
沖→先用冷水小力地沖傷口20~30分鐘，同時打119。
脫→輕脫掉傷口上的衣褲，脫不下來不勉強。
泡→冷水泡20~30分鐘就好，若碰到化學藥劑，不可以泡水。
蓋→蓋上乾淨的紗布、衣服或毛巾在傷口上。
送→快送到醫院進行治療。
若遭腐蝕性物質灼傷，只要沖、脫、蓋、送，不宜再浸泡，避免擴大傷害皮膚面積。

252. (2) 未破皮的灼傷急救，下列何者為最正確的處理方式？
① 以乾淨的布類覆蓋灼傷處，儘快送醫
② 儘快施以沖、脫、泡、蓋、送處理
③ 將傷側朝下，用大量水慢慢沖洗處理，再用敷料等包紮後送醫
④ 於灼傷處暫時塗抹消炎粉等急救藥物，再送醫。

解析　一、設法除去引發燒燙傷的原因（如：熱、冷、電擊、腐蝕物質等）。任何化學藥品，不論是水溶性或非水溶性、強酸、強鹼等，當濺落在皮膚上時應即刻用大量清水沖洗。愈早沖洗傷口，復原會較好。皮膚燒灼傷的程度與深度也會降低。
二、未破皮的燒燙傷口，儘快施以沖、脫、泡、蓋、送等處理。

253. (3) 肢體被截斷時，下列處理何者不適當？
① 控制出血情形
② 預防傷口感染
③ 截肢不必處理，連同患者送醫
④ 截肢以生理鹽水濕潤的紗布包住，連同病患送醫。

解析 當肢體遭鋸斷截斷時，首要的動作是立即用清水將斷肢及傷口清洗，可減緩細菌生長速度，切記不可將斷肢浸泡於水中；接下來以濕紗布、乾紗布包裹斷指及傷口，若無紗布可用乾淨的毛巾、手帕替代；最後將包裹後的斷肢放到塑膠袋中，置於冰桶或裝有碎冰的大塑膠袋內，再趕緊送入醫院急救，切記！勿將截斷肢體與冰塊直接接觸以防凍傷。

254. (4) 骨折急救時，下列何者不可充當副木使用？
① 木板　② 雨傘　③ 枴杖　④ 衣服。

解析 副木為量身訂做的固定式支架，強度需要足夠，可讓病患有一個舒適及正常的姿勢擺位，並可預防肢體的變形。

255. (4) 扭傷或拉傷部位，若有腫脹情形，最適當的立即處理方式為何？
① 按摩　② 熱敷　③ 推拿　④ 冷敷。

解析 一般而言，在體表使用冰敷時，除了身體溫度開始降低外，它會逐漸造成血管收縮、代謝率降低、發炎情況緩和，以達到減輕疼痛的效果。冰敷常用在急性傷害，如拉傷等狀況。

256. (3) 對於食入性中毒患者，下列何種狀況宜給予催吐？
① 已昏迷
② 口腔或咽喉部有疼痛或灼熱感
③ 誤食大量安眠藥
④ 誤食腐蝕性物質。

解析 食入性毒性：
將患者儘速送醫，除非不得已的情形才催吐，如果是已昏迷、食入為腐蝕性或揮發性油類中毒患者禁止催吐，切勿勉強刺激催吐，以防嘔吐物誤入氣管。

257. (3) 一氧化碳中毒時，不宜採取下列何種措施？
① 保持患者呼吸道通暢
② 給予患者保暖
③ 頻詢問患者
④ 儘早給予吸入氧氣。

解析 一氧化碳（CO）中毒俗稱煤氣中毒。一氧化碳是一種無色無味無刺激性氣體，人吸入它時沒有任何感覺，當你意識到它的存在時，可能你的手腳已經不聽使喚了。一氧化碳將隨著你的呼吸進入血液，迅速與血液中的血紅蛋白結合，使其失去攜氧能力，致人缺氧，引起頭暈頭痛、全身無力、噁心嘔吐、意識不清等中毒症狀，需要採取保持患者呼吸道通暢、儘早給予吸入氧氣等措施。

258. (1) 一般工作現場之輻射熱多以何種方式傳播？
①紅外線　②微波　③紫外線　④宇宙射線。

解析 所有溫度在絕對零度（約-273°C）以上的物體，都會因自身的運動而產生紅外線輻射熱，紅外線熱像儀能將這些人眼無法看到的輻射能量轉換為電子訊號而顯現。

259. (4) 物體的熱輻射強度與其溫度的幾次方成正比？
①1　②2　③3　④4。

解析 所有頻率的輻射總能量與溫度的四次方成正比（史蒂芬-波茲曼定律）。因此，當物體溫度上升到絕對溫度600度時，其每秒輻射的總能量為室溫（約300K）下物體的16倍。對於一盞白熾燈泡（約3000K，也就是室溫的十倍），每秒輻射出的總能量為室溫的10000倍。

260. (3) 依職業安全衛生設施規則規定，雇主使勞工於夏季期間從事戶外作業，為防範高氣溫環境引起之熱疾病，應視天候狀況提供適當之飲料或食鹽水，此措施主要可預防下列何種熱危害？
①熱衰竭　②中暑　③熱痙攣　④脫水。

解析
一、失水又稱脫水，實際是指體液的流失，是造成新陳代謝障礙的一種症狀，嚴重時會造成虛脫，甚至有生命危險，需要依靠輸液補充體液。
二、中暑是一種受室外的空氣的高溫多濕或陽光過久直接照射動物體、人體等造成體溫異常升高不降所引起的症狀的通稱。
三、熱痙攣（Heat cramps）是因為高溫環境大量流汗，大量的鹽份和水分流失造成的肌肉的抽筋或痙攣。熱痙攣常會發生於腹部、手臂以及小腿。發生的原因可能是沒有攝取足夠的液體或電解質。
四、熱衰竭是高溫環境造成排汗過多，同時流失大量水分和鹽分等電解流失，體溫大多是正常或者是稍微上升。病人有頭痛、虛弱、無力、噁心、嘔吐、蒼白，嚴重時會躁動、休克，甚至昏迷。

261. (1) 以C代表音速，f代表頻率，λ代表波長，下列敘述何者正確？
①C＝λ×f　②λ＝C×f　③f＝C×λ　④3者彼此之間無關係。

解析 音速＝波長×頻率〈C＝λ×f〉，頻率＝1/週期〈f＝1/T〉；所以波長＝音速×週期〈λ＝C×T〉，當音速一定時，波長和週期成正比，當聲音進入一個介質後，速度會變慢，但頻率不變，只有波長會改變。

262. (4) 一般而言，下列何種頻率（Hz）的感音性聽力損失最明顯？
①500　②1000　③2000　④4000。

解析 職業性聽力損失（Occupational hearing loss）係長期暴露在高噪音工作環境下，感音性聽力損失最嚴重的音頻在 **4000** 或 6000 Hz。

263.（ 3 ）距某機械 4 公尺處測得噪音為 90 分貝，若另有一噪音量相同之機械併置一起，於原測量處測量噪音量約為多少分貝？
①90　②92　③93　④180。

解析 二機械置於一處，於 4 公尺遠處測定之最大音壓級為：
Lp（噪音和）= $10 \log(10^{L1/10}+10^{L2/10}) = 10 \log(10^{90/10}+10^{90/10})$
　　　　　　 = $10 \log(2 \times 10^9) = 10(\log 2 + \log 10^9) =$ **93dBA**

264.（ 2 ）振動可能會引起下列何者？
①烏腳病　②白手病　③腳氣病　④白髮症。

解析 長時間操作振動手工具如鑽孔機、破碎機、鏈鋸等則會發生局部振動危害，而對手部神經及血管造成傷害，發生手指蒼白、麻痺、疼痛、骨質疏鬆等症狀，稱為**白指病或白手病**。低溫會加重振動引起的症狀，因此高山寒冷地區操作鏈鋸之林場工人較易罹患此症。除白指症之外，當振動由手掌傳至手臂時也會對臂部肌肉、骨骼、神經造成影響。

265.（ 3 ）操作下列何種機具設備較不會產生局部振動源？
①鏈鋸　②破碎機　③簡易型捲揚機　④氣動手工具。

解析 目前建築工程大量採用**簡易式捲揚機**，在吊升荷重 500kg 至 800kg 者最廣為使用，而簡易式具有易搬運、易架設與易操作之特性，使用非常便利。

266.（ 1 ）人體暴露於全身振動時，傳至人體之振動可能與身體不同之部位產生共振現象，使人頭痛、頭暈、噁心、嘔吐、感覺不舒服等暈車症狀，其中頭部之自然頻率為多少 Hz？
①4.5～9　②45～90　③450～900　④4500～9000。

解析 次聲波的頻率與人體器官的自然頻率相近（人體各器官的自然頻率為 3 赫茲～17 赫茲，頭部的自然頻率為 **8 赫茲～12 赫茲**，腹部內臟的自然頻率為 4 赫茲～6 赫茲），本題最接近選項①。

267.（ 3 ）光源的位置在作業者前面，會有何影響？
①在螢幕產生眩光　②產生較大的對比　③產生直接眩光　④無影響。

解析 眩光依來源分成：
一、直接眩光（direct glare）：由視野內的光源直接引起。
二、反射眩光（reflected glare）：視野內物體表面的反射光而引起。反射眩光又分為下列4類：
   1. 鏡面反射（specular）。
   2. 延展反射（spread）。
   3. 散亂反射（diffuse）。
   4. 混合反射（compound）。

268.（1） 光源的位置在作業者後面，會有何影響？
①在螢幕產生眩光 ②產生較大的對比 ③產生直接眩光 ④無影響。

解析 對比眩光：又稱背景眩光。眼睛注視主目標物時，該目標物後方範圍有強光，造成明暗對比而看不清楚主目標物。此明暗對比越大，眼睛越容易疲勞。而本題之敘述則為後方之光源在螢幕反射造成之眩光。

269.（3） 下列何種輻射線的穿透力最強？
①α粒子 ②β粒子 ③γ射線 ④紅外線。

解析 伽瑪射線，或γ射線是原子衰變裂解時放出的射線之一。此種電磁波波長在0.01奈米以下，穿透力很強，又攜帶高能量，容易造成生物體細胞內的脫氧核糖核酸（DNA）斷裂進而引起細胞突變，因此也可以作醫療之用。

270.（1） 金屬熔爐作業較嚴重的輻射危害為下列何者？
①紅外線 ②X光 ③微波 ④阿伐（α）。

解析 紅外線：常由灼熱物體產生，例如金屬熔爐作業，眼睛經常直視紅熱物體易導致白內障，高溫作業場所易有紅外線產生，形成熱危害。

271.（1） 下列何種非游離輻射最不易受建築物屏蔽？
①極低頻磁場 ②紅外線 ③射頻輻射 ④微波。

解析 電磁場分為「電場」和「磁場」，60Hz這種極低頻電磁波的「電場」，很容易被阻隔，只要碰到金屬外殼、鋼筋混凝土、樹木，甚至人體皮膚就能擋掉，因此進入人體的電場幾乎為零。
磁場則幾乎無法屏蔽，除非是同時有方向相反、強度相同電流造成的磁場才能抵消，因此有辦法減弱輸電線造成的磁場，但無法完全消除；磁場強度單位是「毫高斯」。

272. (4) 一般而言,下列何者不屬於極低頻磁場的高暴露職業族群?
①電焊工人 ②變電所工作者 ③水電工人 ④計程車司機。

解析 功率頻率場（極低頻電磁場）主要來自於電力輸送的設備以及電器用品。地下電纜和變電所也是極低頻電磁場的來源,住家內的極低頻電磁場來自家電用品和電線,同樣的,在工作場所或任何有用電的場合,都是極低頻電磁場存在的地方。

273. (3) 人體受到 γ 射線照射後,主要受害的器官為
①心臟 ②肺 ③脾臟 ④胃。

解析 胎兒、淋巴組織、生殖腺、骨髓、脾臟組織器官對輻射傷害的敏感度高。

274. (1) 依有機溶劑中毒預防規則之立法精神,下列何種有機溶劑對勞工之健康危害最大?
①第一種 ②第二種 ③第三種 ④第四種。

解析 有機溶劑毒性大小依序是:
一、第一種有機溶劑。
二、第二種有機溶劑。
三、第三種有機溶劑。

275. (4) 由機械方法造成懸浮於空氣中的固體微粒為下列何者?
①燻煙 ②霧滴 ③煙霧 ④粉塵。

解析 粉塵（Dust）係來自土石、岩石或礦物等之無機物或木材、穀物等有機物質,經粉碎、剪斷、鑽孔、研磨、衝擊、裝袋或爆炸等產生,而懸浮於空氣中之固體粒子（一般粒徑大致為 100μm 以下）,其化學成份與其原發生源之母體物質大致相同。

276. (4) 金屬燻煙屬下列何種物質?
①高溶解度 ②致塵肺症 ③麻醉性 ④致發熱。

解析 金屬燻煙熱發生症狀像感冒（flu-like）,症狀包括喉嚨不適（throat irritation）、呼吸困難、咳嗽、哮喘、嘶啞、嘔吐、頭痛、發冷、發熱、肌痛、虛弱、昏睡、流汗、關節痛。多在吸入氧化鋅燻煙或粉塵後 4-8 小時發生。患者在實驗診斷可發現白血球增多症（leucocytosis）、血氧過少（hypoxemia）、肺功能下降、乳酸去氫（LDH）及血鋅濃度增加。

277. (2) 懸浮於空氣中的微小液滴為下列何者?
①燻煙 ②霧滴 ③煙霧 ④粉塵。

解析 霧滴（mist）:懸浮於空氣中之微小液滴。通常是由機械式噴霧或由氣態凝結而成,如鹽酸（HCl）、硫酸（H_2SO_4）霧滴。

278. (2) 鋅錠經加熱後，其蒸氣在空氣中氧化成下列何者而危害勞工？
①粉塵 ②燻煙 ③霧滴 ④纖維。

解析 燻煙（fume）：氣態凝結之固體微粒。燻煙主要是由於金屬於高溫產生之粒徑非常微小之粒狀物。

279. (2) 有害物進入人體最常見的器官或途徑為下列何者？
①口 ②呼吸 ③皮膚 ④眼睛。

解析 呼吸道是人類或動物暴露毒性物的主要途徑之一，使得肺臟成為多種有害物質的標的。

280. (1) 下列何者為化學窒息性物質？
①一氧化碳 ②正己醇 ③1,1,1,-三氯乙烷 ④石綿。

解析 窒息性物質：
一、單純性窒息性物質：氮氣、氬氣、甲烷及二氧化碳。
二、化學性窒息性物質：一氧化碳、二氧化氮、氰化氫、硫化氫。

281. (1) 下列何者為單純窒息性物質？
①甲烷 ②一氧化碳 ③氰化氫 ④硫化氫。

解析 窒息性物質：
一、單純性窒息性物質：氮氣、氬氣、甲烷及二氧化碳。
二、化學性窒息性物質：一氧化碳、二氧化氮、氰化氫、硫化氫。

282. (3) 製造含鉛顏料之工廠，其成品乾燥後之粉碎作業易使勞工暴露於下列何種形態之鉛？
①燻煙 ②霧滴 ③粉塵 ④煙霧。

解析 粉塵：懸浮於空氣中之固體微粒。粉塵引起的危害，主要是引起塵肺症—泛指由於吸入粉塵而引起的肺部疾病。

283. (3) 一氧化碳被吸入人體，並進入血液中，將與血液中之下列何者結合？
①淋巴球 ②白血球 ③血紅素 ④血小板。

解析 當吸入該氣體後，會與人體內某物質發生化學變化，使人體失去攜氧而產生窒息。如一氧化碳對血紅素之親和力，故一旦吸入過多一氧化碳，即會窒息死亡。

284. (4) 二氧化氮具下列何種特性？
①高溶解度　②致肺纖維化　③致貧血性　④低溶解度、肺刺激性。

解析 二氧化氮（化學式：NO_2），是氮氧化物之一。室溫下為有刺激性氣味且低溶解度之的紅棕色順磁性氣體，易溶於水，溶於水部分生成硝酸和一氧化氮。二氧化氮吸入後對肺組織具有強烈的刺激性和腐蝕性。作為氮氧化物之一的二氧化氮，是工業合成硝酸的中間產物，每年有大約幾百萬噸被排放到大氣中，是一種主要的大氣污染物。

285. (4) 二氧化氮屬下列何種物質？
①高溶解度物質　②致肺纖維化物質
③麻醉性物質　④低溶解度肺刺激物質。

解析 二氧化氮（化學式：NO_2），是氮氧化物之一。室溫下為有刺激性氣味且低溶解度之的紅棕色順磁性氣體，易溶於水，溶於水部分生成硝酸和一氧化氮。二氧化氮吸入後對肺組織具有強烈的刺激性和腐蝕性。作為氮氧化物之一的二氧化氮，是工業合成硝酸的中間產物，每年有大約幾百萬噸被排放到大氣中，是一種主要的大氣污染物。

286. (4) 下列何者非屬影響有害物危害程度之主要因素？
①暴露途徑　②暴露劑量　③暴露時間　④衣著。

解析 有害物危害因子包含：
一、有害物質進入人體途徑。
二、劑量與效應。
三、有害物的型態與毒性。

287. (4) 下列何者非為防範有害物食入之方法？
①有害物與食物隔離　②不在工作場所進食或飲水
③常洗手　④穿工作服。

解析 穿工作服屬於防止與有害物接觸的方法。

288. (3) 大部分之有機碳氫化合物均屬下列何危害物質？
①窒息性　②刺激性　③麻醉性　④致變異性。

解析 麻醉性物質：大部分之碳氫化合物對人體均有輕重不同之**麻醉性**，麻醉時人員可能精神恍惚而發生跌倒、墜落或遭機械夾傷、碾傷等災害。

289. (1) 鉛回收工廠中之冶煉爐（爐溫 1500°C），易因高溫而使鉛以下列何種形態存在？
　　　　　①金屬燻煙　②纖維　③霧滴　④蒸氣。

解析 鉛是一種古老的金屬，人類在很早期就已經將鉛應用於各種生活中，直到現在仍然不變。目前常見暴露於鉛的行業中有鉛蓄電池業、廢鉛回收業、油漆製造、染料製造業、電子電焊業、塑膠製造業、汽油使用業等。鉛以金屬燻煙、粉塵等型式存，毒性中尤以肺部直接吸收的毒性最大，鉛進入人體後，在成人的毒性重要的危害在造血系統；引發貧血，但在胎兒及嬰幼兒對腦部的毒性最大；引起鉛腦症。

290. (4) 世界衛生組織所提之健康促進行動綱領有幾大項？
　　　　　①2　②3　③4　④5　大項。

解析 渥太華五大行動綱領（The Ottawa Charter）：
一、建立健康的公共政策（Build Healthy Public Policy）。
二、創造支持性環境（Create Supportive Environments）。
三、強化社區行動力（Strengthen Community Actions）。
四、發展個人技巧（Develop Personal Skills）。
五、調整健康服務方向（Reorient Health Services）。

291. (1) 目前成人身體質量指數（BMI）正常範圍之上限為何？
　　　　　①24　②27　③30　④35。

解析 正常範圍：18.5≦BMI＜24，異常範圍：過重：24≦BMI＜27、輕度肥胖：27≦BMI＜30、中度肥胖：30≦BMI＜35、重度肥胖：BMI≧35。

292. (1) 下列何者非屬職場健康促進與推廣之相關活動？
　　　　　①辦理業務創新研討　　②辦理登山郊遊
　　　　　③辦理電影欣賞　　　　④辦理烤肉聯誼。

解析 業務創新研討不屬於職場健康之身心靈或身體健康之相關事項。

293. (1) 下列何者非屬職場健康促進與推廣之項目？
　　　　　①指認呼喚運動　②壓力紓解　③戒菸計畫　④下背痛預防。

解析 指認呼喚運動：
是一種透過身體各種感官（包括視覺、大腦意識、身體動作、口誦及聽覺）並用協調，以增加操控器械的注意力的職業安全動作方法。此運動與職場健康促進無關。

294. (1) 下列何者是職場健康促進與推廣之主要概念？
①預防　②治療　③投藥　④工程控制。

解析 職場健康促進與推廣希望藉由預防的概念促進人員之健康。

295. (1) 利用社區心理衛生中心服務抒解工作壓力，係屬於下列何類方式？
①運用支持系統　②時間管理層面　③生理層面　④經濟管理層面。

解析 使用社區心理衛生中心是運用到家庭以外支持系統的方式。

296. (1) 依醫學實證，適量之下列何者，可以避免蛀牙？
①氟　②氯　③溴　④碘。

解析 氟化物是一種礦物質，天然存在於幾乎所有的食物和水中，只是含量不同。氟化物也被用在許多和牙齒有關的消費品中，如牙膏和氟化漱口液。氟化物可以保護牙齒。

297. (3) 某一長期執行苯作業勞工於健康檢查發現有貧血現象，為謹慎計，該公司的職業安全衛生人員建議將該勞工調至非苯作業的工作，此屬何種對策？
①抑制、隔離危害物質避免勞工暴露　②作業環境改善
③健康管理　④教育及訓練。

解析 勞工健康管理為經由體格檢查、定期健康檢查、以掌握勞工健康狀況、並透過適當分配勞工工作、改善作業環境、辦理勞工傷病醫療照顧、急救事宜、健康教育、衛生指導及推展健康促進活動等協助勞工保持或促進其健康。

298. (3) 渥太華憲章提出的健康促進行動綱領，通常以下列何者為其第一大項？
①發展個人技巧　②創造支持性環境
③建立健康的公共政策　④強化社區行動力。

解析 渥太華5大行動綱領（The Ottawa Charter）：
一、建立健康的公共政策（Build Healthy Public Policy）。
二、創造支持性環境（Create Supportive Environments）。
三、強化社區行動力（Strengthen Community Actions）。
四、發展個人技巧（Develop Personal Skills）。
五、調整健康服務方向（Reorient Health Services）。

299. (2) 依健康職場認證推動方案內容，如欲申請健康啟動標章，在其重點工作辦理情形中，下列何者為必需辦理類別？
①健康體位管理措施　②健康需求評估　③健康飲食　④職業疾病預防。

解析 健康啟動標章：鼓勵職場致力推動無菸環境，並開始推動職場健康促進工作。
通過標準為：
一、職場菸害防制推動工作優於法令要求。
二、重點工作辦理情形：「健康需求評估」為必辦類別，另需至少再執行 2 類別工作。

300.(3) 依菸害防制法規定，多少人以上共用之室內工作場所全面禁止吸菸？
①1 ②2 ③3 ④4 人。

解析 依菸害防制法第 15 條規定，98 年 1 月 11 日起，3 人以上共用之室內工作場所全面禁菸，不得設置室內吸菸室，違者最高可處新台幣 1 萬元罰鍰。

301.(1) 在職場進行戒菸宣導活動時，會有人說常看到老人家還在吸菸，看起來人好好的。下列何種職業安全衛生理論最可以解釋此現象？
①健康工人效應 ②骨牌理論 ③浴缸理論 ④水桶漏水現象。

解析 健康工人效應：是職業病研究中發現到工人總死亡率較一般族群為低的現象，這種現象是由於健康不良者無法從事某些職業所造成。

302.(1) 有關職場菸害防制，下列何項措施較能產生戒菸誘因？
①透過健康風險評估提高勞工健康認知
②門診戒菸轉介
③無菸職場宣導
④開設戒菸課程或戒菸班。

解析 健康風險評估是用來估計人們暴露於危害物質時，所可能承受的不良健康效應的科學工具。可以讓戒菸者了解自身的抽菸的健康危害。

303.(1) 在一般情況下，下列與愛滋病毒帶原者之接觸行為中，何者不會有感染愛滋病毒之風險？
①握手 ②性行為 ③共用針頭 ④接受輸血。

解析 愛滋病的傳染途徑：
一、性行為傳染：從事危險性行為，並接觸到愛滋病感染者的精液、陰道分泌物或血液。
二、血液接觸愛滋病毒：可經由損傷的皮層、眼睛、口腔和鼻腔等黏膜或共用受病毒感染的針筒和輸入受愛滋病毒感染的血液或血製成品而傳播。
三、母子垂直感染：感染愛滋病毒的母親有 15~50% 的機會於妊娠期、生產期或授乳期會將病毒傳染給嬰兒，故婦女在懷孕前需先接受愛滋病毒的篩檢。

其實愛滋病毒非常脆弱，一旦離開人體便會死亡，因此愛滋病並不是一種具高度傳染性的疾病，一般社交活動如握手、擁抱、一起進食、工作或上學，以至於蚊蟲叮咬、眼淚、汗水、唾液、糞便、使用公共洗手間或游泳池、皮膚接觸等，都不會傳染愛滋病毒。

304.（ 4 ）有關愛滋病，下列敘述何者正確？
① 我國疾病管制署將其歸類為接觸傳染
② 空窗期指感染愛滋病毒後，到發病的時間
③ 雞尾酒式混合療法藥物可以延緩發病時間，進而根治愛滋病
④ 感染者有提供其感染源或接觸者之義務。

解析 愛滋病是由愛滋病毒所引起的疾病。愛滋病毒會破壞人體原本的免疫系統，使病患的身體抵抗力降低，當免疫系統遭到破壞後，原本不會造成生病的病菌，變得有機會感染人類，嚴重時會導致病患死亡。
根據人類免疫缺乏病毒傳染防治及感染者權益保障條例第 12 條規定：「**感染者有提供其感染源或接觸者之義務**；就醫時，應向醫事人員告知其已感染人類免疫缺乏病毒。但處於緊急情況或身處隱私未受保障之環境者，不在此限。」

305.（ 2 ）有關愛滋病，下列敘述何者有誤？
① 台灣地區愛滋病毒感染人數，每年不斷的在增加
② 使用保險套時，可以用嬰兒油做潤滑劑
③ 感染愛滋病毒的女性，若有哺乳，則可能將愛滋病毒傳染給小孩
④ 性交時，接觸到帶有病毒的血液、精液、陰道分泌物，都有可能感染愛滋病。

解析 大多數保險套屬乳膠材質，若使用**油性的潤滑劑**包含嬰兒油、護膚乳、按摩精油等，可能會造成保險套的破裂，因此仍建議使用水性的潤滑劑。

306.（ 1 ）危害性化學品有逸散到作業場所空氣中之虞時，應優先考慮下列何種方法？
① 密閉設備　② 局部排氣裝置　③ 整體換氣裝置　④ 自然換氣。

解析 依其健康危害分類、散布狀況及使用量等情形，評估風險等級，並依風險等級選擇有效之控制設備。選擇密閉設備或局部排氣裝置，而密閉設備之防護效果較好。

307.（ 3 ）防範有害物危害之對策，應優先考慮下列何者？
① 健康管理　② 行政管理　③ 工程改善　④ 教育訓練。

解析 工程改善除了修改製程、更新及調整機械設備外，主要就是運用工業通風原理，設置控制設備，將有害物從其發生源排除或降低其危害。這是從根本改善的方式，因此可以完全的防範災害的發生。

308. (1) 下列何者不屬降低化學性危害暴露的基本概念？
①職場健康促進　②減少發生源的產生
③切斷化學物質傳輸路徑　④保護接受者。

解析 要降低化學性危害暴露、控制污染物、防範有害物發生及預防有害物進入人體的最好方式，便是從其發生源著手，其次才是傳播途徑截斷及個人防護具與衛生習慣等措施。

309. (1) 為降低個人暴露，可藉控制有害物發生源達成，下列何者屬於此類控制方法？
①替代　②整體換氣　③使用防護具　④減少工時。

解析 控制方式：
一、以低危害物料替代。
二、修改製程。
三、密閉製程。
四、隔離製程。
五、加濕。
六、局部排氣系統。
七、維護管理。

310. (2) 在工程上，控制器應採用下列何種人為失誤危害防制規劃？
①合適的時間　②防呆安全設計　③合適的工作　④合適的制度。

解析 防呆（日語：ポカヨケ poka yoke），是一種預防矯正的行為約束手段，運用防止錯誤發生的限制方法，讓操作者不需要花費注意力、也不需要經驗與專業知識，憑藉直覺即可準確無誤地完成的操作。

311. (3) 有關電腦的設置，下列敘述可者較不恰當？
①螢幕的上緣不能高過眼部　②座椅面高度能夠調整
③選用使力較重的鍵盤　④螢幕少眩光。

解析 應該選擇符合人體工學，且使力較輕的鍵盤才不會對人體產生危害。

312. (2) 電腦座椅必須考量到不同身高的人都能使用，椅面的高度必須採用何種設計原則？
①極端設計　②可調設計　③平均設計　④重點設計。

解析 可調設計（adjustable design）：通常是依 5th% 至 95th% 的人體尺寸來著手設計。應注意可調範圍及機制之可行性，應加入成本效益取捨（cost/benefit trade-off）的觀念予以評估。可調設計可分為分段式、自動式、無段式。如汽車座椅、工作椅、工作檯面之高度在適當範圍內進行調整，可滿足較多使用者之需求。

313. (4) 有關生物安全櫃，下列敘述何者正確？
①操作台面前緣窗框在運作時要儘量拉低開口以避免污染
②機台上方開口要常保持關閉以避免粉塵堆積
③紫外線燈開啟時要用布簾等不透光材料遮住玻璃窗以避免紫外線危害
④病原體不得於正壓式無菌操作台內操作以避免暴露。

解析 生物安全櫃（biosafety cabinet, biological safety cabinet，一般簡稱BSC），是生物安全實驗室常見的重要設備。病原體應該於**負壓式**無菌操作台內操作以避免暴露。

314. (2) 下列何種防範游離輻射的原則是錯誤的？
①增加工作地點到輻射源之間的距離
②減少工作地點到輻射源之間的距離
③縮短接觸輻射的時間
④選用適當的屏蔽。

解析 體外輻射防護原則有所謂的TDS三原則：
一、時間（time）：曝露時間儘可能縮短。
二、距離（distance）：**儘量遠離射源**。
三、屏蔽（shield）：用屏蔽物質阻擋輻射。
當游離輻射可能對輻射工作人員或一般人造成體外曝露時，TDS原則是非常實用的體外輻射防護方法。

315. (1) 下列何者不屬於輻射危害防護三原則？
①監測　②時間　③距離　④屏蔽。

解析 體外輻射防護原則有所謂的TDS三原則：
一、時間（time）：曝露時間儘可能縮短。
二、距離（distance）：**儘量遠離射源**。
三、屏蔽（shield）：用屏蔽物質阻擋輻射。
當游離輻射可能對輻射工作人員或一般人造成體外曝露時，TDS原則是非常實用的體外輻射防護方法。

316. (1) 對於產生強烈噪音之機械作業場所，最好之噪音危害預防措施為下列何者？
①工程改善　②戴耳罩　③教育訓練　④標示注意。

解析 工程控制是改善噪音問題的根本方法，而行政管理或個人防護具之使用，是當工程控制方法尚無法實際達成時，用以減少噪音暴露的暫時性對策。

317. (4) 下列何者非屬噪音工程改善之原理？
①減少振動　②隔離振動　③以吸音棉減少噪音傳遞　④防護具使用。

解析 當無法改善發生源時,則應試圖改善能量散佈的環境,最後才考慮使用個人防護具,所以個人防護具的使用是工作者的**最後一道防線**,只要防護一失效,人體立即受到危害能量的迫害。

318.(4) 防護具選用為預防職業病之第幾道防線?
　　①第一道　②第二道　③第三道　④最後一道。

解析 當無法改善發生源時,則應試圖改善能量散佈的環境,最後才考慮使用個人防護具,所以個人防護具的使用是工作者的**最後一道防線**,只要防護一失效,人體立即受到危害能量的迫害。

319.(1) 依職業安全衛生設施規則規定,工作場所發生有害氣體時,應視其性質採取密閉設備、局部排氣裝置等,使其空氣中有害氣體濃度不超過下列何者?
　　①容許濃度　②飽和濃度　③恕限值濃度　④有效濃度。

解析 工作場所內發散有害氣體、蒸氣、粉塵時,應視其性質,採取密閉設備、局部排氣裝置、整體換氣裝置或以其他方法導入新鮮空氣等適當措施,使其不超過勞工作業場所**容許暴露標準**之規定。勞工有發生中毒之虞者,應停止作業並採取緊急措施。

320.(3) 依職業安全衛生設施規則規定,勞工在坑內、儲槽、隧道等自然換氣不充分之場所工作,不得使用下列何種機械,以避免排出廢氣危害勞工?
　　①電氣機械　②人力機械　③具有內燃機之機械　④手提電動機械。

解析 職業安全衛生設施規則第 295 條:
雇主對於勞工在坑內、深井、沉箱、儲槽、隧道、船艙或其他自然換氣不充分之場所工作,應依缺氧症預防規則,採取必要措施。
前項工作場所,不得使用具有**內燃機之機械**,以免排出之廢氣危害勞工。但另設有效之換氣設施者不在此限。

321.(4) 雇主對於室內作業場所設置有發散大量熱源之熔融爐、爐灶時,應採取防止勞工熱危害之適當措施,下列何者不正確?
　　①將熱空氣直接排出室外　②隔離　③換氣　④灑水加濕。

解析 職業安全衛生設施規則第 304 條:
雇主對於室內作業場所設置有發散大量熱源之熔融爐、爐灶時,應設置局部排氣或整體**換氣**裝置,將熱空氣**直接排出室外**,或採取**隔離**、屏障或其他防止勞工熱危害之適當措施。

322.(1) 依職業安全衛生設施規則規定,人工濕潤工作場所,濕球與乾球溫度相差攝氏多少度以下時,應立即停止人工濕潤?
　　①1.4　②2.4　③3.4　④4.4　度。

解析 職業安全衛生設施規則第 306 條：
雇主對作業上必須實施人工濕潤時，應使用清潔之水源噴霧，並避免噴霧器及其過濾裝置受細菌及其他化學物質之污染。
人工濕潤工作場所濕球溫度超過攝氏 27 度，或濕球與乾球溫度相差攝氏 1.4 度以下時，應立即停止人工濕潤。

323. (4) 依職業安全衛生設施規則規定，人工濕潤工作場所，濕球溫度超過攝氏多少度時，應立即停止人工濕潤？
　　　　①20　②23　③25　④27　度。

解析 職業安全衛生設施規則第 306 條：
雇主對作業上必須實施人工濕潤時，應使用清潔之水源噴霧，並避免噴霧器及其過濾裝置受細菌及其他化學物質之污染。
人工濕潤工作場所濕球溫度超過攝氏 27 度，或濕球與乾球溫度相差攝氏 1.4 度以下時，應立即停止人工濕潤。

324. (4) 依職業安全衛生設施規則規定，雇主對坑內之溫度應保持在攝氏多少度以下，超過時應使勞工停止作業？
　　　　①28　②30　③35　④37　度。

解析 職業安全衛生設施規則第 308 條規定：
雇主對坑內之溫度，應保持在攝氏 37 度以下；溫度在攝氏 37 度以上時，應使勞工停止作業。但已採取防止高溫危害人體之措施、從事救護或防止危害之搶救作業者，不在此限。

325. (4) 依職業安全衛生設施規則規定，勞工經常作業之室內作業場所，除設備及自地面算起高度超過 4 公尺以上之空間不計外，每一勞工原則上應有多少立方公尺以上之空間？
　　　　①3　②5　③7　④10　立方公尺。

解析 根據職業安全衛生設施規則第 309 條：
雇主對於勞工經常作業之室內作業場所，除設備及自地面算起高度超過 4 公尺以上之空間不計外，每一勞工原則上應有 10 立方公尺以上之空間。

326. (3) 雇主對坑內或儲槽內部作業之通風，下列何者不符職業安全衛生設施規則規定？
　　　　①儲槽內部作業場所設置適當之機械通風設備
　　　　②坑內作業場所設置適當之機械通風設備
　　　　③儲槽內部作業場所以自然換氣能充分供應必要之空氣量即可
　　　　④坑內作業場所以自然換氣能充分供應必要之空氣量即可

解析 職業安全衛生設施規則第 310 條：
雇主對坑內或儲槽內部作業，應設置適當之機械通風設備。但坑內作業場所以自然換氣能充分供應必要之空氣量者，不在此限。

327. (4) 依職業安全衛生設施規則規定，勞工工作場所以機械通風設備換氣，工作場所每一勞工所佔空間未滿 5.7 立方公尺時，每分鐘每一勞工所需之新鮮空氣應達多少立方公尺以上？
①0.14　②0.3　③0.4　④0.6　立方公尺。

解析 職業安全衛生設施規則第 312 條：
雇主對於勞工工作場所應使空氣充分流通，必要時，應依下列規定以機械通風設備換氣：
一、應足以調節新鮮空氣、溫度及降低有害物濃度。
二、其換氣標準如下：

工作場所每一勞工所佔立方公尺數	每分鐘每一勞工所需之新鮮空氣之立方公尺數
未滿 5.7	0.6 以上
5.7 以上未滿 14.2	0.4 以上
14.2 以上未滿 28.3	0.3 以上
28.3 以上	0.14 以上

328. (3) 依職業安全衛生設施規則規定，作業場所夜間自然採光不足，以人工照明補足，鍋爐房、升降機、更衣室、廁所等照明應達多少米燭光以上？
①20　②50　③100　④300。

解析 職業安全衛生設施規則第 313 條：
雇主對於勞工工作作場所之採光照明，應依下列規定辦理：
一、各工作場所須有充分之光線，但處理感光材料、坑內及其他特殊作業之工作場所不在此限。
二、光線應分佈均勻，明暗比並應適當。
三、應避免光線之刺目、眩耀現象。
四、各工作場所之窗面面積比率不得小於室內地面面積 1/10。但採用人工照明，照度符合第 6 款規定者，不在此限。
五、採光以自然採光為原則，但必要時得使用窗簾或遮光物。
六、作業場所面積過大、夜間或氣候因素自然採光不足時，可用人工照明，依下表規定予以補足：

照度表		照明種類
場所或作業別	照明米燭光數	場所別採全面照明，作業別採局部照明
室外走道、及室外一般照明	20米燭光以上	全面照明
一、走道、樓梯、倉庫、儲藏室堆置粗大物件處所。 二、搬運粗大物件，如煤炭、泥土等。	50米燭光以上	一、全面照明 二、全面照明
一、機械及鍋爐房、升降機、裝箱、精細物件儲藏室、更衣室、盥洗室、廁所等。 二、須粗辨物體如半完成之鋼鐵產品、配件組合、磨粉、粗紡棉布及其他初步整理之工業製造。	100米燭光以上	一、全面照明 二、局部照明
須細辨物體如零件組合、粗車床工作、普通檢查及產品試驗、淺色紡織及皮革品、製罐、防腐、肉類包裝、木材處理等。	200米燭光以上	局部照明
一、須精辨物體如細車床、較詳細檢查及精密試驗、分別等級、織布、淺色毛織等。 二、一般辦公場所	300米燭光以上	一、局面照明 二、全部照明
須極細辨物體，而有較佳之對襯，如精密組合、精細車床、精細檢查、玻璃磨光、精細木工、深色毛織等。	500至1,000米燭光以上	局部照明
須極精辨物體而對襯不良，如**極精細儀器組合**、檢查、試驗、鐘錶珠寶之鑲製、菸葉分級、印刷品校對、深色織品、縫製等。	1,000米燭光以上	局部照明

七、燈盞裝置應採用玻璃燈罩及日光燈為原則，燈泡須完全包蔽於玻璃罩中。
八、窗面及照明器具之透光部分，均須保持清潔。

329.（ 2 ）依職業安全衛生設施規則規定，對於須極精辨物體之凝視，如印刷品校對、極精細儀器組合等作業，其採光照明應達1000米燭光以上，該照明種類係指下列何者？

①全面照明　②局部照明　③特殊照明　④一般照明。

解析 職業安全衛生設施規則313條：須極精辨物體而對襯不良，如極精細儀器組合、檢查、試驗、鐘錶珠寶之鑲製、菸葉分級、印刷品校對、深色織品、縫製等，照明應達1,000米燭光以上之局部照明。

330. (4) 溝通的過程模式之流程包含 1.解碼 2.編碼 3.管道 4.接收者 5.傳送者，其正確的流程排列為下列何者？
①43125　②25314　③53214　④52314。

解析 溝通過程的主要部分：
一、傳送者：訊息產生者。
二、編碼：將訊息轉換。
三、訊息：為溝通的標的物。
四、管道：訊息流通的媒介。
五、接收者：訊息傳達的對象。
六、解碼：在訊息被接收前，訊息符號必須轉換成接收者能了解的形式，這叫做訊息的解碼。
七、干擾：代表訊息清晰度遭致扭曲的溝通障礙。
八、回饋：用來檢查我們是否成功地傳達了最初所欲傳達的訊息。

331. (4) 下列何者非有效溝通的基本原則？
①設身處地　②心胸開放　③就事論事　④堅持己見。

解析 溝通原則：
一、講出來，就事論事。
二、不批評、不責備、不抱怨、不攻擊、不說教。
三、互相尊重，設身處地。
四、絕不口出惡言。
五、不說不該說的話，抱持開放的胸襟。
六、情緒中不要溝通。
七、理性的溝通，不可堅持己見。
八、耐心。

332. (3) 在組織中，哪種不是心理或行為所引起協調與溝通不良的原因？
①刻板印象　②文化差異　③飲食差異　④知覺差異。

解析 一群人合作共事經常會出現以下狀況：
遇到問題 → 進行協調 → 協調不成 → 開始溝通 → 溝通不良 → 各自表達 → 考慮利害關係而各說各話。主要常由於刻板印象、個人價值觀差異以及文化差異等落差形成。

333. (4) 溝通協調可以活化安全教育成效，比課堂上的講授更具功效，下列何者非屬溝通協調之主要項目？
①安全協談　②安全接談　③安全會議　④安全規避。

解析 活化安全教育成效的方式：安全協談、安全接談、安全會議可以活化安全教育成效，比課堂上的講授更具功效。

334.（ 1 ）在溝通過程中，我們要把訊息傳送給他人，不但要透過不同的管道，也要經由編碼與解碼的過程，所以在傳送上若有下列何種情況，則會有溝通障礙的產生？

①環境干擾　②距離較近　③組織不大　④工具靈活。

解析 溝通過程的主要部分：
一、傳送者：訊息產生者。
二、編碼：將訊息轉換。
三、訊息：為溝通的標的物。
四、管道：訊息流通的媒介。
五、接收者：訊息傳達的對象。
六、解碼：在訊息被接收前，訊息符號必須轉換成接收者能了解的形式，這叫做訊息的解碼。
七、干擾：代表訊息清晰度遭致扭曲的溝通障礙。
八、回饋：用來檢查我們是否成功地傳達了最初所欲傳達的訊息。

335.（ 3 ）溝通的最高境界就是善於傾聽，表達尊重，瞭解對方，給予溫暖的接納，也就是隨時隨地善用下列何者，使之發揮於無形？

①嫉妒心　②平常心　③同理心　④批評心。

解析 同理心（Empathy）是指能夠身處對方立場思考的一種方式。透過換位思考，體會他人情緒和想法，才能站在他人角度理解與處理問題，對於人際交往與關係的建立來說，是一項很重要的溝通能力。

336.（ 3 ）下列何者不屬於雙向溝通之條件？

①講述　②傾聽　③主觀　④瞭解。

解析 在溝通管理中，所謂溝通是必須經過雙向的互動，確認彼此理解對方想表達的意思。這指的是在客觀條件下，彼此理性、有邏輯的溝通。

337.（ 3 ）下列何者為發揮職業安全衛生組織功能的主要關鍵？

①建立安全衛生管理計畫　　②研議安全衛生教育訓練計畫
③良好溝通與協調　　　　　④研議各項安全衛生提案。

解析 溝通協調是指管理者在日常工作中妥善處理好上級、同級、下級等各種關係，使其減少摩擦，能夠調動各方面的工作積極性的能力。

338.（ 2 ）勞工站立於斜靠連續壁面上之移動梯，剷除三公尺高壁面之附土，由於鏟子作用於壁面之反作用力，致使身體向後翻倒墜地死亡，請問災害媒介物係下列何者？

①連續壁　②移動梯　③鏟子　④地面。

解析 不同產業類型，使用媒介物也不同，如製造業是以環境及動力機械為主；以全產業職災常發生的類型來分，媒介物也會不同。此題是從移動梯上摔落，因此媒介物為移動梯。

339. (2) 不安全動作、不安全設備是屬於職業災害發生的何種原因？
①直接原因 ②間接原因 ③基本原因 ④不確定原因。

解析 於職業災害發生原因之分析，大致可區分為：直接原因及間接原因之探討。而間接原因主要再分成兩因素，其一為，不安全行為（動作），其二為，不安全狀況（環境）。

340. (1) 職業災害發生，係因安全衛生管理不良，屬下列何種原因？
①基本原因 ②直接原因 ③間接原因 ④天災。

解析 基本原因（Basic Causes）：由於潛在管理系統的缺陷，造成管理上的缺失，進而導致不安全行為或不安全狀態的產生，最後因人員接觸或暴露於有害物質，造成意外事故的發生。

341. (3) 職業災害發生，係因不安全狀況與不安全行為，屬下列何種原因？
①基本原因 ②直接原因 ③間接原因 ④天災。

解析 於職業災害發生原因之分析，大致可區分為：直接原因及間接原因之探討。而間接原因主要再分成兩因素，其一為，不安全行為（動作），其二為，不安全狀況（環境）。

342. (2) 職業災害發生模式中，以某一要素為基源，由此一要素衍生一新要素，此一新要素再衍生另一新要素，各要素分別為次一要素之原因，由此等要素間連鎖發展並逐次擴大規模形成災害，此為下列何種模式？
①集中型 ②連鎖型 ③複合型 ④聚合型。

解析 一、聚合型：由各個獨立要素組合而成。
二、連鎖型：由某一要素為基本，由此產生另一要素，依此類推，連鎖發展形成者。
三、複合型：由聚合型與連鎖型兩者組合而成者。

343. (1) 職業災害調查處理，對於設備故障未修理及維修不良之不安全狀態，屬下列何者？
①設備本身的缺陷 ②設備之防護措施的缺陷
③設備之放置、作業場所的缺陷 ④防護具、服裝等的缺陷。

解析 設備、施工現場、工具、附件有缺陷包括：
一、設計不當：結構不符合安全要求、制動裝置有缺陷、安全間距不足等。
二、強度不夠：機械強度不夠、絕緣強度不夠、起吊重物的繩索不符合安全要求等。
三、設備在非正常狀態下運行：設備錯誤運轉，超負荷運轉等。
四、維修、調整不當：設備失修、保養不當、設備失靈、未加潤滑油等。

344. (4) 職業災害調查處理，對於危險物品混合存放之不安全動作，屬下列何者？
①使安全裝置失效 ②安全措施不履行 ③定點存放 ④製造危險之狀態。

解析 不安全的動作或行為：
一、不知：不知安全的操作方法，不會使用防護器具。
二、不顧：缺乏安全意願，或為圖舒適、方便、不顧及安全守則或不使用防護器具。
三、不能：智力、體能或技能不能配合從事的工作。
四、不理：不聽信安全管理人員之教導，拒絕使用規定的防護具，或不遵守安全守則。
五、粗心：工作時粗心大意、動作粗魯、漫不經心、旁若無人。

345. (4) 有關職業災害調查處理，下列何者非屬災害原因之調查步驟？
①掌握災害狀況 ②發現問題點 ③根本問題點 ④評價。

解析 職業災害調查主要之四步驟及其主要事項：
一、掌握災害狀況（確認事實）：掌握災害發生狀況有關之人、物、管理及從作業開始經由時間序列到災害發生之經過。
二、發現問題點（掌握災害要因）：災害要因指不安全動作、不安全狀態及安全衛生管理缺陷。決定發生災害之因素或問題點；因此，就一、掌握之災害事實，依照事前訂定之法規、國家標準、事業社團之規範或指針、事業內安全衛生管理規章、設備基準、安全作業標準、作業場所習慣及作業常識等外部、內部判斷基準，確認災害要因。
三、決定根本問題點（決定災害原因）：依據二、掌握之災害要因相互關係或災害之影響程度，經充分檢討後決定直接原因，從構成直接原因之不安全動作、不安全狀態分析間接原因，至於形成間接原因之安全衛生管理缺陷為災害之基本原因。
四、樹立對策：類似災害防止方針。訂定職業安全衛生管理計畫，先要確立基本方針也就是本計畫重點所在，使全體員工建立一定的概念與信心，這樣才能齊一步調，完成預定工作，達成既定目標。

346. (2) 職業災害統計，有關失能傷害頻率計算公式，下列何者正確？
①失能傷害人次數乘以 10 乘以總經歷工時 ②失能傷害人次數乘以 10 除以總經歷工時 ③總損失日數乘以 10 乘以總經歷工時 ④總損失日數乘以 10 除以總經歷工時。

解析 此題題目應該是指 10 的 6 次方，惟題目沒有顯示次方，請讀者自行注意。

一、失能傷害頻率(FR)＝(失能傷害人次數×10⁶)÷總經歷工時(計算至小數點兩位，不四捨五入)

二、失能傷害嚴重率(SR)＝(失能傷害總損失日數×10⁶)÷總經歷工時(取整數，不四捨五入)

三、總合傷害指數(FSI)＝$\sqrt{(FR \times SR) \div 1000}$（計算至小數點兩位，不四捨五入）

四、失能傷害平均損失日數＝SR/FR

347. (2) 勞工發生職業傷害在一次事故中，有一手指截斷，失去原有機能，依規定為下列何種職業傷害類型？

①永久全失能　②永久部分失能　③暫時全失能　④輕傷害事故。

解析 永久部分失能：指除死亡及永久全失能以外的任何足以造成肢體之任何一部分完全失去，或失去其機能者。不論該受傷者之肢體或損傷身體機能之事前有無任何失能。

348. (2) 截斷食指第二骨節之傷害損失日數為 200 日，某事故使一位勞工之食指的中骨節發生機能損失，經醫生證明有 50% 的僵直，則其傷害損失日數為多少日？

①50　②100　③150　④200。

解析 傷害損失日數換算表：
損失四肢（當場損失或經外科手術損失）
手指、拇指及手掌部分如下：

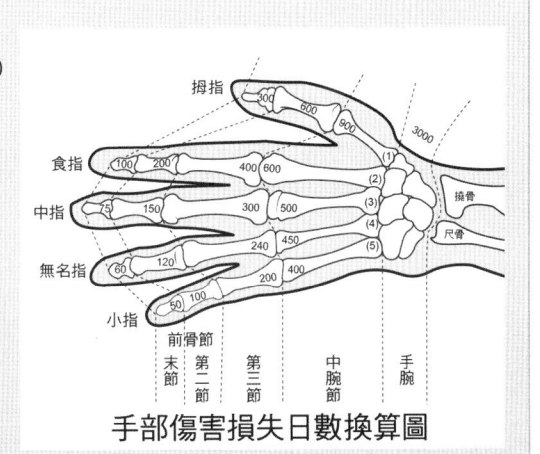

手部傷害損失日數換算圖

骨節之全部或局部斷失	拇指	食指	中指	無名指	小指
末梢骨節	－	300	100	75	60	50
第二骨節	－	－	200	150	120	100
第三骨節	－	600	400	300	240	200
中腕節	－	900	600	500	450	400
手腕	3,000	－	－	－	－	－

349.（4）勞工因工作傷害雙目失明，依國家標準（CNS）其損失日數為多少日？
　　　①3000　②4000　③5000　④6000。

解析　永久全失能（permanent total disability）：或稱全殘廢，係指除死亡以外的任何足使罹災者造成肢體或器官永久失去，或失去其機能者；其損失日數以 6000 日計算之。下列情形之一者稱為永久全失能：a.雙眼；b.一隻眼睛及一隻手、或手臂或腿或腳；c.不同肢中之任何下列兩種：手、臂、足或腿，例如一手一腳、或雙手或雙腳。

350.（1）所謂失能傷害係指損失日數在多少日以上？
　　　①1　②2　③3　④4。

解析　一、失能傷害：損失工作日 1 日以上之傷害，包括死亡、永久全失能、永久部分失能及暫時全失能等。
二、非失能傷害：損失工作日未達 1 日之傷害，即輕傷害。

351.（4）勞工在一次事故中受傷使雙眼失明是屬下列何者？
　　　①輕傷害　②暫時全失能　③永久部分失能　④永久全失能。

解析　永久全失能（permanent total disability）：或稱全殘廢，係指除死亡以外的任何足使罹災者造成肢體或器官永久失去，或失去其機能者；其損失日數以 6000 日計算之。下列情形之一者稱為永久全失能：a.雙眼；b.一隻眼睛及一隻手、或手臂或腿或腳；c.不同肢中之任何下列兩種：手、臂、足或腿，例如一手一腳、或雙手或雙腳。

352.（3）我國失能傷害嚴重率係指多少工作時數所發生之失能損失日數？
　　　①一萬　②十萬　③百萬　④千萬。

解析　一、失能傷害頻率(FR)＝(失能傷害人次數×10^6)÷總經歷工時(計算至小數點兩位，不四捨五入)
二、失能傷害嚴重率(SR)＝(失能傷害總損失日數×10^6)÷總經歷工時(取整數，不四捨五入)
三、總合傷害指數(FSI)＝$\sqrt{(FR \times SR) \div 1000}$（計算至小數點兩位，不四捨五入）
四、失能傷害平均損失日數＝SR/FR

353.（1）下列何者不屬於永久部分失能？
　　　①損失牙齒　②一隻眼睛失能　③一隻手臂失能　④一隻小腿截斷。

解析　永久部分失能：指除死亡及永久全失能以外的任何足以造成肢體之任何一部分完全失去，或失去其機能者。不論該受傷者之肢體或損傷身體機能之事前有無任何失能。

354.（ 4 ）四用氣體偵測器無法偵測下列何種氣體之濃度？
①硫化氫　②一氧化碳　③氧氣　④氮氣。

解析　檢測氣體類型：
一、氧氣 O_2。
二、可燃性氣體 LEL。
三、一氧化碳 CO。
四、硫化氫 H_2S。

355.（ 2 ）三用電錶量測電流時，電錶需與待測電路保持下列何種情形才可量測？
①並聯　②串聯　③串並聯　④並排。

解析　使用三用電表量測電流（安培計）時，需將電表與待測線路**串聯**。串在一起才能量出通過的電流。

356.（ 1 ）三用電錶量測電壓時，電錶需與待測電路保持下列何種情形才可量測？
①並聯　②串聯　③串並聯　④並排。

解析　使用三用電表量測電壓（伏特計）時，需將電表與待測電壓兩端**並聯**。（並在一起才能知道兩端的電位差—電壓）電阻 R 與 R2 串聯後接上電源。R2 僅能藉由滑鼠改變數值。

357.（ 3 ）驗電筆的用途不包括下列何者？
①判別插座是否有電　　　　②判別火線與地線（110V）
③判別電流值　　　　　　　④判別漏電現象。

解析　驗電筆，顧名思義就是用來**驗電**的，只能判別有無電無法判別電流大小，一般在安裝燈具或電器時，為了安全起見，會先關閉電源，並且使用驗電設備來確定安全。驗電筆是判斷照明電路中的火線和地線、檢驗低壓電氣設備是否漏電的常用而又方便的工具，操作簡單且價格經濟實惠。

358.（ 1 ）判斷自動電擊防止裝置是否失效，可以使用三用電錶量測電焊機二次側之接點或焊接夾頭，主要量測下列何者？
①電壓　②電流　③電阻　④電容。

解析　判斷自動電擊防止裝置是否失效，以攜帶式三用電表（多功能量測電表）測量交流電焊機 2 次側之**電壓**。

359.（ 2 ）三用電錶主要為量測三種電路檢測項目，不包含下列何者？
①電壓　②電容　③電阻　④電流。

解析 由頂端選項選取測量模式：量電壓（伏特計）、電流（安培計）或電阻（歐姆計）。然後利用頂端最右邊選項選取適當範圍，程式將顯示電表內線路連接方式。

360.（3） 下列何者常用於檢測工件內部缺陷及厚度？
①三用電錶　②磁性粒子檢查　③超音波檢查　④液體滲透檢查。

解析 超音波檢測是指用超音波來檢測材料和工件、並以超音波檢測儀作為顯示方式的一種無損檢測方法。工業上無損檢測的方法之一。超音波進入物體遇到缺陷時，一部分聲波會產生反射，發射和接受反射，並且能顯示內部缺陷的位置和大小，測定材料厚度等。

361.（4） 檢測非鐵磁性材料表面瑕疵，常用下列何種非破壞性檢查？
①放射線照相　②磁性粒子檢查　③超音波檢查　④液體滲透檢查。

解析 液滲檢測是利用滲透液進入間斷而顯示出來，所以此法僅能檢查出在表面具有開口的間斷，如裂痕（crack）、裂縫（seam）、疊裂（lap）、多孔區域等，尤其適合檢查裂痕、撕裂（tear）或表面氣孔。

362.（4） 以直徑15公分之黑球溫度計進行作業環境監測時，須多少分鐘後才能讀取？
①5　②10　③15　④25。

解析 評估輻射熱的黑球溫度，所使用之溫度計刻度範圍在-5~100°C之間，且需在架設後達穩定平衡（約25分鐘）再讀取其溫度。

363.（2） 黑球溫度計用於監測下列何者？
①空氣濕度　②熱輻射　③空氣溫度　④水溫。

解析 黑球溫度計，指一定規格之中空黑色不反光銅球（模擬黑體），中央插入溫度計，其所量得之溫度稱為「黑球溫度」，代表輻射熱之效應。透過「黑球溫度計」所測量的溫度，與一般大氣溫度相較，即可獲當時大氣輻射的熱所造成的溫度有多高。

364.（3） 在熱均勻作業場所測定綜合溫度熱指數時，其架設高度應以人體之下列何者為準？
①頭部　②腳踝　③腹部　④心臟。

解析 在空間分佈均勻的暴露環境進行測定時，其架設高度以與作業者腹部同高為原則。

365.（4） 噪音儀器上有A.B.D.F四個權衡電網供做選擇，若要評估噪音之物理量以做為作業環境改善時，應使用何種權衡電網？
①A　②B　③D　④F。

3-262

解析 目前有 A、B、C、D 與 F 等國際標準化之權衡電網（目前 B 權衡電網已不使用），因人耳對不同頻率的感受不同，故給予不同的加權，目的在使儀器顯示出的噪音量是與人耳對該聲音的感應是一致的，又稱為聽感補正迴路。F 電網可以用於評估噪音之物理量以做為作業環境改善。

366.（2） 某勞工每日作業時間 8 小時暴露於穩定性噪音，戴用劑量計監測 2 小時，其劑量為 25%，則該勞工工作 8 小時日時量平均音壓級為多少分貝？
①86　②90　③94　④98。

解析 根據公式 T(暴露時間)$_{(hr)}$=8/2$^{(L-90)/5}$，因此 DOSE=8/T=2^(L-90)/5。兩邊取對數得到：L=90+16.61×log(D)，L=90+16.61×log(D/100)。100/8=12.5 故在計算不同暴露時間公式轉為 L=90+16.61×log(D/12.5×T)。L=16.61×log(100×0.25/12.5×2)+90。後續=16.61×0+90，因此答案=90(dBA)。

367.（1） 噪音測定儀器上有 A.B.C.D 四個權衡電網供做選擇，若要評估噪音對人耳之危害，應使用何種權衡電網？
①A　②B　③C　④D。

解析
一、A 權衡電網：所量出結果最能與人的觀感一致。
二、B 權衡電網：幾乎不用於一般噪音量測。
三、C 權衡電網：常見於評估防音防護具的防音性能、工業機器或產生噪音測定。
四、D 權衡電網：飛航噪音使用。

368.（2） 表示噪音音壓級之單位為下列何者？
①赫茲（Hz）　②分貝（dB）　③每秒米（m/s）　④公分（cm）。

解析 分貝（Decibel, DB）分貝是一個對數單位（logarithmic unit）的測量值，用來表示相對於某一特定程度的物理量（通常是功率 power 或者是強度 intensity）大小，也可以表示噪音的音壓。

369.（1） 在室內桌上或作業台等有作業對象面量測照度時，是在其面上或離台上多少公分以內之假想面進行量測？
①5　②10　③15　④受光部應緊貼於作業對象面。

解析 照度量測面之高度，如無特別規定者，於離地板上 80±5 公分進行量測。但在室內桌上或作業台等有作業對象面時，為其面上或離台上 5 公分以內之假想面。

370.（1） 採集作業環境中之甲苯蒸氣時，其採樣介質一般為下列何者？
①活性碳　②矽膠　③混合纖維素濾紙　④聚氯乙烯樹脂濾紙。

解析 採樣介質：活性碳 100mg/50mg，採樣流速：10-200ml/min。
介質運送：例行性。

371. (1) 執行作業環境空氣中的粉塵、金屬燻煙等有害物的採集，常用下列何種捕集方法？
①過濾捕集法　②固體捕集法　③直接捕集法　④冷卻凝縮捕集法。

解析 過濾捕集法：是目前最常用來捕集粒狀污染物的採樣法，一般將含粒狀物的空氣利用採樣幫浦吸引通過具有捕集 0.3 微米粒子 95%以上性能之濾紙，再行以能精稱至 0.01mg 的分析天平進行稱重分析或以強酸消化後，利用原子吸收光譜儀定量分析。

372. (1) 實施勞工個人作業環境空氣中有害物採樣時，採樣器（holder）佩戴位置於下列何者最適宜？
①勞工衣領處　②勞工前腹腰帶　③勞工側邊腰帶　④勞工背後腰帶。

解析 採樣前將幫浦與採樣介質安裝完成後，再次以流量校正器確認流量，個人採樣將採樣幫浦掛於受測者後方腰帶上，採樣器順勢拉至前方將夾子別於**衣領處**，尼龍旋風分離器之採樣口朝外避免阻礙採氣。

373. (1) 化學性危害因子監測所使用的採樣泵，於採樣過程之流量率誤差值需在何範圍內？
①±5%　②±10%　③±15%　④±25%。

解析 定速功能採樣時，具流量誤差超過原設定值 ±5% 內的控制功能。
可自動計算採樣時，流量誤差超過原設定值 ±5% 以上的時間，藉以評估採樣可靠性。

374. (3) 採集鉛塵時，其採樣介質一般為下列何者？
①活性碳　②矽膠　③混合纖維素酯濾紙　④吸收液。

解析 鋼鐵業、鑄造業及銲接等作業場所會產生大量金屬燻煙微粒，大部分屬於奈米微粒的範圍，其粒徑大約在 0.02~0.81μm 之間，當被吸入體內會對人體造成傷害。目前我國金屬粉塵採樣是參考 CLA 3011 採樣分析方法，使用**混合纖維素酯濾紙**捕集金屬粉塵，該方法主要是參考美國 NIOSH 7300 方法訂定的濾紙捕集金屬粉塵採樣方法。

375. (1) 小型衝擊採樣瓶是用於下列何種採樣？
①液體捕集法　②過濾捕集法　③固體捕集法　④直接捕集法。

解析 化學性有害物的捕集法：
一、液體捕集法：使用衝擊採樣瓶。
二、固體捕集法：使用固體吸附管。
三、直接捕集法：使用空氣置換瓶。
四、冷卻凝縮捕集法。

376.（2）溫度在 25°C、一大氣壓條件下，下列氣體濃度之單位換算何者正確？
　　①1%＝100 ppm
　　②1 mg/m³＝1 ppm×分子量/24.45
　　③1 ppm＝10,000 ppb
　　④1 ppb＝1 mg/L。

解析
一、mg/m³ = ppm×氣狀有害物之分子量(g/mole)÷24.45
二、ppm = mg/m³×24.45÷氣狀有害物之分子量（g/mole）。

377.（2）空氣中石綿的濃度單位是下列何者？
　　①ppm　②f/c.c.　③mg/m　④%。

解析 容許濃度氣狀物以 ppm、粒狀物以 mg/m³、石綿 f/cc 為單位。

378.（3）以檢知管監測空氣中有害物之濃度，其監測原理為濃度與內裝吸附劑之何者有關？
　　①顯色之顏色種類
　　②顯色層顏色維持的時間
　　③顯色層長度
　　④變色所需的時間。

解析 檢知管是一內部填充矽膠、活性鋁或其他顆粒物作為介質的玻璃管，介質上附有化學粒物作為介質的玻璃管，介質上附有化學物質可與特定污染物產生呈色反應。使用物質可與特定污染物產生呈色反應。使用者經由觀察檢知管顏色變化的長度或比對顏色改變的程度，即可得知污染物濃度。顏色改變的程度，即可得知污染物濃度。

379.（2）檢知管的氣體採取器內容積為多少 mL？
　　①50　②100　③300　④500。

解析 檢知管手動抽氣幫浦，每次抽氣可吸取 100 ml 氣體。量測時，將抽氣幫浦完全壓緊。在放開抽氣幫浦時，排氣閥是被關閉的，欲採樣的氣體通過連接的檢知管（Tube）流入抽氣幫浦中。

380.（2）使用氣體檢知器監測之缺點為下列何者？
　　①快速　②誤差大　③方便　④費用低。

解析 優點：
一、種類接近千種。
二、便宜。
三、判讀上較易有誤差。
缺點：
一、反應時間較慢，約 2 分鐘。
二、無法長時間做記錄監測。
三、無警報功能。

381.（ 4 ） 皮托管的主要用途為伸進通風導管內，並提供下列何種功能？
　　　　①直接測得風速　　　　　　②直接測得壓力
　　　　③外部連接風速計　　　　　④外部連接壓力計。

解析 皮托管（法語：pitot，發音：/ˈpiːtoʊ/，又稱空速管、皮氏管）是一種測量壓強的儀器，可用來測量流體運動速度。
一、皮托管為一倒 L 形之同心套管組成。
二、內外管分別接到一支 U 形管壓力計的兩端。
三、一般用來測量管子內某一點。

382.（ 3 ） 採用壓力計量測通風導管內之風速時，下列何種偵測用連結管之裝設方式最佳？
　　　　①壓力計一頭接在導管內壁，另一頭空著
　　　　②壓力計一頭伸進導管內部中央，另一頭空著
　　　　③壓力計一頭伸進導管內部中央，另一頭一頭接在導管內壁
　　　　④壓力計僅能測得壓力，並無法量測通風導管內之風速。

解析 壓力計一頭伸進導管內部中央，另一頭接在導管內壁，平均風速測管使用上沿直徑插入管道中，在迎向流體流動方向有多點測壓孔量測總壓，與全壓管相連通，引出平均全壓 P1，背流面與靜壓管相通，引出靜壓 P2。利用測量流體的全壓與靜壓之差（動壓）來測量流速的。輸出動壓（△P）和流體平均速度（V），可根據伯努利定理得出。

383.（ 1 ） 負壓隔離病房的壓差計會連結一條偵測用管線到病房內的牆壁或天花板，以此偵測病房內外的何種壓差？
　　　　①靜壓　②動壓　③全壓　④氣壓。

解析 一般壓力可以利用裝有水之彎管中顯示其高度，此高度為管內壓力與大氣壓間之差。當空氣在風管中流動時，會在管路中產生不同之壓力。一般壓力可分為三種，即靜壓（Ps）、動壓（Pv）與全壓（Pt）。

流體於管路或系統內流動，垂直於流動方向的壓力為靜壓，這個靜壓數值是風機出風口與大氣環境的壓力差，靜壓的單位是 [Pa]，指的就是空氣的壓力，在壓差計應用包括監測過濾器狀態、管道靜壓、室內壓力、風扇或鼓風機壓力等。

384.（1） 一般市售風罩式風量計是先量測下列何者後換算為風量？
①動壓 ②風速 ③體積流率 ④質量流率。

解析 動壓（Pv）：所謂動壓就是流體在風管內流動之速度所形成之壓力，在使用上常以 kgf/m² 或 mmaq 來表示，市售風罩式風量計是先量測動壓換算為風量。

385.（1） 一般市售觀察氣流用的發煙管，如果管內試劑是紅棕色，則其發散的煙霧主要成分為下列何者？
①硫酸 ②氫氧化鈦 ③氯化銨 ④氫氧化錫。

解析 發煙管內試劑是紅棕色主要煙霧為硫酸，作法是以硫酸衝入空氣中，瞬間奪取水汽而產生的白色煙霧，作為肉眼觀測的示蹤技術。可持續 20~80 秒，但缺點是因為由擠壓產生而出，有人為初速的影響。

386.（1） 下列何者非通風換氣之目的？
①防止游離輻射 ②防止火災爆炸
③稀釋空氣中有害物 ④補充新鮮空氣。

解析 通風換氣之目的：
一、提供新鮮空氣。
二、稀釋濃度。
三、稀釋及排出有害物。
四、溫、濕度調節。
五、防止火災爆炸。

387.（1） 下列何種通風設備可用於第一種有機溶劑之室內作業場所？
①局部排氣 ②整體換氣 ③自然換氣 ④溫差換氣。

解析 局部排氣裝置性能優於整體換氣裝置，原因為有害物未污染作業場所空氣前已被補集排出室外，所排出及補充空氣量小於整體換氣。

388. (4) 能使有害物在其發生源處未擴散前，即加以排除的工程控制方法為下列何者？
　　①整體換氣　②熱對流換氣　③自然通風　④局部排氣。

解析 局部排氣裝置係於污染有害物發生源附近予以捕集，並加以處理後排出於室外。

389. (1) 以作業場所整體換氣的角度而言，分離式冷氣機室內機的換氣效果如何？
　　①幾近於0　　　　　　　②視作業場所氣積而定
　　③視冷氣機排氣量而定　　④視室內外溫差而定。

解析 一般密閉型的中央空調系統，例如安裝分離式冷氣機的住家也一樣，空間中的空氣含氧量卻是一直固定的，分離式冷氣機並不會主動添加新氧氣、排除多餘二氧化碳和更換新鮮空氣。

390. (4) 作業場所空氣品質的好壞是以下列何種氣體之濃度作為判定之標準？
　　①一氧化氮　②氧氣　③一氧化碳　④二氧化碳。

解析 一般判斷作業場所空氣品質的好壞，並以室內通風或空調系統是否適用，主要是以二氧化碳為指標，因為二氧化碳為人體呼吸的代謝產物，當二氧化碳濃度明顯升高時，即顯示出室內換氣量不足。

391. (3) 局部排氣裝置之排氣導管在排氣機與下列何者之間？
　　①氣罩　②空氣清淨裝置　③排氣口　④天花板回風口。

解析 局部排氣置性能優於整體換氣裝置，因為有害物未污染作業場所空氣前已被補集排出室外，所排出及補充空氣量小於整體換氣。局部排氣裝置構成要素包括氣罩、導管、空氣清淨裝置及排氣機。局部排氣裝置之排氣導管應在排氣機與排氣口之間。

392. (4) 局部排氣裝置連接氣罩與排氣機之導管為下列何者？
　　①排氣導管　②主導管　③肘管　④吸氣導管。

解析 吸氣導管是搬運空氣的管路，主要連結於氣罩與排氣機之間。

393. (4) 目前市售導煙機搭配廚房抽油煙機使用，此操作模式屬下列何種氣罩？
　　①包圍式　②外裝式　③接收式　④吹吸式。

解析 氣罩設置分為吹出氣罩吹出氣流將污染有害物吸入氣罩，而吸入氣罩將吹出氣流及污染有害物吸入氣罩內。

394. (1) 常用於乾燥流程的隧道型氣罩，屬下列何種氣罩？
　　①包圍式　②外裝式　③接收式　④吹吸式。

3-268

解析 包圍式的氣罩由於能夠完全包覆，近似四面遮蔽，乾燥效果最好。

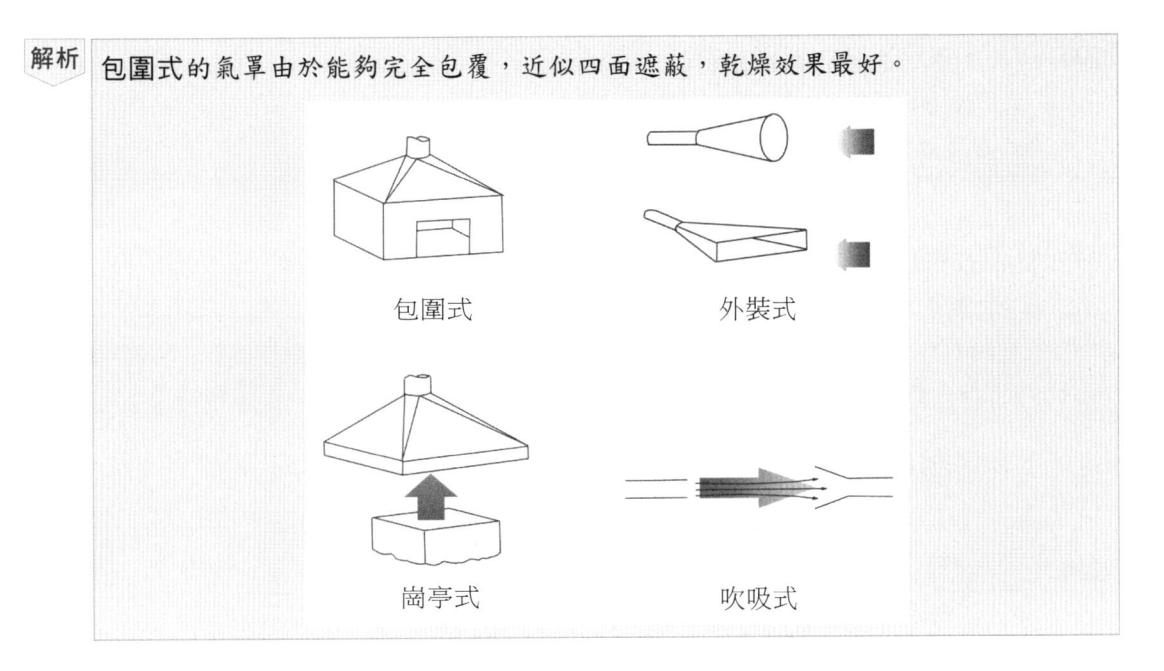

包圍式　　外裝式　　崗亭式　　吹吸式

395. (1) 排氣量相同時，制控效果最好之局部排氣裝置氣罩為下列何者？
①手套箱式　②崗亭式　③外裝式　④吹吸式。

解析 排氣量相同時，控制效果最好之局部排氣裝置氣罩為**手套箱式**。

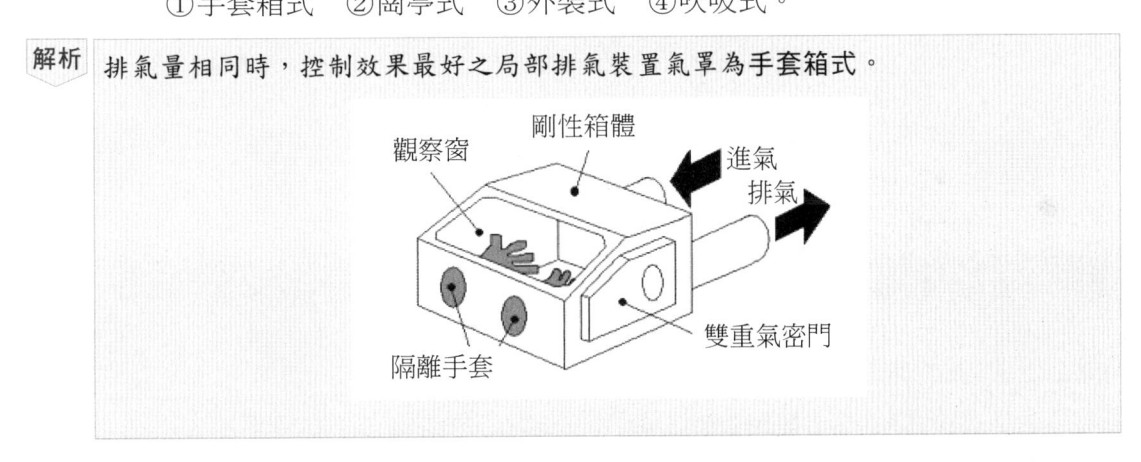

觀察窗　剛性箱體　進氣　排氣　雙重氣密門　隔離手套

396. (4) 下列何種型式的氣罩最不易受氣罩外氣流的影響？
①接收式　②外裝式下方吸引式　③外裝式側邊吸引式　④包圍式。

解析 氣罩將污染有害物包圍在氣罩內，氣罩應有足夠的吸引能力，避免污染有害物向氣罩外逸出。例如實驗室氣櫃就是一種包圍型氣罩。

397. (3) 對於方形抽氣口，離其開口中心 1 倍邊長處之風速，約會降為該抽氣口表面風速的幾分之一？
①2　②4　③10　④20。

3-269

解析
一、已知捕捉風速與距離之平方成反比；
二、設 V1 為氣罩開口處中心線風速；
V2 為距離該氣罩開口中心線外 1 公尺處之捕捉風速；
∵ $Q=V(10X^2+A)$ ∴ $V=Q/(10X^2+A)$
$V1=Q/(10X^2+A)=Q/(0+1)=Q$
$V2=Q/(10X^2+A)=Q/(10×1+1)=Q/11$
∵ 通風量 Q 不變
∴ $V2/V1=1/11$；
距離氣罩開口中心線外 1 公尺處之捕捉風速，是氣罩開口處中心線風速之 1/11。

398.（2） 下列何者可據以計算風速？
①靜壓 ②動壓 ③全壓 ④大氣壓。

解析
一般壓力可以利用裝有水之彎管中顯示其高度，此高度為管內壓力與大氣壓間之差。當空氣在風管中流動時，會在管路中產生不同之壓力。一般壓力可分為三種，即靜壓（Ps）、動壓（Pv）與全壓（Pt）。動壓實在是虛無飄渺的一種壓力。從字面上可以知道有動才有動壓，英文稱為 Dynamic Pressure 或 Velocity Pressure（譯作速壓），正是這個意思。動壓的定義是「動壓 $P_v=\rho V^2/2g$」（V 是速度，g 是重力加速度）。因此，**有速度才有動壓**，沒有速度（靜止）則動壓等於零。

399.（2） 通風系統內某點之靜壓為-30 mmH₂O，動壓為 18 mmH₂O，則全壓為多少 mmH₂O？
①-48 ②-12 ③12 ④48。

解析 全壓=靜壓+動壓，因此等於 -30mmH₂O + 18mmH₂O = **-12 mmH₂O**。

400.（2） 通風系統中，下列何種情況其壓力損失愈小？
①肘管曲率半徑與管徑比愈小 ②合流管流入角度愈小
③圓形擴大管擴大角度愈大 ④圓形縮小管縮小角度愈大。

解析 流速及流向改變所造成之壓力損失，包括：
一、彎管之壓力損失彎管留曲之角度愈大，其壓力損失也愈大。
二、縮管、擴管之壓力損失直徑變化或縮擴之角度愈大，壓力損失愈大。
三、合流管之壓力損失合流之角度愈大，支導管之壓力損失愈大。
四、排氣口之壓力損失。
五、進入氣罩之壓力損失。
六、通過空氣清淨裝置之壓力損失。

401.(3) 通風系統中流經同一直管管段之風量如增加為原來之 3 倍時，則其壓力損失約增加為原來之幾倍？
①3　②6　③9　④12　倍。

解析 導管內壁越粗糙、空氣流速越大，摩擦損失越大，磨擦損失量與風管長度成正比，管徑成反比，流速平方成正比，因此為9倍。

402.(3) 局部排氣裝置之導管裝設，下列何者有誤？
①應儘量縮短導管長度
②減少彎曲數目
③支管需 90 度與主管相接
④應於適當位置設置清潔口與測定孔。

解析 雇主設置之局部排氣裝置，應依下列之規定：
一、氣罩宜設置於每一粉塵發生源，如採外裝型氣罩者，應儘量接近發生源。
二、導管長度宜儘量縮短，肘管數應儘量減少，並於適當位置開啟易於清掃及測定之清潔口及測定孔。
三、局部排氣裝置之排氣機，應置於空氣清淨裝置後之位置。
四、排氣口應設於室外。但移動式局部排氣裝置或設置於附表所列之特定粉塵發生源之局部排氣裝置設置過濾除塵方式或靜電除塵方式者，不在此限。
五、其他經中央主管機關指定者。

403.(4) 有關局部排氣裝置風壓，下列敘述何者有誤？
①全壓為動壓與靜壓之和
②排氣機上游管段之全壓為負值
③排氣機下游管段之全壓為正值
④導管內廢氣流動速度愈小，動壓愈大。

解析 流體的動壓和靜壓合計稱為總壓。所以速度越快，則靜壓必然越小動壓越大。平常所稱的壓力是指靜壓。總壓無法測量，只能是流體的動壓和靜壓合計得來。

404.(2) 單一導管之通風系統，若管徑相同時，則下列何者於導管內均相同？
①靜壓　②動壓　③全壓　④靜壓與動壓。

解析 動壓（Pv）：空氣流動時所產生之壓力，動壓使空氣在導管內流動，與動能相似。

405.(1) 下列何種空氣清淨方法適用於氣態有害物之除卻處理？
①吸收法　②離心分離法　③過濾法　④靜電吸引法。

解析 若要去除氣態有害物，可以採用吸收法作為空氣清淨方法。

406.（2）局部排氣裝置之動力源，係指下列何者？
①氣罩 ②排氣機 ③導管 ④排氣口。

解析 局部排氣裝置：指藉動力強制吸引並排出已發散粉塵之設備，而動力源即是**排氣機**。

407.（2）一般而言，離心式排氣機的進氣與排氣氣流方向為何？
①同方向 ②垂直 ③反方向 ④依作業場所特性做調整。

解析 通風裝置所使用的風扇大略可分為離心式與軸流式兩種。使用於局部排氣裝置的風扇特稱為排氣機，通常為離心式，此類排氣機較軸流式可提供更大的壓力提昇量。離心式排氣機的進氣與排氣氣流方向**垂直**。

408.（1）一般而言，軸流式排氣機的進氣與排氣氣流方向為何？
①同方向 ②垂直 ③反方向 ④依作業場所特性做調整。

解析 通風裝置所使用的風扇大略可分為離心式與軸流式兩種。使用於局部排氣裝置的風扇特稱為排氣機，通常為離心式，此類排氣機較軸流式可提供更大的壓力提昇量。軸流式排氣機的進氣與排氣氣流方向**同方向**，如電風扇片的類型。

409.（4）缺氧危險場所採用機械方式實施換氣時，下列何者正確？
①使吸氣口接近排氣口 ②使用純氧實施換氣
③不考慮換氣情形 ④充分實施換氣。

解析 將機械方式大氣新鮮空氣引入作業場所或將作業場所空氣抽出，使清淨大氣進入置換，以供勞工呼吸之整體機械**換氣**，置換之空氣不得使用純氧。

410.（1）關於手術口罩，下列敘述何者正確？
①有色那一面一律朝外
②有色那一面一律朝內
③呼吸道患者應使有色那一面朝外，不是患者就使有色那一面朝內
④有色那一面朝內朝外皆適宜。

解析 以綠、白兩色的外科手術口罩來說，白色織布為主要防止病毒層。戴口罩抵禦外來病毒，或恐怕將病毒傳染給他人的，應將白色織布罩口，白色在內、綠色在外。

411.（123）下列哪些會影響事業單位的安全衛生狀態？
①作業環境產生變化 ②人事異動 ③上班形態改變 ④股票上漲。

解析 事業單位的安全衛生與人員、方法、環境等因素有關聯，與股票或者收益等外部條件較無關。

412. (124) 有關工作場所作業安全,下列敘述哪些正確?
　　①毒性及腐蝕性物質存放在安全處所
　　②有害揮發性物質隨時加蓋
　　③機械運轉中從事上油作業
　　④佩戴適合之防護具。

解析 從事機械之掃除、上油、檢查、修理或調整時,應停止機械運轉,為防範誤動起動裝置,應採上鎖或設置標示等措施。

413. (234) 有關堆高機搬運作業,下列敘述哪些正確?
　　①載物行駛中可搭乘人員
　　②作業前應實施檢點
　　③作業完畢人員離開座位時,應關閉動力並拉上手煞車
　　④載貨荷重不得超過該機械所能承受最大荷重。

解析
一、不得使勞工搭載於堆高機之貨叉所承載貨物之托板、撬板及其他堆高機(乘坐席以外)部分。但停止行駛之堆高機,已採取防止勞工墜落設備或措施者,不在此限。
二、駕駛者離開其位置時,應將吊斗等作業裝置置於地面,並將原動機熄火、制動,並安置煞車等,防止該機械逸走。
三、堆高機於駕駛者離開其位置時,應採將貨叉等放置於地面,並將原動機熄火、制動。

414. (124) 下列哪些屬感電防止對策?
　　①安全電壓法　②隔離或遙控方式　③增加電路之對地電壓　④接地方式。

解析 防止感電之最好方式為使電氣設備不漏電,人體觸摸不到帶電體,其次為加強各種安全保護裝置和措施,實施自動檢查與訂定工作守則,加強電氣安全教育訓練與設置安全衛生組織(人員)及急救處理等。而感電災害之預防則可概分為下列九種方法:
一、隔離。
二、絕緣。
三、防護。
四、雙重絕緣。
五、接地。
六、低電壓。
七、非接地系統。
八、安全保護裝置。
九、直流或高頻率。

415. (124) 下列哪些是電線絕緣劣化的可能原因？
　　　　①熱　②濕度　③還原作用　④氧化作用。

解析 電源線絕緣劣化因而過熱起燃，或是由於濕熱環境下特別容易毀損，導致兩條重疊裸露電線造成短路產生燃熔。或者電氣裝置的絕緣發生氧化劣化或電線鬆脫等因素，造成內部帶電部位漏電至非帶電部分即可能發生危險。

416. (123) 下列哪些會使電路發生過電流？
　　　　①電氣設備過載　②電路短路　③電路漏電　④電路斷路。

解析 斷路器：於額定能力內，電路發生過電流時，能自動切斷該電路，而不致損及其本體之過電流保護器。

417. (23) 有關機械防護原理，下列敘述哪些正確？
　　　　①為採取機械安全措施，難免使勞動量超過生理正常負荷
　　　　②人工易引起災害之作業，應改以機械或自動化
　　　　③機械啟動裝置應與安全裝置結合，就是安全裝置發生效用後，機械始可動作
　　　　④機械安全裝置會阻礙工作或增加工時。

解析 機械防護原則：
一、結合原理：將機械的起動裝置與安全裝置強制結合，安全裝置有效，機械才能啟動。
二、關閉原理：機械的危險區域（空間）及危險時間中，應予閉鎖，使人員無法進入。
三、一般性原理：設定之安全裝置使非有關人員不得進入，有關作業人員必須有特別防護措施，才可進入。
四、全體原則：一次安裝安全裝置後，不可引起其他危害。
五、經濟性原則：安全裝置不得阻礙工作或造成工時增加。
六、保證原理：安全裝置應可信賴，並能在機械有效壽命內維持其效能。
七、機械化原理：容易發生災害的作業，應改為機械化或自動化。
八、複合原理：安全裝置並非只考慮到操作時，而是包含搬運、組合、拆卸、保養維修時也同樣有效。

418. (234) 下列哪些屬機械本質安全化之作為或裝置？
　　　　①安全護具　②安全係數之考量　③安全閥　④連鎖裝置。

解析 機械設備之設計者及製造者，在防護裝置本質設計及製造之初期，積極充分考量對可能發生安全危害之因素，利用風險評估之工具予以降低或消除危害因子，這些包含安全係數、安全閥、連鎖裝置。

419. (134) 有關機械之連鎖式防護，下列敘述哪些錯誤？
① 防護未裝上，機械仍可起動
② 防護失效時，機械不可起動
③ 要有光電裝置才有用
④ 要用人工配合，其效果才顯著。

解析 連鎖式防護有許多種類，光電式並不是唯一選擇，連鎖防護未裝上，機器無法啟動。
連鎖法的防護三要點：
一、機器操作時，必須防護危險部分，必須防護危險部分。
二、機器停止後，防護始得開啟或取用，防護始得開啟或取下。
三、連鎖如失效，機器即不能操作，機器即不能操作。

420. (124) 下列哪些為防止高處作業人員發生墜落災害之有效人員管理方法？
① 選認適合高處作業勞工
② 限制身體精神狀況不良勞工作業
③ 構築無墜落之虞作業環境
④ 指派作業主管於作業現場指揮、監督。

解析 雇主對於高度 2 公尺以上之工作場所，勞工作業有墜落之虞者，應訂定墜落災害防止計畫，依下列風險控制之先後順序規劃，並採取適當墜落災害防止設施：
一、經由設計或工法之選擇，儘量使勞工於地面完成作業，減少高處作業項目。
二、經由施工程序之變更，優先施作永久構造物之上下設備或防墜設施。
三、設置護欄、護蓋。
四、張掛安全網。
五、使勞工佩掛安全帶。
六、對於因開放邊線、組模作業、收尾作業等及採取第 1 款至第 5 款規定之設施致增加其作業危險者，應訂定保護計畫並實施。
選項③為工程控制手段（硬體），並非題目所述之管理方法（軟體）。

421. (123) 安全網為墜落災害防止最後一層防線，如遇有下列哪些情形應停止使用並廢棄？
① 經測試強度未達規定者
② 經電焊火花、銳利物切割者
③ 強度標示不明確者
④ 顏色不均勻者。

解析 雇主設置之安全網，應依下列規定辦理：
一、安全網之材料、強度、檢驗及張掛方式，應符合下列國家標準規定之一：
　（一）CNS 14252。
　（二）CNS 16079-1 及 CNS 16079-2。
二、工作面至安全網架設平面之攔截高度，不得超過 7 公尺。但鋼構組配作業得依第 151 條之規定辦理。
三、為足以涵蓋勞工墜落時之拋物線預測路徑範圍，使用於結構物四周之安全網時，應依下列規定延伸適當之距離。但結構物外緣牆面設置垂直式安全網者，不在此限：

1. 攔截高度在 1.5 公尺以下者，至少應延伸 2.5 公尺。
2. 攔截高度超過 1.5 公尺且在 3 公尺以下者，至少應延伸 3 公尺。
3. 攔截高度超過 3 公尺者，至少應延伸 4 公尺。

四、工作面與安全網間不得有障礙物；安全網之下方應有足夠之淨空，以避免墜落人員撞擊下方平面或結構物。

五、材料、垃圾、碎片、設備或工具等掉落於安全網上，應即清除。

六、安全網於攔截勞工或重物後應即測試，其防墜性能不符第 1 款之規定時，應即更換。

七、張掛安全網之作業勞工應在適當防墜設施保護之下，始可進行作業。

八、安全網及其組件每週應檢查一次。有磨損、劣化或缺陷之安全網，不得繼續使用。

422. (134) 施工架依構造可區分為下列哪幾種？
    ①系統式 ②長柱式 ③懸吊式 ④懸臂式。

解析 施工架依構造可包含：系統式、懸吊式、懸臂式等類型。
雇主對於施工構臺、懸吊式施工架、懸臂式施工架、高度 7 公尺以上且立面面積達 330 平方公尺之施工架、高度 7 公尺以上之吊料平臺、升降機直井工作臺、鋼構橋橋面板下方工作臺或其他類似工作臺等之構築及拆除，應依下列規定辦理：
一、事先就預期施工時之最大荷重，依結構力學原理妥為設計，置備施工圖說，並指派所僱之專任工程人員簽章確認強度計算書及施工圖說。但依營建法規等不須設置專任工程人員者，得由雇主指派具專業技術及經驗之人員為之。
二、建立按施工圖說施作之查驗機制。
三、設計、施工圖說、簽章確認紀錄及查驗等相關資料，於未完成拆除前，應妥存備查。
有變更設計時，其強度計算書及施工圖說應重新製作，並依前項規定辦理。

423. (234) 對於開挖深度 2~3 公尺淺開挖、管線接管等小型工程露天開挖作業，適合選用下列哪些擋土防護裝置？
    ①I 型 ②H 型 ③開 A 型 ④倒 V 型。

解析

H 型擋土支撐防護裝置　　倒 V 型（λ型）擋土防護裝置

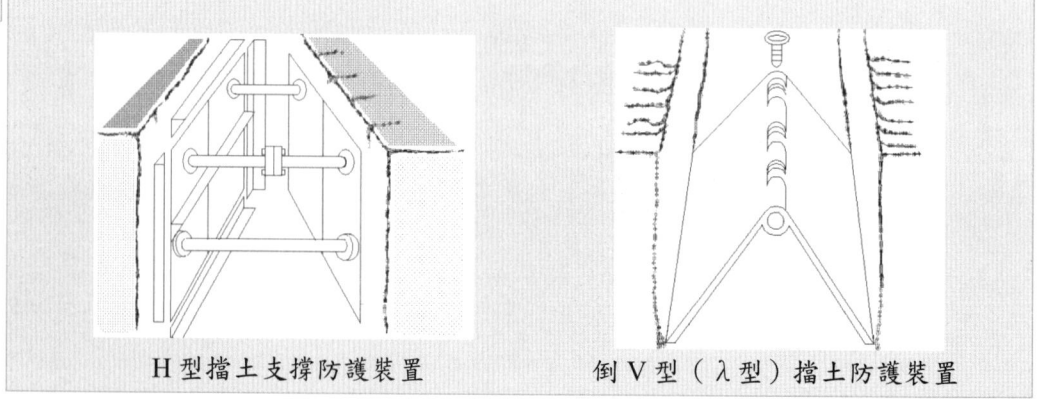

開 A 型擋土防護裝置

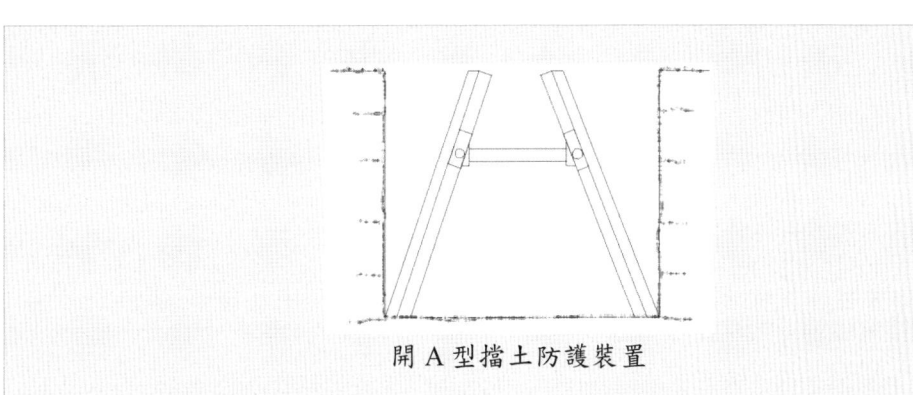

資料來源：管溝開挖崩塌災害防止技術研究　勞動部勞動及職業安全衛生研究所

424. (13) 下列何者為燃燒四要素之一？
　　　　①連鎖反應　②燃燒上下限　③燃料　④閃火點。

解析
一、燃料：可為固體、液體、氣體或蒸氣；大部分為有機物。
二、氧氣：燃料燃燒需有充分之氧氣，空氣為主要之供氧源，高溫燃燒時，氧化性物質中之氧，亦可能成為氧源。
三、熱能：燃料燃燒需有一定之能量始能著火，供應能量之來源可能為明火、電氣火花、衝擊、摩擦、過熱物件、高溫表面、自然發熱。
四、連鎖反應：物質燃燒時因連鎖反應使分子解離，生成不穩定之中間生成物─游離基，維持火焰之繼續燃燒反應。

425. (23) 電氣火災可以使用下列何種滅火劑滅火？
　　　　①化學性泡沫　②二氧化碳　③ABC乾粉　④水。

解析 電氣火災也稱為C類火災，涉及通電中之電氣設備，如電器、變壓器、電線、配電盤等引起之火災。需使用二氧化碳滅火器、乾粉滅火器做滅火。

426. (1234) 防止火災爆炸首要管制火源，請問下列何者為造成火災爆炸之可能火源？
　　　　①熱表面　②靜電　③金屬撞擊　④摩擦。

解析
一、電氣設備：由於電線短路、漏電、電氣設備過載過熱。
二、熱表面：與加熱設備如加熱爐、乾燥設備等接觸引燃。
三、明火：與酒精燈、烤爐、烤箱、紅外線烤爐等明火直接接觸引燃。
四、靜電：機械設備運轉、物料、與人體積存的靜電，由於接地連接不良，可引起引火性液體、可燃性氣體、粉塵等著火爆炸。
五、落雷：避雷裝置未能於打雷時，引走瞬間產生之電流。
六、地震：不穩定儲存物料、化學物品、管路、設備未考量耐震設計。

427. (12) 依營造安全衛生設施標準規定，哪些施工架之組配及拆除作業，應指派施工架組配作業主管於作業現場監督？
　　　　①懸吊式施工架　　　　　　　　②懸臂式施工架
　　　　③高度 2 公尺以上施工架　　　　④施工構臺施工架。

解析 營造安全衛生設施標準第 41 條：
雇主對於懸吊式施工架、懸臂式施工架及高度 5 公尺以上施工架之組配及拆除（以下簡稱施工架組配）作業，應指派施工架組配作業主管於作業現場辦理下列事項：
一、決定作業方法，指揮勞工作業。
二、實施檢點，檢查材料、工具、器具等，並汰換其不良品。
三、監督勞工確實使用個人防護具。
四、確認安全衛生設備及措施之有效狀況。
五、前二款未確認前，應管制勞工或其他人員不得進入作業。
六、其他為維持作業勞工安全衛生所必要之設備及措施。
前項第二款之汰換不良品規定，對於進行拆除作業之待拆物件不適用之。

428. (14) 下列哪些為施工架倒塌可能之原因？
　　　　①施工架未設繫牆桿與構造物連接　　②施工架未設安全上下設備
　　　　③以斜撐材作適當之支撐　　　　　　④施工架上之載重超過其荷重限制。

解析 營造安全衛生設施標準第 45 條：
雇主為維持施工架及施工構臺之穩定，應依下列規定辦理：
一、施工架及施工構臺不得與混凝土模板支撐或其他臨時構造連接。
二、對於未能與結構體連接之施工架，應以斜撐材或其他相關設施作適當而充分之支撐。
三、施工架在適當之垂直、水平距離處與構造物妥實連接，其間隔在垂直方向以不超過 5.5 公尺，水平方向以不超過 7.5 公尺為限。但獨立而無傾倒之虞或已依第 59 條第 5 款規定辦理者，不在此限。
四、因作業需要而局部拆除繫牆桿、壁連座等連接設施時，應採取補強或其他適當安全設施，以維持穩定。
五、獨立之施工架在該架最後拆除前，至少應有 1/3 之踏腳桁不得移動，並使之與橫檔或立柱繫牢。
六、鬆動之磚、排水管、煙囪或其他不當材料，不得用以建造或支撐施工架及施工構臺。
七、施工架及施工構臺之基礎地面應平整，且夯實緊密，並視以適當材質之墊材，以防止滑動或不均勻沉陷。

429. (1234) 下列哪些為模板支撐倒塌可能之原因？
① 可調鋼管支柱連接使用
② 未設置足夠強度之水平繫條
③ 支撐底部沉陷
④ 可調鋼管支柱與貫材及底座、腳部未固定。

解析 防止模板支撐倒塌，應依下列規定：
一、模板支撐依模板形狀、荷重及澆置混凝土方法等設計。
二、支柱應視土質狀況，襯以墊板、座鈑或敷設水泥等。
三、支柱之腳部應予固定。
四、支柱之接頭，以對接或搭接為連結。
五、曲面模板以繫桿控制模板之上移。
營造安全衛生設施標準第135條：
雇主以可調鋼管支柱為模板支撐之支柱時，應依下列規定辦理：
一、可調鋼管支柱不得連接使用。
二、高度超過3.5公尺者，每隔2公尺內設置足夠強度之縱向、橫向之水平繫條，並與牆、柱、橋墩等構造物或穩固之牆模、柱模等妥實連結，以防止支柱移位。
三、可調鋼管支撐於調整高度時，應以制式之金屬附屬配件為之，不得以鋼筋等替代使用。
四、上端支以梁或軌枕等貫材時，應置鋼製頂板或托架，並將貫材固定其上。

430. (123) 依危險性機械及設備安全檢查規則規定，下列哪些危險性設備設置完成時應向檢查機構申請竣工檢查？
① 鍋爐
② 第一種壓力容器
③ 高壓氣體特定設備
④ 高壓氣體容器。

解析
一、危險性機械及設備安全檢查規則第81條：
雇主於鍋爐設置完成時，應向檢查機構申請竣工檢查；未經竣工檢查合格，不得使用。
檢查機構實施前項竣工檢查時，雇主或其指派人員應在場。
二、危險性機械及設備安全檢查規則第105條：
雇主於第一種壓力容器設置完成時，應向檢查機構申請竣工檢查；未經竣工檢查合格，不得使用。
檢查機構實施前項竣工檢查時，雇主或其指派人員應在場。
三、危險性機械及設備安全檢查規則第129條：
雇主於高壓氣體特定設備設置完成時，應向檢查機構申請竣工檢查；未經竣工檢查合格，不得使用。
檢查機構實施前項竣工檢查時，雇主或其指派人員應在場。

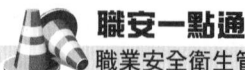

431. (24) 依危險性機械及設備安全檢查規則規定，下列哪些危險性機械應於製造完成使用前實施使用檢查？
①固定式起重機　　②移動式起重機
③人字臂起重桿　　④吊籠。

解析 危險性機械及設備安全檢查規則第23條：
雇主於移動式起重機製造完成使用前或從外國進口使用前，應填具移動式起重機使用檢查申請書，檢附下列文件，向當地檢查機構申請使用檢查：
一、製造設施型式檢查合格證明（外國進口者，檢附品管等相關文件）。
二、移動式起重機明細表。
三、強度計算基準及組配圖。
危險性機械及設備安全檢查規則第63條：
雇主於吊籠製造完成使用前或從外國進口使用前，應填具吊籠使用檢查申請書，並檢附下列文件，向當地檢查機構申請使用檢查：
一、製造設施型式檢查合格證明（外國進口者，檢附品管等相關文件）。
二、吊籠明細表。
三、強度計算基準及組配圖。
四、設置固定方式。

432. (123) 依危險性機械及設備安全檢查規則規定，危險性設備鍋爐於國內新造至使用應實施下列哪些檢查？
①熔接檢查　②構造檢查　③竣工檢查　④重新檢查。

解析
一、危險性機械及設備安全檢查規則第73條：
以熔接製造之鍋爐，應於施工前由製造人向製造所在地檢查機構申請熔接檢查。
二、危險性機械及設備安全檢查規則第77條：
製造鍋爐本體完成時，應由製造人向製造所在地檢查機構申請構造檢查。但水管鍋爐、組合式鑄鐵鍋爐等分割組合式鍋爐，得在安裝築爐前，向設置所在地檢查機構申請構造檢查。
三、危險性機械及設備安全檢查規則第81條：
雇主於鍋爐設置完成時，應向檢查機構申請竣工檢查；未經竣工檢查合格，不得使用。
檢查機構實施前項竣工檢查時，雇主或其指派人員應在場。

433. (134) 依職業安全衛生設施規則規定，下列敘述哪些正確？
①40公斤以上之物品，以人力車輛或工具搬運為原則
②300公斤以上物品，以機動車輛或其他機械搬運為宜
③運輸路線，應妥為規劃，並作標示
④應儘量利用機械以代替人力。

解析 職業安全衛生設施規則第 155 條：
雇主對於物料之搬運，應儘量利用機械以代替人力，凡 40 公斤以上物品，以人力車輛或工具搬運為原則，500 公斤以上物品，以機動車輛或其他機械搬運為宜；運輸路線，應妥善規劃，並作標示。

434. (1234) 依職業安全衛生設施規則規定，有關物料之堆放方式，下列何者正確？
①不得影響照明
②不得減少自動灑水器之有效功能
③不得阻礙交通
④以不倚靠牆壁或結構支柱堆放為原則。

解析 職業安全衛生設施規則第 159 條：
雇主對物料之堆放，應依下列規定：
一、不得超過堆放地最大安全負荷。
二、不得影響照明。
三、不得妨礙機械設備之操作。
四、不得阻礙交通或出入口。
五、不得減少自動灑水器及火警警報器有效功用。
六、不得妨礙消防器具之緊急使用。
七、以不倚靠牆壁或結構支柱堆放為原則。並不得超過其安全負荷。

435. (13) 風險是由危害事件之下列哪兩項之組合，以判定風險等級？
①嚴重度　②辨識度　③可能性　④控制性。

解析 在風險評估技術指引之「附錄一 風險評估技術指引補充說明」有下列建議：
「風險可由危害事件之嚴重度及可能性的組合來判定，因此事業單位須先建立判定等級之相關基準，作為評估風險的依據。」因此評估危害事件發生的可能性時，須考量在目前防護設施保護下，仍會導致該後果嚴重度的機率或頻率。

436. (123) 下列何種方法是降低風險的控制措施？
①教育訓練　②個人防護具　③工作許可　④危害辨識。

解析 對於不可接受風險項目應依消除、取代、工程控制、管理控制及個人防護具等優先順序，並考量現有技術能力及可用資源等因素，採取有效降低風險的控制措施。
一、若可能，須先消除所有危害或風險之潛在根源，如使用無毒性化學、本質安全設計之機械設備等。
二、若無法消除，須試圖以取代方式降低風險，如使用低電壓電器設備、低危害物質等。
三、以工程控制方式降低危害事件發生可能性或減輕後果嚴重度，如連鎖停機系統、釋壓裝置、隔音裝置、警報系統、護欄等。

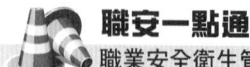

四、以管理控制方式降低危害事件發生可能性或減輕後果嚴重度，如機械設備自動檢查、教育訓練、標準作業程序、工作許可、安全觀察、安全教導、緊急應變計畫及其他相關作業管制程序等。

五、最後才考量使用個人防護具來降低危害事件發生時對人員所造成衝擊的嚴重度。

437. (234) 下列哪些等級的生物安全實驗室門口應張貼生物安全危害標示？
①第一等級　②第二等級　③第三等級　④第四等級。

解析 生物安全實驗室除第一等級內容外，應包括以下各項：
一、感染性生物材料之操作人員應經其實驗室主管或具2年以上操作經驗之人員訓練測試合格，方可進入實驗室操作。
二、實驗室門口應標示生物危害標誌、實驗室管理人員、實驗室主管與緊急聯絡人之姓名、職稱、聯絡方式（如手機）及實驗之病原體種類（備註）等。

438. (1234) 下列哪些是生物性危害考量的議題？
①感染　②過敏　③中毒　④心理恐慌。

解析 生物性危害：
可影響人類健康或是造成不舒適具潛在風險，包含：
一、感染。
二、過敏。
三、中毒。
四、心理恐慌。

439. (14) 缺氧及高濃度有害物工作場所，勞工可使用何種呼吸防護具？
①空氣呼吸器　②防塵口罩　③防毒口罩　④輸氣管面罩。

解析 缺氧及高濃度有害物工作場所宜使用供氣式防護具。
呼吸防護具主要類型與防護功能：

	型式	類型	防護功能
呼吸防護具	淨氣式	防塵口罩	防護粉塵、霧滴、燻煙與煙霧等粒狀有害物
		防毒面具	防護氣體或蒸氣等氣狀有害物
	供氣式	輸氣管面罩	以輸氣管將清潔的空氣自其他場所引至配戴者的面罩中
		供氣式自攜呼吸器	以配戴者自行攜帶清潔的空氣呼吸器，供應作業期間呼吸所需的空氣

註：呼吸防護具面體構造依所覆蓋範圍有全面體、半面體與四分面體等形式，另有其他特殊功能組合。

440. (12) 安全鞋在下列哪些部位有內墊鋼片？
　　　　①鞋尖　②鞋底　③腳跟後包　④腳踝滾口。

解析　安全鞋於鞋尖及鞋底有內墊鋼片，防止被物體輾壓或飛落受傷，鞋底的鋼片可以防止因踩到尖銳物品而受傷。

441. (12) 關於急救，下列敘述哪些有誤？
　　　　①為預防傷口感染應立即塗抹藥膏
　　　　②暈倒是一種神經系統反應，由於腦部充血所致，故臉色潮紅
　　　　③包紮時，須先將無菌敷料覆蓋傷口，並固定之，以防傷口污染發炎
　　　　④任何嚴重傷害，均可能導致休克，故應給予預防休克處理。

解析　預防傷口感染不可立即塗抹藥膏，應待傷口清除乾淨後再行處理。暈倒是由於腦部血液暫時供應不足的神經系統反應。會造成人事不醒、面色蒼白、皮膚濕冷、呼吸淺、脈搏弱、由慢轉快。

442. (234) 關於急救，下列敘述哪些有誤？
　　　　①下肢骨折的傷患經急救固定後，最好用擔架搬運
　　　　②被虎頭蜂螫到後，應儘速除去螫針
　　　　③成人心肺復甦術，胸外按壓速率每分鐘約 90 次
　　　　④遇有骨折或脫臼時，應速將受傷部位復位，再固定。

解析　②在拔除具毒性的尾刺時，由於其上有毒囊，為避免拔除時擠破，要避免直接以手拔除，而需以刀片鈍部或鑷子慢慢拔除。
　　　③按壓速率應每分鐘至少為 100 下（資料來源：基本心肺復甦術教材）。
　　　④骨折或脫臼時，不要移動受傷部位復位以免出血或更大傷害，盡速送醫。

443. (24) 關於急救，下列敘述哪些有誤？
　　　　①前臂嚴重出血，以直接加壓並抬高過心臟仍流血時，可壓迫近心端肱動脈止血
　　　　②強酸、強鹼中毒時，應立即給患者喝大量水以稀釋毒物並進行催吐
　　　　③休克是人的有效血循環量不足的一種情況，它會造成組織與器官血液灌注不足，因而影響細胞功能
　　　　④2 人前後抬搬運傷患時，前後抬者的步伐應儘量一致。

解析　腐蝕性毒物中毒急救（強酸、強鹼）：不可催吐、不可稀釋、不可中和；不要給他服用任何東西；維持呼吸道暢通；預防休克；儘速送醫。
搬運傷患要領：
一、選擇最理想的搬運法依傷害的嚴重程度、協助人數、可用設備、搬運距離來決定。

二、不要逞強抬動過重傷患傷及自己和傷患。
三、抬起傷患注意姿勢正確，注意背部挺直、屈伸。
四、使用擔架搬運應有前方開道者。
五、使用擔架前應先固定好患者。
六、注意保護患者，避免再度受傷。
七、多人搬運時，隨口令抬起移動，但步伐不必一致，以免擔架起伏。
資料來源：童軍第二冊（水牛出版社）

444. (24) 中暑死亡率遠高於熱衰竭，因此需要分辨兩者徵狀。下列哪些屬於中暑徵狀？
①臉色倉白　　　　　　　　　　②皮膚表面乾熱
③體溫上升到攝氏 38 度　　　　④脈搏快而強慢慢轉快而弱

解析 中暑：
一、原因：
  1. 暴露於相對溫度升高或溫度過高之環境過久，乾而熱的風、高濕度無風狀況下發生。
  2. 高溫→熱調節機能失去作用→無法排汗→體熱不斷上升→細胞受損。
二、症狀：
  1. 發燒達 41°C。
  2. 乾紅熱的皮膚、瞳孔縮小、非常高的體溫、昏迷或接近昏迷、快而強的脈搏、死亡率高達 20~70%。
三、急救措施：
  1. 移到通風處墊高頭肩、解開束縛。
  2. 速降體溫至 38°C、脈搏 100 次/分以下。
  3. 冷敷、冷水擦拭、冷氣房或強電扇吹。
  4. 清醒者給於食鹽水。
  5. 觀察生命徵象。
  6. 儘速送醫。

445. (14) 下列敘述哪些有誤？
①聽力損失意謂聽閾值變小
②噪音對人體健康除可產生聽覺性效應亦會產生非聽覺性效應
③長期處於噪音環境下，毛細胞因長期刺激而無法復原，聽力損失將由暫時性聽力損失轉變成永久性聽力損失
④勞工左右兩耳聽力不同，體檢時應先測聽力較差之耳朵。

解析 ①聽力損失意謂聽閾值變大。
④勞工左右兩耳聽力不同，體檢時應先測聽力較好之耳朵。

446.（23）有害物危害預防對策可由其發生源、傳播路徑及暴露者三方面著手，以下哪些是從傳播路徑著手？
①濕式作業　②作業場所 5S　③整體換氣　④安全衛生教育訓練。

解析 傳播路徑：
一、維持廠房之整潔、立即清理避免 2 次發生源產生。
二、整體換氣裝置。
三、擴大發生源與暴露者間之距離。
四、自動化、遙控裝置，裝設自動偵測裝置。

447.（14）有害物危害預防對策可由其發生源、傳播路徑及暴露者三方面著手，以下哪些是從發生源著手？
①低危害物料替代　　　　　　②擴大發生源與工作者之距離
③使用空氣簾幕以保護工作者　④局部排氣裝置。

解析 發生源：
一、低毒性、低危害性物料代替。
二、改變作業程序、作業方法。
三、製程之密閉、隔離。
四、濕式作業、局部排氣裝置。

448.（13）我國職場健康促進與推廣主要由下列哪些機關推動與提供資訊？
①衛生福利部　②內政部　③勞動部　④環保署。

解析 職場健康促進與推廣是由衛生福利部及勞動部共同推廣。包含由衛生福利部國民健康署的「職場健康促進」、勞動部職業安全衛生署的「勞工健康保護」等。

449.（14）身體質量指數（BMI）之計算公式中包含下列哪些？
①身高　②腰圍　③臀圍　④體重。

解析 身體質量指數 BMI（Body Mass Index），其計算公式為：BMI = 體重(kg)/[身高(m)]^2，是國際公認衡量一般成年人肥胖程度的客觀指標。

450.（1234）一般平頂式鋼筋混凝土工業廠房之屋頂遮陽措施，下列敘述哪些有誤？
①可覆蓋針織網，為降低吸熱，儘量避免使用黑色材料
②覆蓋物優先選用無縫物，可完全遮掉陽光，避免選用網狀材料
③覆蓋物下方儘量緊貼屋頂，以避免熱空氣蓄積在覆蓋物與屋頂之間
④如發現覆蓋物溫度過高，應儘速更換。

解析 鋼筋混凝土的建築，不但不隔熱，反而容易吸收、儲存熱能。不易散熱，將大部分的熱都傳到室內，造成室內空調極大的負擔。

屋頂的隔熱，常見的有幾種作法：
一、白漆塗料：以白色表面反射光線，隔熱效果低，也較不耐久，需不時維護補漆。
二、隔熱材料：使用隔熱板、隔熱網，搭配適當的工法，但相對也較不耐久。
三、隔熱磚：相對比較耐久，隔效果好且不需維護。
四、太陽能電熱裝置：除了反射部分光線之外，也善用太陽能來發電、加熱，但在初期安裝的成本較高。
五、屋頂綠化：淺層種植綠色植栽，不但能隔熱，也可能兼具美觀綠化的效果，但須經常加以照顧維護。
六、通風：保持熱空氣一個夾層可以有利於空氣對流，減少熱蓄積。

451. (23) 依職業安全衛生設施規則規定，下列敘述何者有誤？
①噪音超過 90 分貝之工作場所，應標示並公告噪音危害之預防事項，使勞工周知
②勞工工作場所因機械設備所發生之聲音為 A 權噪音音壓級 95 分貝，工作日容許暴露時間為 3 小時
③勞工在工作場所暴露於連續性噪音在任何時間不得超過 140 分貝
④勞工從事局部振動作業，其水平及垂直各方向局部振動最大加速度為 4m/s²，其每日容許暴露時間為 4 小時以上，未滿 8 小時。

解析 職業安全衛生設施規則第 300 條：
雇主對於發生噪音之工作場所，應依下列規定辦理：
勞工工作場所因機械設備所發生之聲音超過 90 分貝時，雇主應採取工程控制、減少勞工噪音暴露時間，使勞工噪音暴露工作日 8 小時日時量平均不超過表列之規定值或相當之劑量值，且任何時間不得暴露於峰值超過 140 分貝之衝擊性噪音或 115 分貝之連續性噪音；對於勞工 8 小時日時量平均音壓級超過 85 分貝或暴露劑量超過 50%時，雇主應使勞工戴用有效之耳塞、耳罩等防音防護具。

452. (1234) 可採取哪些方法避免過度暴露於極低頻電磁場？
①減少輻射源　　　　　　　②屏蔽磁場輻射量
③抵銷電磁場以減量　　　　④減少暴露時間。

解析 功率頻率場（極低頻電磁場）主要來自於電力輸送的設備以及電器用品。地下電纜和變電所也是極低頻電磁場的來源，住家內的極低頻電磁場來自家電用品和電線，同樣的，在工作場所或任何有用電的場合，都是極低頻電磁場存在的地方。

453. (124) 下列哪些屬於雙向溝通之條件？
①講述　②傾聽　③主觀　④瞭解。

解析 溝通原則：
一、講出來，就事論事。
二、不批評、不責備、不抱怨、不攻擊、不說教。
三、互相尊重，設身處地。
四、絕不口出惡言。
五、不說不該說的話，抱持開放的胸襟。
六、情緒中不要溝通。
七、理性的溝通，不可堅持己見，保持客觀。
八、耐心。

454. (234) 職業災害統計，有關失能日數之損失日數，包括下列哪些？
　　　①受傷當日　　　　　　　　②受傷後經過之星期日
　　　③受傷後經過之休假日　　　④受傷後經過之工廠停工日。

解析 失能日數：失能日數係指受傷人暫時不能恢復工作之日數，其總損失日數不包括受傷當日及恢復工作當日。

455. (124) 下列哪些屬失能傷害？
　　　①死亡　②永久全失能　③輕傷害　④暫時全失能。

解析
一、失能傷害：損失工作日1日以上之傷害，包括死亡、永久全失能、永久部分失能及暫時全失能等。
二、非失能傷害：損失工作日未達1日之傷害，即輕傷害。

456. (34) 使用可燃性氣體測定器能測出下列哪些？
　　　①可燃性氣體實際濃度　　　②可燃性氣體種類
　　　③有無可燃性氣體存在　　　④可燃性氣體之 %LEL。

解析 可燃性氣體測定器提供即時性檢測氣體之氣體存在以及可燃下限。

457. (23) 關於綜合溫度熱指數監測，下列敘述哪些有誤？
　　　①電子直讀式綜合溫度熱指數監測裝置的黑球直徑為 2 英吋
　　　②自然濕球溫度計於測定前 15 分鐘要以蒸餾水將包覆之紗布充分潤濕
　　　③熱不均勻場所應測至少 3 種不同高度，例如頭部、腹部、腳踝，再加以算術平均
　　　④黑球溫度計之溫度計球部需插入黑球內部至其球心位置。

解析
一、架設溫度計時，自然濕球溫度計及乾球溫度計要設法遮蔽防止輻射熱的影響。黑球溫度計則不得被陰影影響。3個溫度計之架設應不致干擾空氣之流動。
二、黑球溫度計架設後需要一段時間才達熱平衡，因此需要等約 25 分鐘後才能讀取溫度。
三、自然濕球溫度計之紗布應使用吸水性良好之材質、保持清潔，並於測定前半小時以注水器充分潤濕。不可僅靠毛細管現象潤濕；水杯中的蒸餾水應適時更換。
四、感溫元件（溫度計球部）應置於黑球中心，架設時 3 個溫度計的高度要一致。
五、濕球溫度須為自然濕球溫度，不得使用強制通風式之溫度計代替（如阿斯曼式）。

458. (23) 關於氣態有害物監測，下列敘述哪些有誤？
① 一般直讀式氣體偵測儀器之零點校正以零級氣體（zero gas）進行，惟二氧化碳以略低於戶外正常濃度為宜
② 如果環境監測值超過直讀式儀器之之全幅（span）校正濃度，可以外插取得數值
③ 一般而言，直讀式檢知管之體積與採樣用吸附管之體積相當
④ 浮子流量計之內徑，下方入口比上方出口小。

解析 全幅（Span）：指公私場所依其空氣污染物、稀釋氣體排放濃度及排放流率之實際排放狀況，以監測設施標準氣體或校正器材設定量測範圍內所能量測之最大值，不能外插取得數值。

459. (14) 關於粉塵監測，下列敘述哪些有誤？
① 胸腔性粉塵（thoracic dust）氣動粒徑中位值為 10 微米，因此主要採用 PM10 採樣裝置進行監測
② 目前作業環境監測可呼吸性粉塵之方法，主要是在採集總粉塵的濾紙匣入口加裝符合要求的旋風分徑器
③ IOM 採樣器是用來採集可吸入性粉塵
④ 可呼吸微粒採樣器接受曲線氣動直徑中位值為 4 微米。

解析 一般來說，粒徑 100μm 以下稱可吸入性粉塵，10μm 以下稱胸腔性粉塵，4μm 以下稱可呼吸性粉塵，其中可呼吸性粉塵因粒徑最小可深入並沉積在肺部，對健康危害性最大。IOM 採樣器適用於可呼吸性、可吸入性粉塵與生物氣膠之採樣。

460. (124) 依整體換氣基本原理，在穩定狀態（steady state）時，作業場所空氣中有害物濃度與下列哪些參數有關？
① 有害物發散量　　　　　　　　② 換氣量
③ 作業場所氣積　　　　　　　　④ 被排氣機輸入之空氣中有害物濃度。

解析 穩定狀態時，由於空氣機基本上流動率低，濃度與有害物有害物發散量、被排氣機輸入之空氣中有害物濃度以及換氣量有關。

461. (34) 下列哪些措施可以提昇通風換氣效能？
①吹吸式氣罩改為外裝式氣罩　　②包圍式氣罩改裝為捕捉式氣罩
③縮短抽氣口與有害物發生源之距離　④氣罩加裝凸緣（flange）。

解析 外裝式氣罩比吹吸式氣罩效果更差，捕捉式氣罩也比包圍式氣罩效果更差。由於距離與有害物發生源抽氣效率成反比，縮短抽氣口與有害物發生源之距離可以增加換氣效能，氣罩加裝凸緣也可以讓換氣效能增加。

462. (23) 下列哪些參數數值增加時，可以減少局部排氣裝置之壓力損失？
①氣罩壓力損失係數　　　　②氣罩進入係數
③肘管曲率半徑　　　　　　④合流管合流角度。

解析 流速及流向改變所造成之壓力損失，包括：
一、彎管之壓力損失彎管留曲之角度愈大，其壓力損失也愈大。
二、縮管、擴管之壓力損失直徑變化或縮擴之角度愈大，壓力損失愈大。
三、合流管之壓力損失合流之角度愈大，支導管之壓力損失愈大。
四、排氣口之壓力損失。
五、進入氣罩之壓力損失。
六、通過空氣清淨裝置之壓力損失。

3-2 共同科目學科試題（114/01/01 啟用）

90006 職業安全衛生共同科目　不分級
工作項目 01：職業安全衛生

1. （2）對於核計勞工所得有無低於基本工資，下列敘述何者有誤？
　　①僅計入在正常工時內之報酬　　②應計入加班費
　　③不計入休假日出勤加給之工資　　④不計入競賽獎金。

2. （3）下列何者之工資日數得列入計算平均工資？
　　①請事假期間　　②職災醫療期間
　　③發生計算事由之當日前 6 個月　　④放無薪假期間。

3. （4）有關「例假」之敘述，下列何者有誤？
　　①每 7 日應有例假 1 日　　②工資照給
　　③天災出勤時，工資加倍及補休　　④須給假，不必給工資。

4. （4）勞動基準法第 84 條之 1 規定之工作者，因工作性質特殊，就其工作時間，下列何者正確？
　　①完全不受限制　　②無例假與休假
　　③不另給予延時工資　　④得由勞雇雙方另行約定。

5. （3）依勞動基準法規定，雇主應置備勞工工資清冊並應保存幾年？
　　①1 年　②2 年　③5 年　④10 年。

6. （1）事業單位僱用勞工多少人以上者，應依勞動基準法規定訂立工作規則？
　　①30 人　②50 人　③100 人　④200 人。

7. （3）依勞動基準法規定，雇主延長勞工之工作時間連同正常工作時間，每日不得超過多少小時？
　　①10 小時　②11 小時　③12 小時　④15 小時。

8. （4）依勞動基準法規定，下列何者屬不定期契約？
　　①臨時性或短期性的工作　　②季節性的工作
　　③特定性的工作　　④有繼續性的工作。

9. （1）依職業安全衛生法規定，事業單位勞動場所發生死亡職業災害時，雇主應於多少小時內通報勞動檢查機構？
　　①8 小時　②12 小時　③24 小時　④48 小時。

10. (1) 事業單位之勞工代表如何產生？
①由企業工會推派之　　　　　②由產業工會推派之
③由勞資雙方協議推派之　　　④由勞工輪流擔任之。

11. (4) 職業安全衛生法所稱有母性健康危害之虞之工作，不包括下列何種工作型態？
①長時間站立姿勢作業　　　　②人力提舉、搬運及推拉重物
③輪班及工作負荷　　　　　　④駕駛運輸車輛。

12. (3) 依職業安全衛生法施行細則規定，下列何者非屬特別危害健康之作業？
①噪音作業　②游離輻射作業　③會計作業　④粉塵作業。

13. (3) 從事於易踏穿材料構築之屋頂修繕作業時，應有何種作業主管在場執行主管業務？
①施工架組配　②擋土支撐組配　③屋頂　④模板支撐。

14. (4) 有關「工讀生」之敘述，下列何者正確？
①工資不得低於基本工資之 80%　　②屬短期工作者，加班只能補休
③每日正常工作時間得超過 8 小時　④國定假日出勤，工資加倍發給。

15. (3) 勞工工作時手部嚴重受傷，住院醫療期間公司應按下列何者給予職業災害補償？
①前 6 個月平均工資　②前 1 年平均工資　③原領工資　④基本工資。

16. (2) 勞工在何種情況下，雇主得不經預告終止勞動契約？
①確定被法院判刑 6 個月以內並諭知緩刑超過 1 年以上者
②不服指揮對雇主暴力相向者
③經常遲到早退者
④非連續曠工但 1 個月內累計 3 日者。

17. (3) 對於吹哨者保護規定，下列敘述何者有誤？
①事業單位不得對勞工申訴人終止勞動契約
②勞動檢查機構受理勞工申訴必須保密
③為實施勞動檢查，必要時得告知事業單位有關勞工申訴人身分
④事業單位不得有不利勞工申訴人之處分。

18. (4) 職業安全衛生法所稱有母性健康危害之虞之工作，係指對於具生育能力之女性勞工從事工作，可能會導致的一些影響。下列何者除外？
①胚胎發育　　　　　　　　②妊娠期間之母體健康
③哺乳期間之幼兒健康　　　④經期紊亂。

19. (3) 下列何者非屬職業安全衛生法規定之勞工法定義務？
①定期接受健康檢查　　　　　②參加安全衛生教育訓練
③實施自動檢查　　　　　　　④遵守安全衛生工作守則。

20. (2) 下列何者非屬應對在職勞工施行之健康檢查？
①一般健康檢查　　　　　　　②體格檢查
③特殊健康檢查　　　　　　　④特定對象及特定項目之檢查。

21. (4) 下列何者非為防範有害物食入之方法？
①有害物與食物隔離　　　　　②不在工作場所進食或飲水
③常洗手、漱口　　　　　　　④穿工作服。

22. (1) 原事業單位如有違反職業安全衛生法或有關安全衛生規定，致承攬人所僱勞工發生職業災害時，有關承攬管理責任，下列敘述何者正確？
①原事業單位應與承攬人負連帶賠償責任
②原事業單位不需負連帶補償責任
③承攬廠商應自負職業災害之賠償責任
④勞工投保單位即為職業災害之賠償單位。

23. (4) 依勞動基準法規定，主管機關或檢查機構於接獲勞工申訴事業單位違反本法及其他勞工法令規定後，應為必要之調查，並於幾日內將處理情形，以書面通知勞工？
①14日　②20日　③30日　④60日。

24. (3) 我國中央勞動業務主管機關為下列何者？
①內政部　②勞工保險局　③勞動部　④經濟部。

25. (4) 對於勞動部公告列入應實施型式驗證之機械、設備或器具，下列何種情形不得免驗證？
①依其他法律規定實施驗證者　　②供國防軍事用途使用者
③輸入僅供科技研發之專用機型　④輸入僅供收藏使用之限量品。

26. (4) 對於墜落危險之預防設施，下列敘述何者較為妥適？
①在外牆施工架等高處作業應盡量使用繫腰式安全帶
②安全帶應確實配掛在低於足下之堅固點
③高度 2m 以上之邊緣開口部分處應圍起警示帶
④高度 2m 以上之開口處應設護欄或安全網。

27. (3) 對於感電電流流過人體可能呈現的症狀，下列敘述何者有誤？
①痛覺　　　　　　　　　　　②強烈痙攣
③血壓降低、呼吸急促、精神亢奮　④造成組織灼傷。

28. (2) 下列何者非屬於容易發生墜落災害的作業場所？
①施工架　②廚房　③屋頂　④梯子、合梯。

29. (1) 下列何者非屬危險物儲存場所應採取之火災爆炸預防措施？
①使用工業用電風扇　②裝設可燃性氣體偵測裝置
③使用防爆電氣設備　④標示「嚴禁煙火」。

30. (3) 雇主於臨時用電設備加裝漏電斷路器，可減少下列何種災害發生？
①墜落　②物體倒塌、崩塌　③感電　④被撞。

31. (3) 雇主要求確實管制人員不得進入吊舉物下方，可避免下列何種災害發生？
①感電　②墜落　③物體飛落　④缺氧。

32. (1) 職業上危害因子所引起的勞工疾病，稱為何種疾病？
①職業疾病　②法定傳染病　③流行性疾病　④遺傳性疾病。

33. (4) 事業招人承攬時，其承攬人就承攬部分負雇主之責任，原事業單位就職業災害補償部分之責任為何？
①視職業災害原因判定是否補償　②依工程性質決定責任
③依承攬契約決定責任　④仍應與承攬人負連帶責任。

34. (2) 預防職業病最根本的措施為何？
①實施特殊健康檢查　②實施作業環境改善
③實施定期健康檢查　④實施僱用前體格檢查。

35. (1) 在地下室作業，當通風換氣充分時，則不易發生一氧化碳中毒、缺氧危害或火災爆炸危險。請問「通風換氣充分」係指下列何種描述？
①風險控制方法　②發生機率　③危害源　④風險。

36. (1) 勞工為節省時間，在未斷電情況下清理機臺，易發生危害為何？
①捲夾感電　②缺氧　③墜落　④崩塌。

37. (2) 工作場所化學性有害物進入人體最常見路徑為下列何者？
①口腔　②呼吸道　③皮膚　④眼睛。

38. (3) 活線作業勞工應佩戴何種防護手套？
①棉紗手套　②耐熱手套　③絕緣手套　④防振手套。

39. (4) 下列何者非屬電氣災害類型？
①電弧灼傷　②電氣火災　③靜電危害　④雷電閃爍。

40. （ 3 ） 下列何者非屬於工作場所作業會發生墜落災害的潛在危害因子？
　　　　①開口未設置護欄　　　　　　　　②未設置安全之上下設備
　　　　③未確實配戴耳罩　　　　　　　　④屋頂開口下方未張掛安全網。

41. （ 2 ） 在噪音防治之對策中，從下列何者著手最為有效？
　　　　①偵測儀器　②噪音源　③傳播途徑　④個人防護具。

42. （ 4 ） 勞工於室外高氣溫作業環境工作，可能對身體產生之熱危害，下列何者非屬熱危害之症狀？
　　　　①熱衰竭　②中暑　③熱痙攣　④痛風。

43. （ 3 ） 下列何者是消除職業病發生率之源頭管理對策？
　　　　①使用個人防護具　②健康檢查　③改善作業環境　④多運動。

44. （ 1 ） 下列何者非為職業病預防之危害因子？
　　　　①遺傳性疾病　②物理性危害　③人因工程危害　④化學性危害。

45. （ 3 ） 依職業安全衛生設施規則規定，下列何者非屬使用合梯，應符合之規定？
　　　　①合梯應具有堅固之構造
　　　　②合梯材質不得有顯著之損傷、腐蝕等
　　　　③梯腳與地面之角度應在 80 度以上
　　　　④有安全之防滑梯面。

46. （ 4 ） 下列何者非屬勞工從事電氣工作安全之規定？
　　　　①使其使用電工安全帽
　　　　②穿戴絕緣防護具
　　　　③停電作業應斷開、檢電、接地及掛牌
　　　　④穿戴棉質手套絕緣。

47. （ 3 ） 為防止勞工感電，下列何者為非？
　　　　①使用防水插頭　　　　　　　　　②避免不當延長接線
　　　　③設備有金屬外殼保護即可免接地　④電線架高或加以防護。

48. （ 2 ） 不當抬舉導致肌肉骨骼傷害或肌肉疲勞之現象，可歸類為下列何者？
　　　　①感電事件　②不當動作　③不安全環境　④被撞事件。

49. （ 3 ） 使用鑽孔機時，不應使用下列何護具？
　　　　①耳塞　②防塵口罩　③棉紗手套　④護目鏡。

50. （ 1 ） 腕道症候群常發生於下列何種作業？
　　　　①電腦鍵盤作業　②潛水作業　③堆高機作業　④第一種壓力容器作業。

51. (1) 對於化學燒傷傷患的一般處理原則，下列何者正確？
    ①立即用大量清水沖洗
    ②傷患必須臥下，而且頭、胸部須高於身體其他部位
    ③於燒傷處塗抹油膏、油脂或發酵粉
    ④使用酸鹼中和。

52. (4) 下列何者非屬防止搬運事故之一般原則？
    ①以機械代替人力　　　　　　②以機動車輛搬運
    ③採取適當之搬運方法　　　　④儘量增加搬運距離。

53. (3) 對於脊柱或頸部受傷患者，下列何者不是適當的處理原則？
    ①不輕易移動傷患
    ②速請醫師
    ③如無合用的器材，需 2 人作徒手搬運
    ④向急救中心聯絡。

54. (3) 防止噪音危害之治本對策為下列何者？
    ①使用耳塞、耳罩　　　　　　②實施職業安全衛生教育訓練
    ③消除發生源　　　　　　　　④實施特殊健康檢查。

55. (1) 安全帽承受巨大外力衝擊後，雖外觀良好，應採下列何種處理方式？
    ①廢棄　②繼續使用　③送修　④油漆保護。

56. (2) 因舉重而扭腰係由於身體動作不自然姿勢，動作之反彈，引起扭筋、扭腰及形成類似狀態造成職業災害，其災害類型為下列何者？
    ①不當狀態　②不當動作　③不當方針　④不當設備。

57. (3) 下列有關工作場所安全衛生之敘述何者有誤？
    ①對於勞工從事其身體或衣著有被污染之虞之特殊作業時，應備置該勞工洗眼、洗澡、漱口、更衣、洗濯等設備
    ②事業單位應備置足夠急救藥品及器材
    ③事業單位應備置足夠的零食自動販賣機
    ④勞工應定期接受健康檢查。

58. (1) 毒性物質進入人體的途徑，經由哪個途徑影響人體健康最快且中毒效應最高？
    ①吸入　②食入　③皮膚接觸　④手指觸摸。

59. (3) 安全門或緊急出口平時應維持何狀態？
①門可上鎖但不可封死
②保持開門狀態以保持逃生路徑暢通
③門應關上但不可上鎖
④與一般進出門相同，視各樓層規定可開可關。

60. (3) 下列何種防護具較能消減噪音對聽力的危害？
①棉花球 ②耳塞 ③耳罩 ④碎布球。

61. (2) 勞工若面臨長期工作負荷壓力及工作疲勞累積，沒有獲得適當休息及充足睡眠，便可能影響體能及精神狀態，甚而較易促發下列何種疾病？
①皮膚癌 ②腦心血管疾病 ③多發性神經病變 ④肺水腫。

62. (2) 「勞工腦心血管疾病發病的風險與年齡、吸菸、總膽固醇數值、家族病史、生活型態、心臟方面疾病」之相關性為何？
①無 ②正 ③負 ④可正可負。

63. (3) 下列何者不屬於職場暴力？
①肢體暴力 ②語言暴力 ③家庭暴力 ④性騷擾。

64. (4) 職場內部常見之身體或精神不法侵害不包含下列何者？
①脅迫、名譽損毀、侮辱、嚴重辱罵勞工
②強求勞工執行業務上明顯不必要或不可能之工作
③過度介入勞工私人事宜
④使勞工執行與能力、經驗相符的工作。

65. (3) 下列何種措施較可避免工作單調重複或負荷過重？
①連續夜班 ②工時過長 ③排班保有規律性 ④經常性加班。

66. (1) 減輕皮膚燒傷程度之最重要步驟為何？
①儘速用清水沖洗 ②立即刺破水泡
③立即在燒傷處塗抹油脂 ④在燒傷處塗抹麵粉。

67. (3) 眼內噴入化學物或其他異物，應立即使用下列何者沖洗眼睛？
①牛奶 ②蘇打水 ③清水 ④稀釋的醋。

68. (3) 石綿最可能引起下列何種疾病？
①白指症 ②心臟病 ③間皮細胞瘤 ④巴金森氏症。

69. (2) 作業場所高頻率噪音較易導致下列何種症狀？
①失眠 ②聽力損失 ③肺部疾病 ④腕道症候群。

70. (2) 廚房設置之排油煙機為下列何者？
①整體換氣裝置　②局部排氣裝置　③吹吸型換氣裝置　④排氣煙囪。

71. (4) 下列何者為選用防塵口罩時，最不重要之考量因素？
①捕集效率愈高愈好　　②吸氣阻抗愈低愈好
③重量愈輕愈好　　　　④視野愈小愈好。

72. (2) 若勞工工作性質需與陌生人接觸、工作中需處理不可預期的突發事件或工作場所治安狀況較差，較容易遭遇下列何種危害？
①組織內部不法侵害　　②組織外部不法侵害
③多發性神經病變　　　④潛涵症。

73. (3) 下列何者不是發生電氣火災的主要原因？
①電器接點短路　②電氣火花　③電纜線置於地上　④漏電。

74. (2) 依勞工職業災害保險及保護法規定，職業災害保險之保險效力，自何時開始起算，至離職當日停止？
①通知當日　②到職當日　③雇主訂定當日　④勞雇雙方合意之日。

75. (4) 依勞工職業災害保險及保護法規定，勞工職業災害保險以下列何者為保險人，辦理保險業務？
①財團法人職業災害預防及重建中心
②勞動部職業安全衛生署
③勞動部勞動基金運用局
④勞動部勞工保險局。

76. (1) 有關「童工」之敘述，下列何者正確？
①每日工作時間不得超過 8 小時
②不得於午後 8 時至翌晨 8 時之時間內工作
③例假日得在監視下工作
④工資不得低於基本工資之 70%。

77. (4) 依勞動檢查法施行細則規定，事業單位如不服勞動檢查結果，可於檢查結果通知書送達之次日起 10 日內，以書面敘明理由向勞動檢查機構提出？
①訴願　②陳情　③抗議　④異議。

78. (2) 工作者若因雇主違反職業安全衛生法規定而發生職業災害、疑似罹患職業病或身體、精神遭受不法侵害所提起之訴訟，得向勞動部委託之民間團體提出下列何者？
①災害理賠　②申請扶助　③精神補償　④國家賠償。

79. (4) 計算平日加班費須按平日每小時工資額加給計算,下列敘述何者有誤?
① 前 2 小時至少加給 1/3 倍
② 超過 2 小時部分至少加給 2/3 倍
③ 經勞資協商同意後,一律加給 0.5 倍
④ 未經雇主同意給加班費者,一律補休。

80. (2) 下列工作場所何者非屬勞動檢查法所定之危險性工作場所?
① 農藥製造
② 金屬表面處理
③ 火藥類製造
④ 從事石油裂解之石化工業之工作場所。

81. (1) 有關電氣安全,下列敘述何者錯誤?
① 110 伏特之電壓不致造成人員死亡
② 電氣室應禁止非工作人員進入
③ 不可以濕手操作電氣開關,且切斷開關應迅速
④ 220 伏特為低壓電。

82. (2) 依職業安全衛生設施規則規定,下列何者非屬於車輛系營建機械?
① 平土機　② 堆高機　③ 推土機　④ 鏟土機。

83. (2) 下列何者非為事業單位勞動場所發生職業災害者,雇主應於 8 小時內通報勞動檢查機構?
① 發生死亡災害
② 勞工受傷無須住院治療
③ 發生災害之罹災人數在 3 人以上
④ 發生災害之罹災人數在 1 人以上,且需住院治療。

84. (4) 依職業安全衛生管理辦法規定,下列何者非屬「自動檢查」之內容?
① 機械之定期檢查　　　　② 機械、設備之重點檢查
③ 機械、設備之作業檢點　④ 勞工健康檢查。

85. (1) 下列何者係針對於機械操作點的捲夾危害特性可以採用之防護裝置?
① 設置護圍、護罩　　② 穿戴棉紗手套
③ 穿戴防護衣　　　　④ 強化教育訓練。

86. (4) 下列何者非屬從事起重吊掛作業導致物體飛落災害之可能原因?
① 吊鉤未設防滑舌片致吊掛鋼索鬆脫　② 鋼索斷裂
③ 超過額定荷重作業　　　　　　　　④ 過捲揚警報裝置過度靈敏。

87. (2) 勞工不遵守安全衛生工作守則規定，屬於下列何者？
①不安全設備　②不安全行為　③不安全環境　④管理缺陷。

88. (3) 下列何者不屬於局限空間內作業場所應採取之缺氧、中毒等危害預防措施？
①實施通風換氣　②進入作業許可程序
③使用柴油內燃機發電提供照明　④測定氧氣、危險物、有害物濃度。

89. (1) 下列何者非通風換氣之目的？
①防止游離輻射　②防止火災爆炸
③稀釋空氣中有害物　④補充新鮮空氣。

90. (2) 已在職之勞工，首次從事特別危害健康作業，應實施下列何種檢查？
①一般體格檢查　②特殊體格檢查
③一般體格檢查及特殊健康檢查　④特殊健康檢查。

91. (4) 依職業安全衛生設施規則規定，噪音超過多少分貝之工作場所，應標示並公告噪音危害之預防事項，使勞工周知？
①75 分貝　②80 分貝　③85 分貝　④90 分貝。

92. (3) 下列何者非屬工作安全分析的目的？
①發現並杜絕工作危害　②確立工作安全所需工具與設備
③懲罰犯錯的員工　④作為員工在職訓練的參考。

93. (3) 可能對勞工之心理或精神狀況造成負面影響的狀態，如異常工作壓力、超時工作、語言脅迫或恐嚇等，可歸屬於下列何者管理不當？
①職業安全　②職業衛生　③職業健康　④環保。

94. (3) 有流產病史之孕婦，宜避免相關作業，下列何者為非？
①避免砷或鉛的暴露　②避免每班站立 7 小時以上之作業
③避免提舉 3 公斤重物的職務　④避免重體力勞動的職務。

95. (3) 熱中暑時，易發生下列何現象？
①體溫下降　②體溫正常　③體溫上升　④體溫忽高忽低。

96. (4) 下列何者不會使電路發生過電流？
①電氣設備過載　②電路短路　③電路漏電　④電路斷路。

97. (4) 下列何者較屬安全、尊嚴的職場組織文化？
①不斷責備勞工
②公開在眾人面前長時間責罵勞工
③強求勞工執行業務上明顯不必要或不可能之工作
④不過度介入勞工私人事宜。

98. (4) 下列何者與職場母性健康保護較不相關?
   ①職業安全衛生法
   ②妊娠與分娩後女性及未滿十八歲勞工禁止從事危險性或有害性工作認定標準
   ③性別平等工作法
   ④動力堆高機型式驗證。

99. (3) 油漆塗裝工程應注意防火防爆事項,下列何者為非?
   ①確實通風　　　　　　　　　②注意電氣火花
   ③緊密門窗以減少溶劑擴散揮發　④嚴禁煙火。

100.(3) 依職業安全衛生設施規則規定,雇主對於物料儲存,為防止氣候變化或自然發火發生危險者,下列何者為最佳之採取措施?
   ①保持自然通風　　　　　　　②密閉
   ③與外界隔離及溫濕控制　　　④靜置於倉儲區,避免陽光直射。

90007 工作倫理與職業道德共同科目　不分級
工作項目 01：工作倫理與職業道德

1. （ 4 ）下列何者「違反」個人資料保護法？
    ①公司基於人事管理之特定目的，張貼榮譽榜揭示績優員工姓名
    ②縣市政府提供村里長轄區內符合資格之老人名冊供發放敬老金
    ③網路購物公司為辦理退貨，將客戶之住家地址提供予宅配公司
    ④學校將應屆畢業生之住家地址提供補習班招生使用。

2. （ 1 ）非公務機關利用個人資料進行行銷時，下列敘述何者錯誤？
    ①若已取得當事人書面同意，當事人即不得拒絕利用其個人資料行銷
    ②於首次行銷時，應提供當事人表示拒絕行銷之方式
    ③當事人表示拒絕接受行銷時，應停止利用其個人資料
    ④倘非公務機關違反「應即停止利用其個人資料行銷」之義務，未於限期內改正者，按次處新臺幣 2 萬元以上 20 萬元以下罰鍰。

3. （ 4 ）個人資料保護法規定為保護當事人權益，幾人以上的當事人提出告訴，就可以進行團體訴訟？
    ①5 人　②10 人　③15 人　④20 人。

4. （ 2 ）關於個人資料保護法的敘述，下列何者錯誤？
    ①公務機關執行法定職務必要範圍內，可以蒐集、處理或利用一般性個人資料
    ②間接蒐集之個人資料，於處理或利用前，不必告知當事人個人資料來源
    ③非公務機關亦應維護個人資料之正確，並主動或依當事人之請求更正或補充
    ④外國學生在臺灣短期進修或留學，也受到我國個人資料保護法的保障。

5. （ 2 ）關於個人資料保護法的敘述，下列何者錯誤？
    ①不管是否使用電腦處理的個人資料，都受個人資料保護法保護
    ②公務機關依法執行公權力，不受個人資料保護法規範
    ③身分證字號、婚姻、指紋都是個人資料
    ④我的病歷資料雖然是由醫生所撰寫，但也屬於是我的個人資料範圍。

6. （ 3 ）對於依照個人資料保護法應告知之事項，下列何者不在法定應告知的事項內？
    ①個人資料利用之期間、地區、對象及方式
    ②蒐集之目的
    ③蒐集機關的負責人姓名
    ④如拒絕提供或提供不正確個人資料將造成之影響。

7. （2） 請問下列何者非為個人資料保護法第 3 條所規範之當事人權利？
① 查詢或請求閱覽　　　　　　② 請求刪除他人之資料
③ 請求補充或更正　　　　　　④ 請求停止蒐集、處理或利用。

8. （4） 下列何者非安全使用電腦內的個人資料檔案的做法？
① 利用帳號與密碼登入機制來管理可以存取個資者的人
② 規範不同人員可讀取的個人資料檔案範圍
③ 個人資料檔案使用完畢後立即退出應用程式，不得留置於電腦中
④ 為確保重要的個人資料可即時取得，將登入密碼標示在螢幕下方。

9. （1） 下列何者行為非屬個人資料保護法所稱之國際傳輸？
① 將個人資料傳送給地方政府
② 將個人資料傳送給美國的分公司
③ 將個人資料傳送給法國的人事部門
④ 將個人資料傳送給日本的委託公司。

10. （1） 有關智慧財產權行為之敘述，下列何者有誤？
① 製造、販售仿冒註冊商標的商品雖已侵害商標權，但不屬於公訴罪之範疇
② 以 101 大樓、美麗華百貨公司做為拍攝電影的背景，屬於合理使用的範圍
③ 原作者自行創作某音樂作品後，即可宣稱擁有該作品之著作權
④ 著作權是為促進文化發展為目的，所保護的財產權之一。

11. （2） 專利權又可區分為發明、新型與設計三種專利權，其中發明專利權是否有保護期限？期限為何？
① 有，5 年　② 有，20 年　③ 有，50 年　④ 無期限，只要申請後就永久歸申請人所有。

12. （2） 受僱人於職務上所完成之著作，如果沒有特別以契約約定，其著作人為下列何者？
① 雇用人　　　　　　　　　　② 受僱人
③ 雇用公司或機關法人代表　　④ 由雇用人指定之自然人或法人。

13. （1） 任職於某公司的程式設計工程師，因職務所編寫之電腦程式，如果沒有特別以契約約定，則該電腦程式之著作財產權歸屬下列何者？
① 公司　　　　　　　　　　　② 編寫程式之工程師
③ 公司全體股東共有　　　　　④ 公司與編寫程式之工程師共有。

14. （ 3 ）某公司員工因執行業務，擅自以重製之方法侵害他人之著作財產權，若被害人提起告訴，下列對於處罰對象的敘述，何者正確？
①僅處罰侵犯他人著作財產權之員工
②僅處罰雇用該名員工的公司
③該名員工及其雇主皆須受罰
④員工只要在從事侵犯他人著作財產權之行為前請示雇主並獲同意，便可以不受處罰。

15. （ 1 ）受僱人於職務上所完成之發明、新型或設計，其專利申請權及專利權如未特別約定屬於下列何者？
①雇用人　　　　　　　　　　②受僱人
③雇用人所指定之自然人或法人　④雇用人與受僱人共有。

16. （ 4 ）任職大發公司的郝聰明，專門從事技術研發，有關研發技術的專利申請權及專利權歸屬，下列敘述何者錯誤？
①職務上所完成的發明，除契約另有約定外，專利申請權及專利權屬於大發公司
②職務上所完成的發明，雖然專利申請權及專利權屬於大發公司，但是郝聰明享有姓名表示權
③郝聰明完成非職務上的發明，應即以書面通知大發公司
④大發公司與郝聰明之雇傭契約約定，郝聰明非職務上的發明，全部屬於公司，約定有效。

17. （ 3 ）有關著作權的敘述，下列何者錯誤？
①我們到表演場所觀看表演時，不可隨便錄音或錄影
②到攝影展上，拿相機拍攝展示的作品，分贈給朋友，是侵害著作權的行為
③網路上供人下載的免費軟體，都不受著作權法保護，所以我可以燒成大補帖光碟，再去賣給別人
④高普考試題，不受著作權法保護。

18. （ 3 ）有關著作權的敘述，下列何者錯誤？
①撰寫碩博士論文時，在合理範圍內引用他人的著作，只要註明出處，不會構成侵害著作權
②在網路散布盜版光碟，不管有沒有營利，會構成侵害著作權
③在網路的部落格看到一篇文章很棒，只要註明出處，就可以把文章複製在自己的部落格
④將補習班老師的上課內容錄音檔，放到網路上拍賣，會構成侵害著作權。

19. （ 4 ）有關商標權的敘述，下列何者錯誤？
①要取得商標權一定要申請商標註冊
②商標註冊後可取得 10 年商標權
③商標註冊後，3 年不使用，會被廢止商標權
④在夜市買的仿冒品，品質不好，上網拍賣，不會構成侵權。

20. （ 1 ）有關營業秘密的敘述，下列何者錯誤？
①受雇人於非職務上研究或開發之營業秘密，仍歸雇用人所有
②營業秘密不得為質權及強制執行之標的
③營業秘密所有人得授權他人使用其營業秘密
④營業秘密得全部或部分讓與他人或與他人共有。

21. （ 1 ）甲公司將其新開發受營業秘密法保護之技術，授權乙公司使用，下列何者錯誤？
①乙公司已獲授權，所以可以未經甲公司同意，再授權丙公司使用
②約定授權使用限於一定之地域、時間
③約定授權使用限於特定之內容、一定之使用方法
④要求被授權人乙公司在一定期間負有保密義務。

22. （ 3 ）甲公司嚴格保密之最新配方產品大賣，下列何者侵害甲公司之營業秘密？
①鑑定人 A 因司法審理而知悉配方
②甲公司授權乙公司使用其配方
③甲公司之 B 員工擅自將配方盜賣給乙公司
④甲公司與乙公司協議共有配方。

23. （ 3 ）故意侵害他人之營業秘密，法院因被害人之請求，最高得酌定損害額幾倍之賠償？
①1 倍　②2 倍　③3 倍　④4 倍。

24. （ 4 ）受雇者因承辦業務而知悉營業秘密，在離職後對於該營業秘密的處理方式，下列敘述何者正確？
①聘雇關係解除後便不再負有保障營業秘密之責
②僅能自用而不得販售獲取利益
③自離職日起 3 年後便不再負有保障營業秘密之責
④離職後仍不得洩漏該營業秘密。

25. （ 3 ）按照現行法律規定，侵害他人營業秘密，其法律責任為
①僅需負刑事責任
②僅需負民事損害賠償責任
③刑事責任與民事損害賠償責任皆須負擔
④刑事責任與民事損害賠償責任皆不須負擔。

26. (3) 企業內部之營業秘密，可以概分為「商業性營業秘密」及「技術性營業秘密」二大類型，請問下列何者屬於「技術性營業秘密」？
①人事管理　②經銷據點　③產品配方　④客戶名單。

27. (3) 某離職同事請求在職員工將離職前所製作之某份文件傳送給他，請問下列回應方式何者正確？
①由於該項文件係由該離職員工製作，因此可以傳送文件
②若其目的僅為保留檔案備份，便可以傳送文件
③可能構成對於營業秘密之侵害，應予拒絕並請他直接向公司提出請求
④視彼此交情決定是否傳送文件。

28. (1) 行為人以竊取等不正當方法取得營業秘密，下列敘述何者正確？
①已構成犯罪
②只要後續沒有洩漏便不構成犯罪
③只要後續沒有出現使用之行為便不構成犯罪
④只要後續沒有造成所有人之損害便不構成犯罪。

29. (3) 針對在我國境內竊取營業秘密後，意圖在外國、中國大陸或港澳地區使用者，營業秘密法是否可以適用？
①無法適用
②可以適用，但若屬未遂犯則不罰
③可以適用並加重其刑
④能否適用需視該國家或地區與我國是否簽訂相互保護營業秘密之條約或協定。

30. (4) 所謂營業秘密，係指方法、技術、製程、配方、程式、設計或其他可用於生產、銷售或經營之資訊，但其保障所需符合的要件不包括下列何者？
①因其秘密性而具有實際之經濟價值者
②所有人已採取合理之保密措施者
③因其秘密性而具有潛在之經濟價值者
④一般涉及該類資訊之人所知者。

31. (1) 因故意或過失而不法侵害他人之營業秘密者，負損害賠償責任該損害賠償之請求權，自請求權人知有行為及賠償義務人時起，幾年間不行使就會消滅？
①2年　②5年　③7年　④10年。

32. (1) 公司負責人為了要節省開銷，將員工薪資以高報低來投保全民健保及勞保，是觸犯了刑法上之何種罪刑？
①詐欺罪　②侵占罪　③背信罪　④工商秘密罪。

33. (2) A 受僱於公司擔任會計，因自己的財務陷入危機，多次將公司帳款轉入妻兒戶頭，是觸犯了刑法上之何種罪刑？
①洩漏工商秘密罪　②侵占罪　③詐欺罪　④偽造文書罪。

34. (3) 某甲於公司擔任業務經理時，未依規定經董事會同意，私自與自己親友之公司訂定生意合約，會觸犯下列何種罪刑？
①侵占罪　②貪污罪　③背信罪　④詐欺罪。

35. (1) 如果你擔任公司採購的職務，親朋好友們會向你推銷自家的產品，希望你要採購時，你應該
①適時地婉拒，說明利益需要迴避的考量，請他們見諒
②既然是親朋好友，就應該互相幫忙
③建議親朋好友將產品折扣，折扣部分歸於自己，就會採購
④可以暗中地幫忙親朋好友，進行採購，不要被發現有親友關係便可。

36. (3) 小美是公司的業務經理，有一天巧遇國中同班的死黨小林，發現他是公司的下游廠商老闆。最近小美處理一件公司的招標案件，小林的公司也在其中，私下約小美見面，請求她提供這次招標案的底標，並馬上要給予幾十萬元的前謝金，請問小美該怎麼辦？
①退回錢，並告訴小林都是老朋友，一定會全力幫忙
②收下錢，將錢拿出來給單位同事們分紅
③應該堅決拒絕，並避免每次見面都與小林談論相關業務問題
④朋友一場，給他一個比較接近底標的金額，反正又不是正確的，所以沒關係。

37. (3) 公司發給每人一台平板電腦提供業務上使用，但是發現根本很少在使用，為了讓它有效的利用，所以將它拿回家給親人使用，這樣的行為是
①可以的，這樣就不用花錢買
②可以的，反正放在那裡不用它，也是浪費資源
③不可以的，因為這是公司的財產，不能私用
④不可以的，因為使用年限未到，如果年限到報廢了，便可以拿回家。

38. (3) 公司的車子，假日又沒人使用，你是鑰匙保管者，請問假日可以開出去嗎？
①可以，只要付費加油即可
②可以，反正假日不影響公務
③不可以，因為是公司的，並非私人擁有
④不可以，應該是讓公司想要使用的員工，輪流使用才可。

39. (4) 阿哲是財經線的新聞記者，某次採訪中得知 A 公司在一個月內將有一個大的併購案，這個併購案顯示公司的財力，且能讓 A 公司股價往上飆升。請問阿哲得知此消息後，可以立刻購買該公司的股票嗎？
①可以，有錢大家賺
②可以，這是我努力獲得的消息
③可以，不賺白不賺
④不可以，屬於內線消息，必須保持記者之操守，不得洩漏。

40. (4) 與公務機關接洽業務時，下列敘述何者正確？
①沒有要求公務員違背職務，花錢疏通而已，並不違法
②唆使公務機關承辦採購人員配合浮報價額，僅屬偽造文書行為
③口頭允諾行賄金額但還沒送錢，尚不構成犯罪
④與公務員同謀之共犯，即便不具公務員身分，仍可依據貪污治罪條例處刑。

41. (1) 與公務機關有業務往來構成職務利害關係者，下列敘述何者正確？
①將餽贈之財物請公務員父母代轉，該公務員亦已違反規定
②與公務機關承辦人飲宴應酬為增進基本關係的必要方法
③高級茶葉低價售予有利害關係之承辦公務員，有價購行為就不算違反法規
④機關公務員藉子女婚宴廣邀業務往來廠商之行為，並無不妥。

42. (4) 廠商某甲承攬公共工程，工程進行期間，甲與其工程人員經常招待該公共工程委辦機關之監工及驗收之公務員喝花酒或招待出國旅遊，下列敘述何者正確？
①公務員若沒有收現金，就沒有罪
②只要工程沒有問題，某甲與監工及驗收等相關公務員就沒有犯罪
③因為不是送錢，所以都沒有犯罪
④某甲與相關公務員均已涉嫌觸犯貪污治罪條例。

43. (1) 行（受）賄罪成立要素之一為具有對價關係，而作為公務員職務之對價有「賄賂」或「不正利益」，下列何者不屬於「賄賂」或「不正利益」？
①開工邀請公務員觀禮
②送百貨公司大額禮券
③免除債務
④招待吃米其林等級之高檔大餐。

44. (4) 下列有關貪腐的敘述何者錯誤？
①貪腐會危害永續發展和法治
②貪腐會破壞民主體制及價值觀
③貪腐會破壞倫理道德與正義
④貪腐有助降低企業的經營成本。

45. (4) 下列何者不是設置反貪腐專責機構須具備的必要條件？
①賦予該機構必要的獨立性
②使該機構的工作人員行使職權不會受到不當干預
③提供該機構必要的資源、專職工作人員及必要培訓
④賦予該機構的工作人員有權力可隨時逮捕貪污嫌疑人。

46. (2) 檢舉人向有偵查權機關或政風機構檢舉貪污瀆職，必須於何時為之始可能給與獎金？
①犯罪未起訴前　②犯罪未發覺前　③犯罪未遂前　④預備犯罪前。

47. (3) 檢舉人應以何種方式檢舉貪污瀆職始能核給獎金？
①匿名　②委託他人檢舉　③以真實姓名檢舉　④以他人名義檢舉。

48. (4) 我國制定何種法律以保護刑事案件之證人，使其勇於出面作證，俾利犯罪之偵查、審判？
①貪污治罪條例　②刑事訴訟法　③行政程序法　④證人保護法。

49. (1) 下列何者非屬公司對於企業社會責任實踐之原則？
①加強個人資料揭露②維護社會公益　③發展永續環境　④落實公司治理。

50. (1) 下列何者並不屬於「職業素養」規範中的範疇？
①增進自我獲利的能力　　　　　②擁有正確的職業價值觀
③積極進取職業的知識技能　　　④具備良好的職業行為習慣。

51. (4) 下列何者符合專業人員的職業道德？
①未經雇主同意，於上班時間從事私人事務
②利用雇主的機具設備私自接單生產
③未經顧客同意，任意散佈或利用顧客資料
④盡力維護雇主及客戶的權益。

52. (4) 身為公司員工必須維護公司利益，下列何者是正確的工作態度或行為？
①將公司逾期的產品更改標籤
②施工時以省時、省料為獲利首要考量，不顧品質
③服務時優先考量公司的利益，顧客權益次之
④工作時謹守本分，以積極態度解決問題。

53. (3) 身為專業技術工作人士，應以何種認知及態度服務客戶？
①若客戶不瞭解，就儘量減少成本支出，抬高報價
②遇到維修問題，儘量拖過保固期
③主動告知可能碰到問題及預防方法
④隨著個人心情來提供服務的內容及品質。

54. (2) 因為工作本身需要高度專業技術及知識，所以在對客戶服務時應如何？
①不用理會顧客的意見
②保持親切、真誠、客戶至上的態度
③若價錢較低，就敷衍了事
④以專業機密為由，不用對客戶說明及解釋。

55. (2) 從事專業性工作，在與客戶約定時間應
①保持彈性，任意調整
②儘可能準時，依約定時間完成工作
③能拖就拖，能改就改
④自己方便就好，不必理會客戶的要求。

56. (1) 從事專業性工作，在服務顧客時應有的態度為何？
①選擇最安全、經濟及有效的方法完成工作
②選擇工時較長、獲利較多的方法服務客戶
③為了降低成本，可以降低安全標準
④不必顧及雇主和顧客的立場。

57. (4) 以下哪一項員工的作為符合敬業精神？
①利用正常工作時間從事私人事務
②運用雇主的資源，從事個人工作
③未經雇主同意擅離工作崗位
④謹守職場紀律及禮節，尊重客戶隱私。

58. (3) 小張獲選為小孩學校的家長會長，這個月要召開會議，沒時間準備資料，所以，利用上班期間有空檔非休息時間來完成，請問是否可以？
①可以，因為不耽誤他的工作
②可以，因為他能力好，能夠同時完成很多事
③不可以，因為這是私事，不可以利用上班時間完成
④可以，只要不要被發現。

59. (2) 小吳是公司的專用司機，為了能夠隨時用車，經過公司同意，每晚都將公司的車開回家，然而，他發現反正每天上班路線，都要經過女兒學校，就順便載女兒上學，請問可以嗎？
①可以，反正順路
②不可以，這是公司的車不能私用
③可以，只要不被公司發現即可
④可以，要資源須有效使用。

60. （ 4 ）小江是職場上的新鮮人，剛進公司不久，他應該具備怎樣的態度？
① 上班、下班，管好自己便可
② 仔細觀察公司生態，加入某些小團體，以做為後盾
③ 只要做好人脈關係，這樣以後就好辦事
④ 努力做好自己職掌的業務，樂於工作，與同事之間有良好的互動，相互協助。

61. （ 4 ）在公司內部行使商務禮儀的過程，主要以參與者在公司中的何種條件來訂定順序？
① 年齡　② 性別　③ 社會地位　④ 職位。

62. （ 1 ）一位職場新鮮人剛進公司時，良好的工作態度是
① 多觀察、多學習，了解企業文化和價值觀
② 多打聽哪一個部門比較輕鬆，升遷機會較多
③ 多探聽哪一個公司在找人，隨時準備跳槽走人
④ 多遊走各部門認識同事，建立自己的小圈圈。

63. （ 1 ）根據消除對婦女一切形式歧視公約（CEDAW），下列何者正確？
① 對婦女的歧視指基於性別而作的任何區別、排斥或限制
② 只關心女性在政治方面的人權和基本自由
③ 未要求政府需消除個人或企業對女性的歧視
④ 傳統習俗應予保護及傳承，即使含有歧視女性的部分，也不可以改變。

64. （ 1 ）某規範明定地政機關進用女性測量助理名額，不得超過該機關測量助理名額總數二分之一，根據消除對婦女一切形式歧視公約（CEDAW），下列何者正確？
① 限制女性測量助理人數比例，屬於直接歧視
② 土地測量經常在戶外工作，基於保護女性所作的限制，不屬性別歧視
③ 此項二分之一規定是為促進男女比例平衡
④ 此限制是為確保機關業務順暢推動，並未歧視女性。

65. （ 4 ）根據消除對婦女一切形式歧視公約（CEDAW）之間接歧視意涵，下列何者錯誤？
① 一項法律、政策、方案或措施表面上對男性和女性無任何歧視，但實際上卻產生歧視女性的效果
② 察覺間接歧視的一個方法，是善加利用性別統計與性別分析
③ 如果未正視歧視之結構和歷史模式，及忽略男女權力關係之不平等，可能使現有不平等狀況更為惡化
④ 不論在任何情況下，只要以相同方式對待男性和女性，就能避免間接歧視之產生。

66. (4) 下列何者不是菸害防制法之立法目的？
    ①防制菸害　　　　　　　　　②保護未成年免於菸害
    ③保護孕婦免於菸害　　　　　④促進菸品的使用。

67. (1) 按菸害防制法規定，對於在禁菸場所吸菸會被罰多少錢？
    ①新臺幣 2 千元至 1 萬元罰鍰　　②新臺幣 1 千元至 5 千元罰鍰
    ③新臺幣 1 萬元至 5 萬元罰鍰　　④新臺幣 2 萬元至 10 萬元罰鍰。

68. (3) 請問下列何者不是個人資料保護法所定義的個人資料？
    ①身分證號碼　②最高學歷　③職稱　④護照號碼。

69. (1) 有關專利權的敘述，下列何者正確？
    ①專利有規定保護年限，當某商品、技術的專利保護年限屆滿，任何人皆可免費運用該項專利
    ②我發明了某項商品，卻被他人率先申請專利權，我仍可主張擁有這項商品的專利權
    ③製造方法可以申請新型專利權
    ④在本國申請專利之商品進軍國外，不需向他國申請專利權。

70. (4) 下列何者行為會有侵害著作權的問題？
    ①將報導事件事實的新聞文字轉貼於自己的社群網站
    ②直接轉貼高普考考古題在 FACEBOOK
    ③以分享網址的方式轉貼資訊分享於社群網站
    ④將講師的授課內容錄音，複製多份分贈友人。

71. (1) 有關著作權之概念，下列何者正確？
    ①國外學者之著作，可受我國著作權法的保護
    ②公務機關所函頒之公文，受我國著作權法的保護
    ③著作權要待向智慧財產權申請通過後才可主張
    ④以傳達事實之新聞報導的語文著作，依然受著作權之保障。

72. (1) 某廠商之商標在我國已經獲准註冊，請問若希望將商品行銷販賣到國外，請問是否需在當地申請註冊才能主張商標權？
    ①是，因為商標權註冊採取屬地保護原則
    ②否，因為我國申請註冊之商標權在國外也會受到承認
    ③不一定，需視我國是否與商品希望行銷販賣的國家訂有相互商標承認之協定
    ④不一定，需視商品希望行銷販賣的國家是否為 WTO 會員國。

73. (1) 下列何者不屬於營業秘密？
① 具廣告性質的不動產交易底價
② 須授權取得之產品設計或開發流程圖示
③ 公司內部管制的各種計畫方案
④ 不是公開可查知的客戶名單分析資料。

74. (3) 營業秘密可分為「技術機密」與「商業機密」，下列何者屬於「商業機密」？
① 程式　② 設計圖　③ 商業策略　④ 生產製程。

75. (3) 某甲在公務機關擔任首長，其弟弟乙是某協會的理事長，乙為舉辦協會活動，決定向甲服務的機關申請經費補助，下列有關利益衝突迴避之敘述，何者正確？
① 協會是舉辦慈善活動，甲認為是好事，所以指示機關承辦人補助活動經費
② 機關未經公開公平方式，私下直接對協會補助活動經費新臺幣 10 萬元
③ 甲應自行迴避該案審查，避免瓜田李下，防止利益衝突
④ 乙為順利取得補助，應該隱瞞是機關首長甲之弟弟的身分。

76. (3) 依公職人員利益衝突迴避法規定，公職人員甲與其小舅子乙（二親等以內的關係人）間，下列何種行為不違反該法？
① 甲要求受其監督之機關聘用小舅子乙
② 小舅子乙以請託關說之方式，請求甲之服務機關通過其名下農地變更使用申請案
③ 關係人乙經政府採購法公開招標程序，並主動在投標文件表明與甲的身分關係，取得甲服務機關之年度採購標案
④ 甲、乙兩人均自認為人公正，處事坦蕩，任何往來都是清者自清，不需擔心任何問題。

77. (3) 大雄擔任公司部門主管，代表公司向公務機關投標，為使公司順利取得標案，可以向公務機關的採購人員為以下何種行為？
① 為社交禮俗需要，贈送價值昂貴的名牌手錶作為見面禮
② 為與公務機關間有良好互動，招待至有女陪侍場所飲宴
③ 為了解招標文件內容，提出招標文件疑義並請說明
④ 為避免報價錯誤，要求提供底價作為參考。

78. (1) 下列關於政府採購人員之敘述，何者未違反相關規定？
① 非主動向廠商求取，是偶發地收到廠商致贈價值在新臺幣 500 元以下之廣告物、促銷品、紀念品
② 要求廠商提供與採購無關之額外服務
③ 利用職務關係向廠商借貸
④ 利用職務關係媒介親友至廠商處所任職。

79. (4) 下列敘述何者錯誤？
①憲法保障言論自由，但散布假新聞、假消息仍須面對法律責任
②在網路或 Line 社群網站收到假訊息，可以敘明案情並附加截圖檔，向法務部調查局檢舉
③對新聞媒體報導有意見，向國家通訊傳播委員會申訴
④自己或他人捏造、扭曲、竄改或虛構的訊息，只要一小部分能證明是真的，就不會構成假訊息。

80. (4) 下列敘述何者正確？
①公務機關委託的代檢（代驗）業者，不是公務員，不會觸犯到刑法的罪責
②賄賂或不正利益，只限於法定貨幣，給予網路遊戲幣沒有違法的問題
③在靠北公務員社群網站，覺得可受公評且匿名發文，就可以謾罵公務機關對特定案件的檢查情形
④受公務機關委託辦理案件，除履行採購契約應辦事項外，對於蒐集到的個人資料，也要遵守相關保護及保密規定。

81. (1) 有關促進參與及預防貪腐的敘述，下列何者錯誤？
①我國非聯合國會員國，無須落實聯合國反貪腐公約規定
②推動政府部門以外之個人及團體積極參與預防和打擊貪腐
③提高決策過程之透明度，並促進公眾在決策過程中發揮作用
④對公職人員訂定執行公務之行為守則或標準。

82. (2) 為建立良好之公司治理制度，公司內部宜納入何種檢舉人制度？
①告訴乃論制度
②吹哨者（whistleblower）保護程序及保護制度
③不告不理制度
④非告訴乃論制度。

83. (4) 有關公司訂定誠信經營守則時，下列何者錯誤？
①避免與涉有不誠信行為者進行交易
②防範侵害營業秘密、商標權、專利權、著作權及其他智慧財產權
③建立有效之會計制度及內部控制制度
④防範檢舉。

84. (1) 乘坐轎車時，如有司機駕駛，按照國際乘車禮儀，以司機的方位來看，首位應為
①後排右側　②前座右側　③後排左側　④後排中間。

85. (2) 今天好友突然來電，想來個「說走就走的旅行」，因此，無法去上班，下列何者作法不適當？
① 發送 E-MAIL 給主管與人事部門，並收到回覆
② 什麼都無需做，等公司打電話來確認後，再告知即可
③ 用 LINE 傳訊息給主管，並確認讀取且有回覆
④ 打電話給主管與人事部門請假。

86. (4) 每天下班回家後，就懶得再出門去買菜，利用上班時間瀏覽線上購物網站，發現有很多限時搶購的便宜商品，還能在下班前就可以送到公司，下班順便帶回家，省掉好多時間，下列何者最適當？
① 可以，又沒離開工作崗位，且能節省時間
② 可以，還能介紹同事一同團購，省更多的錢，增進同事情誼
③ 不可以，應該把商品寄回家，不是公司
④ 不可以，上班不能從事個人私務，應該等下班後再網路購物。

87. (4) 宜樺家中養了一隻貓，由於最近生病，獸醫師建議要有人一直陪牠，這樣會恢復快一點，辦公室雖然禁止攜帶寵物，但因為上班家裡無人陪伴，所以準備帶牠到辦公室一起上班，下列何者最適當？
① 可以，只要我放在寵物箱，不要影響工作即可
② 可以，同事們都答應也不反對
③ 可以，雖然貓會發出聲音，大小便有異味，只要處理好不影響工作即可
④ 不可以，可以送至專門機構照護或請專人照顧，以免影響工作。

88. (4) 根據性別平等工作法，下列何者非屬職場性騷擾？
① 公司員工執行職務時，客戶對其講黃色笑話，該員工感覺被冒犯
② 雇主對求職者要求交往，作為僱用與否之交換條件
③ 公司員工執行職務時，遭到同事以「女人就是沒大腦」性別歧視用語加以辱罵，該員工感覺其人格尊嚴受損
④ 公司員工下班後搭乘捷運，在捷運上遭到其他乘客偷拍。

89. (4) 根據性別平等工作法，下列何者非屬職場性別歧視？
① 雇主考量男性賺錢養家之社會期待，提供男性高於女性之薪資
② 雇主考量女性以家庭為重之社會期待，裁員時優先資遣女性
③ 雇主事先與員工約定倘其有懷孕之情事，必須離職
④ 有未滿 2 歲子女之男性員工，也可申請每日六十分鐘的哺乳時間。

90. (3) 根據性別平等工作法,有關雇主防治性騷擾之責任與罰則,下列何者錯誤?
①僱用受僱者 30 人以上者,應訂定性騷擾防治措施、申訴及懲戒規範
②雇主知悉性騷擾發生時,應採取立即有效之糾正及補救措施
③雇主違反應訂定性騷擾防治措施之規定時,處以罰鍰即可,不用公布其姓名
④雇主違反應訂定性騷擾申訴管道者,應限期令其改善,屆期未改善者,應按次處罰。

91. (1) 根據性騷擾防治法,有關性騷擾之責任與罰則,下列何者錯誤?
①對他人為性騷擾者,如果沒有造成他人財產上之損失,就無需負擔金錢賠償之責任
②對於因教育、訓練、醫療、公務、業務、求職,受自己監督、照護之人,利用權勢或機會為性騷擾者,得加重科處罰鍰至二分之一
③意圖性騷擾,乘人不及抗拒而為親吻、擁抱或觸摸其臀部、胸部或其他身體隱私處之行為者,處 2 年以下有期徒刑、拘役或科或併科 10 萬元以下罰金
④對他人為權勢性騷擾以外之性騷擾者,由直轄市、縣(市)主管機關處 1 萬元以上 10 萬元以下罰鍰。

92. (3) 根據性別平等工作法規範職場性騷擾範疇,下列何者錯誤?
①上班執行職務時,任何人以性要求、具有性意味或性別歧視之言詞或行為,造成敵意性、脅迫性或冒犯性之工作環境
②對僱用、求職或執行職務關係受自己指揮、監督之人,利用權勢或機會為性騷擾
③與朋友聚餐後回家時,被陌生人以盯梢、守候、尾隨跟蹤
④雇主對受僱者或求職者為明示或暗示之性要求、具有性意味或性別歧視之言詞或行為。

93. (3) 根據消除對婦女一切形式歧視公約(CEDAW)之直接歧視及間接歧視意涵,下列何者錯誤?
①老闆得知小黃懷孕後,故意將小黃調任薪資待遇較差的工作,意圖使其自行離開職場,小黃老闆的行為是直接歧視
②某餐廳於網路上招募外場服務生,條件以未婚年輕女性優先錄取,明顯以性或性別差異為由所實施的差別待遇,為直接歧視
③某公司員工值班注意事項排除女性員工參與夜間輪值,是考量女性有人身安全及家庭照顧等需求,為維護女性權益之措施,非直接歧視
④某科技公司規定男女員工之加班時數上限及加班費或津貼不同,認為女性能力有限,且無法長時間工作,限制女性獲取薪資及升遷機會,這規定是直接歧視。

94. (1) 目前菸害防制法規範,「不可販賣菸品」給幾歲以下的人？
①20　②19　③18　④17。

95. (1) 按菸害防制法規定,下列敘述何者錯誤？
①只有老闆、店員才可以出面勸阻在禁菸場所抽菸的人
②任何人都可以出面勸阻在禁菸場所抽菸的人
③餐廳、旅館設置室內吸菸室,需經專業技師簽證核可
④加油站屬易燃易爆場所,任何人都可以勸阻在禁菸場所抽菸的人。

96. (3) 關於菸品對人體危害的敘述,下列何者正確？
①只要開電風扇、或是抽風機就可以去除菸霧中的有害物質
②指定菸品（如：加熱菸）只要通過健康風險評估,就不會危害健康,因此工作時如果想吸菸,就可以在職場拿出來使用
③雖然自己不吸菸,同事在旁邊吸菸,就會增加自己得肺癌的機率
④只要不將菸吸入肺部,就不會對身體造成傷害。

97. (4) 職場禁菸的好處不包括
①降低吸菸者的菸品使用量,有助於減少吸菸導致的疾病而請假
②避免同事因為被動吸菸而生病
③讓吸菸者菸癮降低,戒菸較容易成功
④吸菸者不能抽菸會影響工作效率。

98. (4) 大多數的吸菸者都嘗試過戒菸,但是很少自己戒菸成功。吸菸的同事要戒菸,怎樣建議他是無效的？
①鼓勵他撥打戒菸專線 0800-63-63-63,取得相關建議與協助
②建議他到醫療院所、社區藥局找藥物戒菸
③建議他參加醫院或衛生所辦理的戒菸班
④戒菸是自己的事,別人幫不了忙。

99. (2) 禁菸場所負責人未於場所入口處設置明顯禁菸標示,要罰該場所負責人多少元？
①2千至1萬　②1萬至5萬　③1萬至25萬　④20萬至100萬。

100. (3) 目前電子煙是非法的,下列對電子煙的敘述,何者錯誤？
①跟吸菸一樣會成癮
②會有爆炸危險
③沒有燃燒的菸草,也沒有二手煙的問題
④可能造成嚴重肺損傷。

90008 環境保護共同科目　不分級
工作項目 03：環境保護

1. (1) 世界環境日是在每一年的哪一日？
   ①6月5日　②4月10日　③3月8日　④11月12日。

2. (3) 2015年巴黎協議之目的為何？
   ①避免臭氧層破壞　　　　　　②減少持久性污染物排放
   ③遏阻全球暖化趨勢　　　　　④生物多樣性保育。

3. (3) 下列何者為環境保護的正確作為？
   ①多吃肉少蔬食　②自己開車不共乘　③鐵馬步行　④不隨手關燈。

4. (2) 下列何種行為對生態環境會造成較大的衝擊？
   ①種植原生樹木　②引進外來物種　③設立國家公園　④設立自然保護區。

5. (2) 下列哪一種飲食習慣能減碳抗暖化？
   ①多吃速食　②多吃天然蔬果　③多吃牛肉　④多選擇吃到飽的餐館。

6. (1) 飼主遛狗時，其狗在道路或其他公共場所便溺時，下列何者應優先負清除責任？
   ①主人　②清潔隊　③警察　④土地所有權人。

7. (1) 外食自備餐具是落實綠色消費的哪一項表現？
   ①重複使用　②回收再生　③環保選購　④降低成本。

8. (2) 再生能源一般是指可永續利用之能源，主要包括哪些：A.化石燃料 B.風力 C.太陽能 D.水力？
   ①ACD　②BCD　③ABD　④ABCD。

9. (4) 依環境基本法第3條規定，基於國家長期利益，經濟、科技及社會發展均應兼顧環境保護。但如果經濟、科技及社會發展對環境有嚴重不良影響或有危害時，應以何者優先？
   ①經濟　②科技　③社會　④環境。

10. (1) 森林面積的減少甚至消失可能導致哪些影響：A.水資源減少 B.減緩全球暖化 C.加劇全球暖化 D.降低生物多樣性？
    ①ACD　②BCD　③ABD　④ABCD。

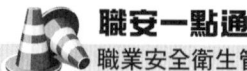

11. （ 3 ）塑膠為海洋生態的殺手，所以政府推動「無塑海洋」政策，下列何項不是減少塑膠危害海洋生態的重要措施？
①擴大禁止免費供應塑膠袋
②禁止製造、進口及販售含塑膠柔珠的清潔用品
③定期進行海水水質監測
④淨灘、淨海。

12. （ 2 ）違反環境保護法律或自治條例之行政法上義務，經處分機關處停工、停業處分或處新臺幣五千元以上罰鍰者，應接受下列何種講習？①道路交通安全講習　②環境講習　③衛生講習　④消防講習。

13. （ 1 ）下列何者為環保標章？

14. （ 2 ）「聖嬰現象」是指哪一區域的溫度異常升高？
①西太平洋表層海水　　　　　②東太平洋表層海水
③西印度洋表層海水　　　　　④東印度洋表層海水。

15. （ 1 ）「酸雨」定義為雨水酸鹼值達多少以下時稱之？
①5.0　②6.0　③7.0　④8.0。

16. （ 2 ）一般而言，水中溶氧量隨水溫之上升而呈下列哪一種趨勢？
①增加　②減少　③不變　④不一定。

17. （ 4 ）二手菸中包含多種危害人體的化學物質，甚至多種物質有致癌性，會危害到下列何者的健康？
①只對12歲以下孩童有影響　　②只對孕婦比較有影響
③只對65歲以上之民眾有影響　④對二手菸接觸民眾皆有影響。

18. （ 2 ）二氧化碳和其他溫室氣體含量增加是造成全球暖化的主因之一，下列何種飲食方式也能降低碳排放量，對環境保護做出貢獻：A.少吃肉，多吃蔬菜；B.玉米產量減少時，購買玉米罐頭食用；C.選擇當地食材；D.使用免洗餐具，減少清洗用水與清潔劑？
①AB　②AC　③AD　④ACD。

19. （ 1 ）上下班的交通方式有很多種，其中包括：A.騎腳踏車；B.搭乘大眾交通工具；C.自行開車，請將前述幾種交通方式之單位排碳量由少至多之排列方式為何？
①ABC　②ACB　③BAC　④CBA。

20. (3) 下列何者「不是」室內空氣污染源？
①建材　②辦公室事務機　③廢紙回收箱　④油漆及塗料。

21. (4) 下列何者不是自來水消毒採用的方式？
①加入臭氧　②加入氯氣　③紫外線消毒　④加入二氧化碳。

22. (4) 下列何者不是造成全球暖化的元凶？
①汽機車排放的廢氣　　　　②工廠所排放的廢氣
③火力發電廠所排放的廢氣　④種植樹木。

23. (2) 下列何者不是造成臺灣水資源減少的主要因素？
①超抽地下水　②雨水酸化　③水庫淤積　④濫用水資源。

24. (1) 下列何者是海洋受污染的現象？
①形成紅潮　②形成黑潮　③溫室效應　④臭氧層破洞。

25. (2) 水中生化需氧量（BOD）愈高，其所代表的意義為下列何者？
①水為硬水　　　　　　②有機污染物多
③水質偏酸　　　　　　④分解污染物時不需消耗太多氧。

26. (1) 下列何者是酸雨對環境的影響？
①湖泊水質酸化　　　　②增加森林生長速度
③土壤肥沃　　　　　　④增加水生動物種類。

27. (2) 下列哪一項水質濃度降低會導致河川魚類大量死亡？
①氨氮　②溶氧　③二氧化碳　④生化需氧量。

28. (1) 下列何種生活小習慣的改變可減少細懸浮微粒（$PM_{2.5}$）排放，共同為改善空氣品質盡一份心力？
①少吃燒烤食物　　　　②使用吸塵器
③養成運動習慣　　　　④每天喝 500cc 的水。

29. (4) 下列哪種措施不能用來降低空氣污染？
①汽機車強制定期排氣檢測　②汰換老舊柴油車
③禁止露天燃燒稻草　　　　④汽機車加裝消音器。

30. (3) 大氣層中臭氧層有何作用？
①保持溫度　②對流最旺盛的區域　③吸收紫外線　④造成光害。

31. (1) 小李具有乙級廢水專責人員證照，某工廠希望以高價租用證照的方式合作，請問下列何者正確？
①這是違法行為　②互蒙其利　③價錢合理即可　④經環保局同意即可。

32. (2) 可藉由下列何者改善河川水質且兼具提供動植物良好棲地環境？
①運動公園　②人工溼地　③滯洪池　④水庫。

33. (2) 台灣自來水之水源主要取自
①海洋的水　②河川或水庫的水　③綠洲的水　④灌溉渠道的水。

34. (2) 目前市面清潔劑均會強調「無磷」，是因為含磷的清潔劑使用後，若廢水排至河川或湖泊等水域會造成什麼影響？
①綠牡蠣　②優養化　③秘雕魚　④烏腳病。

35. (1) 冰箱在廢棄回收時應特別注意哪一項物質，以避免逸散至大氣中造成臭氧層的破壞？
①冷媒　②甲醛　③汞　④苯。

36. (1) 下列何者不是噪音的危害所造成的現象？
①精神很集中　②煩躁、失眠　③緊張、焦慮　④工作效率低落。

37. (2) 我國移動污染源空氣污染防制費的徵收機制為何？
①依車輛里程數計費　②隨油品銷售徵收
③依牌照徵收　④依照排氣量徵收。

38. (2) 室內裝潢時，若不謹慎選擇建材，將會逸散出氣狀污染物。其中會刺激皮膚、眼、鼻和呼吸道，也是致癌物質，可能為下列哪一種污染物？
①臭氧　②甲醛　③氟氯碳化合物　④二氧化碳。

39. (1) 高速公路旁常見農田違法焚燒稻草，其產生下列何種汙染物除了對人體健康造成不良影響外，亦會造成濃煙影響行車安全？
①懸浮微粒　②二氧化碳（CO_2）　③臭氧（O_3）　④沼氣。

40. (2) 都市中常產生的「熱島效應」會造成何種影響？
①增加降雨　②空氣污染物不易擴散
③空氣污染物易擴散　④溫度降低。

41. (4) 下列何者不是藉由蚊蟲傳染的疾病？
①日本腦炎　②瘧疾　③登革熱　④痢疾。

42. (4) 下列何者非屬資源回收分類項目中「廢紙類」的回收物？
①報紙　②雜誌　③紙袋　④用過的衛生紙。

43. (1) 下列何者對飲用瓶裝水之形容是正確的：A.飲用後之寶特瓶容器為地球增加了一個廢棄物；B.運送瓶裝水時卡車會排放空氣污染物；C.瓶裝水一定比經煮沸之自來水安全衛生？
    ①AB ②BC ③AC ④ABC。

44. (2) 下列哪一項是我們在家中常見的環境衛生用藥？
    ①體香劑 ②殺蟲劑 ③洗滌劑 ④乾燥劑。

45. (1) 下列何者為公告應回收的廢棄物？A.廢鋁箔包 B.廢紙容器 C.寶特瓶
    ①ABC ②AC ③BC ④C。

46. (4) 小明拿到「垃圾強制分類」的宣導海報，標語寫著「分3類，好OK」，標語中的分3類是指家戶日常生活中產生的垃圾可以區分哪三類？
    ①資源垃圾、廚餘、事業廢棄物
    ②資源垃圾、一般廢棄物、事業廢棄物
    ③一般廢棄物、事業廢棄物、放射性廢棄物
    ④資源垃圾、廚餘、一般垃圾。

47. (2) 家裡有過期的藥品，請問這些藥品要如何處理？
    ①倒入馬桶沖掉 ②交由藥局回收 ③繼續服用 ④送給相同疾病的朋友。

48. (2) 台灣西部海岸曾發生的綠牡蠣事件是與下列何種物質污染水體有關？
    ①汞 ②銅 ③磷 ④鎘。

49. (4) 在生物鏈越上端的物種其體內累積持久性有機污染物(POPs)濃度將越高，危害性也將越大，這是說明POPs具有下列何種特性？
    ①持久性 ②半揮發性 ③高毒性 ④生物累積性。

50. (3) 有關小黑蚊的敘述，下列何者為非？
    ①活動時間以中午十二點到下午三點為活動高峰期
    ②小黑蚊的幼蟲以腐植質、青苔和藻類為食
    ③無論雄性或雌性皆會吸食哺乳類動物血液
    ④多存在竹林、灌木叢、雜草叢、果園等邊緣地帶等處。

51. (1) 利用垃圾焚化廠處理垃圾的最主要優點為何？
    ①減少處理後的垃圾體積 ②去除垃圾中所有毒物
    ③減少空氣污染 ④減少處理垃圾的程序。

52. (3) 利用豬隻的排泄物當燃料發電，是屬於下列哪一種能源？
    ①地熱能 ②太陽能 ③生質能 ④核能。

53. (2) 每個人日常生活皆會產生垃圾，有關處理垃圾的觀念與方式，下列何者不正確？
    ①垃圾分類，使資源回收再利用
    ②所有垃圾皆掩埋處理，垃圾將會自然分解
    ③廚餘回收堆肥後製成肥料
    ④可燃性垃圾經焚化燃燒可有效減少垃圾體積。

54. (2) 防治蚊蟲最好的方法是
    ①使用殺蟲劑 ②清除孳生源 ③網子捕捉 ④拍打。

55. (1) 室內裝修業者承攬裝修工程，工程中所產生的廢棄物應該如何處理？
    ①委託合法清除機構清運 ②倒在偏遠山坡地
    ③河岸邊掩埋 ④交給清潔隊垃圾車。

56. (1) 若使用後的廢電池未經回收，直接廢棄所含重金屬物質曝露於環境中可能產生哪些影響？A.地下水污染、B.對人體產生中毒等不良作用、C.對生物產生重金屬累積及濃縮作用、D.造成優養化
    ①ABC ②ABCD ③ACD ④BCD。

57. (3) 哪一種家庭廢棄物可用來作為製造肥皂的主要原料？
    ①食醋 ②果皮 ③回鍋油 ④熟廚餘。

58. (3) 世紀之毒「戴奧辛」主要透過何者方式進入人體？
    ①透過觸摸 ②透過呼吸 ③透過飲食 ④透過雨水。

59. (1) 臺灣地狹人稠，垃圾處理一直是不易解決的問題，下列何種是較佳的因應對策？
    ①垃圾分類資源回收 ②蓋焚化廠 ③運至國外處理 ④向海爭地掩埋。

60. (3) 購買下列哪一種商品對環境比較友善？
    ①用過即丟的商品 ②一次性的產品
    ③材質可以回收的商品 ④過度包裝的商品。

61. (2) 下列何項法規的立法目的為預防及減輕開發行為對環境造成不良影響，藉以達成環境保護之目的？
    ①公害糾紛處理法 ②環境影響評估法 ③環境基本法 ④環境教育法。

62. (4) 下列何種開發行為若對環境有不良影響之虞者，應實施環境影響評估？A.開發科學園區；B.新建捷運工程；C.採礦
    ①AB ②BC ③AC ④ABC。

63. (1) 主管機關審查環境影響說明書或評估書，如認為已足以判斷未對環境有重大影響之虞，作成之審查結論可能為下列何者？
①通過環境影響評估審查　②應繼續進行第二階段環境影響評估
③認定不應開發　④補充修正資料再審。

64. (4) 依環境影響評估法規定，對環境有重大影響之虞的開發行為應繼續進行第二階段環境影響評估，下列何者不是上述對環境有重大影響之虞或應進行第二階段環境影響評估的決定方式？
①明訂開發行為及規模　②環評委員會審查認定
③自願進行　④有民眾或團體抗爭。

65. (2) 依環境教育法，環境教育之戶外學習應選擇何地點辦理？
①遊樂園　②環境教育設施或場所
③森林遊樂區　④海洋世界。

66. (2) 依環境影響評估法規定，環境影響評估審查委員會審查環境影響說明書，認定下列對環境有重大影響之虞者，應繼續進行第二階段環境影響評估，下列何者非屬對環境有重大影響之虞者？
①對保育類動植物之棲息生存有顯著不利之影響
②對國家經濟有顯著不利之影響
③對國民健康有顯著不利之影響
④對其他國家之環境有顯著不利之影響。

67. (4) 依環境影響評估法規定，第二階段環境影響評估，目的事業主管機關應舉行下列何種會議？
①研討會　②聽證會　③辯論會　④公聽會。

68. (3) 開發單位申請變更環境影響說明書、評估書內容或審查結論，符合下列哪一情形，得檢附變更內容對照表辦理？
①既有設備提昇產能而污染總量增加在百分之十以下
②降低環境保護設施處理等級或效率
③環境監測計畫變更
④開發行為規模增加未超過百分之五。

69. (1) 開發單位變更原申請內容有下列哪一情形，無須就申請變更部分，重新辦理環境影響評估？
①不降低環保設施之處理等級或效率
②規模擴增百分之十以上
③對環境品質之維護有不利影響
④土地使用之變更涉及原規劃之保護區。

70. (2) 工廠或交通工具排放空氣污染物之檢查，下列何者錯誤？
①依中央主管機關規定之方法使用儀器進行檢查
②檢查人員以嗅覺進行氨氣濃度之判定
③檢查人員以嗅覺進行異味濃度之判定
④檢查人員以肉眼進行粒狀污染物不透光率之判定。

71. (1) 下列對於空氣污染物排放標準之敘述，何者正確：A.排放標準由中央主管機關訂定；B.所有行業之排放標準皆相同？
①僅 A　②僅 B　③AB 皆正確　④AB 皆錯誤。

72. (2) 下列對於細懸浮微粒（PM$_{2.5}$）之敘述何者正確：A.空氣品質測站中自動監測儀所測得之數值若高於空氣品質標準，即判定為不符合空氣品質標準；B.濃度監測之標準方法為中央主管機關公告之手動檢測方法；C.空氣品質標準之年平均值為 15 μg/m³？
①僅 AB　②僅 BC　③僅 AC　④ABC 皆正確。

73. (2) 機車為空氣污染物之主要排放來源之一，下列何者可降低空氣污染物之排放量：A.將四行程機車全面汰換成二行程機車；B.推廣電動機車；C.降低汽油中之硫含量？
①僅 AB　②僅 BC　③僅 AC　④ABC 皆正確。

74. (1) 公眾聚集量大且滯留時間長之場所，經公告應設置自動監測設施，其應量測之室內空氣污染物項目為何？
①二氧化碳　②一氧化碳　③臭氧　④甲醛。

75. (3) 空氣污染源依排放特性分為固定污染源及移動污染源，下列何者屬於移動污染源？
①焚化廠　②石化廠　③機車　④煉鋼廠。

76. (3) 我國汽機車移動污染源空氣污染防制費的徵收機制為何？
①依牌照徵收　②隨水費徵收　③隨油品銷售徵收　④購車時徵收。

77. (4) 細懸浮微粒（PM$_{2.5}$）除了來自於污染源直接排放外，亦可能經由下列哪一種反應產生？
①光合作用　②酸鹼中和　③厭氧作用　④光化學反應。

78. (4) 我國固定污染源空氣污染防制費以何種方式徵收？
①依營業額徵收　②隨使用原料徵收　③按工廠面積徵收　④依排放污染物之種類及數量徵收。

79. (1) 在不妨害水體正常用途情況下，水體所能涵容污染物之量稱為
①涵容能力 ②放流能力 ③運轉能力 ④消化能力。

80. (4) 水污染防治法中所稱地面水體不包括下列何者？
①河川 ②海洋 ③灌溉渠道 ④地下水。

81. (4) 下列何者不是主管機關設置水質監測站採樣的項目？
①水溫 ②氫離子濃度指數 ③溶氧量 ④顏色。

82. (1) 事業、污水下水道系統及建築物污水處理設施之廢（污）水處理，其產生之污泥，依規定應作何處理？
①應妥善處理，不得任意放置或棄置
②可作為農業肥料
③可作為建築土方
④得交由清潔隊處理。

83. (2) 依水污染防治法，事業排放廢（污）水於地面水體者，應符合下列哪一標準之規定？
①下水水質標準 ②放流水標準 ③水體分類水質標準 ④土壤處理標準。

84. (3) 放流水標準，依水污染防治法應由何機關定之：A.中央主管機關；B.中央主管機關會同相關目的事業主管機關；C.中央主管機關會商相關目的事業主管機關？
①僅 A ②僅 B ③僅 C ④ABC。

85. (1) 對於噪音之量測，下列何者錯誤？
①可於下雨時測量
②風速大於每秒 5 公尺時不可量測
③聲音感應器應置於離地面或樓板延伸線 1.2 至 1.5 公尺之間
④測量低頻噪音時，僅限於室內地點測量，非於戶外量測。

86. (4) 下列對於噪音管制法之規定，何者敘述錯誤？
①噪音指超過管制標準之聲音 ②環保局得視噪音狀況劃定公告噪音管制區 ③人民得向主管機關檢舉使用中機動車輛噪音妨害安寧情形 ④使用經校正合格之噪音計皆可執行噪音管制法規定之檢驗測定。

87. (1) 製造非持續性但卻妨害安寧之聲音者，由下列何單位依法進行處理？
①警察局 ②環保局 ③社會局 ④消防局。

88. (1) 廢棄物、剩餘土石方清除機具應隨車持有證明文件且應載明廢棄物、剩餘土石方之：A.產生源；B.處理地點；C.清除公司
①僅 AB　②僅 BC　③僅 AC　④ABC 皆是。

89. (1) 從事廢棄物清除、處理業務者，應向直轄市、縣（市）主管機關或中央主管機關委託之機關取得何種文件後，始得受託清除、處理廢棄物業務？
①公民營廢棄物清除處理機構許可文件
②運輸車輛駕駛證明
③運輸車輛購買證明
④公司財務證明。

90. (4) 在何種情形下，禁止輸入事業廢棄物：A.對國內廢棄物處理有妨礙；B.可直接固化處理、掩埋、焚化或海拋；C.於國內無法妥善清理？
①僅 A　②僅 B　③僅 C　④ABC。

91. (4) 毒性化學物質因洩漏、化學反應或其他突發事故而污染運作場所周界外之環境，運作人應立即採取緊急防治措施，並至遲於多久時間內，報知直轄市、縣（市）主管機關？
①1 小時　②2 小時　③4 小時　④30 分鐘。

92. (4) 下列何種物質或物品，受毒性及關注化學物質管理法之管制？
①製造醫藥之靈丹　　　　　②製造農藥之蓋普丹
③含汞之日光燈　　　　　　④使用青石綿製造石綿瓦。

93. (4) 下列何行為不是土壤及地下水污染整治法所指污染行為人之作為？
①洩漏或棄置污染物
②非法排放或灌注污染物
③仲介或容許洩漏、棄置、非法排放或灌注污染物
④依法令規定清理污染物。

94. (1) 依土壤及地下水污染整治法規定，進行土壤、底泥及地下水污染調查、整治及提供、檢具土壤及地下水污染檢測資料時，其土壤、底泥及地下水污染物檢驗測定，應委託何單位辦理？
①經中央主管機關許可之檢測機構　②大專院校
③政府機關　　　　　　　　　　　④自行檢驗。

95. (3) 為解決環境保護與經濟發展的衝突與矛盾，1992 年聯合國環境發展大會（UN Conference on Environment and Development, UNCED）制定通過：
①日內瓦公約　②蒙特婁公約　③21 世紀議程　④京都議定書。

96. (1) 一般而言，下列哪一個防治策略是屬經濟誘因策略？
①可轉換排放許可交易　②許可證制度　③放流水標準　④環境品質標準。

97. (1) 對溫室氣體管制之「無悔政策」係指
①減輕溫室氣體效應之同時，仍可獲致社會效益
②全世界各國同時進行溫室氣體減量
③各類溫室氣體均有相同之減量邊際成本
④持續研究溫室氣體對全球氣候變遷之科學證據。

98. (3) 一般家庭垃圾在進行衛生掩埋後，會經由細菌的分解而產生甲烷氣體，有關甲烷氣體對大氣危機中哪一種效應具有影響力？
①臭氧層破壞　②酸雨　③溫室效應　④煙霧（smog）效應。

99. (1) 下列國際環保公約，何者限制各國進行野生動植物交易，以保護瀕臨絕種的野生動植物？
①華盛頓公約　②巴塞爾公約　③蒙特婁議定書　④氣候變化綱要公約。

100. (2) 因人類活動導致哪些營養物過量排入海洋，造成沿海赤潮頻繁發生，破壞了紅樹林、珊瑚礁、海草，亦使魚蝦銳減，漁業損失慘重？
①碳及磷　②氮及磷　③氮及氯　④氯及鎂。

90009 節能減碳共同科目　不分級
工作項目 04：節能減碳

1. （1） 依經濟部能源署「指定能源用戶應遵行之節約能源規定」，在正常使用條件下，公眾出入之場所其室內冷氣溫度平均值不得低於攝氏幾度？
   ①26　②25　③24　④22。

2. （2） 下列何者為節能標章？
   ①　②　③　④。

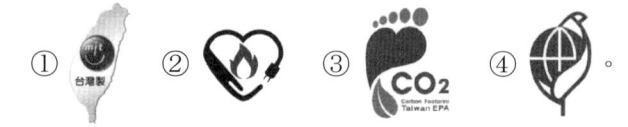

3. （4） 下列產業中耗能佔比最大的產業為
   ①服務業　②公用事業　③農林漁牧業　④能源密集產業。

4. （1） 下列何者「不是」節省能源的做法？
   ①電冰箱溫度長時間設定在強冷或急冷
   ②影印機當 15 分鐘無人使用時，自動進入省電模式
   ③電視機勿背著窗戶，並避免太陽直射
   ④短程不開汽車，以儘量搭乘公車、騎單車或步行為宜。

5. （3） 經濟部能源署的能源效率標示中，電冰箱分為幾個等級？
   ①1　②3　③5　④7。

6. （2） 溫室氣體排放量：指自排放源排出之各種溫室氣體量乘以各該物質溫暖化潛勢所得之合計量，以
   ①氧化亞氮（N_2O）　　②二氧化碳（CO_2）
   ③甲烷（CH_4）　　　　④六氟化硫（SF_6）當量表示。

7. （3） 根據氣候變遷因應法，國家溫室氣體長期減量目標於中華民國幾年達成溫室氣體淨零排放？
   ①119　②129　③139　④149。

8. （2） 氣候變遷因應法所稱主管機關，在中央為下列何單位？
   ①經濟部能源署　②環境部　③國家發展委員會　④衛生福利部。

9. （3） 氣候變遷因應法中所稱：一單位之排放額度相當於允許排放多少的二氧化碳當量
   ①1 公斤　②1 立方米　③1 公噸　④1 公升。

10. (3) 下列何者「不是」全球暖化帶來的影響？
①洪水　②熱浪　③地震　④旱災。

11. (1) 下列何種方法無法減少二氧化碳？
①想吃多少儘量點，剩下可當廚餘回收
②選購當地、當季食材，減少運輸碳足跡
③多吃蔬菜，少吃肉
④自備杯筷，減少免洗用具垃圾量。

12. (3) 下列何者不會減少溫室氣體的排放？
①減少使用煤、石油等化石燃料　　②大量植樹造林，禁止亂砍亂伐
③增高燃煤氣體排放的煙囪　　　　④開發太陽能、水能等新能源。

13. (4) 關於綠色採購的敘述，下列何者錯誤？
①採購由回收材料所製造之物品
②採購的產品對環境及人類健康有最小的傷害性
③選購對環境傷害較少、污染程度較低的產品
④以精美包裝為主要首選。

14. (1) 一旦大氣中的二氧化碳含量增加，會引起哪一種後果？
①溫室效應惡化　②臭氧層破洞　③冰期來臨　④海平面下降。

15. (3) 關於建築中常用的金屬玻璃帷幕牆，下列敘述何者正確？
①玻璃帷幕牆的使用能節省室內空調使用
②玻璃帷幕牆適用於臺灣，讓夏天的室內產生溫暖的感覺
③在溫度高的國家，建築物使用金屬玻璃帷幕會造成日照輻射熱，產生室內「溫室效應」
④臺灣的氣候濕熱，特別適合在大樓以金屬玻璃帷幕作為建材。

16. (4) 下列何者不是能源之類型？
①電力　②壓縮空氣　③蒸汽　④熱傳。

17. (1) 我國已制定能源管理系統標準為
①CNS 50001　②CNS 12681　③CNS 14001　④CNS 22000。

18. (4) 台灣電力股份有限公司所謂的三段式時間電價於夏月平日（非週六日）之尖峰用電時段為何？
①9：00~16：00　②9：00~24：00　③6：00~11：00　④16：00~22：00。

19. (1) 基於節能減碳的目標，下列何種光源發光效率最低，不鼓勵使用？
①白熾燈泡　②LED燈泡　③省電燈泡　④螢光燈管。

20. （ 1 ） 下列的能源效率分級標示，哪一項較省電？
①1　②2　③3　④4。

21. （ 4 ） 下列何者「不是」目前台灣主要的發電方式？
①燃煤　②燃氣　③水力　④地熱。

22. （ 2 ） 有關延長線及電線的使用，下列敘述何者錯誤？
①拔下延長線插頭時，應手握插頭取下
②使用中之延長線如有異味產生，屬正常現象不須理會
③應避開火源，以免外覆塑膠熔解，致使用時造成短路
④使用老舊之延長線，容易造成短路、漏電或觸電等危險情形，應立即更換。

23. （ 1 ） 有關觸電的處理方式，下列敘述何者錯誤？
①立即將觸電者拉離現場　　　　②把電源開關關閉
③通知救護人員　　　　　　　　④使用絕緣的裝備來移除電源。

24. （ 2 ） 目前電費單中，係以「度」為收費依據，請問下列何者為其單位？
①kW　②kWh　③kJ　④kJh。

25. （ 4 ） 依據台灣電力公司三段式時間電價（尖峰、半尖峰及離峰時段）的規定，請問哪個時段電價最便宜？
①尖峰時段　②夏月半尖峰時段　③非夏月半尖峰時段　④離峰時段。

26. （ 2 ） 當用電設備遭遇電源不足或輸配電設備受限制時，導致用戶暫停或減少用電的情形，常以下列何者名稱出現？
①停電　②限電　③斷電　④配電。

27. （ 2 ） 照明控制可以達到節能與省電費的好處，下列何種方法最適合一般住宅社區兼顧節能、經濟性與實際照明需求？
①加裝 DALI 全自動控制系統
②走廊與地下停車場選用紅外線感應控制電燈
③全面調低照明需求
④晚上關閉所有公共區域的照明。

28. （ 2 ） 上班性質的商辦大樓為了降低尖峰時段用電，下列何者是錯的？
①使用儲冰式空調系統減少白天空調用電需求
②白天有陽光照明，所以白天可以將照明設備全關掉
③汰換老舊電梯馬達並使用變頻控制
④電梯設定隔層停止控制，減少頻繁啟動。

29. （ 2 ） 為了節能與降低電費的需求，應該如何正確選用家電產品？
　　　　①選用高功率的產品效率較高
　　　　②優先選用取得節能標章的產品
　　　　③設備沒有壞，還是堪用，繼續用，不會增加支出
　　　　④選用能效分級數字較高的產品,效率較高,5級的比1級的電器產品更省電。

30. （ 3 ） 有效而正確的節能從選購產品開始，就一般而言，下列的因素中，何者是選購電氣設備的最優先考量項目？
　　　　①用電量消耗電功率是多少瓦攸關電費支出，用電量小的優先
　　　　②採購價格比較，便宜優先
　　　　③安全第一，一定要通過安規檢驗合格
　　　　④名人或演藝明星推薦，應該口碑較好。

31. （ 3 ） 高效率燈具如果要降低眩光的不舒服,下列何者與降低刺眼眩光影響無關？
　　　　①光源下方加裝擴散板或擴散膜　　②燈具的遮光板
　　　　③光源的色溫　　　　　　　　　　④採用間接照明。

32. （ 4 ） 用電熱爐煮火鍋,採用中溫50%加熱,比用高溫100%加熱,將同一鍋水煮開,下列何者是對的？
　　　　①中溫50%加熱比較省電　　　　②高溫100%加熱比較省電
　　　　③中溫50%加熱,電流反而比較大　④兩種方式用電量是一樣的。

33. （ 2 ） 電力公司為降低尖峰負載時段超載的停電風險，將尖峰時段電價費率(每度電單價)提高，離峰時段的費率降低，引導用戶轉移部分負載至離峰時段，這種電能管理策略稱為
　　　　①需量競價　②時間電價　③可停電力　④表燈用戶彈性電價。

34. （ 2 ） 集合式住宅的地下停車場需要維持通風良好的空氣品質，又要兼顧節能效益，下列的排風扇控制方式何者是不恰當的？
　　　　①淘汰老舊排風扇，改裝取得節能標章、適當容量的高效率風扇
　　　　②兩天一次運轉通風扇就好了
　　　　③結合一氧化碳偵測器，自動啟動/停止控制
　　　　④設定每天早晚二次定期啟動排風扇。

35. （ 2 ） 大樓電梯為了節能及生活便利需求，可設定部分控制功能，下列何者是錯誤或不正確的做法？
　　　　①加感應開關，無人時自動關閉電燈與通風扇
　　　　②縮短每次開門/關門的時間
　　　　③電梯設定隔樓層停靠，減少頻繁啟動
　　　　④電梯馬達加裝變頻控制。

36. (4) 為了節能及兼顧冰箱的保溫效果，下列何者是錯誤或不正確的做法？
① 冰箱內上下層間不要塞滿，以利冷藏對流
② 食物存放位置記錄清楚，一次拿齊食物，減少開門次數
③ 冰箱門的密封壓條如果鬆弛，無法緊密關門，應儘速更新修復
④ 冰箱內食物擺滿塞滿，效益最高。

37. (2) 電鍋剩飯持續保溫至隔天再食用，或剩飯先放冰箱冷藏，隔天用微波爐加熱，就加熱及節能觀點來評比，下列何者是對的？
① 持續保溫較省電
② 微波爐再加熱比較省電又方便
③ 兩者一樣
④ 優先選電鍋保溫方式，因為馬上就可以吃。

38. (2) 不斷電系統 UPS 與緊急發電機的裝置都是應付臨時性供電狀況；停電時，下列的陳述何者是對的？
① 緊急發電機會先啟動，不斷電系統 UPS 是後備的
② 不斷電系統 UPS 先啟動，緊急發電機是後備的
③ 兩者同時啟動
④ 不斷電系統 UPS 可以撐比較久。

39. (2) 下列何者為非再生能源？
① 地熱能　② 焦煤　③ 太陽能　④ 水力能。

40. (1) 欲兼顧採光及降低經由玻璃部分侵入之熱負載，下列的改善方法何者錯誤？
① 加裝深色窗簾　　　　② 裝設百葉窗
③ 換裝雙層玻璃　　　　④ 貼隔熱反射膠片。

41. (3) 一般桶裝瓦斯（液化石油氣）主要成分為丁烷與下列何種成分所組成？
① 甲烷　② 乙烷　③ 丙烷　④ 辛烷。

42. (1) 在正常操作，且提供相同暖氣之情形下，下列何種暖氣設備之能源效率最高？
① 冷暖氣機　② 電熱風扇　③ 電熱輻射機　④ 電暖爐。

43. (4) 下列何種熱水器所需能源費用最少？
① 電熱水器　　　　　　② 天然瓦斯熱水器
③ 柴油鍋爐熱水器　　　④ 熱泵熱水器。

44. （ 4 ）某公司希望能進行節能減碳，為地球盡點心力，以下何種作為並不恰當？
①將採購規定列入以下文字：「汰換設備時首先考慮能源效率 1 級或具有節能標章之產品」
②盤查所有能源使用設備
③實行能源管理
④為考慮經營成本，汰換設備時採買最便宜的機種。

45. （ 2 ）冷氣外洩會造成能源之浪費，下列的入門設施與管理何者最耗能？
①全開式有氣簾　②全開式無氣簾　③自動門有氣簾　④自動門無氣簾。

46. （ 4 ）下列何者「不是」潔淨能源？
①風能　②地熱　③太陽能　④頁岩氣。

47. （ 2 ）有關再生能源中的風力、太陽能的使用特性中，下列敘述中何者錯誤？
①間歇性能源，供應不穩定
②不易受天氣影響
③需較大的土地面積
④設置成本較高。

48. （ 3 ）有關台灣能源發展所面臨的挑戰，下列選項何者是錯誤的？
①進口能源依存度高，能源安全易受國際影響
②化石能源所占比例高，溫室氣體減量壓力大
③自產能源充足，不需仰賴進口
④能源密集度較先進國家仍有改善空間。

49. （ 3 ）若發生瓦斯外洩之情形，下列處理方法中錯誤的是？
①應先關閉瓦斯爐或熱水器等開關
②緩慢地打開門窗，讓瓦斯自然飄散
③開啟電風扇，加強空氣流動
④在漏氣止住前，應保持警戒，嚴禁煙火。

50. （ 1 ）全球暖化潛勢（Global Warming Potential, GWP）是衡量溫室氣體對全球暖化的影響，其中是以何者為比較基準？
①CO_2　②CH_4　③SF_6　④N_2O。

51. （ 4 ）有關建築之外殼節能設計，下列敘述中錯誤的是？
①開窗區域設置遮陽設備
②大開窗面避免設置於東西日曬方位
③做好屋頂隔熱設施
④宜採用全面玻璃造型設計，以利自然採光。

52. （ 1 ）下列何者燈泡的發光效率最高？
①LED 燈泡　②省電燈泡　③白熾燈泡　④鹵素燈泡。

53. (4) 有關吹風機使用注意事項，下列敘述中錯誤的是？
①請勿在潮濕的地方使用，以免觸電危險
②應保持吹風機進、出風口之空氣流通，以免造成過熱
③應避免長時間使用，使用時應保持適當的距離
④可用來作為烘乾棉被及床單等用途。

54. (2) 下列何者是造成聖嬰現象發生的主要原因？
①臭氧層破洞　②溫室效應　③霧霾　④颱風。

55. (4) 為了避免漏電而危害生命安全，下列「不正確」的做法是？
①做好用電設備金屬外殼的接地
②有濕氣的用電場合，線路加裝漏電斷路器
③加強定期的漏電檢查及維護
④使用保險絲來防止漏電的危險性。

56. (1) 用電設備的線路保護用電力熔絲（保險絲）經常燒斷，造成停電的不便，下列「不正確」的作法是？
①換大一級或大兩級規格的保險絲或斷路器就不會燒斷了
②減少線路連接的電氣設備，降低用電量
③重新設計線路，改較粗的導線或用兩迴路並聯
④提高用電設備的功率因數。

57. (2) 政府為推廣節能設備而補助民眾汰換老舊設備，下列何者的節電效益最佳？
①將桌上檯燈光源由螢光燈換為 LED 燈
②優先淘汰 10 年以上的老舊冷氣機為能源效率標示分級中之一級冷氣機
③汰換電風扇，改裝設能源效率標示分級為一級的冷氣機
④因為經費有限，選擇便宜的產品比較重要。

58. (1) 依據我國現行國家標準規定，冷氣機的冷氣能力標示應以何種單位表示？
①kW　②BTU/h　③kcal/h　④RT。

59. (1) 漏電影響節電成效，並且影響用電安全，簡易的查修方法為
①電氣材料行買支驗電起子，碰觸電氣設備的外殼，就可查出漏電與否
②用手碰觸就可以知道有無漏電
③用三用電表檢查
④看電費單有無紀錄。

60. (2) 使用了 10 幾年的通風換氣扇老舊又骯髒，噪音又大，維修時採取下列哪一種對策最為正確及節能？
① 定期拆下來清洗油垢
② 不必再猶豫，10 年以上的電扇效率偏低，直接換為高效率通風扇
③ 直接噴沙拉脫清潔劑就可以了，省錢又方便
④ 高效率通風扇較貴，換同機型的廠內備用品就好了。

61. (3) 電氣設備維修時，在關掉電源後，最好停留 1 至 5 分鐘才開始檢修，其主要的理由為下列何者？
① 先平靜心情，做好準備才動手
② 讓機器設備降溫下來再查修
③ 讓裡面的電容器有時間放電完畢，才安全
④ 法規沒有規定，這完全沒有必要。

62. (1) 電氣設備裝設於有潮濕水氣的環境時，最應該優先檢查及確認的措施是？
① 有無在線路上裝設漏電斷路器　　② 電氣設備上有無安全保險絲
③ 有無過載及過熱保護設備　　④ 有無可能傾倒及生鏽。

63. (1) 為保持中央空調主機效率，最好每隔多久時間應請維護廠商或保養人員檢視中央空調主機？
① 半年　② 1 年　③ 1.5 年　④ 2 年。

64. (1) 家庭用電最大宗來自於
① 空調及照明　② 電腦　③ 電視　④ 吹風機。

65. (2) 冷氣房內為減少日照高溫及降低空調負載，下列何種處理方式是錯誤的？
① 窗戶裝設窗簾或貼隔熱紙
② 將窗戶或門開啟，讓屋內外空氣自然對流
③ 屋頂加裝隔熱材、高反射率塗料或噴水
④ 於屋頂進行薄層綠化。

66. (2) 有關電冰箱放置位置的處理方式，下列何者是正確的？
① 背後緊貼牆壁節省空間
② 背後距離牆壁應有 10 公分以上空間，以利散熱
③ 室內空間有限，側面緊貼牆壁就可以了
④ 冰箱最好貼近流理台，以便存取食材。

67. (2) 下列何項「不是」照明節能改善需優先考量之因素？
① 照明方式是否適當　　② 燈具之外型是否美觀
③ 照明之品質是否適當　　④ 照度是否適當。

68. (2) 醫院、飯店或宿舍之熱水系統耗能大，要設置熱水系統時，應優先選用何種熱水系統較節能？
①電能熱水系統　②熱泵熱水系統　③瓦斯熱水系統　④重油熱水系統。

69. (4) 如右圖，你知道這是什麼標章嗎？
①省水標章　②環保標章　③奈米標章　④能源效率標示。

70. (3) 台灣電力公司電價表所指的夏月用電月份（電價比其他月份高）是為
①4/1~7/31　②5/1~8/31　③6/1~9/30　④7/1~10/31。

71. (1) 屋頂隔熱可有效降低空調用電，下列何項措施較不適當？
①屋頂儲水隔熱
②屋頂綠化
③於適當位置設置太陽能板發電同時加以隔熱
④鋪設隔熱磚。

72. (1) 電腦機房使用時間長、耗電量大，下列何項措施對電腦機房之用電管理較不適當？
①機房設定較低之溫度　　　　②設置冷熱通道
③使用較高效率之空調設備　　④使用新型高效能電腦設備。

73. (3) 下列有關省水標章的敘述中正確的是？
①省水標章是環境部為推動使用節水器材，特別研定以作為消費者辨識省水產品的一種標誌
②獲得省水標章的產品並無嚴格測試，所以對消費者並無一定的保障
③省水標章能激勵廠商重視省水產品的研發與製造，進而達到推廣節水良性循環之目的
④省水標章除有用水設備外，亦可使用於冷氣或冰箱上。

74. (2) 透過淋浴習慣的改變就可以節約用水，以下選項何者正確？
①淋浴時抹肥皂，無需將蓮蓬頭暫時關上
②等待熱水前流出的冷水可以用水桶接起來再利用
③淋浴流下的水不可以刷洗浴室地板
④淋浴沖澡流下的水，可以儲蓄洗菜使用。

75. (1) 家人洗澡時，一個接一個連續洗，也是一種有效的省水方式嗎？
①是，因為可以節省等待熱水流出之前所先流失的冷水
②否，這跟省水沒什麼關係，不用這麼麻煩
③否，因為等熱水時流出的水量不多
④有可能省水也可能不省水，無法定論。

76. (2) 下列何種方式有助於節省洗衣機的用水量？
①洗衣機洗滌的衣物盡量裝滿，一次洗完
②購買洗衣機時選購有省水標章的洗衣機，可有效節約用水
③無需將衣物適當分類
④洗濯衣物時盡量選擇高水位才洗的乾淨。

77. (3) 如果水龍頭流量過大，下列何種處理方式是錯誤的？
①加裝節水墊片或起波器
②加裝可自動關閉水龍頭的自動感應器
③直接換裝沒有省水標章的水龍頭
④直接調整水龍頭到適當水量。

78. (4) 洗菜水、洗碗水、洗衣水、洗澡水等的清洗水，不可直接利用來做什麼用途？
①洗地板　②沖馬桶　③澆花　④飲用水。

79. (1) 如果馬桶有不正常的漏水問題，下列何者處理方式是錯誤的？
①因為馬桶還能正常使用，所以不用著急，等到不能用時再報修即可
②立刻檢查馬桶水箱零件有無鬆脫，並確認有無漏水
③滴幾滴食用色素到水箱裡，檢查有無有色水流進馬桶，代表可能有漏水
④通知水電行或檢修人員來檢修，徹底根絕漏水問題。

80. (3) 水費的計量單位是「度」，你知道一度水的容量大約有多少？
①2,000 公升　　　　　　　②3,000 個 600cc 的寶特瓶
③1 立方公尺的水量　　　　④3 立方公尺的水量。

81. (3) 臺灣在一年中什麼時期會比較缺水（即枯水期）？
①6月至9月　②9月至12月　③11月至次年4月　④臺灣全年不缺水。

82. (4) 下列何種現象「不是」直接造成台灣缺水的原因？
①降雨季節分佈不平均，有時候連續好幾個月不下雨，有時又會下起豪大雨
②地形山高坡陡，所以雨一下很快就會流入大海
③因為民生與工商業用水需求量都愈來愈大，所以缺水季節很容易無水可用
④台灣地區夏天過熱，致蒸發量過大。

83. (3) 冷凍食品該如何讓它退冰,才是既「節能」又「省水」?
①直接用水沖食物強迫退冰
②使用微波爐解凍快速又方便
③烹煮前盡早拿出來放置退冰
④用熱水浸泡,每 5 分鐘更換一次。

84. (2) 洗碗、洗菜用何種方式可以達到清洗又省水的效果?
①對著水龍頭直接沖洗,且要盡量將水龍頭開大才能確保洗的乾淨
②將適量的水放在盆槽內洗濯,以減少用水
③把碗盤、菜等浸在水盆裡,再開水龍頭拼命沖水
④用熱水及冷水大量交叉沖洗達到最佳清洗效果。

85. (4) 解決台灣水荒(缺水)問題的無效對策是
①興建水庫、蓄洪(豐)濟枯　　②全面節約用水
③水資源重複利用,海水淡化…等　④積極推動全民體育運動。

86. (3) 如下圖,你知道這是什麼標章嗎?
①奈米標章　②環保標章　③省水標章　④節能標章。

87. (3) 澆花的時間何時較為適當,水分不易蒸發又對植物最好?
①正中午　②下午時段　③清晨或傍晚　④半夜十二點。

88. (3) 下列何種方式沒有辦法降低洗衣機之使用水量,所以不建議採用?
①使用低水位清洗
②選擇快洗行程
③兩、三件衣服也丟洗衣機洗
④選擇有自動調節水量的洗衣機。

89. (3) 有關省水馬桶的使用方式與觀念認知,下列何者是錯誤的?
①選用衛浴設備時最好能採用省水標章馬桶
②如果家裡的馬桶是傳統舊式,可以加裝二段式沖水配件
③省水馬桶因為水量較小,會有沖不乾淨的問題,所以應該多沖幾次
④因為馬桶是家裡用水的大宗,所以應該儘量採用省水馬桶來節約用水。

90. (3) 下列的洗車方式,何者「無法」節約用水?
①使用有開關的水管可以隨時控制出水
②用水桶及海綿抹布擦洗
③用大口徑強力水注沖洗
④利用機械自動洗車,洗車水處理循環使用。

91. (1) 下列何種現象「無法」看出家裡有漏水的問題？
①水龍頭打開使用時，水表的指針持續在轉動
②牆面、地面或天花板忽然出現潮濕的現象
③馬桶裡的水常在晃動，或是沒辦法止水
④水費有大幅度增加。

92. (2) 蓮蓬頭出水量過大時，下列對策何者「無法」達到省水？
①換裝有省水標章的低流量（5~10L/min）蓮蓬頭
②淋浴時水量開大，無需改變使用方法
③洗澡時間盡量縮短，塗抹肥皂時要把蓮蓬頭關起來
④調整熱水器水量到適中位置。

93. (4) 自來水淨水步驟，何者是錯誤的？
①混凝　②沉澱　③過濾　④煮沸。

94. (1) 為了取得良好的水資源，通常在河川的哪一段興建水庫？
①上游　②中游　③下游　④下游出口。

95. (4) 台灣是屬缺水地區，每人每年實際分配到可利用水量是世界平均值的約多少？
①1/2　②1/4　③1/5　④1/6。

96. (3) 台灣年降雨量是世界平均值的 2.6 倍，卻仍屬缺水地區，下列何者不是真正缺水的原因？
①台灣由於山坡陡峻，以及颱風豪雨雨勢急促，大部分的降雨量皆迅速流入海洋
②降雨量在地域、季節分佈極不平均
③水庫蓋得太少
④台灣自來水水價過於便宜。

97. (3) 電源插座堆積灰塵可能引起電氣意外火災，維護保養時的正確做法是？
①可以先用刷子刷去積塵
②直接用吹風機吹開灰塵就可以了
③應先關閉電源總開關箱內控制該插座的分路開關，然後再清理灰塵
④可以用金屬接點清潔劑噴在插座中去除銹蝕。

98. (4) 溫室氣體易造成全球氣候變遷的影響，下列何者不屬於溫室氣體？
①二氧化碳（CO_2）　　②氫氟碳化物（HFCs）
③甲烷（CH_4）　　　　④氧氣（O_2）。

99. (4) 就能源管理系統而言，下列何者不是能源效率的表示方式？
①汽車－公里/公升
②照明系統－瓦特/平方公尺（W/m²）
③冰水主機－千瓦/冷凍噸（kW/RT）
④冰水主機－千瓦（kW）。

100.(3) 某工廠規劃汰換老舊低效率設備，以下何種做法並不恰當？
①可考慮使用較高效率設備產品
②先針對老舊設備建立其「能源指標」或「能源基線」
③唯恐一直浪費能源，未經評估就馬上將老舊設備汰換掉
④改善後需進行能源績效評估。

appendix

職業安全衛生管理技能檢定規範

勞動部勞動力發展署技能檢定中心編印
中華民國一百零七年四月

技術士技能檢定職業安全衛生管理職類規範修正規定

勞動部103.10.23勞動發能字第1031806437號令修正「勞工安全衛生管理乙級技術士技能檢定職類規範」名稱為「技術士技能檢定職業安全衛生管理職類規範」(自104年1月1日生效)勞動部107.4.17勞動發能字第10705022391號令修正

級　　　別： 乙級

工作範圍： 適用從事「職業安全衛生法施行細則」及「職業安全衛生管理辦法」中「職業安全衛生管理員」工作。

應具知能： 應具備下列各項知識及技能：

工作項目	技能種類	技能標準	相關知識
一、職業安全衛生相關法規	職業安全衛生相關法規之認識與應用，包含： (一)勞動法簡介（含勞動檢查法規） (二)職業安全衛生法規 (三)職業安全衛生設施規則 (四)職業安全衛生管理辦法 (五)職業安全衛生教育訓練規則 (六)勞工健康法規簡介（含勞工健康保護規則、女性勞工母性健康保護實施辦法等） (七)危險性工作場所安全管理相關法規（含危險性工作場所審查及檢查辦法、製程安全評估定期實施辦法等） (八)營造安全衛生相關法規 (九)危害性化學品標示及通識規則 (十)缺氧症預防規則（含局限空間危害預防） (十一)具有危險性之機械及設備安全相關法規簡介（含高壓氣體勞工安全規則、起重升降機具安全規則、鍋爐及壓力容器安全規則等）	1. 能瞭解職業安全衛生法規之重要規定。 2. 能引用職業安全衛生法規。	職業安全衛生及其他相關法規規定。

工作項目	技能種類	技能標準	相關知識
	(十二) 機械設備器具安全相關管理法規（含機械類產品型式驗證實施及監督管理辦法、機械設備器具安全資訊申報登錄辦法、機械設備器具監督管理辦法等）		
	(十三) 危害性化學品管理相關法規（含危害性化學品評估及分級管理辦法、新化學物質登記管理辦法、管制性化學品之指定及運作許可管理辦法、優先管理化學品之指定及運作管理辦法）		
	(十四) 有害物質危害預防法規（含有機溶劑中毒預防規則、特定化學物質危害預防標準、鉛中毒預防規則、粉塵危害預防標準、四烷基鉛中毒預防規則等）		
	(十五) 具有特殊危害之作業相關法規（含高溫作業勞工作息時間標準、重體力勞動作業勞工保護措施標準、精密作業勞工視機能保護設施標準、高架作業勞工保護措施標準、異常氣壓危害預防標準等）		
	(十六) 勞工作業環境監測實施辦法及勞工作業場所容許暴露標準		
二、職業安全衛生計畫及管理	(一)職業安全衛生管理系統	1. 能瞭解安全衛生規劃、執行、查核與改善的管理循環機制。 2. 能應用職業安全衛生管理系統之架構及內容。	相關法規規定及實務。
	(二)職業安全衛生管理計畫之製作	1. 能應用職業災害管理計畫之架構及內容。 2. 能編製職業安全衛生管理計畫。	相關法規規定及實務。
	(三)安全衛生管理規章及安全衛生工作守則之製作	1. 能製作職業衛生管理規章。 2. 能製作安全衛生工作守則。	相關法規規定及實務。
	(四)工作安全分析與安全作業標準之製作	1. 能規劃辦理工作安全分析。 2. 能製作安全衛生作業標準。	相關知識及實務。

工作項目	技能種類	技能標準	相關知識
三、專業課程	(一)職業安全概論	1. 能引用職業安全之理論。 2. 能瞭解事故之種類、原因及損失。 3. 能引用防止事故之基本方法。	職業安全概念與原理。
	(二)電氣安全	1. 能引用一般電氣安全理論。 2. 能引用電氣災害防止措施。	(1) 相關法規規定。 (2) 電氣安全原理及實務。
	(三)機械安全防護	1. 能瞭解機械之危險性。 2. 能引用一般防護措施。 3. 能引用機械防護之原理。	(1) 相關法規規定。 (2) 機械防護原理及實務。
	(四)墜落災害防止（含倒塌、崩塌）	1. 能瞭解墜落、倒塌、崩塌災害之原因。 2. 能預防墜落、倒塌、崩塌災害。	相關法規規定與實務。
	(五)火災爆炸防止	1. 能瞭解及引用燃燒、爆炸之分類、起因及防範設施。 2. 能瞭解及引用危險物品之分類、特性及其防火防爆設施。	(1) 相關法規規定。 (2) 火災、爆炸相關知識。
	(六)營造作業安全	1. 能辨識營造作業主要災害類型。 2. 能瞭解營造作業種類及施工安全。	相關法規規定與實務。
	(七)危險性機械及設備管理	1. 能引用危險性機械及設備之安全管理規定。 2. 能引用各種相關檢查之規定。	相關法規規定與實務。
	(八)物料處置	1. 能引用物料搬運、置放之方法。 2. 能預防物料處理時引起之危害。	相關法規規定與實務。
	(九)風險評估	能辨識、評估工作場所風險。	工作場所風險評估相關知識。
	(十)職業衛生與職業病預防概論	1. 能引用工業衛生之理論。 2. 能認知、評估及管制危害。	職業衛生概念與原理。
	(十一)個人防護具	1. 能引用各種防護具及使用方法。 2. 能引用防護具之選用與保管方法。	防護具種類及使用知識。
	(十二)急救	能引用急救基本原理及注意事項。	各種急救概念。

工作項目	技能種類	技能標準	相關知識
	(十三)物理性危害預防	1. 能瞭解物理性危害（含溫濕條件、噪音與振動、採光照明、輻射、異常氣壓等）。 2. 能預防物理性危害。	(1) 物理性危害相關法規。 (2) 物理性危害相關知識。
	(十四)化學性危害預防	1. 瞭解有害物之危害性。 2. 能引用職業疾病概念及防範對策。	(1) 相關法規規定。 (2) 毒物學概念及防範對策。
	(十五)職場健康管理概論（含菸害防制、愛滋病防治）	1. 能瞭解辦理推動勞工身心健康保護措施。 2. 能瞭解辦理健康危害之虞之工作，採取危害評估、控制及分級管理措施。	(1) 相關法規規定。 (2) 職場健康管理相關知識。
	(十六)作業環境控制工程	能以工程技術控制作業環境。	作業環境控制工程相關知識。
	(十七)組織協調與溝通	1. 能引用組織協調之功能。 2. 能引用溝通之技巧。	相關法規規定及實務。
	(十八)職業災害調查處理與統計	1. 能瞭解職業災害之定義及其發生之緣由。 2. 能引用職業災害發生時之緊急應變措施。 3. 能進行職業災害原因調查、分析及報告。	(1) 相關法規規定。 (2) 職業災害原因調查、對策、統計等事項。
	(十九)安全衛生監測儀器	1. 能引用安全衛生監測儀器之基本原理。 2. 能評估監測結果。	(1) 相關法規規定。 (2) 各項儀器原理。
	(二十)通風與換氣	1. 能引用通風與換氣裝置。 2. 能瞭解整體換氣裝置、局部排氣裝置之構造概要及性能要求。 3. 能引用維護及監測應注意事項。	(1) 相關法規規定。 (2) 工業通風原理及其應用。

appendix B

職業安全衛生管理參考資料暨相關資源

1. 全國法規資料庫 http://law.moj.gov.tw/

2. 全民勞教 e 網 http://labor-elearning.mol.gov.tw/

3. 勞動力發展署 https://www.wda.gov.tw/

4. 勞動部勞工保險局 http://www.bli.gov.tw/

5. 勞動部職業安全衛生署 https://www.osha.gov.tw/

6. 勞工健康保護管理報備資訊網 https://hrpts.osha.gov.tw/hrpm/index.htm

7. 勞動部職業安全署職安衛卓越網/重大職災公開網
   https://pacs.osha.gov.tw/

8. 勞動部勞動及職業安全衛生研究所 https://www.ilosh.gov.tw/

9. 勞動部職業安全衛生署臺灣職安卡 https://oshcard.osha.gov.tw/

10. 勞工體格及健康檢查認可醫療機構
    https://hrpts.osha.gov.tw/Home/CertifiedHospInfoSearch

11. 勞動部職業安全衛生署化學品全球調和制度
    https://ghs.osha.gov.tw/CHT/intro/AnnounceData7.aspx

12. 勞動部職業安全衛生署化學品公告清單查詢平台
    https://csnn.osha.gov.tw/content/home/Substance_Home.aspx

13. 勞動部職業安全衛生署中小企業安全衛生資訊網
    https://sh168.osha.gov.tw/

14. 職業傷病防治中心 http://www.csh.org.tw/into/odc/news/news.htm

15. 職業安全衛生教育訓練暨電腦測試資訊網 https://trains.osha.gov.tw/

16. 職業安全衛生管理系統資訊暨申請平台
    https://osha-performance.osha.gov.tw/content/info/NewsList.aspx

17. 衛生福利部國民健康署 http://www.hpa.gov.tw/BHPNet/Web/Index/Index.aspx

18. 衛生福利部疾病管制署 http://www.cdc.gov.tw/

19. 衛生福利部中央健康保險署 https://www.nhi.gov.tw/

20. 經濟部產業發展署 https://www.ida.gov.tw/ctlr?PRO=idx2015&lang=0

21. 國家衛生研究院 http://www.nhri.org.tw/NHRI_WEB/nhriw001Action.do

22. 臺北市勞動檢查處 http://www.lio.gov.taipei/

23. 臺北市職業安全衛生教育訓練網 https://college.lio.gov.taipei/

24. 新北市勞動檢查處 https://ilabor.ntpc.gov.tw/page/labor-standards-inspection-office

25. 桃園市勞動檢查處 http://oli.tycg.gov.tw/

26. 臺中市勞動檢查處 http://www.doli.taichung.gov.tw/

27. 高雄市勞動檢查處 https://klsio.kcg.gov.tw/

28. 廠場化學品管理 https://www.facebook.com/chemsafety/

29. 臺灣職業安全衛生管理系統資訊 https://toshms.osha.gov.tw/

30. Hsiao 的工安部屋家族 https://www.facebook.com/groups/412374672124715

31. Sherry blog- 賴秋琴 https://www.facebook.com/groups/1429921337232082

32. 日本中央勞働災害防止協會 http://www.jisha.or.jp/

33. 日本 JICOSH 勞働安全衛生總合研究所
    https://www.jniosh.johas.go.jp/about/laboratory.html

34. 香港職業安全健康局 http://www.oshc.org.hk/tchi/main/

35. 韓國勞工部 http://www.moel.go.kr/index.do

36. 職業安全衛生論壇(考試/工作)
    https://www.facebook.com/groups/505104329658946

37. 美國 (AIHA computer applications committee)
    https://www.aiha.org/get-involved/volunteer-groups/emerging-digital-technology-committee

38. 美國中央標準局 (ANSI) http://www.ansi.org/

39. 美國安全資料站 (world safety) https://worldsafety.org/

40. 美國勞工統計局 (Bureau of Labor Statistics) http://www.bls.gov/

41. 美國職業安全衛生署 (OSHA) http://www.osha.gov/

42. 美國工業衛生學會 (AIHA) http://www.aiha.org/

43. 美國國家安全委員會 (民間組織 NSC 有災害統計) http://www.nsc.org/

44. 美國國家職業安全衛生研究所 (NIOSH)
    http://www.cdc.gov/niosh/homepage.html

45. American Society of Safety Professionals (ASSP) https://www.assp.org/

46. Lawrence Berkeley Laboratory (LBL) Environment, Health & Safety DivisionUSA http://www.lbl.gov/ehs/

47. National Fire Protection Association, USA http://www.nfpa.org/

48. 加拿大職業衛生中心 (Canadian centre for occupational health & safety) http://www.ccohs.ca/

49. 加拿大人才資源開發部 http://www.hrdc-drhc.gc.ca/

50. 英國 (HSE) http://www.hse.gov.uk/

51. 英國安全衛生協會 http://www.iosh.co.uk/

52. British Safety Council http://www.britishsafetycouncil.co.uk/

53. 德國聯邦勞動及秩序部 http://www.bma.de/

54. 德國聯邦勞動安全衛生協會 http://www.basi.de/

55. 歐盟資料網站 http://europa.eu/index_en.htm

56. 歐洲安全衛生機構 (European Agency for Safety and Health at Work) https://osha.europa.eu/en

57. US - EU Cooperation on Workplace Safety and Health http://www.useuosh.org/

58. 國際標準組織 (ISO) http://www.iso.org/

59. 國際勞工組織安全衛生中心 (Safety & Health center of ILO) http://www.ilo.org/public/english/protection/safework/cis/

60. 國際勞工組織亞洲太平洋區安全衛生網路 http://www.ilo.org/public/english/region/asro/bangkok/asiaosh/

61. 實驗室安全衛生網站 http://www.niehs.nih.gov/about/stewardship/

62. 世界衛生組織 (WHO) http://www.who.ch/

63. 台灣職業衛生學會 http://www.toha.org.tw/

64. 台灣室內環境品質學會 http://www.iaq.org.tw/

65. 中國民國人因工程學會 http://www.est.org.tw/

66. 中華民國職業安全衛生協會 http://www.twd.org.tw/

67. 中國勞工安全衛生管理學會 http://www.cshm.org.tw/P1.asp

68. 中華民國工業安全衛生協會 http://www.isha.org.tw/

69. 中國民國安全衛生發展協會 http://www.119.org.tw/

70. 身心障礙者權利公約 https://crpd.sfaa.gov.tw/

71. 財團法人職業災害預防及重建中心
    https://www.coapre.org.tw/show_disseminate_resources#gsc.tab=0

72. 環境部化學物質管理署全球資訊網 https://www.cha.gov.tw/sp-toch-list-1.html

職安一點通｜職業安全衛生管理乙級檢定完勝攻略｜2025 版(第一冊)

作　　者：蕭中剛 / 劉鈞傑 / 鄭技師 / 賴秋琴 / 徐英洲
　　　　　江　軍 / 葉日宏
企劃編輯：郭季柔
文字編輯：江雅鈴
設計裝幀：張寶莉
發 行 人：廖文良

發 行 所：碁峯資訊股份有限公司
地　　址：台北市南港區三重路 66 號 7 樓之 6
電　　話：(02)2788-2408
傳　　真：(02)8192-4433
網　　站：www.gotop.com.tw
書　　號：ACR01263101
版　　次：2025 年 03 月初版
　　　　　2025 年 09 月初版二刷
建議售價：NT$890 (全套二冊)

國家圖書館出版品預行編目資料

職安一點通：職業安全衛生管理乙級檢定完勝攻略. 2025 版 / 蕭
　中剛, 劉鈞傑, 鄭技師, 賴秋琴, 徐英洲, 江軍, 葉日宏著. --
　初版. -- 臺北市：碁峯資訊, 2025.03
　　冊；　公分
　　ISBN 978-626-425-002-3(全套：平裝)
　1.CST：工業安全　2.CST：職業衛生
555.56　　　　　　　　　　　　　　　　　　114000585

商標聲明：本書所引用之國內外公司各商標、商品名稱、網站畫面，其權利分屬合法註冊公司所有，絕無侵權之意，特此聲明。

版權聲明：本著作物內容僅授權合法持有本書之讀者學習所用，非經本書作者或碁峯資訊股份有限公司正式授權，不得以任何形式複製、抄襲、轉載或透過網路散佈其內容。
版權所有‧翻印必究

本書是根據寫作當時的資料撰寫而成，日後若因資料更新導致與書籍內容有所差異，敬請見諒。若是軟、硬體問題，請您直接與軟、硬體廠商聯絡。